新しい植物科学

環境と食と農業の基礎

神阪盛一郎・谷本英一 共編

培風館

本書の無断複写は，著作権法上での例外を除き，禁じられています。
本書を複写される場合は，その都度当社の許諾を得てください。

まえがき

われわれの生活を支えている現在の科学は今から二千数百年前のギリシャにその源を発する。ところが，われわれの祖先が地球に誕生したのは今から数百万年前である。ということは，人類は誕生以来99％以上の長い年月の間，科学とは無縁の生活をしてきたことになる。原始生活をしていた人類が現在の文明社会を築き上げることができたのは，植物の栽培を始めたためである。

人類が土を耕して植物の種子をまき，農業を始めたのは今から一万年ほど昔のことである。先史以前の人類は狩猟と採集によって生活していたために，その時間の大部分を食糧確保に費やしてきた。農耕による食糧の増産は物質的にも時間的にも余裕を生み出し，エジプトなどの古代文明成立のきっかけとなった。英語の文化（culture）という言葉の語源は耕すということである。しかし，農業による森林破壊が古代文明を滅ぼす原因のひとつともなった。例えば，チグリス・ユーフラテス流域のメソポタミアに成立したシュメール文明は森林破壊による土地の乾燥化と灌漑農業による塩害によって滅びたといわれている。一方，エジプト文明が長く続いた理由は，ナイル川上流にあるエチオピアのモンスーン気候によって定期的に氾濫する大河が肥沃な土壌を供給するとともに耕地での塩類蓄積を防いだことによると考えられている。それに加えて，水源の森林がエジプトから南へ約4000キロも離れたところにあったために，森林破壊から免れたと考えられている。現在，世界各地で森林破壊や塩害が深刻な環境問題となっているが，文明の負の遺産である環境破壊の脅威は古代も現在も同じであることがわかる。いや，むしろ動力機械を手にした現在の方が環境破壊が容易で急速に進行するため，より問題は深刻であるといえる。

科学技術が進歩しても，人類は他の動物と同様に植物の生命活動に依存しなければ生きていけないという宿命は，昔も今も変わらない。人類は植物を食糧や燃料として利用するだけではなく，植物を医薬品，紙，布，木材などに加工してきた。植物科学の目的は，植物の機能を解明し，その機能を利用して人類の福祉の向上を図るとともに地球環境を守ることにある。

本書は，1991年に出版された『植物の生命科学入門』を，その後の植物科学の目覚ましい発展の成果を取り入れて改訂されたものである。改訂版ではタイトルを『新しい植物科学－環境と食と農業の基礎』とした。タイトルを変更した理由のひとつは，旧版を執筆した当時に比べると，地球の温暖化をはじめとする環境問題や農産物の生産とその安全性に対する危機感が一段と高まってきているという事実による。

本書の執筆にあたっては生命科学の最新の知見を取り上げて平易に解説し，その歴史的背景にふれながら，現代植物科学が生み出した技術や成果，その問題点，さらには今後の植物科学の行方について考察を試みた。従来，生物学の教科書は分子や細胞のレベルから話をはじめ，器官，個体レベルの現象に進み，集団の生物学，系統学にいたることが多かった。しかし，この方式は学生にとっては必ずしも魅力的なレイアウトではなく，むしろ植物について素朴な関心を抱いている学生の興味をそぐ結果となることが多い。

そこで，本書ではⅠ部で地球の歴史と生命の誕生・進化，地球環境と植物，植物の多様性と繁殖，そして生命科学の歴史の流れの中で植物に対する理解がいかに深まってきたか，について解説する。Ⅱ部では植物の構造と機能について述べ，Ⅲ部では植物の多様な成長様式とそれらの調節に関与する植物ホルモンについて解説する。Ⅳ部は植物を用いて初めて明らかにされた遺伝現象の仕組みを述べるとともに，遺伝子の複製と遺伝情報の発現機構を解説する。Ⅴ部では植物が水，光，土壌などをいかに利用しているか，また細菌やウイルスに対する植物の防

御機構について述べる。つづくⅥ部では食品あるいは医薬品としての植物について解説する。さらにⅦ部ではバイオテクノロジー，すなわち細胞培養技術，遺伝子工学，農薬による作物生産の制御，について解説する。各章は，できるだけ簡潔に要点をまとめ，1〜2時間の授業で完結できるように構成されている。

本書によって，理学部や農・水産学部の読者はもとより医学，歯学，薬学，工学を専攻する読者が各々の専門分野に進む前に，植物科学の理解を一層深めることができればと，また自然科学を専門としない読者が植物科学を通して現代生命科学の到達点を知り，環境問題や食糧問題など，植物がわれわれの生活にいかに深く関わっているかをより詳しく理解できればと，筆者一同願っている。

2010年6月

編者しるす

目 次

I 部

1. 地球の歴史と生命の誕生 — 1
2. 地球環境と植物 — 6
3. 植物の多様性と繁殖 — 15
4. 生命科学の歴史と植物 — 21

II 部

5. 根 — 32
6. 茎 — 40
7. 葉 — 49
8. 花・果実・種子 — 55
9. 植物細胞 — 68
10. 細胞膜を横切る物質輸送 — 80

III 部

11. 根・茎・葉の成長 — 86
12. 植物の運動 — 92
13. 植物ホルモン — 100

IV 部

14. 遺伝と変異 — 112
15. ＤＮＡの複製 — 121
16. 遺伝子の発現 — 127

V 部

17. 水と植物 — 141
18. 光合成 — 146
19. 光形態形成 — 152
20. 栄養分と肥料 — 156
21. 植物の病気と防御 — 163
22. 主要植物成分の合成と分解 — 170

VI 部

23. 植物性食品 — 177
24. 植物の薬用成分 — 188
25. 細胞培養技術 — 198

VII 部

26. 遺伝子工学 — 204
27. 農薬 — 211

付　録 — 217
索　引 — 221

執筆者一覧

	所　属	担当章
岩坪美兼	教授・富山大学大学院理工学研究部（理学）	1, 3
上田純一	客員教授・名誉教授・大阪府立大学大学院理学系研究科	8, 21, 23
神阪盛一郎	名誉教授・元大阪市立大学理学部	4
唐原一郎	教授・富山大学大学院理工学研究部（理学）	5, 9, 10
櫻井直樹	特任教授・名誉教授・広島大学大学院生物圏科学研究科	2, 11, 17, 22, 25
曽我康一	准教授・大阪市立大学大学院理学研究科	12, 19
竹田恵美	准教授・大阪府立大学大学院理学系研究科	18
谷本英一	名誉教授・元名古屋市立大学大学院システム自然科学研究科	6, 7, 24
宮本健助	教授・大阪府立大学高等教育推進機構	8, 21, 23
矢野勝也	准教授・名古屋大学大学院生命農学研究科	20
山田恭司	名誉教授・元富山大学大学院理工学研究部（理学）	14
山本將之	講師・富山大学大学院理工学研究部（理学）	26
湯川　泰	教授・名古屋市立大学大学院システム自然科学研究科	14, 15, 16, 26
横田孝雄	客員教授・名誉教授・帝京大学理工学部バイオサイエンス学科	13, 27
若杉達也	教授・富山大学大学院理工学研究部（理学）	14, 15

1 地球の歴史と生命の誕生・進化

- 約46億年前に誕生した地球の大気成分は火山ガスに近い組成であったと考えられている。
- 細胞を構成する分子は，原始地球上で，化学進化によって生成されたと考えられている。
- シアノバクテリアに似た最古の化石が，35億年前に形成された南アフリカの地層でみつかっている。
- シアノバクテリアの光合成によって酸素量が増した結果，27億年前に地球上の細菌は嫌気性細菌から好気性細菌が支配的になったと考えられている。
- 成層圏では紫外線によって酸素からオゾン層が形成され，紫外線がさえぎられた。その結果，陸上での生物の生活が可能になった。
- 原核細胞は真核細胞に比べて小さい。
- 真核細胞は，嫌気性の古細菌類に好気性の真正細菌が細胞内共生してミトコンドリアになることで誕生した。
- 真核細胞に取り込まれたシアノバクテリアから葉緑体が誕生した。
- 顕生代は，生物層の顕著な変化を基準に古生代，中生代，新生代に分けられている。
- 最初の陸上植物として知られるクックソニアは，古生代シルル紀に出現し，根や葉の分化がない二又分岐により枝分かれする植物であった。

1-1 先カンブリア代

　地球が誕生した約46億年前から肉眼で確認できる固い殻をもった化石が現れる約5.4億年前までの時期を先カンブリア代とよぶ。この時代は冥王代，始生代，原生代からなる（表1-1）。

表1-1　地質年代

地質年代		（×100万年）	一日に例えた地球の歴史
新生代	第四紀	2.6	0.8分前
	第三紀	23	7.3分前
	古第三紀	65	20.5分前
中生代	白亜紀	145	45.8分前
	ジュラ紀	199	1時間3分前
	三畳紀	251	1時間19分前
古生代	ペルム紀	299	1時間34分前
	石炭紀	359	1時間53分前
	デボン紀	416	2時間11分前
	シルル紀	443	2時間20分前
	オルドビス紀	488	2時間34分前
	カンブリア紀	542	2時間51分前
先カンブリア代	原生代	2500	13時間9分前
	始生代	4000	21時間3分前
	冥王代	4560	24時間前（地球の誕生）

1-1-1 冥王代

　地球が太陽系の他の惑星と同時期に誕生し，地殻と海が形成され，有機物の化学進化が行われた約6億年間である。現在の大気の主成分は窒素（78％）と酸素（21％）であるが，原始大気ではアンモニア，メタン，水蒸気などがおもな成分であり，これらの還元的なガスが太陽からの紫外線によって分解され，水蒸気，二酸化炭素，窒素，硫化水素などを主成分とした大気に変化していったと考えられている。

　生命の誕生について，ロシアのオパーリン（A. I. Oparin, 1924）は，生命は原始地球の環境のなかで化学進化の結果誕生したと考えた。その後，アメリカのユーリー（H. C. Urey）とミラー（S. L. Miller, 1953）は，想定した原始大気成分を混合してつくった気体に雷にみたてた高電圧の火花放電を1週間あてると，アラニン，グリシンをはじめとする数種類のアミノ酸と有機酸が生じることを明らかにして，原始地球において同様の現象により生じた生成物が原始海洋中で濃縮されていったと考えた。現在では原始大気は彼らの想定とは異なり，火山ガスに近い組成（水蒸気，窒素，一酸化炭素，二酸化炭素，硫化水素）であったとみなされている。原始地球の環境を想定したさまざまな条件の下で類似の実験が行われた結果でも，アミノ酸，核酸塩基，有機酸など

の生命を構成するさまざまな分子が合成されることが明らかにされた。それらの結果は，細胞を構成している分子が原始地球における化学進化によって生成されたという考えの合理的な根拠となっている。なおオパーリンは，疎水性コロイドの粒子が凝集した濃厚なゾルが分離している小液滴をコアセルベートとよび，これが原始細胞の細胞膜系のもとになったと考えている。

化学進化によって生じた分子のなかで，自己複製ができるとともに情報を正確に受け継ぐ次世代が生じ，ときには変異した次世代をも生じる機能をもつ高分子は，核酸のDNAとRNAである。RNAには触媒作用をもつものも知られている。そのようなRNAは，自己複製を行うことで遺伝情報を保持するとともにアミノ酸からタンパク質をつくり出すこともできることから，DNAが出現する以前にRNAが出現して遺伝子の役割を果たしたと考えられており（RNAワールド），遺伝情報を保持するという役割は，やがてより壊れにくいDNAが担うようになったと考えられている。

1-1-2 始生代

今から40億年から25億年前の時代を始生代とよぶ。この時代に生命の共通祖先が生まれた。海は40億年前にはすでに存在していたが，その成分は今日の海水とは随分と異なり，火山近辺にしばしば湧き出る温泉に似た塩酸や亜硫酸のガスが溶けた強酸性の高温の海であったと考えられている。生命体は原始地球で生じた有機物から化学進化の過程を経て有害な紫外線の届かない深海中で形成されていったと考えられる。今日，世界各地の海底からみつかっている海底熱水噴出孔の周辺では，硫化水素を酸化することでエネルギーを得る化学合成細菌がみつかっている。初期の生命体は，このような高温高圧や高温強酸の環境下で生活する高熱細菌と類似の環境下で生活できる生物であり，低分子の有機物から無気呼吸によってエネルギーを得る生活をした従属栄養生物であったと思われる。その構造は現生の細菌にくらべて非常に単純であったと考えられる。約38億年前のグリーンランドの地層からは，生物体を構成していたと思われる炭素がみつかっている。

高熱細菌または超高熱細菌を祖先として，35億年前に原核細胞の真正細菌と古細菌が分化したと考えられる（図1-1）。真正細菌と古細菌はどちらも

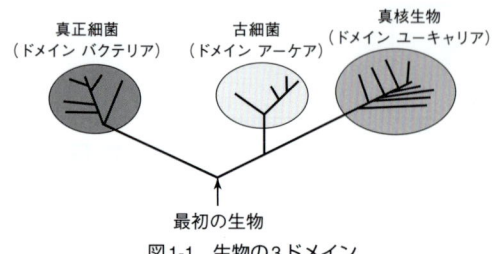

図1-1 生物の3ドメイン

同程度の大きさの単細胞生物であるが，細胞膜の成分や代謝系などが異なっている。古細菌は温泉や熱水噴出孔などの高温環境に分布する高熱細菌，グレート・ソルト・レイク（アメリカ）やアラビア半島の死海などの塩湖に分布する高度好塩菌，それに嫌気条件の湖沼や海洋に分布するメタン細菌など，極限の環境下に存在する細菌として知られているが，土壌や海洋中にも普通に存在することがわかっている。真正細菌の仲間はシアノバクテリア（藍藻，図1-2），腸内細菌，枯草菌などの一般的な細菌のほか，独立栄養生物である化学合成細菌の硫黄細菌や硝化菌，光エネルギーを利用する光合成細菌の緑色硫黄細菌や紅色硫黄細菌などである。古細菌と真正細菌は，いずれも細胞内に膜構造が発達せず，核膜も存在しない原核細胞の生物である。

図1-2 イシクラゲ（藍色植物シアノバクテリアの一種）。道端，校庭，空き地などにしばしば存在する。

最古の化石は，35億年前に形成された南アフリカの地層からみつかっている。シアノバクテリアに似ていることから，クロロフィルをもち光合成を行って酸素を発生させる最初の植物とみなされているが，深海の化学合成細菌とする見解もある。

1-1-3 原生代

25億年前から5.42億年前の時代を原生代とよぶ。嫌気的呼吸（発酵）に比べて，シアノバクテリアの行う好気的呼吸は10倍以上のエネルギーをつくり出す効率のよい呼吸である。シアノバクテリアによる光合成から酸素が放出され続けた結果，海水中の酸素はやがて飽和状態となり，それまで支配的だった嫌気性の細菌は生活の場が極端に限定されて大量絶滅したと推測される。嫌気性細菌の支配から好気性細菌の支配への変化は27億年前に起こったと推定されている。シアノバクテリアの光合成によって放出された酸素によって20億年ほど前からは大気の酸素濃度も増加していった。大気中の二酸化炭素は，光合成によって有機物として固定されるとともに，増殖したシアノバクテリアの死骸と分泌物，それに水中の細かい堆積物が積み重なって形成された石灰岩ストロマトライトなどとして固定されていった。

真核細胞生物の細胞は古細菌類との共通点が多いことから，嫌気性の古細菌類に細胞内共生した好気性の真正細菌であるグラム陰性細菌のプロテオバクテリアの1系統が，やがて細胞小器官のミトコンドリアとなることで真核細胞は出現したと考えられている。真核生物の最古の化石は，21億年前のアメリカミシガン州の縞状鉄鉱床からみつかったラセン形のグリパニア（Grypania）である。ミトコンドリアの起源は分子生物学的には15億-17億年と推定されているが，化石をみると14億-15億年前を境に細胞の大きさが急激に変化することが知られている。一般に原核細胞（0.1-$10\mu m$）に比べて真核細胞（10-$100\mu m$）は大きいことから，化石細胞の大きさの変化は原核細胞から真核細胞への地球規模での入れ替わりが起こったことを示唆している。ミトコンドリアをもつことによりはじまった酸素呼吸によるエネルギー生成率の飛躍的な高まりは，生物の運動能力の増大をもたらすとともに，多細胞化の原動力となった。また，光合成を行う真核藻類の出現は，大気中への酸素の供給をさらに増加させた。真核細胞の単細胞生物の一部がやがて多細胞化を遂げることで多細胞生物も出現した。10数億年前には，真核細胞は光合成を行うシアノバクテリアを取り込み，のちの葉緑体が誕生したと考えられている。

シアノバクテリアと真核藻類の光合成によって大気中の二酸化炭素量が減った結果，二酸化炭素による温室効果は低下して地表の温度がしだいに下がっていった。多細胞生物の最初の化石は，15億年前の地層からみつかっているホロディスキヤ（ビーズの糸）である。栄養繁殖による増殖を行っていたと考えられている。11億年前のインド産の砂岩には，動物のはった痕（生痕化石）が残されている。なお，6億-8億年前の先カンブリア代末期には，シアノバクテリアは減少するものの，それまでの大気中への酸素の供給によって大気は現在の大気組成に近づいていた。成層圏では，紫外線によって酸素がオゾンに変化しオゾン層が形成された結果，有害な紫外線がさえぎられ，陸上でも生物が生活できる環境が形成された。

7億2,000万年前のスターシアン氷河期と6億3,000万年前のマリノアン氷河期は，地球の海全体が凍ったほどの大氷河期であったため（地球雪球仮説），当時の地球上の生物全体に多大な影響を与えた。マリノアン氷河期が終わってから古生代カンブリア紀がはじまるまでの間（エディアカラ紀）もかなり寒冷な時代ではあったが，海洋中においてはエディアカラ生物群とよばれている特異な生物群が繁栄した。これらには五十数種が知られており，体の厚みは大型のものでも数mm〜数cmほどで先カンブリア代末期（5億4,200万年前）に絶滅した。先カンブリア代末期にはリン酸塩の殻をもった有殻微小動物群（トモティアン動物群）とよばれる小型の生物群も出現しているが，それらも古生代カンブリア紀のごく初期に消滅した。このように先カンブリア代にもエディアカラ生物群や有殻微小動物群など，化石はいくらか存在するが，次の時代である古生代以降と比較すると圧倒的に乏しいことから陰生代とよばれている。古生代以降は化石が豊富に産出するようになり顕生代とよばれている。

1-2 顕生代

生物層の顕著な変化（出現と絶滅）を基準にして古生代，中生代，新生代に分けられている。それら

はさらに生物相の変化によりいくつかの時代（紀）に分けられている（表1-1）。

1-2-1 古生代

今から5.42億年から2.51億年前の古生代は，無脊椎海生動物の栄えたカンブリア紀～シルル紀の旧古生代と，陸上において動物と植物が栄えたデボン紀～ペルム紀の新古生代に分けられている。旧古生代には現存する無脊椎動物門のほとんどが出現した。カンブリア紀に入ると，カナダのバージェス頁岩動物群や中国の澄江（チェンジャン）動物群に代表されるリン酸塩，炭酸塩またはケイ質の殻や骨格をもつ多細胞動物が1,500万年間という短い期間に一斉に出現して多様化した，いわゆる「カンブリア紀の生命大爆発」が起こった。バージェス頁岩からはアノマロカリスをはじめ120属140種が知られており，節足動物，海綿動物，半索動物，袋形動物，環形動物，腕足動物，棘皮動物などとともに，光合成を行う藻類も数種類みつかっている。カンブリア紀初期の海では，氷河作用などによって深海からリン酸塩に富む海水が供給された。また先カンブリア代末期には，それまで酸素を供給し続けてきたシアノバクテリアが減少したことにより，海水中では二酸化炭素が増えてカルシウムイオンの固定が促進され，骨格をもつ動物が増加した。澄江動物群を構成する種のなかで最も多いのは節足動物である。なかでもカンブリア紀に最も繁栄した三葉虫は1,500属以上1万種ほどにまで種分化し，古生代末に絶滅した。造礁生物としては，先カンブリア代に海水および大気中に酸素を供給したシアノバクテリアに代わって，海綿に似た炭酸カルシウムの骨格をもつコップ状の底生動物の古杯類が出現したがカンブリア紀中期には絶滅した。脊索動物としてはコノドント類が出現した。古生代の代表的な示準化石動物のひとつである半索動物のフデイシ（筆石）は，カンブリア紀に出現してオルドビス紀とシルル紀に栄えた。脊椎動物ではミロクンミンギア，ハイコウイクティスなど無顎類がカンブリア紀に出現した。アノマロカリスのような補食動物の出現によって，動物では防御のために外骨格が発達し，運動能力も高まって，生活場所の多様化も生じた。

オルドビス紀は，節足動物のカブトガニが繁栄した時代である。腔腸動物の床板サンゴと四射サンゴ，層孔虫類，石灰藻類，棘皮動物のウミユリ，触手動物のコケムシも繁栄し礁を形成した。

シルル紀になると，クサリサンゴやハチノスサンゴに代表される床板サンゴが繁栄し礁を形成したが，床板サンゴのほとんどは古生代末期に絶滅している。魚類では板皮類の甲冑魚が栄えた。

原始陸上植物は，4億7,000万年から4億5,000万年前の間（オルドビス紀中期）に緑色植物門の淡水産シャジクモ類から出現したとみなされている。陸上植物は藻類とは異なり，空中での散布を可能とする胞子による繁殖方法を獲得した。シルル紀（4億2,000万年前）の陸上には最古の化石植物として知られているクックソニアが出現した。この植物は根や葉の分化がみられず，ヒカゲノカズラ（シダ植物）のように二又分枝し，軸の先端には胞子嚢をつけていた。維管束がなくコケ植物に似た通道組織が存在するために，クックソニアはシダ植物でもコケ植物でもないリニア状植物として扱われている。陸上に進出した植物は，水中に比べて環境が激変する陸上で生活することはできたが，それらの生殖は植物が水中生活をしていたときと同じように胞子に頼っていた。原始陸上植物の繁殖による地表環境の変化は，節足動物である多足類の陸上進出を可能にした。

つぎのデボン紀は「魚の時代」ともいわれ，シルル紀に出現した板皮類が引き続き栄えるとともに，サメに代表される軟骨魚類，それに今日まで繁栄を続けている硬骨魚類が出現した。陸上では二又分枝して軸の先端には胞子嚢をつけるシダ植物のプシロフィトンが出現した。なおスコットランドのデボン紀前期の泥炭層（ライニーチャート）からは維管束植物と非維管束植物がともにみつかっており，そのなかには胞子体と配偶体双方に維管束が発達した植物も存在し，陸上植物の初期の分化のようすの解明が化石を通して行われている。ヒカゲノカズラ類のリンボクやトクサ類のロボクも栄え，アカントステガやイクチオステガなどの両生類も出現した。肥大成長をする今日の裸子植物と類似の茎をもち葉には胞子嚢をつけて胞子によって繁殖するアルカオプテリスやアネウロフィトンなどの前裸子植物が約4億年前に出現したが3億5,000万年前の石炭紀前期には絶滅した。種子植物はアネウロフィトン類から分化した。石炭紀の気候は，北半球は熱帯性であったのに対して南半球は寒冷であった。シダ植物の森林が形成され，グロッソプテリスなどのシダ種子植物

が出現し，3億7,000万年前のデボン紀後期には種子植物のモレスネチア（Moresnetia）が現れている。

ペルム紀になるとフズリナ（原生動物・有孔虫）が繁栄し，両生類から新たに爬虫類が分化し恐竜も出現した。シダ植物に加えて，裸子植物のイチョウ類やソテツ類が繁栄した。発芽に不適切な環境のもとでは休眠を続け種子によって繁殖する裸子植物は，シダ植物より水を必要とせず，その繁殖の場所を陸上で広げていった。

古生代は三葉虫が栄えシダ植物が繁茂した時代であったが，大量絶滅と新たな生物群の出現という著しい生物群の入れ替わりがオルドビス紀末，デボン紀末，それにペルム紀末に起こった。とくに古生代末（ペルム紀末）にはすべての生物種の90％以上が死滅した。

1-2-2 中生代

今から約2.5億年から6,500万年前の中生代は三畳紀，ジュラ紀，白亜紀からなり，シダ植物に加えて裸子植物が栄え，恐竜，アンモナイト，ベレムナイトなどが栄えた。

比較的穏和であった気温は三畳紀になると次第に低下し，白亜紀になるとその気温の上下が激しくなった。この頃に誕生したのが低温に対して抵抗力のある木本性の被子植物である。裸子植物は風によって運ばれる花粉によって受精したが（風媒花），被子植物の一部は昆虫を引きつける美しい花びらと密腺を備えた花により効率的な生殖を行った（虫媒花）。恐竜は三畳紀中頃に出現しジュラ紀から白亜紀に栄えた。ジュラ紀には始祖鳥が，そして白亜紀には哺乳類の有胎盤類も出現した。植物では，ジュラ紀末期の1億4,000万年前に被子植物が誕生した。白亜紀末期には古生代石炭紀に出現していた裸子植物の球果類（スギ科，ヒノキ科など）が栄えた。海では軟体動物のアンモナイトやベレムナイトがジュラ紀と白亜紀を通じて繁栄した。しかし，中生代末には地球上の50-60％に相当する生物種の大量絶滅が起こった。

1-2-3 新生代

6,500万年前にはじまる新生代は，第三紀と第四紀に分けられている。6,500万年から230万年前の第三紀には哺乳類と，恐竜から分岐進化した鳥類が繁栄した。第四紀は人類が進化繁栄した時代でもある。

中生代白亜紀から新生代第三紀にかけてさらに気温は低下し，最近の100万年の間には5回の氷河期がおとずれ，地球環境の低温化と乾燥化が進み，植物の年間の生育期間は短くなった。それにつれて，このような気候に適応した草本性の被子植物が栄えていった。

被子植物は2つの大きな群，すなわち双子葉植物と単子葉植物とに分類される。双子葉植物は20万種を超え，高木から草本まである。一方，双子葉植物に比べると単純な体制を持つおよそ5万種の単子葉植物は双子葉植物の仲間から進化した。人類が農耕をはじめたのは約1万年前である。現在，われわれの生活を支える穀類はすべて草本性被子植物である。その誕生は植物進化の20億年の歴史からみるとごく最近のことであることがわかる（表1-1）。今日植物は原核生物の藻類では2つの門，真核生物の藻類では9つの門，そして陸上植物では5つの門が知られている（3章）。

参考文献

池谷仙之，北里洋：地球生物学，東京大学出版会，2004.
井上薫：藻類30億年の自然史（第2版），東海大学出版会，2007.
宇佐見義之：カンブリア爆発の謎，技術評論社，2008.

2 地球環境と植物

- 地球の気候に直接大きな影響を与えているのは，動物ではなく，植物である。
- 成長中の植物は大気中のCO_2を減少させ，酸素を供給する。
- 地下に埋もれている化石燃料（石油，石炭）および地球上の植物の存存量が，現在の大気中のCO_2と酸素濃度を決めている。
- ヒトは化石燃料の消費，森林の破壊を通して地球の温暖化を促進している。
- 植物が生えていると，太陽光は地表面に十数％しかあたらない。
- 森林では，降雨量の15-40％が植物によって直接さえぎられる。
- 地面に到達した雨量の20-90％が再び根に吸収され，蒸散する。
- ヒトや動物の食料は植物がCO_2から光のエネルギーで生産した糖を基礎にしている。
- 生命に必要な元素は植物から，動物，微生物，大気，土を通って，また植物に至るという経路を循環している。
- 植物の発する揮発成分がヒト（動物）に働きかける。

　生物の形，機能はきわめて複雑である。一方，生物のすむ地球の環境も想像を絶するほど多様な要因が複雑にからみ合って構成され，しかも時々刻々変化している。さらに植物は環境と相互に影響を及ぼし合うので，その複雑さはさらに増す。このようなきわめて複雑な系を，人間の知能は捉えきれるであろうか。

　たとえば，地球上で植物が1日光合成を行う際，どれくらいの二酸化炭素を固定して，その結果どれくらいの酸素を大気中に放出しているかを知ろうとする場合を考えてみよう。身近にある木を使って，その木がどれくらいの光合成をするか測定することは現在ではそれほどむずかしくない。しかしその木は，生えている気候が変わればその光合成量も変わり，春と秋でも変わる。また熱帯，温帯，寒帯でもその値は変わり，しかもそれぞれの地域では生えている木の種類は千差万別で，その種類は気候帯によって異なっている。いま，地球上のどこに，どんな種類の木が，どれくらい生えているかを調査し，それらの光合成量を測定し，現存している木の本数をかけてやらなければならない。光合成をするのは陸上に生えている植物だけではなく，海の中では植物プランクトンが，また珊瑚礁ではサンゴが光合成を行う。そこで，海で行われている光合成も見積もらなければならない。このような気の遠くなるような研究を，この30年間，世界中の研究者は行ってきた。この研究は植物生態学とよばれる学問の一分野である。以下に示される数字は，このような多くの研究者の努力の結晶である。また，気候の長年にわたる地道な測定が，気候変動の真実を明らかにしてきた。

　地球上での植物の役割は，現在進行している森林破壊によって，地球上から植物が姿を消したときのことを想像すればよくわかる。

2-1　植物の成長と二酸化炭素

　植物は地球の環境に大きな影響を与えている。もともと，太古の海の中で光合成をする生物（ラン藻）が誕生して大気中に酸素が増えた。逆にその頃大気中に豊富にあった二酸化炭素は植物の光合成により減少した。過去1万年余りの間，大気中の二酸化炭素濃度は270ppm程度であったが，1950年代から300ppmを超え，2005年には379ppmに達している（図2-1）。大気中の二酸化炭素の濃度が上がることにより，もともと宇宙に放射される熱が地球上に逆放射され地球の温度が上がる，いわゆる温室効果による温暖化が懸念されている。

　二酸化炭素は酸素や窒素と異なり，赤外線（可視光線の波長は400-700nm。赤外線は700nm以上の波長の光線をいう）を吸収する。太陽から地表にあたる光線は地表面を暖める。温度をもつすべての物体

2-1 植物の成長と二酸化炭素

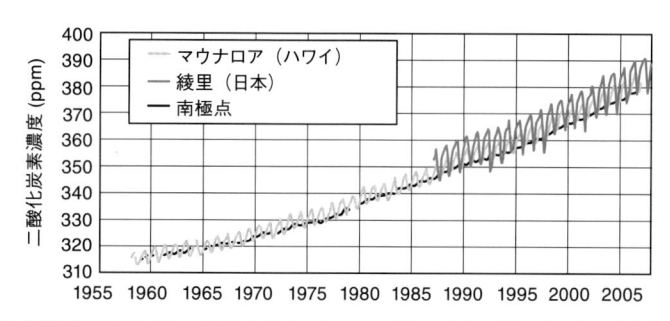

図2-1 大気中の二酸化炭素濃度の経年変化（過去50年）。ハワイ，日本，南極で測定された二酸化炭素の濃度が示されている。日本のデータは1987年からとなっている。ハワイや日本で，二酸化炭素濃度が1年単位で上下しているのは，植物による光合成（二酸化炭素の吸収）の影響である。北半球では春から秋にかけて植物が活発に光合成するので，大気中の二酸化炭素濃度は減少する。ハワイのようなほかの大陸から離れたところでもこの影響が出るのは，アメリカ西海岸の影響が風によりハワイにもたらされるからである。実際，植物による光合成がほとんどみられない南極では，1年単位の上下は少ない。

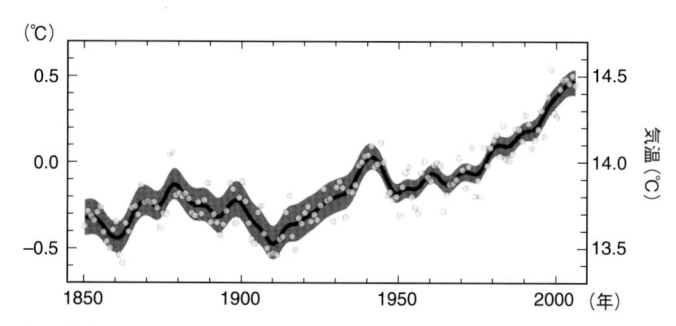

図2-2 世界平均気温の経年変化。各点は，毎年の世界の平均気温である。黒線は，10年単位の平均値の変動を表している。線の周りの影の部分は，本当の平均気温はこの間にあるという範囲である。20世紀の後半の50年の北半球の平均気温は，この500年の間でもっとも高いと考えられている。左のメモリは，1961年から1990年の間の平均値からどれだけずれているかを示している。

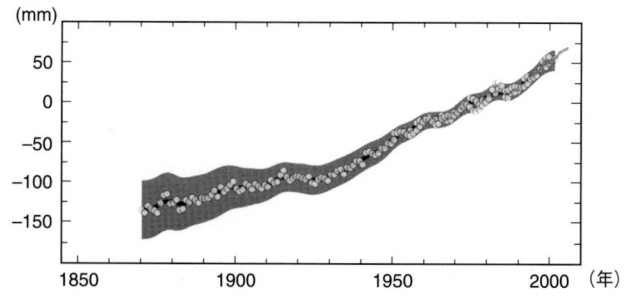

図2-3 世界平均海面水位の経年変化。各点は，毎年の世界の平均海面の値である。過去150年で海面は既に20cm上昇している。左のメモリは，1961年から1990年の間の平均水位からどれだけずれているかを示している。

は多かれ少なかれ赤外線を発している。暖められた地表面からは，宇宙に向かって常に赤外線が放出されている。大気中の二酸化炭素濃度が高くなると，吸収される赤外線の量が増える。赤外線が吸収されるということは，そこで太陽エネルギーが熱に変換されるということで，大気（地球）が暖められる。

実際に地球の平均気温は上昇している（図2-2）。地球の平均温度が上がることにより，南極や山など陸地に存在している氷が溶けると，海面が上昇する（北極に存在する氷は海に浮いているので溶けても海面は上昇しない）。また，水の膨張により，海の体積が増えることでも海面が上昇する（図2-3）。ま

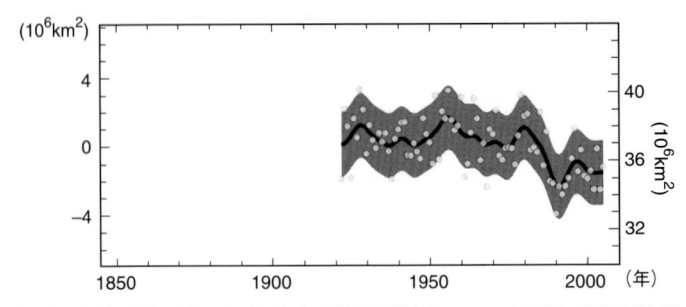

図2-4 北半球の積雪面積の経年変化。各点は毎年の積雪面積の値。1980年以降、積雪面積が減少している。

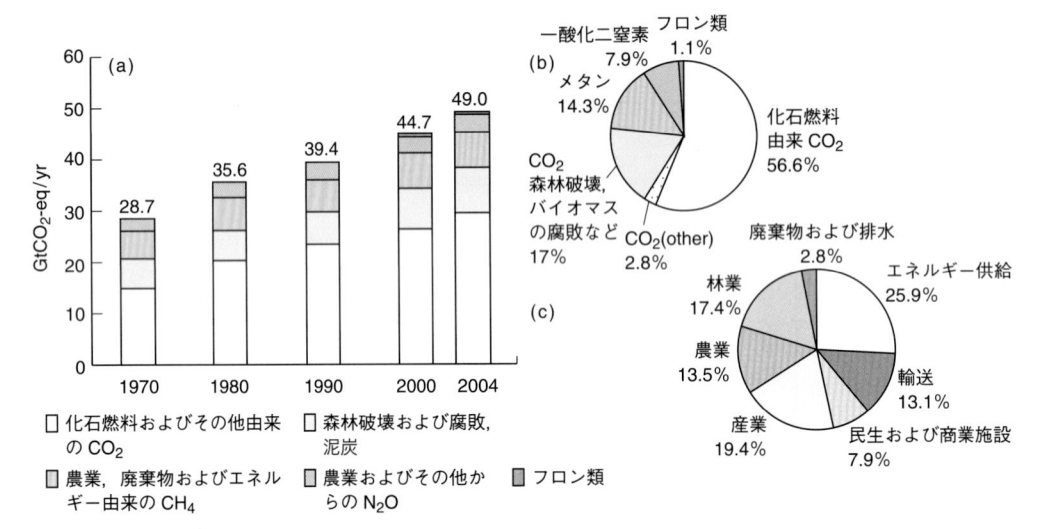

図2-5 人為起源の温室効果ガスの排出の割合。(a) 温室効果ガスを二酸化炭素に換算した経年変化を示すグラフ。(b) 2004年のおける各ガスの割合。(c) 2004年における、エネルギーなどの各使用別の割合。林業には森林伐採・焼却が含まれる。温室効果ガスには、二酸化炭素以外にメタン（CH_4）、一酸化二窒素（N_2O）、フロンがある。二酸化炭素の排出量は1970年から2004年にかけて、8割増加した。

た、北半球の陸地を覆う雪の面積が減少している（図2-4）。これらのグラフはいずれも、地球が近年温暖化していることを物語っている。しかし、人間は石油・石炭を消費し、二酸化炭素の放出を削減していない（図2-5）。図2-5では、植物を伐採・焼却することによる二酸化炭素の放出量が15％ほどになっていることを示している。当初、大気中の二酸化炭素濃度が上がっても海が吸収してくれると考えられていたが、実際にどんどん上がっている事実は、海が吸収できる以上に人間が二酸化炭素を出し続けているということを意味している。大気中の二酸化炭素を人間が削減する方法はただひとつしかない。それは植林により植物の体積（現存量）を増やすことである。

植物の体は、細胞壁に囲まれた細胞からできており、この細胞壁の主成分は多糖類である。多糖類は光合成でつくられたグルコースなどを素材としてつくられている。

$$6CO_2 + 12H_2O + \text{太陽光エネルギー} \rightarrow C_6H_{12}O_6 + 6H_2O + 6O_2$$

上の式はよく知られている光合成の式である。左辺に二酸化炭素（CO_2）がある。これは、炭素原子に2つの酸素原子が結合した状態である（O=C=O）。ところが右辺のグルコースを示す化学式（$C_6H_{12}O_6$）をよく見ると、これは、$(CH_2O)_6$とかける。つまり炭素原子に付いていた酸素が1つ減って、その代わりに水素（H）が2つ付いている。つまり二酸化炭素は光合成により還元されている。すべての生命は、糖を酸化してそこからエネルギーを得ている。このエネルギーはもとをただせば、太陽のエネルギ

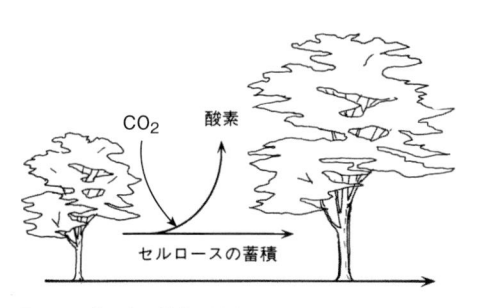

図2-6 成長中の植物が大気に酸素を供給するようす

ーである。植物は二酸化炭素が還元されたものでできていて、その中には太陽のエネルギーが詰まっている。植物や動物の遺体からできたと考えられる石油や石炭はやはりその中に二酸化炭素と太陽のエネルギーが詰まっているといえる。だから、燃やすと熱エネルギーと二酸化炭素が出てくる。逆に小さな木が大きく育つと、その中に二酸化炭素を貯えてくれる（図2-6）。植物が二酸化炭素を大気中から減らすのは、成長中だけである。限界まで育った森林（体積を増加させていない極相林）は、光合成はしているが、その結果生産される種子などは動物などに食べられるので結局二酸化炭素に戻る。

地球上の植物の量が減っている原因は、砂漠化、焼畑のための森林の焼却、エビの養殖場のためのマングローブ林の伐採などである。日本では、一人が年間消費するコメの重量（60kg、平成18年度）の4倍の紙（240kg、平成18年度）を使っている。これらの紙はすべて植物からできている。紙は使用されると燃やされる。森林を燃やしているのと同じである。

金星は厚い濃硫酸の雲に覆われており、地表の温度は470℃という高温である。地球よりはわずかに太陽に近い軌道をもつ金星には、昔は太陽の光が現在よりも弱かったため、地球と同じように海があった。しかし太陽の光が強くなった結果、海水中に溶けていた二酸化炭素が大気中に放出され、この二酸化炭素が温室効果を高めた。そのため、さらに水の蒸発と二酸化炭素の放出が起こった結果、金星は現在のような灼熱の星となったといわれている。

2-2　蒸散と降雨

葉の表面から蒸散によって失われる水の量は、ちょうどそれと同じ面積の水面からの蒸発する量とほぼ等しい（図2-7(a)）。木についている葉の面積を全部合計すると、その木の占有面積（ちょうど太陽が真上にあるときの木の影の面積）の4-5倍の面積になる（図2-7(b)）。したがって、森林の蒸散量と同じ量の水を水面から蒸発させるには、森林の面積の4-5倍の水面が必要である。地球は約1/3の陸地

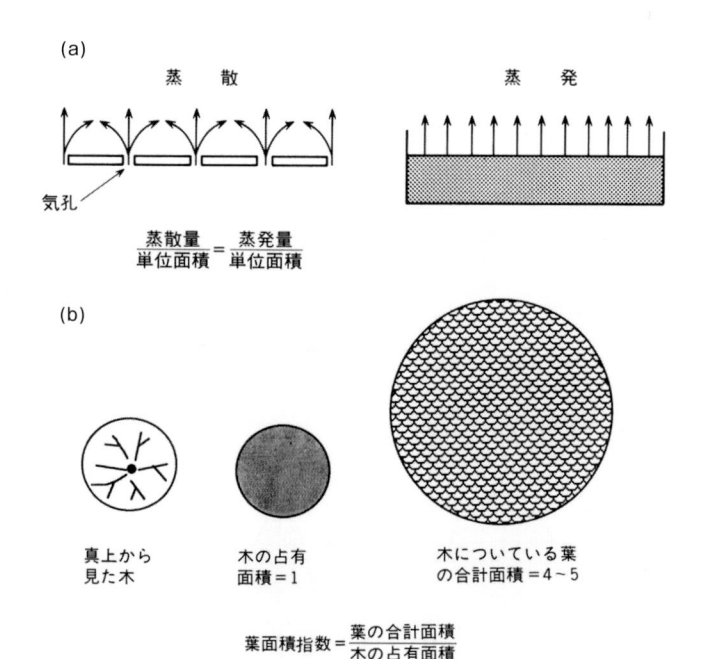

図2-7　(a) 同一面積の葉の蒸散量と水面からの蒸発量の比較、(b) 葉面積指数の説明図

と2/3の海洋からなる。

陸地の2/3が現在なんらかの植物で覆われているので、地球の約2/9が植物で覆われていることになる。この植物の葉を敷き詰めるとその4-5倍になるので（2/9 × 4-5），地球の面積とほぼ同じになる。つまり，植物が行う水の蒸散量と同じだけの水を水面から蒸発させるには，地球と同じ面積の海洋がもうひとつ必要である。さて，陸地の植物が全部なくなれば，地球表面からの蒸発散量が1/2になる。雨は1/2になり，しかも陸地には海岸線を除いて雨がほとんど降らなくなるであろう。それは植物による蒸散作用がなくなり，陸地からの蒸発量が大幅に減少するからである。これでは大陸内で農業ができなくなる。

2-3 蒸散と気温

地球に到達する太陽の光エネルギーは，大気中を通過する際に，その約半分が雲による反射や水蒸気・二酸化炭素による吸収などで失われる。森林の表面（樹冠という）に到達する太陽エネルギーは，54％である。そのうち，約2/3（36％）が葉で反射される（図2-8）。土の中の水が十分にあるとき，植物の根に吸収された水は気孔から蒸散し，水の潜熱により葉が冷やされ，同時にまわりの大気や土も冷やされる。夏，木陰が涼しいのは，木が単に陰をつくるだけではなく，蒸散によって，葉がまわりの気温よりも冷やされ，その冷気が下に降りてくるからである。水が気孔から蒸散するとき，水の分子は熱（運動エネルギー）を伴って出て行くので，結局葉の表面に到達した太陽エネルギーは大気中に返される（9％）。この蒸散によるエネルギーの伝達がなければ，地上面の温度は上昇し，砂漠でみられるように地表温度が猛烈に上昇する。他に，対流により，太陽エネルギーは大気中に戻される。結局，光合成に使われる太陽エネルギーはわずか1％未満にすぎない。

2-4 土壌流出

地面に落ちた雨が地中にしみ通る早さは一様ではない。森林の土では1時間に25cm以上しみ通るが，裸地では5cm，踏み固められた舗装していない歩道では1cmしかしみこまない。落ち葉や落枝が腐植となり，これと植物の根とが土の間隙率（隙間）を高めているので，森林の土には水がよくしみこむ。植物がなければ，土は隙間のない構造に変化し，雨がよくしみこまない。そこで，水は地形の傾斜に沿って流れ，地表面を流れる水の量が多くなる。

このことは，その場所に降った雨がそのまま真上に蒸発しないことを意味する。地表面を流れる水は必ず土砂を運び，海に注ぐと陸地が削れる（侵食作用）。侵食作用が地球の造山運動のスピードを凌げば，地球上から山地がなくなるかもしれない。

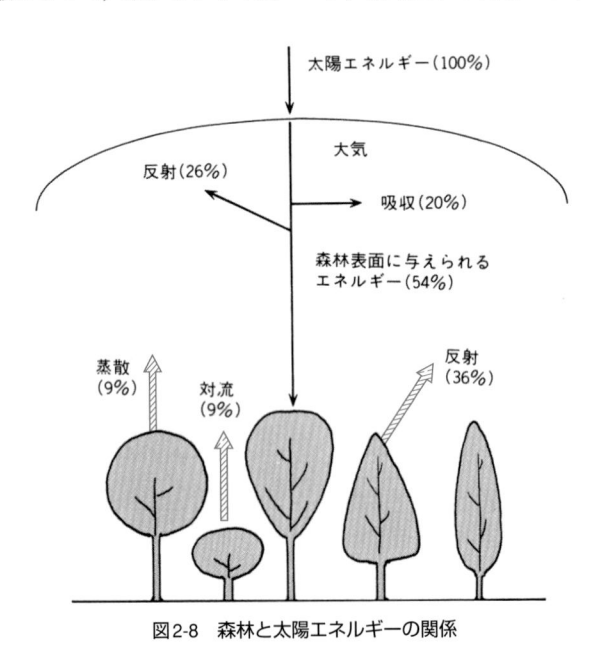

図2-8 森林と太陽エネルギーの関係

森林が破壊された土地で，こうした激しい侵食作用が猛烈な勢いで進むのが各地でみられている。植物にとって，この侵食作用のもたらすもっとも大きな損失は，腐植土の流失である。腐植土とは，腐った植物体（落葉・落枝など）が混じった土である。微生物などの働きがなければ，落ち葉は腐らない。たとえば，セルロースはグルコースに分解され微生物の栄養源となり，最終的に二酸化炭素に戻される。

この二酸化炭素は林内に放出され，樹木の光合成に有効に利用されている。落ち葉のタンパク質に含まれていた窒素は，微生物の硝化作用（後述）により，植物がもう一度吸収できる形に変換される。

このような多用な機能をもつ腐植土が流れ出てしまえば，その場所には二度と植物が生えなくなる。森林を計画的に再生するなら，人類の利益のために森林を伐採したり焼いたりすることもやむをえない。しかし，熱帯林を破壊するとその再生は著しく困難となる。それは，腐植土の層が浅く，雨で容易に流出するからである。熱帯林において腐植土の浅い理由は，熱帯林での腐植（有機物）の分解速度が高温のため著しく早いからである。熱帯林では気温が高いため分解速度が大きく，冷温帯に比べてその速度は5-10倍にも達する。熱帯林では，落ち葉は地面に落ちてもすぐ分解され，二酸化炭素などに分解されてしまう。そのため腐植土が浅いままなのである。分解の遅い亜寒帯では腐植土層は厚い。すなわち熱帯林を破壊すると，雨期の激しい降雨により，簡単に腐植土が流出し，熱帯特有のラテライト土壌が露出する。ラテライトの表面は強い日射により容易に固くなり，またその土壌はアルミニウム含量が多く，土が酸性化し植物の成育に適さない状態に変化してしまう。

植物は，雨が直接地面にあたらないようにしている。雨の降り方や植物の量にもよるが，降雨阻止率は15mmまでの雨なら20％以上，6mmまでの雨なら40％以上にのぼる。雨が降るとまず植物体の表面に水が付着する。また幹を伝って落ちる水は，効率よく根の表面を流れ土の中に伝達される。そのため，地表面に直接あたる水の量は60-80％以下に減る。地表面に達した量の20-80％は再び根に吸収され，蒸散に使われる。

森林では，平均して降水量の約半分がなんらかの形で植物によってさえぎられる。これらを考慮にいれた，森林での蒸発量の内訳（地面からの水の蒸発量，気孔からの蒸散量，植物体表面からの蒸発量）は次のようになる。

蒸発散量(100％)
　＝地面からの蒸発量(10％)
　　＋気孔からの蒸散量(60％)
　　＋植物体表面付着水の蒸発量(30％)

このように植物がなくなれば，地表からの蒸発量だけになり，また降った雨水はその場から移動してしまう（図2-9）。

2-5　酸素の増減

大気中の酸素の濃度は，もともと20億年前には0％であったが，約4億年前，陸上植物ができたころには約0.2％になった。さらに，その後の猛烈な

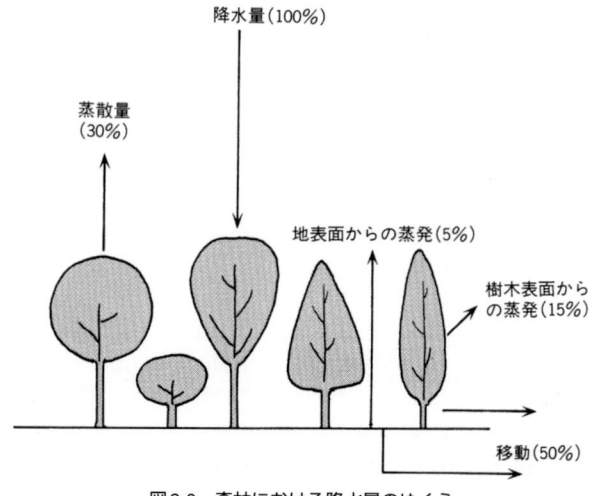

図2-9　森林における降水量のゆくえ

植物の繁殖が，その濃度を100倍にした。その仕組みを述べてみよう。

植物は大気中の二酸化炭素を固定し，グルコース（ブドウ糖）と酸素を生成する（上述）。植物は成長するためのエネルギー源として，このグルコースを，次のように利用する。

$$C_6H_{12}O_6 + 6O_2 \rightarrow 6CO_2 + 6H_2O + 化学エネルギー$$

これは呼吸とよばれ，動物も同じ過程で化学エネルギーを得る。植物は，光エネルギーが多量に得られれば，自分が呼吸で消費する以上のグルコースをつくることができる。このグルコースは植物が個体数を増やす（繁殖する）種子をつくるために使われる。植物が個体数を増やすと，茎や葉の量が増加する。植物体の主要骨格となる多糖類（セルロースなど）はグルコースから合成される。セルロース量が増えるということは，二酸化炭素が，糖となりその結果酸素が大気中に放出されることになる（図2-6）すなわち，植物の現存量が増えれば，大気中の酸素濃度が増加するのである。現在地下に蓄積されている膨大な石油や石炭は，おもに昔の植物の遺体である。この蓄積は，同時に現在の大気中の酸素の蓄積に反映されている。

地下に眠る石油や石炭をすべて燃やせば，太古の大気環境（高濃度の二酸化炭素。低濃度の酸素）に逆戻りする。

植物は地球上に存在する重力のため，無限大には大きくなれない。また，一定の空間に存在できる植物量も決まっている。背丈も密度も，上限の安定した値に達した森林は極相林とよばれる。極相林では成長，繁殖，枯死の速度が一定となり，生産したグルコースはほぼ森林内の生物の維持に消費され，果実，種子に蓄えられたデンプンは，そこにすむ動物の生活（呼吸）のためにだけ使われ，結果として生産と消費のバランスが保たれる。そのため，空気中に新たに酸素を供給することはない。このことは，地球上に酸素を供給するのは，成長中の植物であることを意味している。

2-6 食料生産

植物が1年間に生産する有機物の量は，全世界で約1,600億トンである（表2-1）。このうち2/3の約1,000億トンが陸上で生産されている。さらに，この7割が森林による生産である。人類は農耕地を開拓し，食料生産を行っているが，農耕地での生産は全体の6％，91億トンである。現存量と生産量の比をみると，森林では現存量の4％が毎年新たに生産されている。一方，外洋の場合は生産量は現存量の42倍となっている。

これは，海の植物プランクトンの寿命（数十日）が樹木（数十年）に比べて著しく短いためである。

人類を含めた動物の生命活動のエネルギーは，すべて植物の生産する物質に頼っている。この関係をはっきりとさせるために，宇宙船の中で植物を育てながら乗組員が生活する状況を考えてみよう。まず植物が光合成をするためには，光エネルギーが必要である。植物を育てながら太陽系から外へ宇宙旅行するためには，代わりのエネルギー源（原子炉などによる人工太陽装置）を積んでいかなければならない。太陽のエネルギーが利用できる範囲での宇宙旅行であれば，光エネルギーは太陽から供給される。

さて，まず宇宙船の中の一定面積を植物の栽培のために確保する。そこに持ち込んだ植物の種をまき，乗組員の食料を生産する。もともと人間の主要な食料であるイネ，コムギ，ダイズなどではデンプンは種子に，またジャガイモやサツマイモでは地下部に蓄えられている（22章 表22-1参照）。このデンプンは何のために蓄えられたのだろうか。デンプンは，植物が個体数を増やす目的（繁殖）のため蓄

表2-1 地球の植物（プランクトンを含む）の現存量と生産量

	面積 （万km²）	現存量 （億トン）	生産量 （億トン/年）
陸　圏			
森　林	4,850	16,500	695
低木・草原	5,800	1,394	222
氷雪・砂漠	2,400	5	7
農耕地	1,400	160	91
湿原・陸水	450	300	63
合　計	14,900	18,360	1,073
水　圏			
外　洋	33,200	10	420
大陸棚	266	3	95
珊瑚礁	66	12	12
河口水域	14	14	25
合　計	36,100	39	553
地球全体	51,000	18,399	1,626

［Whittaker & Likens, 1973./吉良竜夫：陸上生態系―概論―（生態学講座2），共立出版，1975.より］

えたものである．これを人間が消費し，デンプンに蓄えられた光エネルギーを化学エネルギー（ATP）の形で生命活動に利用する．つまり人間は，植物が本来もっている繁殖能力を利用し，生産物を横取りして生きている．宇宙船の中では収穫の終わった後，同じ量の植物体を再生させるための種子や種イモを残せば，残りは食料に使える．すなわち，一定面積で栽培された植物が，繁殖するために過剰に生産した生産物（デンプン）で養えるだけの乗組員しか乗船できない．これは地球を宇宙に浮かぶ宇宙船と考えた場合も同じである．われわれは植物のおかげで生きている．

2-7　炭素・酸素・水素の循環

さて，宇宙船の中で収穫が終わった後のことを考えてみよう．植物は種子を生産しただけではない．植物は茎，根，葉を残す．この残渣はどうすればよいだろうか．2-5節で述べたように，この残渣はほとんどセルロースである．セルロースは二酸化炭素と水からつくられたグルコースを素材につくられる．この植物残渣を宇宙船の外に捨てるとどういうことが起こるか考えてみよう．

セルロースをつくるために，宇宙船の中の二酸化炭素と水を使い，酸素を生成したので，セルロースを宇宙船の外に捨てるということは，宇宙船の中にあった二酸化炭素と水を捨てるのと同じ意味になる．酸素は人間の呼吸に必要なので増えるのはよいが，二酸化炭素と水が宇宙船の中から減っていくと，植物は光合成ができなくなってしまう．解決策には直接的方法と間接的方法がある．前者はセルロースを燃やすという方法である．セルロースは，燃

やすと分解し，二酸化炭素と水にもどる．後者はセルロースの分解をもっとおだやかに行う方法である．自然界では，微生物がセルロースを分解している（図2-10）．

熱帯多雨林の植物残渣の1/3はシロアリが消費しているが，シロアリとて，その腸内にセルロースを分解する微生物がいるからこそ，分解物のグルコースを利用できるのである．宇宙船の中でセルロースを分解する微生物を土の中で飼うことも必要であろう．

ここで重要なことは，元素の循環である．炭素，酸素，水素は，その元素量を宇宙船の中で一定に保ちながら，太陽から得られる光エネルギーを利用して，われわれ人間を含めた生物体の中を循環している．循環する元素にはほかにも窒素，リン，イオウなどの主要元素があり，またその他の微量元素もある（20章参照）．地球上でも状況は同じで，いずれの元素も，環境（大気，土）と生物（植物と人間・動物）の間で循環させなければ，生命を維持していくのがむずかしい．幸い二酸化炭素や酸素は大気中を比較的自由に移動し，また水は蒸発や降雨によって，地球上にある程度均等に分配されている．しかし，窒素の場合は事情が異なる．

2-8　窒素の循環

第一次世界大戦の直前，ドイツでは，重要な環境問題が人々の頭の中にあった．それは，農作物を育てるための窒素肥料の枯渇である．

農耕地で作物を育てると，農作物は人口密集地に輸送され，食べられない部分や，人間の排泄物はもとの農耕地に戻されない．植物は成育するために，土の中から窒素を無機塩（硝酸塩）の形で吸収し，生命活動に必要な核酸やタンパク質を合成する．したがって，できた農作物を農耕地から持ち運ぶと，もとの土の中の窒素量は減少する一方である．農耕地で継続して農作物を育てるためには，土の中に毎年窒素肥料を追加してやらなければならない（これはリンについてもいえる）．ところがその時代，窒素肥料の原料はチリから輸入される硝石しかなく，国際関係の悪化から，硝石の輸入がドイツの毎年の消費量からみて追いつかないことがわかってきた．

ドイツの農業に一大危機が訪れたわけである．1913年，ドイツのボッシュ（K. Bosch）は，空気中

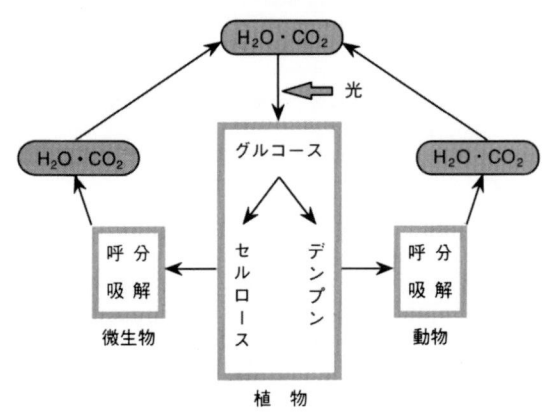

図2-10　自然界での元素の循環

の窒素からアンモニアを化学的に合成する方法（ハーバー法）を工業化することに成功し，この危機は乗り越えられた．しかし皮肉なことに，この窒素危機を乗り越えたドイツは合成アンモニアを火薬の製造に回し，第一次世界大戦が始まった．

森林では，土から吸収された窒素の80％は土に帰されるが，畑地では25％しか帰されない．農作物の生産地が消費地にきわめて近かった昔は，排泄された窒素をもとの農地にもどすことは容易であった．しかし近代の輸送力の増強が，このような窒素の循環を妨げたといっても過言ではない．

自然界で窒素の循環は次のようになっている．植物の葉，茎，根に含まれる窒素は，その大部分がタンパク質を構成するアミノ酸に由来する．葉などが枯れるとき，その中に含まれていたタンパク質はアミノ酸に分解され，他の部分に輸送されて，種子の生産や新しい葉の生産に再利用される．しかし，この再利用は100％ではない．植物が枯れて地面に落ちると，葉に残っていたタンパク質はまずアミノ酸に分解され，さらに土中の腐敗菌によってアンモニアにまで分解される．

イネ科の植物やジャガイモ，パイナップルはアンモニアを直接根から吸収することができるが，その他の植物ではできない．アンモニアは，土中の亜硝酸菌，硝酸菌の働きで，硝酸塩（NO_3^-）に変換され（硝化作用），植物の根から再び吸収される．種子などが動物の食料となるとき，そこに含まれていた窒素はタンパク質や核酸の成分を構築する原料となるが，やがて体外に排泄される．この排泄された窒素が，自然界の循環経路にうまく組み入れられないと，前述のような窒素肥料の必要性が生じてくる（微生物による空気中の窒素の固定については20章参照）．

2-9　植物の揮発成分

森林浴という言葉には，単に人が森林の中を散歩するときの精神的影響だけではなく，物質的影響も含まれていることがわかってきた．植物はさまざまな揮発成分を発している．有名なのは α-ピネン，β-ピネンである（図2-11）．晴れた日，針葉樹林を遠くから眺めると，青い霧がかかっているようにみえる．これは針葉樹から発散するこれらの揮発成分が原因であるといわれている．

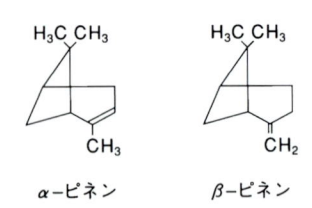

図2-11　α-ピネンとβ-ピネンの構造式

もともと揮発成分は，空気中に微量にしか存在せず，どういう物質であるかを決めるのが困難であった．しかし揮発成分を濃縮液化する方法が開発され，また微量元素を分析する装置が改良されて，これまで正体のわからなかった植物の揮発成分がつぎつぎとみつかっている．そのなかには，ニンニクやネギを刻んだだけで発散する殺菌成分（フィトンチッド）や，チョウを誘引するフェロモンまで含まれる．また，ある種の植物は，このような成分を大気中や地中に発散して，ほかの植物の侵入を妨げる．さらに，葉が害虫にかじられると，その害虫の天敵をよぶために，葉が特別の揮発成分を発散させることもわかってきた（21章参照）．このように植物が生産し他の生物に影響を与える物質を，ソ連のトーキン（B. P. Tokin）は1930年，フィトンチッドと名づけた．植物が発する物質が他の生物に影響を与えることをアレロパシー（遠隔作用）という．森林浴とは，森林の揮発成分の作用によって，人間のこころと身体の健康を改善しようとするもので，現在病気の治療法の一つとして研究されている．

参考文献

吉田武彦：食糧問題ときみたち（岩波ジュニア新書46），岩波書店，1982．
B. P. トーキン，神山恵三：植物の不思議な力＝フィトンチッド（ブルーバックスB424），講談社，1980．
水谷広：地球とうまくつきあう話（未来の生物学シリーズ10），共立出版，1987．
高橋浩一郎，岡本和人編著：21世紀の地球環境（NHKブックス525），日本放送出版協会，1977．
大政正隆：土の科学（NHKブックス274），日本放送出版協会，1977．
FAO：FAO Production Yearbook，1986．
吉良竜夫：陸上生態系―概論―（生態学講座2），共立出版，1975．
中野秀章：森林水文学（水文学講座13），共立出版，1976．
田中正之：温暖化する地球（読売科学選書23），読売新聞社，1989．
IPCC：第四次評価報告書―統合報告書，2007．

3 植物の多様性と繁殖

- 植物は，クロロフィルaがあり酸素発生型光合成を行う。
- 原核細胞の藻類は，分裂によって殖えるシアノバクテリア（藍色植物門）と原核緑色植物門に分けられる。
- 真核細胞の藻類は，葉緑体を獲得した一次植物と，一次植物と共生することで光合成能力を獲得した二次植物とに分けられる。
- 一次植物は二重膜の葉緑体をもち，二次植物は三重膜や四重膜の葉緑体をもつ。
- 二次植物には紅色植物が葉緑体の提供者になった場合と，緑色植物が葉緑体の提供者になった植物とがある。
- 陸上植物（コケ植物，シダ植物，種子植物）は一次植物である。
- 陸上植物のうち，コケ植物には維管束がない。
- コケ植物の本体は配偶体（n世代）である。
- シダ植物は胞子体と配偶体が独立して生活する。
- 種子を形成する種子植物のうち，被子植物では重複受精が行われ，種子が形成される。

植物は，クロロフィルaがあり水を分解して酸素を発生させて光合成（酸素発生型光合成）を行う独立栄養生物群である。植物には原核細胞からなる藻類，真核細胞からなる藻類，それに陸上植物がある。原核細胞の藻類には2つの門，真核細胞の藻類には9つの門，そして陸上植物には5つの門が知られている（表3-1）。なお，1996年にはクロロフィルaのかわりにクロロフィルdをもつ新しい型の植物である原核細胞の藻類アカリオクロリス（Acaryochloris）も発見されている。それぞれの植物門について詳しくみてみよう。

表3-1 植物の門

原核細胞の藻類
　（1）藍色植物門
　（2）原核緑色植物門

真核細胞の藻類
　一次植物の真核細胞の藻類
　　（1）紅色植物門
　　（2）灰色植物門
　　（3）緑色植物門
　二次植物の真核細胞の藻類
　　紅色植物が葉緑体の提供者となって誕生した藻類
　　　（1）クリプト植物門
　　　（2）黄色植物門（不等毛植物門）
　　　（3）ハプト植物門
　　　（4）渦鞭毛植物門
　　緑色植物が葉緑体の提供者となって誕生した藻類
　　　（1）クロララクニオン植物門
　　　（2）ユーグレナ植物門（ミドリムシ植物門）

陸上植物
　（1）コケ植物門
　（2）ヒカゲノカズラ植物門
　（3）トクサ植物門
　（4）シダ植物門
　（5）種子植物門

3-1 原核細胞の藻類

3-1-1 藍色植物門

今日の地球環境の形成に大きな役割を果たしたシアノバクテリア（藍藻）は，もっぱら二分裂によって殖える真正細菌である。陸上，淡水，海水のいずれにも分布しており150属2,000種ほどが知られている。葉緑体のチラコイド膜は一重である。光合成色素はクロロフィルaのほかに，フィコビリンタンパク質である青色のフィコシアニンと赤色のフィコエリトリンなどをもつ。

3-1-2 原核緑色植物門

藍色植物門に含めて扱われることがあり，もっぱら分裂によって殖える。海洋性群体ホヤ（脊索動物）と細胞外共生を行っているプロクロロンや海洋性のプロクロロコックスなど3属3種が知られている。いずれも光合成色素はクロロフィルaのほかにクロロフィルbをもつ。

3-2 真核細胞の藻類

単細胞の藻類から多細胞の数十 m におよぶ藻類まで大きさはさまざまある。葉緑体を最初に獲得した一次植物と、一次植物である紅色植物または緑色植物かのいずれかと共生し、それらを葉緑体の提供者にすることで光合成能力を獲得した二次植物とがある。

一次植物の藻類には紅色植物、灰色植物、緑色植物の3つの門がある。陸上植物のコケ、シダ、種子植物も一次植物である。一次植物は二重膜の葉緑体をもつという共通の特徴がある。紅色植物と灰色植物にはフィコビリンタンパク質が存在することから、どちらかがシアノバクテリアを取り込み共生化させて一次植物の葉緑体が誕生したと考えられている。

二次植物の真核細胞の藻類には、紅色植物を共生化させて葉緑体の提供者にすることで誕生した藻類のグループと、緑色植物を共生化させて葉緑体の提供者にすることで誕生した藻類のグループとがある。

紅色植物が葉緑体の提供者になった藻類には、クリプト植物、黄色植物、ハプト植物、渦鞭毛植物の4つの門がある。いずれもクロロフィルaとクロロフィルcをもつ。

緑色植物が葉緑体の提供者となった藻類には、クロララクニオン植物とユーグレナ（ミドリムシ）植物の2つの門がある。これらはクロロフィルaのほかにクロロフィルbとカロテンをもつ。

3-3 一次植物の真核細胞の藻類

最初に葉緑体を獲得した植物群であり二重膜の葉緑体をもつ。

3-3-1 紅色植物門

生活環を通して鞭毛、中心体がみられない植物群である。鞭毛のない不動精子によって有性生殖を行っている。アサクサノリ、テングサ、フノリのほか、サンゴ礁形成にかかわる石灰藻のサンゴモ類などがある。ほとんどが海産であり 600 属 5,500 種ほどが知られている。光合成色素としてクロロフィルaのほかに、藍藻類と同様にフィコビリンタンパク質をもっているために紅い色をしている。

3-3-2 灰色植物門

淡水や土壌表面に生育する単細胞および群体性の不動または二本の不等長鞭毛による遊走性の藻類である。4属が知られている。葉緑体の二重膜の膜間には細菌の細胞壁の成分であるペプチドグリカンが存在することから、葉緑体はシアネル（cyanelle）とよばれてきた。灰色藻のこの特徴は葉緑体がシアノバクテリアの共生化に由来することを表わしている。光合成色素についてもクロロフィルaのほかにフィコビリンタンパク質が存在するというシアノバクテリアと共通した特徴がある。

3-3-3 緑色植物門

海藻のアオサ藻、トレボキシア藻、緑藻、シャジクモ藻、プラシノ藻の5綱からなり500属16,000種ほどが知られている。陸上植物はアオミドロ、コレオカエテ、シャジクモなどからなるシャジクモ藻綱から進化したと考えられている。光合成色素にはクロロフィルaのほかに、クロロフィルbとカロテンなどをもつ。

3-4 二次植物の真核生物の藻類

二次植物は三重膜または四重膜の葉緑体をもつ。

3-4-1 紅色植物が葉緑体の提供者となって誕生した藻類

(1) クリプト植物門

単細胞の藻類であり、淡水産と海水産のあわせて200種ほどが知られている。鞭毛虫に紅藻由来の共生体が取り込まれて誕生したと考えられている。四重膜の葉緑体がありクロロフィルaのほかに、クロロフィルcとフィコビリンタンパク質をもつ。二分裂によって殖えるが、少数ながら有性生殖も知られている。

(2) 黄色植物門（不等毛植物門）

大型海藻のコンブ、ホンダワラ、ワカメなどを含む約300属2,000種からなる褐藻や1.8億年前に出現した10万種を超える珪酸質の細胞壁をもつ珪藻のほか、黄緑色藻、ラフィド藻、真眼点藻、ペラゴ藻など十数綱が知られ、海水、淡水、温泉、そして土壌にも分布する。褐藻綱を除くと、いずれも単細胞性の藻類である。四重膜の葉緑体があり、光合成色素にはクロロフィルaのほかに、クロロフィルc、

フコキサンチン，キサントフィルをもつ。

(3) ハプト植物門

海産の小さな藻類であり，細胞を被う炭酸カルシウムの殻（円石）をもつ円石藻など70属300種ほどが知られている。鞭毛に類似した付属物であるハプトネマがあり，付着したり，餌を捕獲したりする働きがある。四重膜の葉緑体をもち，光合成色素にはクロロフィルaのほかに，クロロフィルcと19´ヘキサノイルオキシフコキサンチンをもつ。

(4) 渦鞭毛植物門

単細胞の藻類で2本の鞭毛をもつ。多くは海洋プランクトンである。半数の種類は葉緑体がなく食作用を行う従属栄養生物である。二分裂などの無性生殖によって殖える。褐虫藻のようにイソギンチャクやサンゴなどの細胞内に共生しているものもある。サンゴに共生している渦鞭毛藻では光合成産物の約90％をサンゴへ供給している。葉緑体は三重の包膜に囲まれ，クロロフィルaのほかにクロロフィルc，それに渦鞭毛藻特有のカロテノイドとしてペリディニンをもつ。

渦鞭毛植物門の一部には，緑色植物と同じくクロロフィルbをもつものも知られている。また，ペリディニンの代わりに黄色植物と同様にフコキサンチンをもつものや，ハプト藻にみられる19´ヘキサノイルオキシフコキサンチンをもつものがみつかっている。これらでは取り込まれた黄色植物やハプト藻が葉緑体化したと考えられている。

3-4-2 緑色植物が葉緑体の提供者となって誕生した藻類

(1) クロララクニオン植物門

浅い海岸に生育する4属4種からなる単細胞性の藻類である。四重膜の葉緑体が存在し，光合成色素にはクロロフィルaのほかにクロロフィルbをもつ。アメーバの一種に緑色藻類が取り込まれて葉緑体化した植物とみなされている。

(2) ユーグレナ植物門（ミドリムシ植物門）

ミドリムシに代表される単細胞または群体を構成する藻類で，淡水，汽水，海水に分布する30属800種以上が知られている。三重膜の葉緑体をもち，光合成色素にはクロロフィルaのほかにクロロフィルbをもつ。ミドリムシのように光合成を行う種のほかに，捕食などによって栄養をもっぱら外から摂取する無色の種も数多く存在する。

3-5 陸上植物

コケ植物門，ヒカゲノカズラ植物門，トクサ植物門，シダ植物門，種子植物門の5つの門が存在する。ヒカゲノカズラ植物門のマツバラン目を独立させて門とすることもある。陸上植物は一次植物であり，光合成色素はクロロフィルaのほかにクロロフィルbとカロテンをもっている。

3-5-1 コケ植物門

セン類，タイ類，ツノゴケ類の3綱からなり約1,000属18,000種が知られている。コケ植物には維管束はないものの，スギゴケなどの茎には通道組織が分化している。本体は配偶体のn世代であり，ゼニゴケ（図3-1）のような葉状体型とスギゴケ（図3-2）のような茎葉体型とがある。雌雄同株が多いが，性染色体をもち，雌雄異株のものも知られている。雌雄異株を例にあげると，雄株の造精器内で生じた精子は泳いで雌株の造卵器のなかで卵と受精

図3-1　ゼニゴケ（コケ植物　タイ類）

図3-2 ウマスギゴケ（コケ植物 セン類）

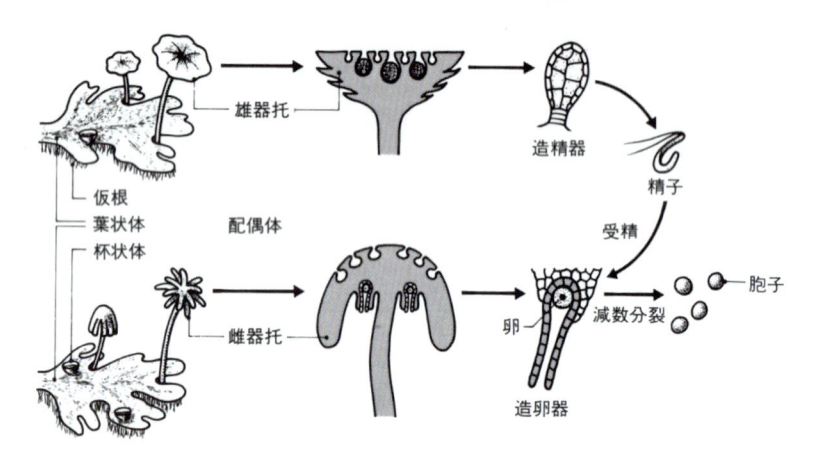

図3-3 ゼニゴケの生活環

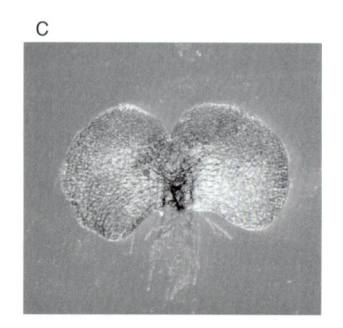

図3-4 シダ植物。(A) リチャードミズワラビ，(B) カニクサ，(C) 前葉体。

し，雌株に寄生したまま細胞分裂を繰り返して成長して2n世代の胞子体になる（図3-1）。胞子体では減数分裂が行われ胞子が形成される（図3-3）。胞子は発芽後，光合成を行う原糸体を形成する。やがて原糸体のところどころに20-30細胞からなる球状体を生じ，本体が形成される。無性芽や再生芽による栄養繁殖も行っている。

3-5-2 シダ植物（ヒカゲノカズラ植物門，トクサ植物門，シダ植物門）

　種子を形成しない無種子維管束植物がシダ植物であり，ヒカゲノカズラ類（5属800種），マツバラン類（2属4種），トクサ類（1属15種），シダ植物（320属1万種）がある。葉には大葉，小葉，輪葉の三型がある。配偶体と胞子体は独立して生活する。私たちが目にするシダは胞子体（2n世代）である（図3-4A, B）。胞子葉の胞子嚢内に形成された胞子

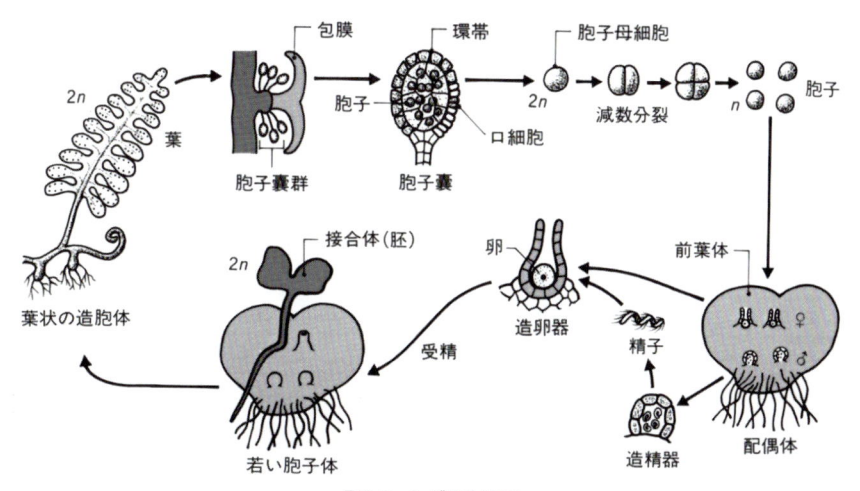

図3-5 シダの生活環

母細胞から減数分裂を経て染色体数が半減した胞子ができる。胞子は発芽して成長すると2-3 mmほどの配偶体である前葉体（n世代）になる（図3-4C）。前葉体では造卵器と造精器が形成され、造精器内で生じた精子は、雨の日などに泳いで造卵器のなかで卵と受精し、受精卵から$2n$の胚が形成される。胚が成長して胞子体になる（図3-5）。なお、コモチシダやホソバイヌワラビなどでは無性芽による栄養繁殖も行われている。

3-5-3 種子植物門
(1) 裸子植物亜門

種子ができるため、被子植物とあわせて種子植物とよばれる。種子植物の中でも胚珠が心皮に包まれずに鱗片の表面に裸出している植物群が裸子植物である。胞子体が成長し、発達する。雌性配偶体（胚嚢）は胞子体に寄生している。雄性配偶子のほとんどは精細胞であるが、ソテツとイチョウでは精子が形成される。イチョウ、ソテツ類、針葉樹（球果植物）類、マオウ類、グネツム類の4綱800種ほどが知られている。そのうちの650種ほどは針葉樹である。

裸子植物は風媒花であるために、おびただしい数の花粉を生じる。大量に植林されたスギが生産する花粉は風によって運ばれることから、多くの人々に花粉症を発症させ、社会的問題になっている。

(2) 被子植物亜門

双子葉植物と単子葉植物に分けられ、22万種ほどが知られている。1年生や2年生の草本、多年生草本、それに木本がある。淡水や海水に分布する植物、寄生生活や腐生生活をする植物、それに食虫植物も知られている。被子植物には雌ずいと雄ずいをともにもつ両性花が咲く種と、雌花と雄花の単性花をつける種とがある。キュウリやカボチャは雌花と雄花が1つの個体に咲く雌雄同株植物であり、キイやホップは異なる個体に咲く雌雄異株植物である。花の雌ずいの胚珠にある胚嚢母細胞は、減数分裂によって4個の細胞になるが、そのうちの1個が胚嚢細胞である。胚嚢細胞からは3回の分裂によって1個の卵細胞、2個の助細胞、2個の極核をもつ中央細胞、3個の反足細胞のあわせて8核7細胞からなる胚嚢（雌性配偶子）が形成される。胚嚢には普通型の他にいくつかの型が知られている。花粉は減数分裂によって雄ずいの葯の花粉母細胞1細胞から4個できる。花粉細胞の核は分裂して花粉管核と生殖核とになり、受粉後、花粉管が伸長する間に生殖核はさらに分裂して2個の精核が形成される。1個の精核は卵細胞と受精して$2n$の胚細胞になり、残りの1個の精核は、中央細胞の2個の極核の融合によって生じた中心核と受精して$3n$の胚乳細胞になる。この受精様式は重複受精とよばれている（図3-6）。胚と胚乳はやがて分裂成長して種子を形成する。このような有性生殖とともに、多くの植物では、さまざまな方法による無性生殖が行われている。有性生殖で増殖する場合は、減数分裂によって生じた配偶子は互いに幾分かではあっても遺伝子が異なる。受精によって異なる配偶子間での核の合体が起こるため、生じた個体は遺伝的に異なってい

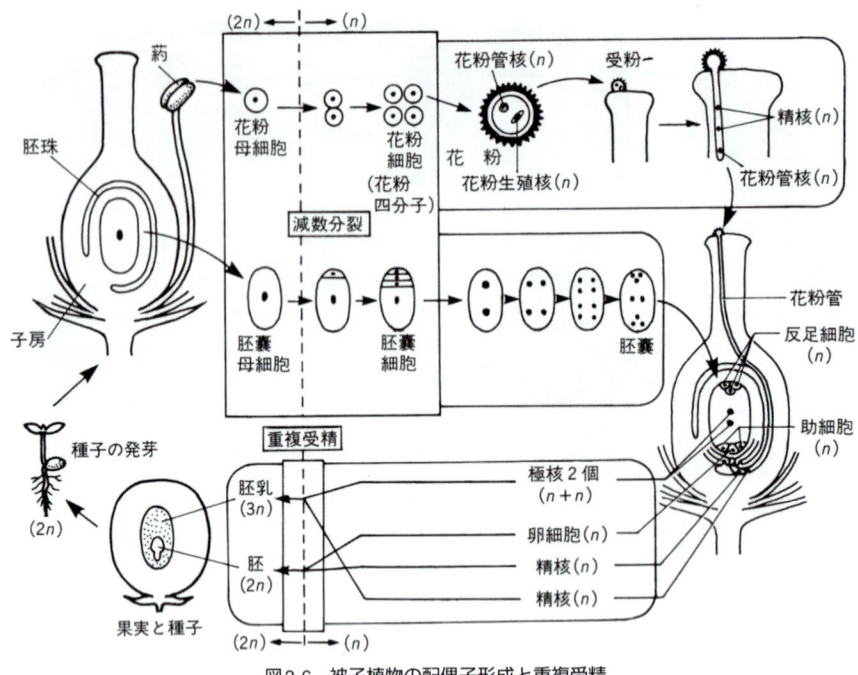

図3-6　被子植物の配偶子形成と重複受精

る。無性生殖で増殖する場合は，親個体と遺伝的に同一の均一な集団が短期間に形成される。有性生殖では，遺伝的に多様な個体が生じるために，多様な環境により適した個体や環境の変化への適応力が高い個体も生じ，環境の変化に対応した繁殖能力の大きい集団が形成される。

参考文献

井上薫：藻類30億年の自然史（第2版），東海大学出版会，2007.
西田治文：植物のたどってきた道，日本放送出版協会，1998.

4 生命科学の歴史と植物

- 紀元前4世紀。アリストテレスの弟子テオフラストスは多くの植物を集め，その研究成果を『植物誌』としてまとめ，植物学の基礎を築いた。
- 1世紀。ローマの医者ディオスコリデスは『薬草学』を著した。
- 4-11世紀。ヨーロッパでは科学は停滞したが，ギリシャとローマの植物に関する知識はイスラム圏に伝えられた。
- 12-15世紀。イタリアに最初の大学が創立され，イスラム圏からキリスト教国にギリシャとローマの植物に関する知識が伝えられた。
- 16-17世紀。イタリアに最初の大学付属植物園が創設された。また，顕微鏡の発明によって植物のコルク細胞が発見された。
- 18-19世紀。リンネは植物分類学を，メンデルは植物の遺伝学を確立した。植物の呼吸，光合成，酵素，核，葉緑体などが発見された。また，植物の生殖，光屈性，浸透現象などの仕組みが解明された。
- 20-21世紀。植物ホルモン，光周性，フィトクロムが発見されるとともに，光合成をはじめとする多くの植物機能が分子水準で解明された。

はじめに

植物科学のルーツは古代の薬草学にある。人類は，植物を食物として利用するだけではなく，薬理作用をもつ植物を薬草（薬用植物）として傷，病気，体質改善などに利用してきた。薬用植物に関する最古の文献は，紀元前1600年頃エジプトでつくられたエドウィン・スミス・パピルスとよばれる医学書である。植物科学の創始者テオフラストス（Theophrastos，前372-前約287）がギリシャに現れたのは，さらに1300年近く後のことであった。薬草学は古代から中世にかけて植物科学の主要な分野を占め，のちにそこから植物分類学が誕生した。

4-1 古代・中世の植物科学

4-1-1 アテネの植物学

ギリシャの哲学者アリストテレス（Aristotle，前384-前322）は動物学の祖といわれる。彼は紀元前335年にアテネに学校『リュケイオン』を開学した。

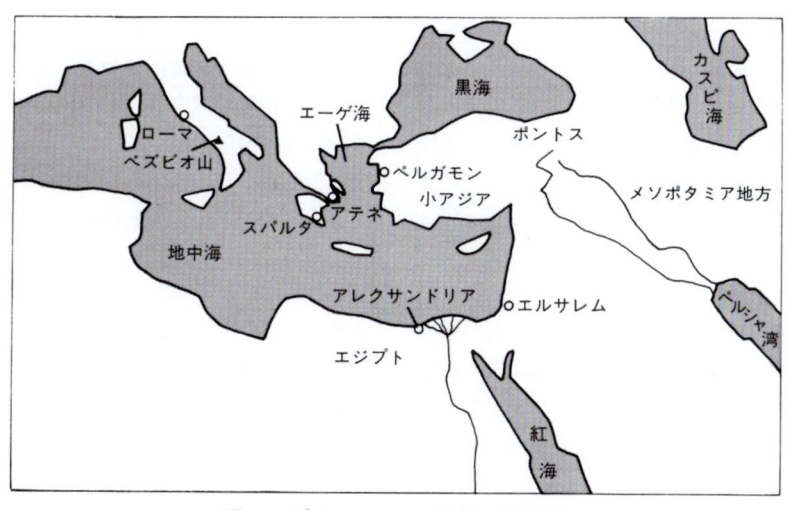

図4-1 ギリシャ・ローマ時代の参考地図

動物学の分野での彼の仕事は約500種の動物を収集し，解剖したことである。彼が行った動物学の講義は，『動物誌』，『動物の部分』，『動物の発生』として現代に伝えられている。最初の植物学者はアリストテレスの弟子のテオフラストスである。彼は約450種の植物が植えられているリュケイオンにあったアリストテレスの庭園を受け継いだ。この庭園は，知られている限り，もっとも古い植物園である。彼は研究結果を『植物誌』，『植物原因論』としてまとめた。彼は植物を，喬木，灌木，亜灌木，草本の4つに分類し，植物の形態を記載した。また，彼は特殊な地域や立地に生育する特異的な植物を記載するとともに，木材の利用法，食料としての植物など実用的なことがらも紹介した。彼は薬用植物のリストもつくった。テオフラストスが命名した植物名や，彼が採用したカルポス（果実），ペリカルピオン（果皮）といった術語は現代でも用いられている。また彼は，高等植物が有性生殖を行うことを明らかにしたが，その知識は古代文明が終わる頃には失われていた。

4-1-2　アレクサンドリアの植物科学

紀元前3世紀頃になると学問の中心はアテネからエジプトのアレクサンドリアに移った。ここにはリュケイオンを模範としてムセイオンがエジプト王プトレマイオス2世（Ptolemaios, 前309-前246）によって創立された。今日の博物館の名称であるmusiumはこのムセイオン（mouseion）を語源とする。ムセイオンはおよそ600年間続いた。ムセイオンでは数学，天文学，地理学などが発展した。生物学の分野では解剖学を基礎においた医学が進歩した。アリストテレスは心臓が知的活動の場であると考えていたが，紀元前3世紀の前半にはじめて公然と人の解剖を行ったヘロフィロス（Herophilos, 前約335-前約280）はそれが脳であることを発見した。また彼は，神経が運動と感覚を支配していることに気がついた。さらに，同時代の医学者エラシストラトス（Erasistros, 前約310-前約250）は神経が脳と連絡していることを発見した。一方，この時代の植物学はテオフラストスの域を越えることはなかった。紀元前2世紀になると，医学の中心はアレクサンドリアから小アジアに移った。そして紀元前1世紀初頭に，ポントス王の侍医クラテウアス（Krateuas, 前120-前63）は収集した薬用植物をはじめて図解した。

4-1-3　ローマの植物科学

ローマ帝政初期の政治家プリニウス（Plinius, 23-79）は50年に『博物誌』を著した。これは37巻からなる百科辞典で，人文科学から自然科学までを網羅していた。植物の項では，植物の栽培法，食糧や医薬品への加工法などが述べられている。また，紀元77年ごろ，医師であったディオスコリデス（P. Dioscorides, 盛期60）が『薬草学』を著し，約500種の薬草をクラテウアス流に図解した。この本は中世からルネサンスにかけて薬草学の教科書として広く利用された。

動物学の分野で特筆すべき人物はガレノス（Galenos, 約129-約200）である。ガレノスは解剖と各器官の機能に関する古代の知識を集大成して131編の医学文書を著し，生理学の基礎を築いた。彼の理論は中世から近代にいたるまで医学を支配した。当時ムセイオンの医者は，死んだ動物の動脈の中が空であることから，動脈には空気が満たされていると考えていたが，ガレノスは生きた動物の一本の動脈を2か所で縛った後に切り開き，中身が血液であり空気でないことを実験的に証明した。このように，ガレノスは博物学的方法によって研究されていた生物科学に実験科学的手法を取り入れた最初の研究者であったが，生物科学の分野に次の実験科学者が登場したのはおよそ1400年後のことであった。

4-1-4　中世の生物科学

ヨーロッパの中世は，ゲルマン人の侵入とイスラム人の地中海地方への進出によってローマ帝国が崩壊して東西ローマ帝国に分離した4世紀後半から，東ローマ帝国が滅亡した15世紀までである。中世は2つの時期に分けることができる。前半は11世紀のはじめまでの科学の停滞の時代であり，後半は中世の後に誕生する近代科学の胎動期である。

学問的には中世前期は暗黒時代であった。しかし，この時期には，科学の進歩には結びつかなかったが農業の分野でめざましい発展があった。その発展の1つのきっかけは，牛馬の力を借りる車輪付きの重い鋤であった。10-11世紀になると馬がおもに使用されるようになった。その理由は，数頭の馬を縦列に並べて鋤を引くための引き具や蹄鉄が発明されたために，馬の牽引力が古代にくらべると三倍以上に

高まったからである。また，この時代に考案された水車は穀物の粉砕に要する労力を著しく軽減した。

三圃農法も農業生産を高めた。古代から中世前半にかけて地中海地方では1年間作物をつくって翌年は休閑するという二圃農法が行われていた。それに対して3年に一度土地を休閑させる三圃農法が主流となった。三圃農法では，最初の年の冬にコムギを蒔き，翌年はエンドウなどの豆を蒔き，3年目に休閑したので，二圃農法より生産力が高まった。中世前期におけるこのような農業技術の進歩は余剰農産物をつくりだし，やがて商業都市の発達と大学の創立をもたらした。

ヨーロッパの科学が停滞していたとき，イスラム圏では自然科学のめざましい発展があった。アッバス王朝の都バクダットには多くの科学者が集まった。8世紀にインドの医学者マンカ（Manka）はインドの医学書をアラビア語に，そして9世紀にはフナイン・イブン・イスハク（H. Ibn-Ishaq，約809-877）がガレノスの医学書をアラビア語に翻訳した。9世紀には錬金術が西洋と東洋から伝わり，そして，10世紀になると，ペルシャ人の医学者アル・ラジ（Al-Razi，865-925）が当時知られていたギリシャ，インド，中東の医学的知識をまとめた『関連の書』を著した。

植物の紙への加工は人類の文化の発展に大きく貢献した。製紙法は2世紀に漢朝の用度関係の長官であった蔡倫によって発明された。8世紀のサマルカンドでの戦闘でイスラム軍の捕虜となった唐の製紙職人が紙のすき方を回教徒に伝えた。記録の材料として当時中東では羊皮紙が主として用いられていたが，サマルカンドの製紙工場でアマからつくられた紙がそれに代わった。製紙法は9世紀にはエジプトに，11世紀には回教徒が支配していたスペインに広まり，そして12世紀にキリスト教国であるフランスに伝えられた。一方，東洋では中国の製紙法は4世紀には朝鮮に伝わり，日本書紀によると推古天皇の時代610年に高麗の僧によって日本に伝えられたという。

10世紀になると回教圏の科学の中心はバクダットからカイロに移った。995年カイロにはファテマ王朝によって『科学の家』が創立され，医学や天文学が研究された。また10-11世紀にかけて図書館と科学の学会がスペインの回教徒によってコルドバに，ついでトレドにつくられた。11世紀の終わりにトレドは十字軍によって占領され，12-13世紀にギリシャの科学書のアラビア語訳本がラテン語に翻訳された。キリスト教徒の回教徒の科学との接触はスペインとともにシチリアでも行われた。回教徒から解放されたシチリアでは神聖ローマ帝国皇帝フリードリヒ2世（Friedrich，1194-1250）の援助によって，13世紀にアリストテレスの生物学書がラテン語に翻訳された。そして15世紀になるとテオフラストス，プリニウスらの著作がアラビア語からラテン語へ翻訳された。

最初の大学は1113年頃イタリアのボロニアに創立された。そして1181年頃にフランスのモンペリエに，1222年頃にイタリアのパドヴァに大学が生まれた。当時の大学は，神学，法学，医学の三学部

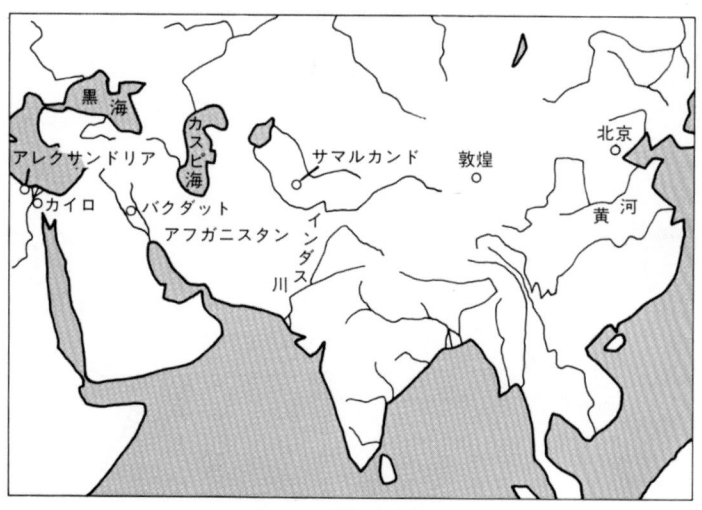

図4-2　中世の参考地図

からなり，生物学は医学の一部であった。中世の最も偉大な生物学者はパリの神学教授であったアルベルトゥス＝マグヌス（Albertus Magnus, 1193-1280）である。彼はアリストテレスの全著作を研究し，医学の分野では1250年頃に彼自身の知識も加えて『動物の書』を著すとともに，植物に関しては『野菜と植物一般について』を著し，その中で，日陰では植物の茎が日なたより速く成長して徒長する現象について述べた。また，パドヴァ大学の医学部教授ピエトロ＝ダバノ（Pietro d'Abano, 1257-1315）は1306年頃にアルベルトゥス＝マグヌスの植物学に関する知識を『地方の利便の書』の中で紹介し，彼自身も接ぎ木や害虫などについて述べた。

4-2　16-17世紀の生物科学

この時代は資本主義的な経済活動が始まった時代である。都市の職人の社会的地位は高まり，彼らがもっていた経験的知識は大学の学者の理論的研究と結びついて近代科学の誕生を助けた。13世紀にアリストテレスの生物学はアルベルトゥス＝マグヌスによってキリスト教神学のスコラ哲学の中に組み込まれたが，15-16世紀になると神学とは離れ，北イタリアのパドヴァ大学ではアリストテレスの動物学や自然学が医学部の予備科目として教えられるようになった。この時代に古典のまま復活したアリストテレスの経験主義的な思想は16-17世紀にかけて成立する近代生物学の基盤となった。さらに近代生物学の成立を助けたのは，新たな研究の手段と組織の発達であった。

4-2-1　顕微鏡と植物園の誕生

顕微鏡がオランダ人のヤンセン（H. Jansen, Z. Jansen）父子によって発明されたのは1590年である。顕微鏡で細胞を発見したのはイギリスのフック（R. Hooke, 1635-1703）である。彼は1665年に著した『ミクログラフィア』で植物のコルク細胞を記載した。1545年には最初の大学付属植物園がパドヴァに設立されて，植物学の発展に重要な役割を演じた。また，同大学のギーニ（L. Ghini, 1490-1556）によって発明されたとされている押葉は，遠方に生育する植物や植物が生育できない時期にその研究を行うことを可能にした。

4-2-2　学会の誕生

17世紀になるとヨーロッパの各地に自然科学のサークルや学会があいついで創立された。最初のサークルは1603年ローマで誕生した山猫クラブである。この会の趣旨は，山猫のように鋭い目で自然を観察することであった。会員のガリレイ（G. Galilei, 1564-1642）は友人のために顕微鏡をつくり，この会からハチの顕微鏡観察に関する本が出版された。また，フィレンツェでは1651-1667年にかけて実験アカデミーが活躍し，この会には神経の働きを研究していたイタリアのボレリ（G. A. Borelli, 1608-1679）などの生物学者が参加していた。1662年ロ

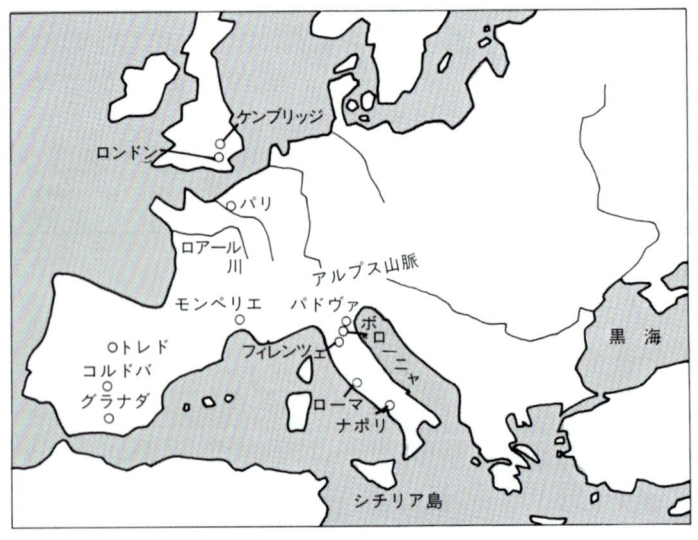

図4-3　中世と16-17世紀の参考地図

ンドンに王立協会が設立された。この会の趣旨は，自然の働きを科学的に解明し，自然に関する知識を人間生活に役立てるというものであった。王立協会という名が付けられているが，その運営は国王からの経済的援助なしに行われた。それに対して，1666年にフランスに創立されたパリ科学アカデミーは国の援助のもとに運営された。この会の創始者である政治家のコルベール（J. B. Colbert, 1619-1683）は科学が国家の産業の発展に寄与すると考えていた。

4-2-3 古典生物学からの脱却

イギリスの政治家で哲学者であったベーコン（F. Bacon, 1561-1626）の思想は近代生物学成立の基礎となった。彼はケンブリッジでアリストテレスの哲学を学んだが，その哲学には批判的であった。その理由はアリストテレスの哲学が議論や論争には役立っても，人間の生活や福祉に役に立っていないと考えたからである。彼の死後発表された未完のユートピア物語である『新アトランチス』の中でベーコンは，航空機，潜水艦，人工雨，合成金属などが発明された理想国家を描いている。この小説の中には，政治は学問を振興することによって人類の福祉の向上をはかるべきであり，そのためには科学の共同研究所を設立することが必要である，という彼の主張が盛り込まれている。また彼は，自然の法則を知るためには物事を観察するだけではなく，仮説を立てて実験することが必要である，と主張した。ベーコンのこのような考え方は，17世紀のヨーロッパ各地での学会のあいつぐ誕生と，系統学へと発展する近代博物学と，因果関係を解明する実験生理学の誕生を促した。

ガレノスの時代から禁止されていた死体解剖が教皇によって許可されたのは15世紀のことである。それによって，ガレノスの解剖学の修正が行われ，これが16世紀の比較解剖学と発生学の発展の基礎となった。またこの時代の実験生理学者イギリスのハーヴィ（H. Harvey, 1578-1657）は，心臓の運動とそれによる血液循環の機構を解明し，1628年に「心臓と血液の運動」という論文を発表した。

4-2-4 近代植物学の誕生

医学から独立して近代植物学が生まれたのは16世紀の頃である。その誕生は，医薬品として植物に博物学的興味を抱いていた何人かの医者が関わった。彼らは，古典の抜粋から抜け出して，自分で観察した植物図を描いた。また，テオフラストスの記載した植物は地中海地方のものが主であったが，16-17世紀にかけて，ドイツ，フランス，オランダ，スペインで各国の植物の記載が行われた。一方，16世紀の中国では李時珍（1518-1593）が『本草綱目』という薬物学に関する本を著した。この本は17世紀に朱子学者林羅山（1583-1657）によって徳川家康（1542-1616）に献上された。

テオフラストス以来，植物はそれ自身の特性にもとづく生物学的分類法と薬用や鑑賞用といった実用的分類法が混用されてきた。しかし1561年に，ドイツのコルドゥス（V. Cordus, 1515-1544）は花の形態にもとづいて植物を分類した。また，土に植えたヤナギを雨水だけで5年間育てたベルギーの医師ヘルモント（J. B. Helmont, 1577-1644）の実験は植物の栄養に関する研究の先駆けとなった。彼は，5年間でヤナギの重さが5ポンドから169ポンドに増えたのに，200ポンドの土の重さはわずか2オンスしか減少しなかったことから，植物の成長には水が大事だと考えた。また，ドイツのカメラリウス（R. J. Camerarius, 1665-1721）は，トウモロコシの雄花を除くと種子ができないことをみいだして，テオフラストス以来忘れられていた高等植物が有性生殖を行うという事実を1694年に再発見した。

4-3　18-19世紀

4-3-1　産業，農業革命と生物学

ヨーロッパでの16-17世紀は商業の発達した時期である。それに対して，18-19世紀は農業と産業革命が起こった時期である。農業の近代化は農作物の種類を増やした。品種改良技術は農業革命を助けるとともに，遺伝学発展のきっかけとなった。また，農業の近代化は食生活の多様化をもたらし，発酵工業や食品工業を発展させた。農地改革による休閑地でのクローバの栽培は飼育家畜数を増やした。家畜の病気の予防や治療，アルコール発酵時の酸敗防止に関する研究は微生物学発展の基礎となった。さらに，産業革命による都市人口の急増は環境悪化をもたらし，コレラや発疹チフスなどの伝染病が猛威をふるった。そのために，当時のイギリスの都市労働者の平均寿命は15歳で，上流階級でも35歳であった。このような状況のもとで，都市の大気汚染は光

合成の研究の糸口となり，伝染病流行は微生物学と免疫学の発展の基礎となった。また，産業革命による鉱山の開発と運河の掘削は地質学と古生物学発展の基礎となった。1810年にベルリン大学が創立された。ドイツの化学者リービヒ（J. Liebig, 1803-1873）が1825年にギーセン大学につくった実験室はその後の化学実験室の模範となった。そして19世紀中ごろになると，イギリスとフランスとともに，ドイツがヨーロッパの科学の中心のひとつとなった。企業が科学技術の開発にはじめて乗り出したのはドイツであった。染料を植物に依存していた当時の染色会社は合成染料を開発し，有機化学の発展の基礎を築いた。ヨーロッパの産業革命の時代に日本では，向井元升（1609-1677）が中国から伝わった『本草綱目』を詳しく研究し，その成果は大阪の医師寺島良安（生年1654，没年不詳）が1712年に著した日本最初の百科辞典『和漢三才図絵』のもとになった。また18世紀のはじめに，日本の本草学書『大和草本』が江戸時代の儒者で博物学者であった貝原益軒（1630-1714）によってまとめられた。

4-3-2　生殖と遺伝の謎の解明

　生物の生殖の謎が解明されたのもこの時代である。1780年イタリアのスパランツァーニ（L. Spallanzani, 1729-1799）はズボンをはかせた雄カエルに雌を抱かせて実験を行い，受精における精子の役割を調べた。そして，19世紀に発生には卵と精子が必要なことが明らかにされた。高等植物の生殖を研究したイタリアのアミチ（G. B. Amici, 約1786-1863）は花粉管が子房内に伸びて珠孔に達することを1830年に観察している。この発見は1877年のドイツのシュトラスブルガー（E. Strasburger, 1844-1912）による植物の受精過程の解明を助けた。その2年後動物の受精過程がスイスのフォル（H. Fol, 1845-1892）によって解明された。受精の仕組みの解明は，アリストテレスの後成説に対抗して17世紀後半に台頭した前成説，すなわち，目にはみることができないが，発生の開始時に各器官の形態がすでに完成しているという説を否定した。

　交雑，特に植物の交雑の研究はオーストリアのメンデル（G. J. Mendel, 1822-1884）による1865年の遺伝法則発見の基礎となった。当時クローバにつぐ主要な休閑地作物であったエンドウの交雑実験を行ったイギリスのナイト（T. A. Knight, 1759-1838）は1820年代にすでに子葉の色の優性と分離の現象に気がついていた。1863年のフランスのノーダン（C. Naudin, 1815-1899）による遺伝実験は優性と分離の法則を示唆するものであった。メンデルの発見はその当時の人々の注意を引くことができず，忘れ去られてしまった。しかし，メンデルの死後，1900年にオランダのドゥ=フリース（H. De Vries, 1848-1935），ドイツのコレンス（C. E. Correns, 1864-1933），オーストリアのチェルマク（E. S. Tschermak, 1871-1962）らは，それぞれ独立に遺伝法則を発見し，それがメンデルのそれと同じであることを知った。

4-3-3　進化論の登場

　この時代の生物学における成果のひとつは進化論の登場である。その成立には，自然分類法と交雑の研究が大きな役割を果たした。化石の科学的研究と比較解剖学的な事実にもとづいて，フランスのラマルク（J. B. P. A. M. Lamarck, 1744-1829）は1809年に『動物の哲学』を著し，進化は獲得形質の遺伝によると主張した。一方，イギリスのダーウィン（C. Darwin, 1809-1882）は1859年に発表した『種の起源』の中で，進化が種間の競争による自然淘汰によって起こると主張した。

4-3-4　リンネの植物分類学

　植物分類学の分野では17世紀にスイスのボァン（G. Bauhin, 1560-1624）によってはじめられた二名法が，スウェーデンのリンネ（C. Linné 1707-1778）が1753年に発表した『植物の種』によって完成された。17世紀にはおよそ数千種の植物が記載されていたが，18世紀になるとその数は三万種を越えた。

4-3-5　細胞学の発展

　16世紀に発明された顕微鏡の最大の欠点は色収差であった。しかし，1791年に色なしレンズを備えた顕微鏡が登場した。また19世紀には，クロム酸，アルコール・酢酸，オスミウム酸を用いる固定法が開発された。この時代にカーミンやヘマトキシリンを用いる染色法も開発され，やがて細胞構造の染め分け技術も登場した。さらにスイスのヒス（W. His, 1831-1904）による薄い組織切片をつくるミクロトームの発明（1870）やドイツのアッベ（E.

K. Abbe, 1840-1905) による油浸レンズ法の開発（1879）はより詳細な顕微鏡観察を可能にした。

　1827年にイギリスの植物学者ブラウン（R. Brown, 1773-1858）は，花粉を顕微鏡で観察していたときに，花粉が破れて出てきたデンプンなどの微粒子が水中で無秩序な運動，すなわちブラウン運動することを発見した。彼はまた，1833年に植物細胞の核を発見した。その数年後には動物でも核が発見された。1835年にはドイツのモール（H. Mohl, 1805-1872）によって植物細胞の分裂による増殖が観察され，成長が細胞数の増加によることが明らかになった。1887年にはフランスのバルビアニ（E. G. Balbiani, 1825-1899）が染色体を発見し，その3年後にはドイツのフレミング（W. Flemming, 1843-1905）がその分裂像を顕微鏡観察した。1880年代にはユリやイモリの染色体数が決定され，1887-1890年頃に植物と動物で減数分裂が発見された。また，1901-1904年の頃，ドゥ＝フリースやアメリカのサットン（W. S. Sutton, 1876-1916）などは，配偶子の形成とその融合過程における染色体の行動がメンデル因子の行動と一致することから，生物の形質を決定する遺伝子が染色体上に存在すると主張した。

4-3-6　植物生理学の確立

　切除実験は内分泌学の進歩に貢献した。ドイツのベルトルト（A. A. Berthold, 1803-1861）は1849年にニワトリの精巣の切除と移植実験によって精巣が二次性徴を支配していることを明らかにした。その後同様な手法によって，甲状腺，副腎，脳下垂体などの機能があいついで解明された。これらの内分泌器官の機能がこれらの器官から血液中に分泌される特定の化学物質（ホルモン）の働きによっていることは，器官の抽出物の注射実験によって確認された。1901年に高峰譲吉（1854-1922）がウシの副腎から単離したアドレナリンは最初に構造が明らかにされたホルモンの例である。しかし，ホルモンの概念を確立したのはイギリスのスターリング（E. H. Starling, 1866-1927）とベーリス（W. M. Bayliss, 1860-1924）である。彼らは，胃酸によって刺激されて小腸粘膜から分泌され，血流に乗って膵臓に達して膵液の分泌を引き起こす化学物質セクレチンに「ホルモン」という名称を1902年にはじめて用いた。

　切除実験は植物ホルモンの発見にも重要な役割を果たした。ダーウィンは，ビーグル号での航海の途中訪れたアンデスの山中で甲虫にかまれてかかった風土病のために晩年は健康に恵まれず，自宅の温室で息子のフランシス（F. Darwin, 1848-1925）と植物の運動現象を研究した。彼は，1880年に発表した論文『植物の運動力』の中で，カナリヤソウの幼葉鞘が光に向かって屈曲するときに，幼葉鞘の先端を切除すると屈曲がみられないことを記載した。この観察から，彼は，光刺激を感受した幼葉鞘の先端部から下方に情報が伝達されて，屈曲が起こると考えた。光刺激の情報伝達物質であるオーキシンが植物から抽出されてその構造が決定されたのはダーウィンが没してから約50年後であった。

　実験植物生理学の基礎を築いた一人であるダーウィンは公的な研究機関に属さないで生涯アマチュアとして研究を行った。後に述べるが，植物の呼吸，光合成，栄養などの謎を解明したのは，化学や医学の研究者であった。最初の職業的植物生理学者は1868年にドイツのヴュルツブルグ大学の植物学の教授となったザックス（J. Sachs, 1832-1897）である。彼は光合成，無機塩類の吸収と栄養，成長調節などを研究して，実験植物生理学の基礎を築いた。彼の研究室には多くの国から学徒が集まり，彼のもとで学位を得た研究者が植物生理学をさらに発展させた。彼の弟子の一人であるドイツのペファー（W. Pfeffer, 1845-1920）は1877年に植物細胞の浸透圧に関する研究を行い，原形質膜の存在を予言した。また，ダーウィンは植物に関する研究を行うために息子のフランシスをザックスのもとに送り，植物生理学研究の基礎を修得させた。

　ザックスによる植物生理学の確立を助けたのは，1727年に『植物静力学』を著し，植物体内での水の移動を実験的に証明したイギリスの牧師ヘールズ（S. Hales, 1677-1761）と，1804年に『植物の化学的諸研究』を著したスイスのソシュール（N. T. Saussure, 1767-1845）である。また，植物が空気中から炭酸ガスと土壌から無機塩類と窒素を吸収することを明らかにしたドイツの化学者リービヒも植物生理学の成立を助けた一人である。

4-3-7　呼吸の謎の解明

　1780年フランスのラヴォアジェ（A. L. Lavoisier, 1743-1794）は，動物の呼吸の過程で失われる気体

が燃焼過程で失われるものと同一であることから，呼吸は本質的には燃焼と同じであることを明らかにした。彼はこの気体に酸素という名称を与えた。呼吸の本質は理解されたが，次の問題は生体の中で燃焼がどこで起こるのか，またなぜ燃焼が低温で可能なのかという点であった。スイスのギルタナー（C. Girtanner, 1760-1800）が1790年に暗紅色の静脈血液が酸素を吸収すると鮮紅色の動脈血液に変化することを発見して以来，生体内での燃焼の場が血液であると考えられていた。しかし，血液が酸素と炭酸ガスの交換の場であって，燃焼の場，すなわち酸素を吸収して炭酸ガスを放出する場所が組織（細胞）であることが解明されたのは19世紀の半ばである。そして，生体内での燃焼が低温で行われる仕組みの解明は，20世紀になって呼吸における酵素反応の役割が明らかになるまで待たなければならなかった。

4-3-8　植物のガス交換の謎の解明

植物におけるガス交換の研究がはじまったのは18世紀のことである。イギリスのヘールズ（S. Hales, 1677-1761）は1727年に発表した『植物静力学』の中で，植物が空気中の成分を吸収することを明らかにした。それについで，1772年イギリスの化学者プリーストリ（J. Priestley, 1733-1804）は密閉した容器中でロウソクに火をつけるとやがて消えてしまうが，そのあと容器に植物を入れて明所で放置すると，やがてロウソクの燃焼が再び可能になることを発見した。植物の空気浄化作用に興味を抱いたオランダの医師インヘンフース（J. Ingenhousz, 1730-1799）は1779年に，植物体のうち緑色の葉や茎がそのような作用をもち，その際日光が必要であること，また光がないときには植物はかえって空気を害することをみいだした。そして，酸素と炭酸ガスの元素組成が明らかにされた後の，1796年になって，スイスのスヌビエ（J. Senebier, 1742-1809）が，植物が二酸化炭素を吸収して酸素を発生することを明らかにした。このようにして植物における呼吸と光合成の存在が明らかにされた。そして，1851年にフランスのガロー（L. Garreau, 1812-1892）とドイツのモール（H. Mohl, 1805-1872）が植物において呼吸と光合成が同時に行われることを証明したことによって，はじめて植物の呼吸と動物のそれが同じものであることがわかった。光合成における光

の役割を明らかにしたのは，エネルギー保存の法則を発見したドイツのマイヤー（J. R. Mayer, 1814-1878）である。1845年に，彼は光合成において光エネルギーが化学エネルギーに変換されることを示した。ドイツのマイエン（F. J. F. Meyen, 1804-1840）は葉を顕微鏡で観察して葉緑体を1838年に発見した。ドイツのザックスは1862年に，光があたった葉緑体でデンプンが形成されることを発見し，光合成の場が葉緑体であることを証明した。

4-3-9　植物生態学の誕生

ドイツのフンボルト（A. Humboldt, 1769-1859）の『植物地理学』（1805）やダーウィンの『種の起源』（1859）が生態学の成立に影響を及ぼした。生態学の確立に大きな役割を果たしたのは，デンマークのヴァルミング（J. E. B. Warming, 1841-1924）である。彼は，植物生態地理学の体系化を行い，植物の生活型や植物群落の遷移という概念を1884年に提出した。遷移に関する実証的研究はアメリカのカウルズ（H. C. Cowles, 1869-1939）によって行われた。1899年彼は，湖の岸が後退するにしたがって植物群落が進出することから，湖岸に遷移の初期の状態が残っていることを明らかにした。

4-3-10　酵素学の成立

消化に関する研究が酵素化学の成立のひとつのきっかけとなった。消化に関する実験を最初におこなったのはフランスのレオミュール（R. A. F. Réaumur, 1683-1757）である。彼は1752年に，小さな穴のあいた金属の管に肉を入れて動物に飲み込ませ，しばらくしてその管を取り出すと肉がとけていることをみいだした。この研究は，ドイツのシュヴァン（T. Schwann, 1810-1882）による胃のペプシンの発見（1836）につながった。植物では，デンプンを分解する物質がオオムギに存在することが，1811-16年にかけてロシアのキルヒホフ（G. S. C. Kirchhoff, 1764-1833）によって明らかにされた。ついで，フランスのペイアン（A. Payan, 1795-1871）とスイスのペルソー（J. F. Persoz, 1805-1868頃）が，デンプンをデキストリンに，デキストリンを糖に分解する物質がオオムギに存在することを1833年に発見し，これをジアスターゼ（アミラーゼと同じ）と名づけた。1837年スウェーデンのベルツェリウス（B. J. J. Berzelius, 1779-1848）は，ジアスターゼは

白金や硫酸などの無機物と同様に化学反応を速める性質があると主張して，触媒の概念をはじめて確立した。また彼は，生体内では数千の触媒反応が行われていると主張した。1876年ドイツのキューネ（W. Kühne, 1837-1900）は生体がつくるこのような触媒に「酵素」という名称を与えた。酵素反応の基質特異性を明らかにしたのはドイツのフィッシャー（E. Fischer, 1852-1919）である。彼は1898年に，アルコール発酵に有効なのは16種の単糖のうち3種だけであることをみいだし，酵素と基質の立体構造が基質特異性を決めると考えた。彼のこの考えは，酵素反応の鍵－鍵孔モデルの先駆けとなった。19世紀のはじめにアルブミンやカゼインが発見されており，これらの物質にタンパク質という名がつけられたのは1838年である。1926年にアメリカのサムナー（J. B. Sumner, 1887-1955）によってナタマメのウレアーゼが精製されて，酵素の本体がタンパク質であることが証明された。

4-3-11　微生物の発見

微生物学の基礎を築いた研究者の一人はフランスのパスツール（L. Pasteur, 1822-1895）である。彼は，アルコール発酵と乳酸発酵がそれぞれ酵母菌と乳酸菌によって起こることを1857年に発見した。発酵や腐敗が病気や傷口の化膿に関連していることは当時すでに知られていた。イギリスのリスター（J. Lister, 1827-1912）は化膿が微生物の作用であると考えて，当時下水の悪臭を防止するために利用されていた石炭酸を化膿を防ぐために傷口に塗る方法を1867年に開発した。当時は外傷や手術によって50％近くの患者が死亡していたが，石炭酸の利用によって死亡率は約15％に低下した。そして，19世紀の終わりには免疫現象が発見され，血清療法が開発されるきっかけとなった。

4-4　20-21世紀

4-4-1　基礎科学研究所の誕生

20世紀のはじめに国家や巨大資本によってあいついで基礎科学研究所が誕生した。アメリカではロックフェラー研究所（1901），カーネギー研究所（1902），国立衛生研究所（1905）が，ドイツではフランスのパスツール研究所（1888）に対抗してカイザー＝ヴィルヘルム協会研究所（1911）が設立された（1948年にマックス＝プランク研究所と改称された）。また，日本では，国民科学研究所が必要であるという高峰譲吉の提唱によって，1917年に財団法人理化学研究所が発足した。その設立は日本の最初の大学，東京帝国大学創立の40年後であった。研究・教育機関としての大学とともにこれらの研究所が生物学の発展に果たした役割は大きなものであった。

20世紀になると生物学の研究の中心はヨーロッパからアメリカに移った。その原因はアメリカの経済的な発展と，二度の大戦によるヨーロッパ経済の疲弊であった。しかし，生物学における独創的で理論的な研究は比較的研究条件の悪いヨーロッパの研究所，たとえばケンブリッジ・キャベンディッシュ研究所（クリック（F. H. C. Click, 1916-2004）のDNA構造解析）やパスツール研究所（ジャコブ（F. Jacob, 1920-）とモノー（J. L. Monod, 1910-1976）のタンパク質合成調節機構モデル）で行われ，その実証は研究費の豊富なアメリカで行われた。

4-4-2　生物学の細分化と再統合

20世紀は，生物学の専門化・細分化と統合が行われた時代でもある。伝統的な生理学，発生学，分類学にくわえて19世紀の中ごろにはじまった細胞学，微生物学，遺伝学，生化学，生態学がいっそう発展した。分子生物学は1960年代に成熟し，微生物学，生化学，遺伝学がその成立を助けた。分子生物学は，遺伝学，生化学，発生学，生理学をさらに発展させるとともに，進化論に関しても分子水準の検討を行う道を開いた。また進化論と系統学は分類学にも大きな影響を及ぼした。ドイツのエングラー（H. G. A. Engler, 1844-1930）は進化の系統に合わせて植物を分類し，1924年にいわゆるエングラーの体系をつくり上げた。さらに，チェコのパシャー（A. Pascher, 1881-1945）は，鞭毛，同化色素，同化産物を基本とする藻類の分類体系を1931年に確立した。

20世紀中頃になると，生物のもつタンパク質のアミノ酸配列や遺伝子の塩基配列を用いて系統解析する分子系統学が登場した。この新しい解析法によって，1990年代に被子植物のAPG植物分類体系が生まれた。1735年，リンネは生物を動物界と植物界の2つに分けた（2界説）。その後，原生生物が発見されると1894年に3界説，1959年にはモネラ界を

加えた5界説，さらにウーズ（C. R. Woese, 1928-）は，1977年にrRNAの分析をもとにモネラ界を古細菌界と真正細菌界に分けた（6界説）。その後1990年に分子系統学的知見をもとにして，彼は既存の界を頂点とする分類体系の上にさらに3つのドメイン（超界），すなわちドメイン真正細菌，ドメイン古細菌，ドメイン真核生物を置くことを提唱した。

4-4-3　生化学の発展

20世紀の生物学の特徴のひとつは，化学が生命現象の分子水準での解明に大いに貢献したことである。筋肉のエネルギー供給系の研究によって，解糖作用の進行に熱に不安定な物質の存在が必要であることが知られていた。それがATPであることがドイツのローマン（K. Lohmann, 1898-1978）によって発見されたのは1929年のことである。そして，1933年になるとドイツのマイヤーホフ（O. Meyerhof, 1844-1951）によって筋肉や酵母における解糖系の正確な反応経路が解明された。また，ドイツのクレブス（H. A. Krebs, 1900-1981）とイギリスのジョンソン（W. A. Johnson, 1913-1993）によるハトの胸筋の呼吸の研究はクエン酸回路（TCA回路，クレブス回路ともいう）の存在を1937年に明らかにし，それが動植物に普遍的に存在することを示した。

光合成という言葉が使われるようになったのは1898年の頃である。イギリスのブラックマン（F. F. Blackman, 1866-1947）は光合成が明反応と暗反応からなることを1905年にみいだした。1906年にはクロロフィルの分子構造がドイツのヴィルシュテッター（R. Willstätter, 1872-1942）によってX線回析法で解明された。また，イギリスのヒル（R. Hill, 1899-1991）は，葉緑体の懸濁液にシュウ酸第二鉄を加えて光を照射すると酸素が発生することを1938年に発見した（ヒル反応）。そして1954年に，アメリカのカルヴィン（M. Calvin, 1911-1997）が放射性同位体とペーパークロマトグラフィーの併用によって炭酸ガス固定回路を解明した。このペーパークロマトグラフィーの実験には，日本から留学中の川口信一（1920-1990）が貢献した。

4-4-4　分子遺伝学の成立

分子生物学は1950年頃に1つのまとまった学問体系として成立したが，その成立にも化学が果たした役割は大きい。スイスのミーシャー（J. F. Miescher, 1844-1895）はすでに1871年に白血球の核からDNAを発見していたが，その化学構造の解析は1930年代の後半から研究されはじめ，1953年にアメリカのワトソン（J. D. Watson, 1928-）とイギリスのクリック（F. H. C. Crick, 1916-2004）によって解明された。1935年にアメリカのビードル（G. W. Beadle, 1903-1989）とフランスのエフルシー（B. Ephrussi, 1901-1979）によって行われたショウジョウバエの眼原基の移植実験は，眼の色素形成が酵素を介して遺伝子によって支配されていることを明らかにした。そして，1940年代にビードルはアカパンカビの栄養要求突然変異の研究から一遺伝子－一酵素説を提唱した。DNAが遺伝子の本体であることは，アメリカのエイブリー（O. T. Avery, 1877-1955）らによる肺炎双球菌の形質転換現象の解析から1944年に確定された。さらに，1961年フランスのジャコブとモノーは遺伝情報の発現調節のモデルを提唱した。

1990年代になると，非コードRNA（タンパク質に翻訳されないがなんらかの機能をもつRNA）の生物学的機能が注目された。非コードRNAの大部分は転移RNAとリボソームRNAであるが，タンパク質に翻訳されないミクロRNA（miRNA）が発見された。これらのミクロRNAはある特定の遺伝子のmRNAに相補的な配列をもち，その遺伝子の発現を抑制することが明らかになった。1998年に発見されたRNA干渉（RNAi）で働くsiRNA（small interfering RNA）もミクロRNAの例である（16章参照）。

4-4-5　植物成長生理学の発展

19世紀の後半に行われたダーウィンの光屈性の研究は，オランダのケーグル（F. Kögl, 1897-1959）による1933年の植物ホルモン，オーキシンの単離と構造決定のきっかけとなった。その後，ジベレリン（1935），エチレン（1934），アブシジン酸（1963-1965），サイトカイニン（1964），ブラシノステロイド（1970），ジャスモン酸（1971），サリチル酸（1987），ペプチドホルモン（1991）などの植物ホルモンがあいついで発見された。また，植物の光形態形成を支配する光周性（1920）や微弱な赤い光に反応するフィトクロム（1959）や光屈性に関与し，青い光に反応するフォトトロピン（1997）や花芽形

成や概日リズムに関与するクリプトクローム（1993）などが発見された。20-21世紀にかけて発見された植物の成長に関わる無数の突然変異体は，植物の成長調節機構に関するわれわれの理解を一段と深めた。

4-4-6 新しい実験法・測定装置の発明

これらの学問の進歩を支えたのは，新しい実験手段と実験装置の開発であった。電子顕微鏡（1932）の開発は，細胞の微細構造の理解を飛躍的に高めた。透明であっても屈折率の異なる構造を観察することのできる位相差顕微鏡（1953）は，生きた細胞の核分裂過程における染色体の行動などを明らかにした。原理が1953年に発明された共焦点顕微鏡は，1980年代になるとレーザー光源を用いることによって，高解像度の3次元画像の取得を可能にした。

植物からベンゼンで抽出された色素をマグネシウムの層に吸着させた後ベンゼンで洗うと，緑色のクロロフィルの着色帯の他に黄色のキサントフィルの着色帯を観察することができる。ロシアの植物学者ツヴェット（M. S. Tsvet, 1872-1919）はこのような方法で濃い色素に隠されていたいろいろな植物色素を発見した（1906）。クロマトグラフィー（色の記録の意味）とよばれるこの分離・精製方法はその後さらに工夫が加えられ，分配クロマトグラフィー（1941），ペーパークロマトグラフィー（1944），イオン交換クロマトグラフィー（1950年頃），ガスクロマトグラフィー（1955年頃），分子ふるいクロマトグラフィー（1960年頃），高速液体クロマトグラフィー（1970年代）などがあいついで開発された。また，物質の化学構造の決定に利用される質量分析計（1920年頃），赤外分光光度計（1940年代），核磁気共鳴分析計（1940年代）の開発はクロマトグラフィーとともに化学のみならず生物学の飛躍的な発展の原動力になった。分子生物学の成立には，高速遠心分離機（1923）や電気泳動装置（1950年頃）

の開発は必須のものであった。さらに，1923年にはじめて植物の鉛の吸収の研究に利用された放射性同位体は，1950年代になると原子炉から ^{3}H, ^{32}P, ^{14}C などの放射性同位体が生産されるようになって，光合成などの物質代謝の研究を飛躍的に発展させた。また，1946年に発明されたコンピュータは，現在では生物学の多くの研究に利用されるようになった。

1973年にマリス（K. B. Mullius, 1944-）らによって開発されたポリメラーゼ連鎖反応（PCR）はその後改良が加えられて，1985年に好熱細菌（*Thermus aquaticus*）の高温でも安定な TaqDNA ポリメラーゼを使用することによって，極少量の目的の遺伝子を数百万倍に増幅させることを可能にした。ガラスなどの基盤に多数に遺伝子断片を固定したDNAチップ（DNAマイクロアレイ）の開発は，チップ上の遺伝子断片と生体から抽出したmRNAを逆転写酵素によって相補的なDNA（cDNA）に変換したものとをハイブリダイゼーションすることによって，生体内で発現している遺伝子の発現量を網羅的に解析することが可能になった。さらに，生育条件の異なる生体から抽出されたRNAから調製したcDNAを2種類の蛍光色素で標識してハイブリダイゼーションを行えば，ホルモンや光などが遺伝子発現にどのような影響を及ぼすかを定量的に測定することが可能になった。また，タンパク質の発現に関しても，抽出したタンパク質を蛍光色素で標識し，二次元電気泳動で分画し，タンパク質のスポットの蛍光強度とスポットの質量分析によって，ホルモンなどがどのタンパク質の発現にどのような影響を及ぼすかを，コンピュータの支援を得て解析できるようになった。

参 考 文 献

中村禎里：生物学の歴史，河出書房新社, 1983.
八杉龍一：生物学の歴史，日本放送出版協会, 1984.

5

根

- 根は維管束植物において発達した植物の基本器官であり，地上部を支持し，水と無機養分を吸収する。
- 根の解剖学的な形態は植物種を越えてよく保存されており，中心柱における維管束の配列様式は放射中心柱とよばれる形態をとる。
- 根は根以外の器官からも発生し，それらは不定根とよばれる。双子葉植物は，主根が発達する主根根系を形成する。一方，単子葉植物は，不定根（節根）が多数発生するひげ根系を形成する。
- 根は，軸方向に沿って先端から基部に向かって，根冠，分裂域（根端），伸長域，成熟域に分けられる。根端には，自分自身は未分化な状態を保ちながら分裂を続ける始原細胞と静止中心がある。
- 根の横断面を観察すると，外側から，表皮・皮層（外皮・内皮を含む）・中心柱（内鞘・維管束を含む）で構成されている。
- 水と無機養分の吸収は，根の先端に近い，若い部分でもっとも活発に行われる。
- 内皮には疎水性物質のスベリンが沈着したカスパリー線が形成され，溶質や水の放射方向の輸送のアポプラストにおけるバリアとなる。
- 食に関係の深い根菜類の貯蔵根は，形成層の活動により肥大成長を行い，柔細胞に種々の貯蔵物質をえた根である。

　根は植物を大地につなぎとめ，水や養分を大地から吸い上げる重要な器官である。しかし，根は地中で成長するため観察[1]が容易ではなく，他の器官と比べてわかっていないことが多いため，"hidden half"とよばれてきた。しかし，根の解剖学的な形態が植物種を越えてよく保存されていること，器官発生がシュート（Shoot）[2]ほど複雑ではなく細胞系譜[3]を追跡しやすいことなどから，根は植物の器官発生のモデルとして注目を集め，分子生物学的手法の適用によって近年は研究が急速に進んでいる。本書の中では，根は最初に解説される器官であるため，植物の全体的な体つくり（ボディ・プラン）にふれながら根の外部形態を概説し，つぎに根の内部形態と器官発生をふまえた上で根からみた維管束植物の進化についても考える。また根の生理機能と，私たちの食に深い関わりをもつ貯蔵根についてもふれる。

5-1　植物の器官と根の外部形態

　水中で生活する藻類や，進化して陸上に上がったコケ植物には，仮根とよばれる単純な構造が存在する。仮根は1細胞または1細胞列からなり，支持体に付着し物質を吸収するが，藻類やコケ植物は本当の根をもたない。植物体は根・茎・葉の基本器官で成り立っている。光を得るために地上に発達させた茎と葉，そして水と無機養分を得るために地中に発達させた根を植物体がもつようになったのは，コケからさらに進化して維管束をはじめてもったシダ植物である。維管束を発達させることにより水や無機養分を効率的に輸送することによって，植物は陸上で大型化するようになった。

　茎が分枝するように，根も側根を出して分枝する（図5-6(a)）。シュートにおいて分枝からまた分枝が出るように，根においても側根からまた側根が発生する。シュートが，葉・腋芽・節・節間を1単位とするモジュール構造の積み重ねでできているのと同様に，根も側根から次の側根までの部位を1単位と

---

[1] 地中の根をみるためにはリゾトロンとよばれる装置が用いられる。
[2] 植物の3つの器官（根・茎・葉）のうち茎と葉を合わせたもの。
[3] 発生過程において，個々の細胞がどのように分裂し，それ以降どのように細胞分化するかということに着目し，個体や器官の発生を細胞レベルで記述したもの。

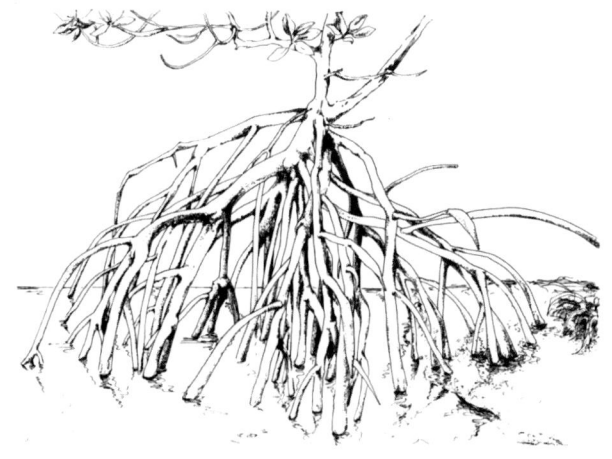

図5-1　マングローブ樹種であるヤエヤマヒルギの気根。機能的には支柱根としてはたらいている。

するモジュール構造の積み重ねでできているとする考え方もある。こうしたモジュール構造の積み重ねでシュートはシュート系を，根は根系を形成する。それぞれの器官は，組織の集まりである組織系が集まることでつくられており，個々の組織系は共通の機能と構造をもつ細胞群からなる組織が集まってつくられている。

根の中には特異な自然環境に適応したり，特殊な機能の獲得により，一般的な根からかけ離れた形態をとる場合もある。たとえば，熱帯の湿地帯において巨大な地上部を支えるために発達したサキシマスオウノキの板根，やわらかい汽水域の土壌において地上部を支えるために発達したヤエヤマヒルギなどの気根（図5-1），泥や水中に生育する根の中に酸素を送り込むために発達したオヒルギやヌマスギの呼吸根，宿主の組織に侵入し養分を吸収するために発達したヤドリギなどの寄生根，他の植物などの表面に付着してよじのぼるのに役立つキヅタの付着根，空気中に出ていて雨や霧の水分を吸収し保持する着生ランの気根，葉緑体を発達させ光合成を行うカワゴケソウの同化根など，さまざまな根が知られている。また根から，シュートを形成する不定芽が出る場合もある。

5-2　根の内部構造

根の内部構造すなわち解剖学的な形態は植物種を越えてよく保存されている。その理由は地上と比べると地中の方が環境が安定しているためと考えられている。茎の中心柱[4]における維管束の配列様式は多様であるのに対し，おおむねヒカゲノカズラ類以外の維管束植物の根の解剖学的な形態は，放射中心柱とよばれる配列様式をとる（図6-6）。根の内部構造の多様性が低いことは，若い根の先端部を観察するとわかりやすい。根の構造を，細胞や組織の発達段階によっていくつかの領域に分けると，軸に沿って先端から基部に向かって，根冠（root cap），分裂域（根端），伸長域，成熟域に分けられる（図5-2）。根端（root apex）は，根の頂端分裂組織（成長点）とそれに由来する一次組織[5]からなる。根端においては常に細胞分裂が繰り返され，根冠側と基部側に細胞が送り出される。根端も茎頂（シュート頂，shoot apex，11章）と同様に，自分自身は未分化な状態を保ちながら分裂を続ける始原細胞（initial cell）を中心とする分裂組織からなり，組織・器官の形成に重要なはたらきをする。ただし，根端の場合は分裂組織が根冠によって覆われているという点が，根端と茎頂の大きな違いである。シダ植物の根端には頂端細胞とよばれる始原細胞が1個しかないが，被子植物の根端には，表皮・皮層・中心柱・

---

[4] 内皮よりも内側の部分をさす。
[5] 頂端分裂組織から直接的に分化して形成された組織のこと。これに対して，形成層などの二次分裂組織から新たにつくられる組織を二次組織とよぶ。

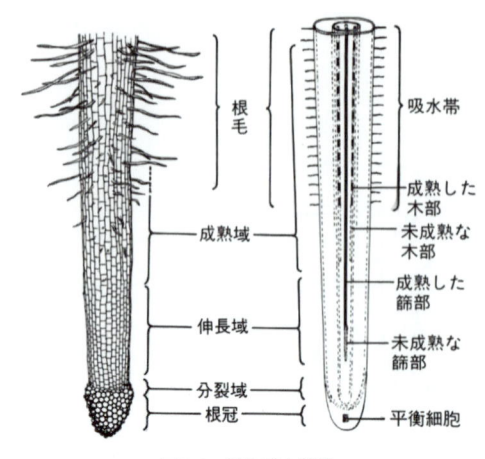

図5-2 根の基本構造

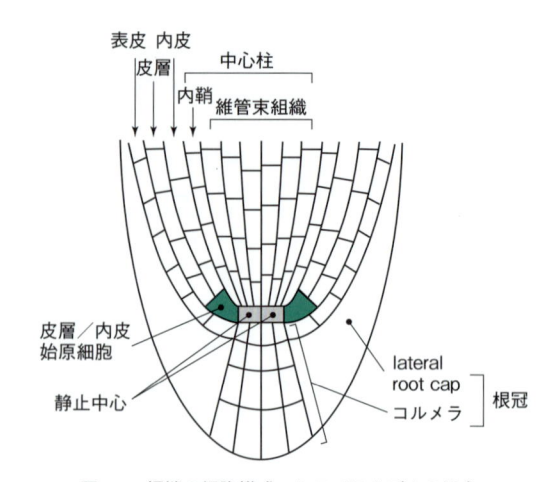

図5-3 根端の細胞構成。シロイヌナズナの場合。

根冠を形成する細胞を産生する複数の始原細胞群があり，また通常はあまり分裂しない静止中心（quiescent center）とよばれる細胞群がある（図5-3）。静止中心は，それを取り囲む始原細胞群の維持に関わると考えられている。

根冠は，根が土壌粒子をかきわけて成長する際の先頭に立つ部分であり，根冠のすぐ後方にある分裂組織を保護する役割を果たす。根冠はムシゲルとよばれる，アラビノース，ガラクトース，ガラクツロン酸，フコースなどを主成分とする粘性多糖を土壌中に分泌する。ムシゲルは根の成長の際に根と土壌粒子との摩擦を和らげ，根を乾燥から保護し，また根と土壌粒子の間を橋渡しして養分吸収にも貢献していると考えられている。根冠の細胞は，先端側の始原細胞群の分裂によって増加するが，根冠の外層では，根冠の細胞が剥がれ落ちていくことで，根冠は一定の形を保つ。根冠の内部には，中央部にコルメラ細胞とよばれる平衡細胞群があり，重力ベクトルの方向を感知して根の重力屈性を引き起こす（12章）。

根の伸長域においては，細胞が急激に伸長し，また維管束系が形成され始める。成熟域ではさまざまな細胞が分化・成熟し，皮層の最内層である内皮にはカスパリー線（Casparian strip，後述）が形成され，また一部の表皮細胞からは細胞の一部が突出して伸長した根毛が形成される（図5-2）。成熟域で根の横断面を観察すると，外側から，表皮・皮層（外皮・内皮を含む）・中心柱（内鞘・維管束を含む）

が形成されている（図5-7）。場合によっては表皮直下の細胞層に木化[6]した下皮が形成され，物質移動に対するバリアとなって根を守る役割をする場合がある。またイネなどの湿生植物の場合のように，根における酸素不足を防ぐため，皮層が細胞死を起こして通気組織を形成することもある。

5-3 根の発生

植物の胚発生の過程では，心臓型胚の時期がある。この時期には，前形成層，基本分裂組織，前表皮が形成される。これらは，始原細胞群から派生した部分であるが，将来，中心柱・皮層・表皮をそれぞれ分化する（図5-4）。そして種子中で完成した胚においては，胚器官である胚軸と子葉があり，胚軸の上端から幼芽が，下端から幼根が形成される（図

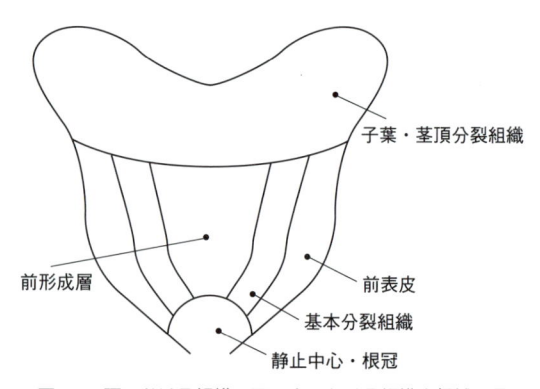

図5-4 胚における組織。胚の中における組織や領域の予定運命を示す模式図。

6）細胞壁にリグニンが蓄積され組織が強固になる現象。

5-3 根の発生

8-15, 16)。発芽とともに幼芽と幼根がそれぞれ求頂的に成長し，それぞれシュートおよび主根（main root, taproot）になる。このように2つの極性をもつシュートと根の出方の関係を2極性体制とよび，種子植物の典型的な発生形態である。植物体はその後，何本もの根を発達させて，根系を形成する。根以外の器官（胚軸・茎・葉）から発生する根を不定根（adventitious root）という。挿し木した枝から出る根も，不定根である。

被子植物の中でも双子葉植物と単子葉植物では，根系の発達のしかたが異なっている。双子葉植物では，発芽するとまず1本の主根が出て，その後で側根（lateral root）が出て主根根系（直根系，図5-6(a)）が形成され，地中に深く潜入する。単子葉植物では主根はあまり発達せず，茎の下部の節から不定根（図5-5）が多数発生する。このような根系をひげ（状）根系とよぶ（図5-6(b)）。イネ科植物ではこの不定根が顕著であり，この場合の不定根は節根あるいは冠根ともよばれる。一般的にひげ（状）根系の分布は主根根系より浅くなる。種子中で形成されている根は種子根（seminal root）とよばれる。主根は1本であるから種子根も1本の場合が多い。しかし，幼根にすでに側根を生じている場合もあり，コムギの場合5-6本の種子根が発生する。植物の成長に伴って根の数と長さは増加するので，個体全体でみるとそれらは膨大な数になる。16週齢のライムギの個体で，根の数は1,300万本，その総延長が500 kmにもなったという報告がある。

茎に枝がつくられるのと同様に，根には側根がつくられて分枝という形で既存の器官に新しい器官が発生することで，このように膨大な数の根をもつ根系が形成される。側根の形成においては，側根の頂端分裂組織が，中心柱の最外層にある，内鞘から発生し（図5-7），皮層と表皮を突き破って成長する。不定根の場合も，茎などの内部で維管束の近くに頂端分裂組織が形成され，皮層表皮を突き破って現れる。この点は側根の発生と同様である。このように，器官の発生が内部の組織から起こり，表層組織が器官の発生に関係しない発生様式は内生的な発生とよばれる。一方，種子植物の茎の分枝つまり新しいシュートの発生においては，頂端分裂組織は一般的には葉腋の表面とその近傍の細胞からつくられる。このように表層をまきこんだ形で器官が発生する発生様式は外生的な発生とよばれる。この違いが根と茎の発生様式の違いの特徴である。このことは広く種子植物とシダ植物のシダ類・トクサ類に当てはまる。これらのグループは皆，主根が中心になり側根が単軸分枝という様式で分枝する。しかし，これが当てはまらない少数のグループも存在する。維管束植物の中で原始的なヒカゲノカズラ類は，根が分枝（この場合は二又分枝）するときに外生的に発生する。茎や葉と比べて根の化石が乏しいため，根の起源については化石の記録からはほとんどわからない。そのような状況において，以上のような根の発生についての形態学的知見は，根のみならず維管束植物そのものの起源と進化を解明する上で重要である。分子系統解析によってもヒカゲノカズラ類がコケに近いことがわかっており，これらを考え合わ

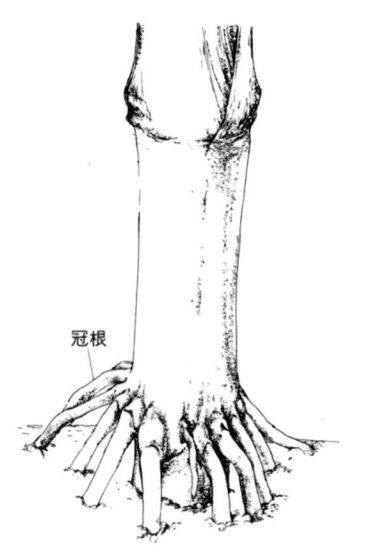

図5-5 トウモロコシの茎の節の近くから発生する不定根。冠根ともよばれる。機能的には支柱根としてはたらいている。

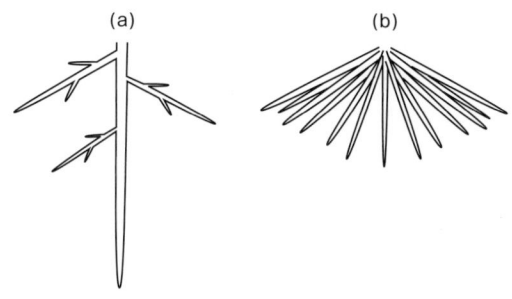

図5-6 根系の発達を表す模式図。(a) 主根根系 (b) ひげ（状）根系。

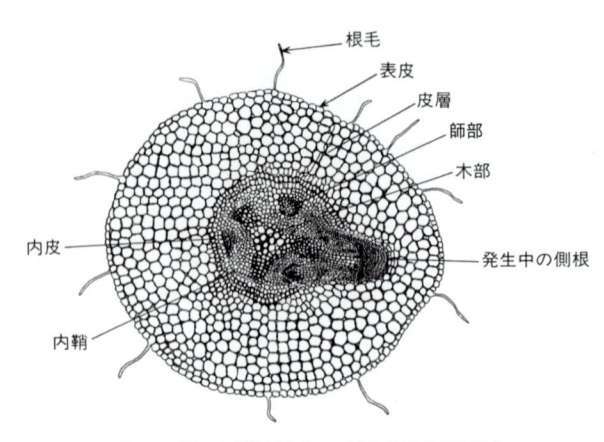

図5-7 根の内部組織（エンドウの根の横断面）

せると，植物の進化の過程でヒカゲノカズラ類が維管束植物の基部で分岐したと考えられる。

5-4 根の水分・栄養吸収機能

5-4-1 根毛からの吸収

根のもっとも重要な生理機能は水と無機養分の吸収である。すべての生物の間を循環する無機養分の大部分は植物が根から吸収したものである。根からイオンの形で吸収する無機養分は多量養分（N, K, Ca, Mg, P, S, Si）および微量養分（Cl, Fe, B, Mn, Na, Zn, Cu, Ni, Mo）に分けられる（20章参照）。水と無機養分の吸収は，根の先端に近い若い部分でもっとも活発に行われる。そこでは，根の表面に，根毛がびっしり生え，根の表面積を増やす。根毛は土壌粒子の隙間に入り込み，土壌と根の接触面積を増やして活発に水や無機養分を吸収する。植物を移植すると，しばらくは水を十分に与えないといけないが，それは移植により根の表面と土壌の接触がいったん絶たれるためである。4か月育てて草丈が50 cmになったライムギの根で調べた例では，1個体に140億本もの根毛が生じ，根毛の全表面積は約370 m^{2}に達しており，根毛以外の根の部分の表面積約230 m^{2}と合わせると，根全体の表面積は実に600 m^{2}にもなることが明らかにされている。

植物が土壌から吸水をすることができるか否かは，根と土壌の間の水ポテンシャル（17章参照）の差に依存する。水の分子は水ポテンシャルの高い方から低い方へ移動する。水ポテンシャルは，溶質ポテンシャルと圧ポテンシャル（静水圧にあたる水ポテンシャル）の和であるが，一般的には土壌中の水には溶質はあまり溶けていないので，土壌中の溶質ポテンシャルは無視され，圧ポテンシャルのみ考慮される。特に，土壌中では，粒子と粒子の間に毛細管現象が発生し，土壌が水を保持しようとする力が生じる。この力はマトリック・ポテンシャルとよばれ，圧ポテンシャルの一種である。その度合いは土壌の種類に依存しており，土壌粒子が小さくなるほど，土壌の隙間つまり毛細管の半径が小さくなってマトリック・ポテンシャルは低くなり，根が土壌から水を吸いにくくなる。土壌粒子が非常に細かいと，一見したところ湿っているようにみえても，マトリック・ポテンシャルの値が非常に低いため根は水を吸えないという状況が起こりうる。また逆に，海岸や河原の砂地などでは，土壌粒子が粗いため，水を保持しにくく，土壌が乾燥しがちになる。湿った土壌で水が十分ある状態なら，土壌中のマトリック・ポテンシャルはゼロに近く根は水を吸うことができる。しかし，土壌が乾燥し土壌中の空気の含量が増大するにつれて，水はより小さな隙間に入り込んで空気と水の界面の曲率半径が小さくなるため，マトリック・ポテンシャルの値が非常に低くなる。土壌が乾燥していき，根が水を吸えなくなったときの土壌の水ポテンシャルを永久しおれ点（permanent wilting point）という。

根毛の発達は土壌の水分含量の影響を受け，乾燥土壌における方が多湿土壌よりも発達する。水耕栽培された根には根毛はほとんどみられないことが多い。また，自然環境下では根は自力で水と養分を吸収しているだけではなく，強力な助っ人をもっていることをみすごすことはできない。裸子植物のすべ

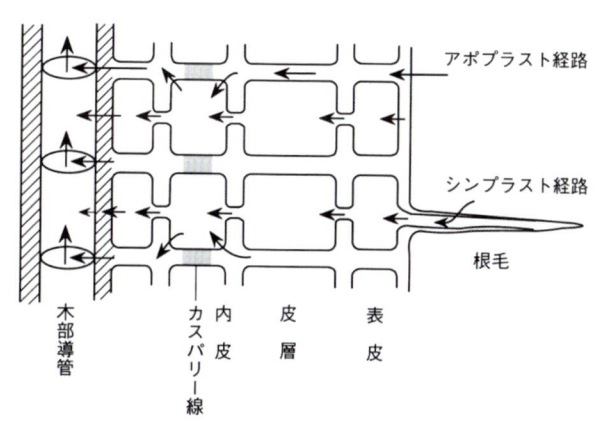

図5-8 根における溶質や水の移動経路を示す模式図（縦断面）

てと，単子葉植物と双子葉植物の8割が菌類と共生した根をもっていて，これは菌根（mycorrhiza）とよばれる。菌根においては，菌類は植物から有機物の供給を受けて成長し，根の外部の土壌中に菌糸をのばしていて，根の長さ1 cmに対して，菌糸は3 m以上も展開している場合がある。菌類が土壌から吸収した水と無機栄養を植物はもらっている。

5-4-2 放射方向の輸送

根毛や根の表皮細胞から取り込まれた溶質や水は，アポプラスト（apoplast）[7]の細胞壁部分か，原形質連絡でつながったシンプラスト（symplast）[8]を通って，放射方向を求心的に移動しひとまず内皮に至る（図5-8）。このとき溶質や水は，シンプラストよりもアポプラストの方が通りやすい。しかし内皮では，隣り合う内皮細胞の間の細胞壁の一部にリグニン（lignin）や疎水性物質のスベリン（suberin）[9]が沈着し，また細胞膜が細胞壁に密着したカスパリー線とよばれる構造が形成されており（図5-8），アポプラストにおける溶質や水のバリアとなっている。そのため，大部分の水と溶質は，内皮細胞の中（細胞質）を通って中心柱の内部に入る。したがって，根の構造上において，内皮細胞は水と溶質の吸収を制御する位置にある。中心柱に入った溶質や水はシンプラストから出て，アポプラストである木部へと積み込まれる（この過程はxylem loadingとよばれる）。カスパリー線は，中心柱に入った溶質や水がアポプラストを通じて中心柱から漏れ出ることを防ぐとともに，余計な物質が中心柱に不必要に侵入するのを防いでいると考えられる。カスパリー線はすべての内皮細胞でつながることで，アポプラストにおける物質移動のバリアとしての機能を保証する。カスパリー線の機能についての以上の考え方は，根にトレーサーを取り込ませその分布を顕微鏡観察した結果や，水チャネルタンパク質の発現が内皮を含む部分に多いという事実などにより支持されている。

5-4-3 根 圧

蒸散を盛んに行っている植物体では，根による水の吸収のおもな駆動力は蒸散に由来する。では，春先の落葉樹や，気孔が閉じていて蒸散を行っていない植物体などでは，根は吸水できないのだろうか？ 実は，根は土壌中から吸収した溶質を木部中に積み込むことにより，木部の溶質ポテンシャルを低下させることができ，それにより土壌から水を吸うことができる。これにより水が木部に移動し，道管内の水を上方に押し上げるようにはたらく正の水圧が発生する。この圧力は根圧とよばれる。根圧は根の外側の土壌水と道管内溶質濃度の差に起因するので，夜間や早朝に湿度が高く蒸散が止まった場合でも道管内に水が移動し圧力を生じる。そのため，葉の先端部にある排水孔から排水（guttation）がみられることがある。以上のことから，根圧が発

---

7) 植物体における細胞膜外の総体。細胞壁，細胞間隙，道管内部を含めた，植物体内の細胞外部空間。
8) 植物体において原形質連絡でつながった原形質の総体。
9) 細胞壁のコルク化が起こる場合に，壁中に堆積する物質。ヒドロキシル化された脂肪酸（C18-C26）やフェノール類を含み，細胞壁多糖に結合している。このため，スベリン化が起こった細胞壁は疎水性となり，水やイオンは透過しにくくなる。

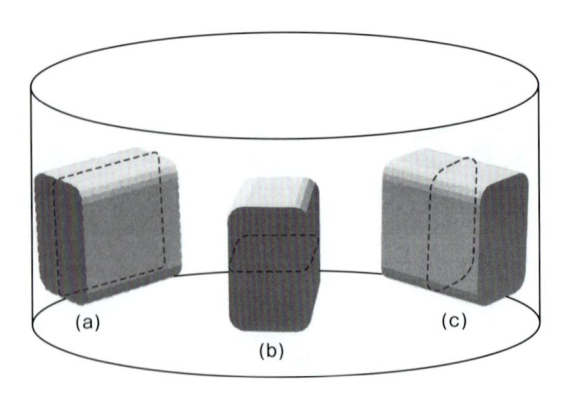

図5-9 分裂方向からみた細胞の分裂様式。(a) 放射分裂，(b) 横分裂，(c) 接線分裂，点線は分裂面を表す。

生するには，内皮に至るまでの細胞膜においてエネルギーを用いて能動的に溶質が取り込まれること，アポプラストにおける水と溶質のバリアであるカスパリー線の存在，シンプラストによって細胞がつながっていることが必須であることが理解できる。

5-5 根の成長

植物の器官・個体の成長は，継続的に起こる細胞分裂と，それに引き続く細胞成長により実現する。成長の様式には，細胞が分裂する組織の違いにより，後述の，一次成長（primary growth）と二次成長（secondary growth）の2通りある。伸長成長と肥大成長については11章で詳しく説明されるが（図11-1），この章では，食との関係が深い根の二次成長について詳しくふれる。

5-5-1 根の一次成長

胚のときから細胞分裂を続けている成長点の細胞分裂による成長は，一次成長とよばれ，植物の軸方向の成長に関係する（図11-2）。成長を細胞分裂の方向という観点からみると，横分裂は根の軸方向の成長に貢献し，放射分裂と接線分裂は拡大成長に貢献する。根の軸方向の成長が継続するのは，始原細胞の横分裂が継続するためである（図5-9）。

5-5-2 根の二次成長

形成層の活動によって二次的に細胞分裂が起こり成長する現象を二次成長といい，おもに肥大成長に関係する。単子葉植物では，一部の例外を除いて形成層は生じないので，肥大成長は起こらない。したがって二次成長はおもに双子葉植物で起こる現象である。根の維管束形成層は，茎と同様に，一次木部と一次師部の間に形成される。根では一次木部と一次師部が交互に配列する放射中心柱なので（図6-6），その配列に影響を受けて形成層は当初は波状の構造をしているが，細胞が増殖し発達するにつれて徐々にリング状に整ってくる。コルク形成層は，茎の場合は外部皮層で形成されるが，根の場合は内鞘が分裂を続けながら，コルク形成層へと変わっていく。その際には皮層や内皮はなくなり，その代わりに周皮が形成される。

根の成長は，本書の共通テーマである「食」と関係が深い。食卓を豊かにしてくれる根菜類である。ただし，根菜類という用語は植物学からみると大変あいまいなもので，根菜類に含まれるジャガイモは地下茎が肥大したものであるし，ダイコンの収穫部分には胚軸の下部も含まれるので，根菜類がすべて根というわけではない。根菜類の中で本当の根の場合には貯蔵根とよばれる。貯蔵根は根が肥大して種々の貯蔵物質を蓄えたものであるが，その肥大はおもに二次成長による。木本類の根では二次木部の大部分の細胞が木化して死ぬのに対し，貯蔵根の場合では一般的に通道組織はそれほど発達せず，大部分が柔細胞となり物質の貯蔵場所となる。シュートからの同化産物がショ糖などの形で根に転流されてきて，師部から積み降ろされ（このことをunloadingという），細胞に貯蔵される。

主根が二次成長する例のうち，ダイコンなどは形成層の内側の木部が肥大する木部肥大型であり，ニンジンなどのセリ科植物は形成層の外側つまり師部が肥大する師部肥大型である。不定根が二次成長するサツマイモの塊根の場合は形成層の活動で柔細胞が増加し肥大する。そして柔細胞のアミロプラスト

（amyloplast）にデンプンが蓄えられる。ダイコンなどの根の肥大成長の場合，形成層の活動にサイトカイニンなどの植物ホルモンが関わると考えられている。サツマイモの塊根の表面にはコルク形成層により周皮が形成されるが，ある温度と湿度の条件において貯蔵を行うことで，周皮が強くなって病原菌の侵入を防ぐなど，貯蔵性が向上することが知られている。

5-6　根から地上器官への情報伝達

根から地上部へは植物ホルモンが送られ，情報が伝達されている。根が乾燥ストレスに曝されると，根冠でのアブシジン酸の生合成が増加し，木部を通って葉に送られ気孔を閉じて蒸散を止める。つまりアブシジン酸は，土壌中の水分状態を葉に知らせるシグナルとしてはたらいている。一方，サイトカイニンはおもに根の先端部でつくられてシュートに送られ，葉の老化を遅らせたり，気孔を開かせたり，葉や側芽の成長を促進したりする。これらの現象については13章などでも述べられる。

参考文献

L. Taiz, E. Zeiger／西谷和彦，島崎研一郎訳：テイツ・ザイガー植物生理学，培風館，2004.
K. Esau：Anatomy of Seed Plants, 2nd Edition, John Wiley & Sons, Inc., 1977.
原襄：植物形態学，朝倉書店，1994.
加藤雅啓：植物の進化形態学，東京大学出版会，1999.
根の事典編集委員会：根の事典，朝倉書店，1998.

6 茎

- 茎は維管束植物の体制を形づくる基本的な栄養器官である。
- 藻類や蘚苔類など，水中，水面または地表面で生活していた植物が光を求めて立ち上がり，シダ植物や顕花植物のような体制に進化したとき，茎が分化し発達したと考えられる。
- 茎は極性のある軸状構造をもち，先端にある頂芽で細胞が分裂増殖し，外側に側芽，葉，花をつくりながら伸長成長する。軸状構造は胚発生の初期に形成される胚軸に由来する。
- 植物個体の体制は茎の伸長と分岐のしかたによって決まる。樹木はそれぞれ固有の体制をもっている。これを樹冠とよぶ。
- 茎の横断面の基本構造は，外側から表皮（周皮），皮層，内皮，維管束，髄である。
- 茎の生理学的機能は，根で吸収した水と無機栄養を木部維管束を通して葉と芽に供給し，葉から同化産物を師部維管束を通して芽と根に輸送することである。
- 茎の維管束の形態は，シダ植物，裸子植物，被子植物で変化するが，根の維管束は共通で，放射維管束，放射中心柱である。
- 維管束細胞の中で，道管や仮道管を構成する管状要素の分化には，オーキシン，サイトカイニン，ブラシノステロイド，フィトスルフォカイン，ザイロジェンなどの因子が働く。
- 草本性の植物の茎では，表皮組織の細胞成長が茎の屈曲や全体の伸長成長を制御している。
- 頂芽は側芽の成長を支配している。この現象は頂芽優勢とよばれ，頂芽からのオーキシン，根からのサイトカイニンと芽での合成によって制御されている。
- ジャガイモ（塊茎）やアヤメ（根茎）など，茎が特殊に発達して栄養の貯蔵器官として働くものもある。また，イチゴやオリヅルランなどは，走出枝（ランナー）を出して栄養繁殖する。

6-1 茎の外部形態

　茎は植物の体制を決めるもっとも重要な器官である。植物の姿形は茎の発達のしかたによって決まると言っても過言ではない。大きな木本植物では主軸となる茎が肥大発達して木質化が進み，幹となる（木本茎）。一方，草本性植物の茎では木質化が進まず，柔らかい（草本茎）。樹木は幹と枝によって葉を空間に配置し，独特の体制を維持している。これを樹冠という。多くの樹木では，遠方から樹冠をみただけで木の種類が判別できる（図6-1）。このように，地上部にあって植物体の外形を形づくっている茎を地上茎という。これに対して，地下にある茎を地下茎という。両者ともいくつかの変化形態がある（表6-1）。

図6-1　いろいろな樹木の樹冠（クスノキ，ヒマラヤスギ，ヤナギ，カイズカイブキ）

表6-1 茎の多様性

地上茎	直立茎	ふつうにみられる直立する茎
	匍匐茎	地表,地下の浅いところに横に伸びる茎（ツユクサの茎,イチゴのランナーなど）
	巻きつき茎	細長い茎で,自立できずに物に巻きついて上に伸びる茎（アサガオなど）
	よじ登り茎	巻きひげ,付着根,とげなどによって他の物に付着したり巻きついたりして上に伸びる茎（キヅタなど）
地下茎	根　茎	棒状で,地下を水平に伸びる茎（タケの仲間,アヤメなど）
	塊　茎	肥大して塊状になった茎で,栄養貯蔵と栄養繁殖の機能をもつ（ジャガイモ,キクイモなど）
	球　茎	直立する茎が球形に肥大したもの（グラジオラスなど）
	鱗　茎	極端に短い円盤状の茎で,まわりに肉質の鱗状の葉が密生して球形になったもの（ヤマユリ,タマネギなど）

6-1-1 地上茎

地上茎にはふつうにみられる直立茎のほかに,匍匐茎（ツユクサ,図6-2）,巻きつき茎（アサガオ）,よじ登り茎（キヅタ）などがある。また,直立茎ではあっても,ロゼット植物の茎はごく短く目立たない。ダイコン,キャベツ,ナズナなどのアブラナ科の植物や,レタス,ホウレンソウなどは,春になって抽だいするまではごく短い茎に葉をつけている。このため,葉は密集し,地面にはりついたような姿勢で冬を越す。

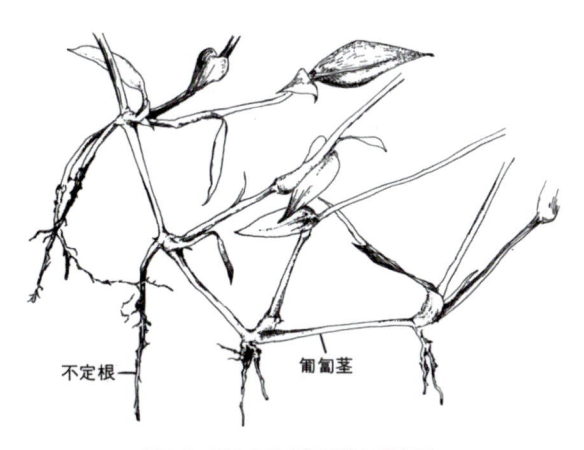

図6-2 ツユクサの匍匐茎と不定根

6-1-2 地下茎

地下茎は文字通り地下を這う茎である。タケの地下茎やハスの地下茎（レンコン）などがよく知られている。これらの植物では,長い地下茎と根が地上部を支え,多数の地上部が地下茎でつながっていて,大きな竹藪が数個体のタケで構成されていることがある。

茎にはもっと目立たないものがある。タマネギ,ヤマユリ,グラジオラス,などの茎である。タマネギやヤマユリの食用になる部分は大部分が肉厚の葉であるが,その基底部に円盤状の短い茎（鱗茎）がある（図6-3）。これらも地下茎の一種である。

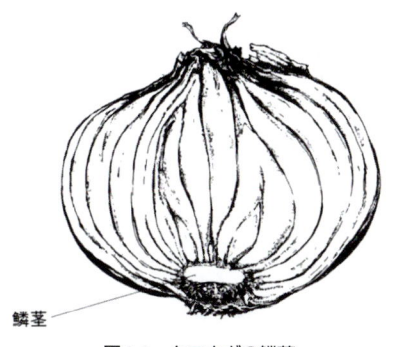

図6-3 タマネギの鱗茎

6-1-3 貯蔵茎

地下茎が貯蔵器官として発達したものが貯蔵茎である。代表的なものはジャガイモで,食用となる部分は地下茎が膨らんだもので塊茎とよばれる。ジャガイモの塊茎にはデンプンが蓄えられているが,デンプン以外の多糖類を蓄える植物もある。コンニャクの球茎にはマンナンが蓄えられており,これを抽出して部分精製したものが食品として利用される。そのほか,漬け物などとして食されるキクイモは,塊茎にイヌリンというフルクトース（果糖）の重合体を蓄えている（23章参照）。ヒトはマンナンやイヌリンを消化できない。

6-2 茎の内部構造

6-2-1 表皮系と皮層

茎は外側から，表皮系，皮層，維管束系，髄といった部分で構成されている（図6-4）。木本性植物では，二次成長（肥大成長）によって表皮だけでは茎の周囲を覆いきれなくなるため，表皮の内側に，コルク層，コルク形成層，コルク皮層からなる周皮が発達し，表皮に代わって，内側にある維管束系を保護する。コルク形成層はふつう，表皮のすぐ内側の皮層にできるが，表皮細胞からできるもの（ヤナギ属，ナス属など）や皮層の中央部付近にできるもの（マツ属など），皮層の内部内側にできるもの（スイカズラ属）もある。

一般に，草本性植物には周皮はなく，一層ないし数層の表皮細胞が皮層の柔組織を保護している。表皮細胞の最外層にはクチクラ層が形成され，ロウや脂肪酸物質の膜が表皮細胞を保護するとともに水の蒸散を防いでいる。表皮細胞の外側の細胞壁は他の部分と比べて分厚く，茎全体の機械的強度の多くを担っている。これに対して，表皮の内側にある皮層は細胞壁の薄い柔組織で構成されており，柔らかく膨潤しやすい性質をもっていて，外側の表皮組織に張力をかけている。スイバの茎やタンポポの花柄を縦割りにして水につけると外側に強く湾曲するのはこのためである。このことから，草本性植物の茎の伸長成長を律しているのは表皮組織であると考えられる。事実，茎の伸長を促進する植物ホルモン・オーキシンは表皮組織の細胞壁の伸展性を増加させて伸長成長を促進することが示されている。

6-2-2 維管束系

維管束は水，無機栄養，同化産物などの通路となる通道組織である。維管束系は茎においてもっともよく発達しており，形態学的にも変化に富んだ複雑な組織である。通道組織は，長軸方向に伸長した管状の組織で構成されている。通常，完全な維管束は木部と師部の2つの複合組織からなっている（図6-5）。

(1) 木　　部

木部は道管，仮道管，木部柔組織，木部繊維で構成されている。道管と仮道管のはたらきは水を上昇させることである。樹木では水の上昇が盛んな季節には太い道管と仮道管が発達する。年輪ができるのはこのためである。年輪は主として温帯や寒帯の樹木の材にはっきりと認められる。春には太い道管の多い春材が形成され，秋には細い仮道管や木部繊維が密な秋材を形成する。

道管は道管細胞が縦に連なったもので，上下の細胞の隔壁は一部または全部がなくなって管状につながっている。仮道管の細胞には上下の細胞壁が存在する。被子植物では道管が，シダ植物と裸子植物では仮道管が木部の主要部を構成する。仮道管はすべての維管束植物に存在する。

木部柔組織は維管束植物全体にあり，特に木本性の双子葉植物で発達している。これらの細胞には原形質があり，デンプンや結晶体などを含む生きた細胞である。

木部繊維は木本性被子植物に多くみられるが，シダ植物と裸子植物には存在しない。

(2) 師　　部

師部は，師管，伴細胞（随伴細胞）師部繊維，師

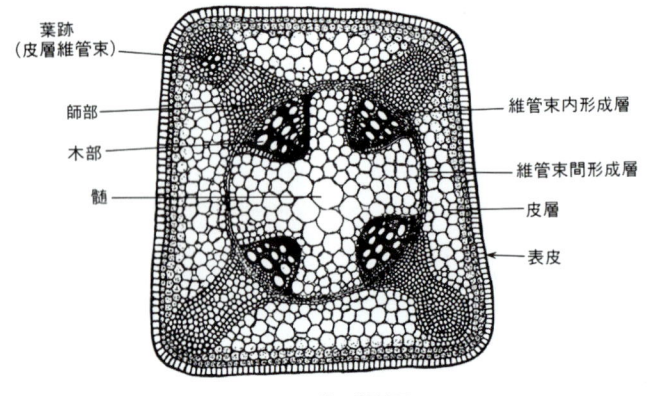

図6-4　茎の横断面

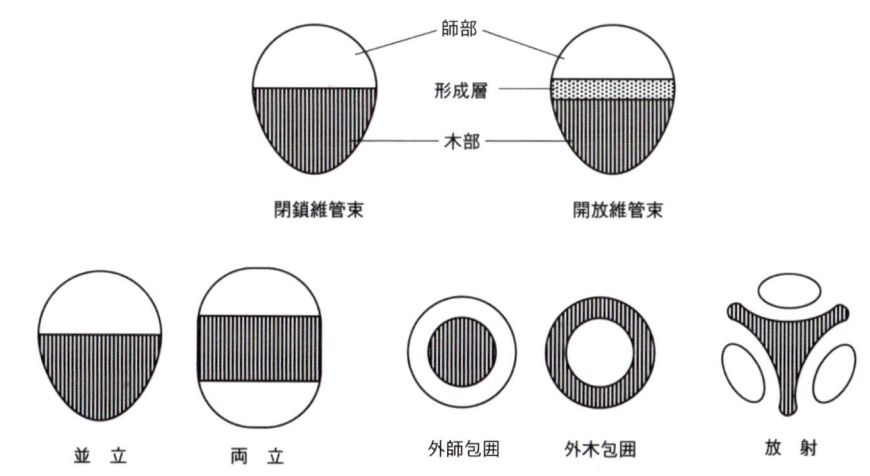

図6-5 維管束の基本形態

部柔組織で構成されている。師管は同化産物の通路であり，縦にならんだ師管細胞によってできている。若い師管細胞は大型の核をもち原形質も豊富で，原形質連絡によって互いに連絡している。成熟すると原形質は細胞壁に沿って細長くなり，タンパク質を満たした管状細胞となる。隣接する細胞の隔壁には多数の師板とよばれる構造がみられる。師板には師孔とよばれる多数の孔がありここを通して種々の有機物が移送される。茎の傷害によって師管が切断されると，直ちにカロースというβ-1,3-グルカンが合成されて傷口をふさぐ。この反応にはカルシウムイオンが関与しており，師管中の栄養分の損失を防ぐ役割を果たしている。

伴細胞は師管にそって存在する柔組織細胞で，原形質に富み核も認められる。伴細胞は直接物質の転流はしないが，師管細胞との間に多数の連絡孔があることから，師管細胞との間に栄養上の連絡があり，成熟した師管細胞に栄養やタンパク質などを供給する。

師部繊維は師部を機械的に保護している。縦に長い繊維細胞からなり10 cm以上の長さになるものも多い。裸子植物と被子植物には存在するが，シダ植物にはない。

師部柔組織は，師部を構成する他の細胞の間を埋めている柔細胞である。すべての維管束植物にみられるが，単子葉植物では発達が悪い。

6-2-3　形成層

形成層は二次分裂組織で，その内側に二次木部を，外側に二次師部を形成する。裸子植物と被子植物の木本性双子葉類の茎が肥大成長するのは，このような形成層の活動による。草本性双子葉類では形成層の発達が悪い。また，単子葉類とシダ植物では形成層を欠いている。茎の形成層は維管束内形成層と維管束間形成層からなる。維管束内形成層は始原細胞に由来する前形成層の一部から生じたもので，維管束内の木部と師部の間にある。維管束間形成層は維管束の間の柔組織に由来するものである。裸子植物と被子植物双子葉類の茎は数本の維管束が環状に配列した真正中心柱（後述）をもつが，維管束内形成層と維管束間形成層が互いにつながり，環状となって発達して茎を肥大成長させる（図6-4）。

6-2-4　髄

髄は茎の中心部にある組織で，維管束より内側の部分をいう（図6-4）。ふつう，柔組織でできており細胞間隙も多い。成熟するとクロロフィル（葉緑素）を欠くが木本性植物ではデンプン粒などを含み貯蔵組織となることが多い。多くの草本性植物では茎の外周部の成長についていけず，髄組織が欠落して髄腔とよばれる空洞ができるが，節の付近では髄組織が残っている場合や膜状の隔壁となっている場合が多い（タケ，ササ，イネなど）。

6-2-5　維管束の種類

維管束は木部と師部の相互の位置によって分類され，次の5つの型がある。また，形成層の有無によって開放維管束と閉鎖維管束とに分けられる。木部と師部との間に，細胞分裂能力をもった形成層がはさまっているものを開放型維管束という。これは，

二次組織を形成して肥大成長する維管束である。形成層がなく，木部と師部が接している維管束を閉鎖型維管束という（図6-5）。

①並立（側立性）維管束：木部と師部が1つの面で接し対をなしているもので，茎の外側に師部，内側に木部が位置する。裸子植物と被子植物の茎と葉にみられる型である。

②両立（両側立性）維管束：木部をはさんで，その外側と内側の両方に師部が存在する型である。被子植物のうちウリ科，ナス科，キョウチクトウ科にみられる。

③外師包囲維管束：木部を中心にして，そのまわりを師部が取り囲む型で，シダ植物でふつうみられるものである。形成層はないので閉鎖維管束である。

④外木包囲維管束：師部を中心にして，そのまわりを木部が取り囲む型で，被子植物のうち単子葉類に主としてみられる。形成層はなく閉鎖維管束である。

⑤放射維管束：木部と師部が交互に配列して放射状を呈するもので，木部の数と師部の数は等しい。すべての植物の根はこの維管束をもつ。被子植物双子葉類と裸子植物では師部の内側に形成層を有するので解放維管束である。シダ植物と単子葉類は形成層がないので閉鎖維管束である。

(6) 中 心 柱

茎と根では，通常，外側に表皮と皮層組織がある。皮層の最内層には内皮とよばれる特徴のある一層の細胞層があり中心部を取り囲んでいる。この内皮より内側には維管束系と髄があり，この部分を中心柱とよぶ。中心柱の形状は，維管束系がどのように配列しているかによってさまざまな形がある。おもな形状は図6-6のように分類されている。

①原生中心柱：一個の外師包囲維管束が茎の中心に位置するもので，もっとも基本的なものである。

②管状中心柱：環状の木部の内側と外側の両方に師部があって，その師部の内側と外側に2層の内皮があるもので，中心部は柔組織になっている。

③多環中心柱：管状中心柱が幾重にも重なったものである。

④多環網状中心柱：管状中心柱のところどころが切れたものである。この切れ目は，維管束が枝や葉に分岐したまま間隙（葉隙）として残っているものである。

⑤真正中心柱：いくつかの並列維管束または両立維管束が髄を囲んで環状に配列したもので，その外側を一層の内皮が取り囲んでいるものである。

⑥不整中心柱：一層の内皮の内側に多数の維管束が散在するものである。

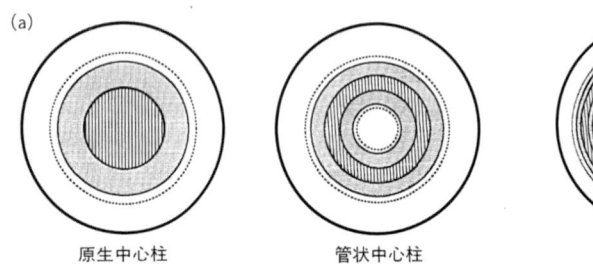

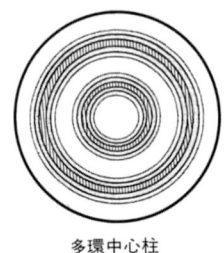

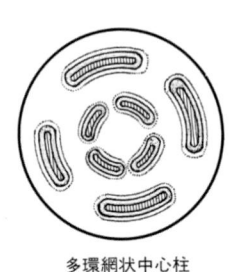

(a) 原生中心柱　管状中心柱　多環中心柱　多環網状中心柱

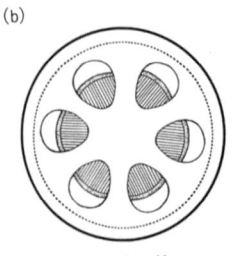

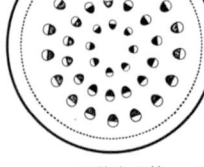

(b) 真正中心柱　不整中心柱　放射中心柱

：木部　：師部　----------：内皮

図6-6　おもな中心柱の種類

表6-2 シダ植物と種子植物の器官と維官束および中心柱の関係

器官	植物群	維官束の形態	中心柱の形態	植物の例
茎	シダ植物	（閉鎖）外師包囲維官束	原生中心柱 管状中心柱 多環中心柱 網状中心柱	ウラジロなど クジャクシダなど リュウビンタイなど ワラビなど
	裸子植物 被子植物（双子葉類）	（開放）両立維官束 並立維官束	真正中心柱 真正中心柱	ウリ科，ナス科など その他すべて
	被子植物（単子葉類）	（閉鎖）並立維官束	不整中心柱	全部
根茎	被子植物（単子葉類）	（閉鎖）並立維官束 外木包囲維官束	不整中心柱	全部
根	シダ植物 被子植物（単子葉類） 裸子植物 被子植物（双子葉類）	（閉鎖） （開放）放射維管束	放射中心柱	全部

開放維管束：形成層を有する維管束
閉鎖維管束：形成層のない維管束

⑦**放射中心柱**：放射維管束がそのまま中心に位置し，内皮がこれを取り囲んだものである。

　①〜④はシダ植物にみられるものである。原生中心柱はもっとも基本的な形態で②〜④はこれから変化したものと考えられる。⑤〜⑦は裸子植物と被子植物にもっともふつうにみられるものである。裸子植物と被子植物双子葉類の茎はほとんど⑤の真正中心柱であるが，内皮が存在しないものも多い。被子植物単子葉類は⑥の不整中心柱である。一方，根ではすべての維管束植物が放射中心柱をもつ。維管束植物の各器官とその維管束系および中心柱の関係をまとめると，表6-2のようになる。地上器官に比べて根の維管束の形態は変化形が少ないことが注目される。

6-3　茎の発生と成長

6-3-1　胚軸の形成

　茎の軸性は，種子中での胚発生初期に胚軸が形成されるときに生じる。この胚軸の形成過程では，オーキシンの細胞間の輸送とその結果生じるオーキシン濃度の勾配が胚軸細胞の分化と伸長を決めているらしい。卵細胞が受精して分裂すると，頂端細胞と基底細胞になる。頂端細胞と基底細胞はそれぞれ4細胞に分裂して胚と胚柄になる。胚細胞は分裂を続け，32細胞期になると頂端（将来の茎頂）部分でオーキシンが合成されるようになり，胚柄との接続部に将来の根端が形成され，頂端から根端に向かってオーキシンが輸送されるようになる。こうして頂端細胞群と根端細胞群の間に位置する細胞群が胚軸となり，軸性をもつ胚を形成し種子の中で休眠する（図8-14, 15参照）。

6-3-2　茎頂分裂組織

　茎の先端には芽がある。この芽は茎頂分裂組織（成長点）を含んでいる。茎頂分裂組織の細胞分裂によって茎と葉がつぎつぎと形成され，植物は成長する。茎頂分裂組織の形態は，植物種によって変化が著しい（図6-7）。下等な維管束植物（ゼンマイやスギナ）では，頂点にあるただ1つの細胞が双方向に分裂をつづけ，新しい細胞群を下方に送り出す。裸子植物になると，やや複雑となり，頂端にある複

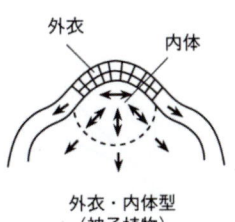

単一細胞型　　　　　中心帯型　　　　　外衣・内体型
（スギナなど）　（裸子植物：イチョウなど）　（被子植物）

図6-7　頂芽分裂組織の模式図

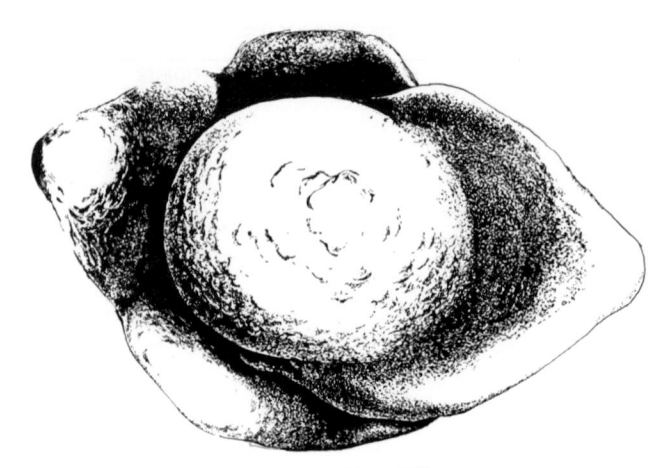

図6-8 エンドウの頂芽

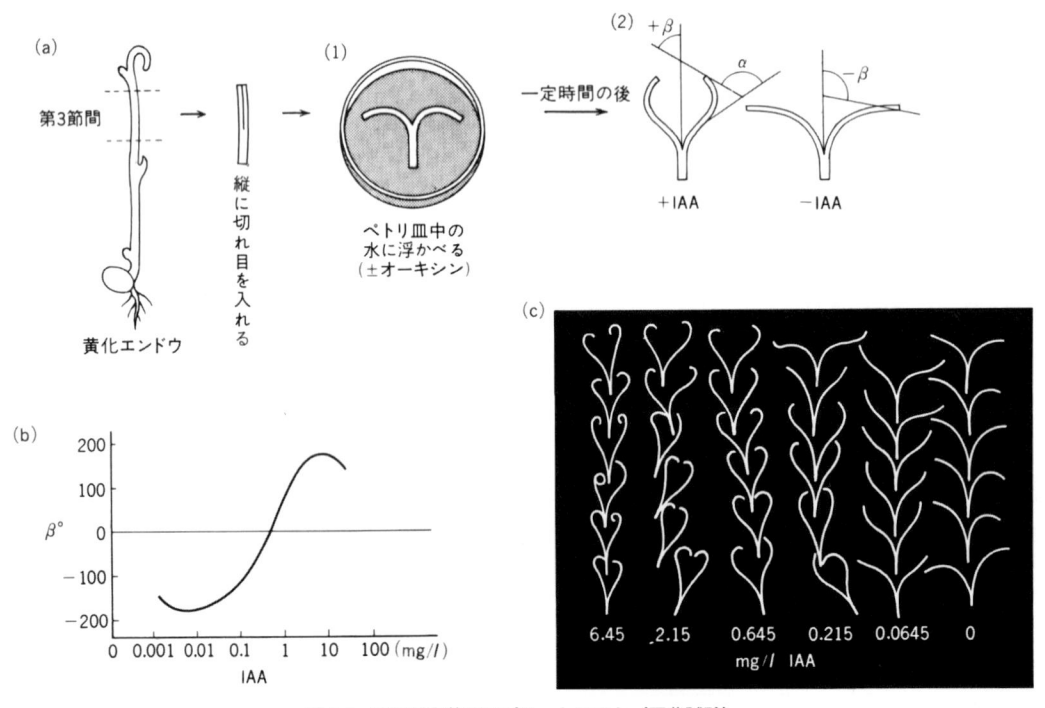

図6-9 エンドウ茎のスプリットテスト（屈曲試験）

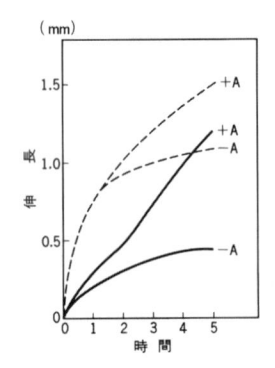

2,4-D（合成オーキシン）1 mg/l；——：無傷（表皮をもった）の切片，- - -：表皮を除いた切片。
[Y. Masuda と R. Yamamoto, 1972.]

図6-10 表皮の有無によるオーキシン誘導伸長の違い

数の細胞が側方と下方の2方向に分裂する。下方に供給された細胞群はセントラルゾーンとよばれる細胞集団を形成し、この細胞群が各方向に分裂伸長することによって茎の組織を形づくる。被子植物では、頂端に外衣とよばれる2つの細胞層があり、これが横方向に分裂して茎の表層を形成する。一方、外衣層の下には内体とよばれる細胞集団があり、この細胞群が縦横に分裂伸長して茎を形成していく。図6-8はエンドウの頂芽を拡大したもので、中央の外衣・内体部からつぎつぎと葉と側芽が形成されいくようすがわかる。

6-3-3 茎の成長と表皮の役割

エンドウの茎を半分に裂いて水に浮かべると外側に曲がり、これにオーキシン(インドール酢酸：IAA)を加えると表皮細胞が伸長して内側に曲がりはじめる。内側への屈曲の程度は加えたオーキシンの濃度との間に図6-9のような関係がある。この関係を用いてオーキシンの生物定量ができる。この方法をスプリットテストという。

茎の成長が表皮組織によって規制されていることは、表皮を剝ぐ実験によって確かめられた。エンドウの茎は一層の表皮組織によって取り囲まれているので、ピンセットで表皮だけを剝ぎ取ることができる。切片から表皮を剝ぎ取り、表皮のない茎の切片をつくり、これを水に浮かべるとオーキシンを加えなくても大きな伸長が起こる。このとき、オーキシンを加えても、数時間経たないと伸長促進効果は現れない(図6-10)。また、オーキシンは茎の伸長を誘導する際、表皮組織の細胞壁の伸展性を高めることも知られている(表6-3)。茎が重力に反応して上に曲がる(負の重力屈性)とき、水平におかれた茎の上側と下側でオーキシンの不等分布が起こるが、これは下側の表皮組織のオーキシン量が下側より多いことによることも知られている(表6-4)。これらのことから、オーキシンによる茎の伸長促進は、表皮組織における細胞壁の伸展性増加に伴う伸長誘導によって起こると考えられている。

6-4 頂芽と側芽(腋芽)の関係

茎についている枝や葉のつけ根には、側芽または腋芽とよばれる芽が存在する。多くの植物では、頂芽に近いところにある側芽は休眠していて成長しない。先端にある頂芽は常に成長をつづけ、枝や茎が伸びる。もし頂芽が損傷を受けると、その下にある側芽が"芽"をさまし、成長を始める。この現象は頂芽優勢とよばれている。頂芽優勢は植物が体制を維持するうえで重要な役割を果たしている。頂芽優勢の強さは植物種によって異なり、それによって側枝のあまり発達しない直立型の樹冠や、側枝がよく成長した丸い樹冠ができたりすると考えられる(図6-1参照)。

頂芽優勢現象にはホルモンが深く関与している(13章参照)。もっともよく知られているのはオーキシンの働きである。頂芽を取り除くと側芽の成長が始まるが、頂芽を取り除いた部分にオーキシンを与えておくと、側芽の成長は起こらない。頂芽を取り除く代わりに、頂芽のすぐ下にTIBA(triiodo-benzoic acid、トリヨード安息香酸)をラノリンに

表6-3 エンドウ茎第5節間のオーキシンによる表皮組織の伸展性の変化

	細胞壁の伸展性を表すパラメーター ($1/T_0$)	
処理前	50.0	
	1時間処理	3時間処理
緩衝液処理	62.5 (100%)	52.6 (100%)
2,4-D	76.9 (123%)	83.3 (158%)
2,4-D+シクロヘキシミド	45.5 (73%)	55.6 (106%)

[E. TanimotoとY. Masuda, 1971. より]

表6-4 エンドウ茎第5節間の重力屈曲反応に伴うIAAの分布

茎を横にしてからの時間	茎の屈曲角度	屈曲部分(上部切断面からの距離(mm))	標識IAAの量 (cpm/80本茎)		
				表皮	内部組織
1	33°	10〜25	上半分	480	1,190
			下半分	2,060	1,320
2	65°	20〜35	上半分	340	2,870
			下半分	1,200	2,570

[S. IwamiとY. Masuda, 1976. より]

混ぜてリング状に塗りつけておくと，側芽の成長が起こる．TIBAはオーキシンの下方への移動を阻害するので，頂芽が側芽の成長を抑制するのは頂芽からオーキシンが移動してくるためと考えられる．また，トマトには，枝分かれの激しい，つまり頂芽優勢が弱い種類と，枝分かれをしない，すなわち頂芽優勢が強い種類がある．この2つの種類で，頂芽からのオーキシンの輸送量を放射性のIAAを用いて比較すると，前者ではオーキシンがほとんど下に輸送されてこないのに対して，後者では輸送されてくる．

頂芽からのオーキシンによって抑制されている側芽の成長は，側芽にサイトカイニンを与えると抑制が解除される．このことから，オーキシンがサイトカイニンの合成または輸送を抑制することによって側芽の成長を制御することが予想された．事実，近年サイトカイニン合成の鍵酵素（イソペンテニルトランスフェラーゼ，IPT）の働きがオーキシンによって抑制されサイトカイニン合成が制御されていることが示されている．

6-5 維管束細胞の分化

維管束の分化は，障害で切断された維管束がオーキシンの働きでバイパス修復される研究などによって，古くから研究者の関心を集めていた．近年，単離した培養細胞を用いた研究により，維管束細胞の道管が形成される仕組みの研究が進んでいる．道管細胞には二次細胞壁の肥厚と細胞質の消失に特徴がある．道管は道管細胞が縦につながった中空の管であるが，管を構成する個々の道管細胞を管状要素という．管状要素はリグニン化した二次細胞壁が螺旋状や網目状に発達した独特の形態をもつ．ヒャクニチソウの柔らかい葉肉細胞を単離して，オーキシンやサイトカイニンを含む培地で培養すると，細胞壁が肥厚し，独特の模様をもった管状要素が分化してくる．その過程は，細胞の脱分化，いくつかの管状要素分化遺伝子の発現，二次細胞壁の肥厚，細胞のプログラム死（液胞の崩壊，自己消化）という順に進行する．また，ザイロジェンとよばれるタンパク質が分化しはじめた細胞から放出され，隣接する細胞の道管化を促すということもわかってきた．

6-6 食と茎

食べ物として利用されている茎は多い．5-5-2項で述べられているように，根菜類の一部（ジャガイモの根茎やダイコンの上部など）は，形態学上は茎である．しかし，地上に展開する茎では植物体の支持機能を担うためにセルロース繊維が発達し細胞壁が堅い．そのため，タケノコ，アスパラガスなどは，繊維が未発達の若い茎を食する．多くの野菜はシュート（茎と葉）を食べるが，キャベツ，ハクサイなどの冬野菜は茎が伸長せず繊維が発達する前に食する．春になって茎が伸びる（抽だいする）と，繊維が発達するため食べにくくなる．

参考文献

森田茂紀：根の発育学，東京大学出版会，2000.
根の事典編集委員会：根の事典，朝倉書店，1998.
原襄ほか：植物観察入門―花・茎・葉・根，培風館，1986.
原襄：植物のかたち，培風館，1981.
植田利喜造編著：植物構造図説，森北出版，1983.
木島正夫：植物形態学の実験法（改稿版），廣川書店，1962.
増田芳雄：植物生理学（改訂版），培風館，1988.
「植物の軸と情報」特定領域研究班編：植物の生存戦略「じっとしているという知恵」に学ぶ，朝日新聞社，2007.

7

葉

- 葉は光合成，栄養物質の転換，水の蒸散などを行うもっとも重要な栄養器官である．
- 葉は通常，扁平な葉身と，これを支える葉柄および葉柄の基部で幼葉を保護していた托葉からなる．
- 葉の外部形態は植物種による変化が大きく，種族の判別に役立つ．
- 葉の形状は環境条件によっても変化するが，幅や長さを支配する遺伝子がシロイヌナズナでみつかっている．
- 子葉，巻きひげ，サボテンのとげ，捕虫葉などは特殊な葉である．
- 葉を構成する組織は表皮組織，柵状組織，海綿状組織，通道組織（葉脈）である．
- トウモロコシ，サトウキビなどのC_4光合成植物（18章参照）では，葉脈を取り巻く維管束鞘細胞が発達し，ここに集められたリンゴ酸などから放出されるCO_2を光合成に利用する．
- マツ属の葉（針形葉）では，海綿状組織はなく，有腕柵状組織とよばれる特殊な形態の柔組織が葉肉を構成している．

7-1 葉の外部形態

葉は光合成をはじめ，種々の栄養物質の転換反応や水の蒸散作用などを営む重要な栄養器官である．葉の外部形態はこれらの機能と密接に関係している．通常葉は扁平な葉身とこれを支える葉柄および葉柄の基部にある托葉からなる．しかし，これらの形態は植物によって変化が著しい．サボテンのとげや，エンドウの巻きひげ，ウツボカズラの捕虫葉などは葉が極端に変態したものである．

7-1-1 葉　身

葉の全形はおもに葉身の形によって決まる．マツ属の針形葉，イチョウの扇形葉などはその種族の特徴となっている．これらの形はさらに，①先端部（葉先）の状態，②基部（葉脚）の状態，③辺縁部の状態，によって分類され，種族の判別に用いられる（図7-1）．

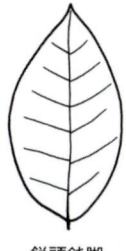

7-1-2 葉　柄

葉柄は葉身と茎とを連結する柄であるが，その長さや形状は一定していない．特徴のある葉柄には次のようなものがある．葉柄が翼状に広がり，葉身のような形を呈するもの（ミカン属，ウルシ属），逆に葉身が葉柄に沿って伸び出し，翼状になったもの（タンポポ），葉柄の基部が膨らみ，葉枕とよばれる関節を形づくるもの（オジギソウ，ネムノキ，カタバミなど）などがある．葉枕は葉の就眠運動をつかさどる部分である（12章参照）．

7-1-3 托　葉

托葉は元来，発達中の若い芽を保護するためのもので，多くは鱗片状で，芽の成長とともに脱落するものが多い．大きな托葉が役目を終え，脱落するようすはゴムノキで観察できる．若い葉身を包みこんで先端に突き出した美しい托葉は，やがて葉身の展開に伴ってはがれ落ちる．エンドウのように托葉が

鋭頭鋭脚　　鈍頭鋭脚　　鋭頭鈍脚　　凸頭心脚　　円頭腎脚

図7-1　葉の先端部と基部の形

葉身と同じ程度の大きさに発達し，緑色で光合成器官としての役割を果たす場合もある。2枚の托葉が葉柄と癒合して筒状になり，茎を包囲するものもある（タデ，スイバ，セリ）。このような形の葉柄は葉鞘とよばれ，単子葉植物で特に顕著に発達している（イネ科，カヤツリグサ科など）。托葉も変形が著しい器官である。ハリエンジュやナツメのとげは托葉が変形したものである。托葉は，シダ植物と裸子植物にはみられない。

7-1-4 単葉と複葉

葉身が2枚以上の小片に分かれ，そのおのおのが小さな柄を備えて葉軸（主脈）と連結し，葉軸の基部に托葉状の構造が備わった葉がある。これは複葉とよばれ，単純な一片の葉身だけからなる単葉と区別される。

複葉にはその形から，羽状複葉と掌状複葉がある（図7-2）。羽状複葉には，主脈の先端に1個の小葉をもつ奇数羽状複葉（レンゲソウ，サンショウなど）と両側に対合する小葉だけからなる偶数羽状複葉（ソラマメ，エビスグサなど）がある。掌状複葉は，主脈の基部の一点から放射状に数枚の小葉を出して

いるものである（トチノキ，アケビなど）。小葉が3枚のときは，奇数羽状複葉とも掌状複葉とも考えられるので，特に三出複葉とよばれる（ミツバ，ハギなど）。また，小葉がさらに分かれて小葉になっているものがある。これは再羽状複葉（ネムノキ，ナンテンなど），または再掌状複葉（イカリソウなど）とよばれる。

7-1-5 葉の表と裏

偏平な葉では，光沢の違いや色の違いによって表と裏が容易に区別できる。表裏の区別ができる葉を両面葉とよぶ。光沢の違いはクチクラ層の状態の違いによるものである。また，色の違いはおもに葉緑体を含む葉肉細胞の状態による。形態学的には茎に面した側を向軸面とよび，反対側を背軸面という。外見上，表と裏の区別がつきにくい葉でも，葉脈の維管束をみると判別できることが多い。種子植物の茎の維管束では木部が内側，師部が外側に配置している（6章参照）。葉脈は茎の維管束とつながっているので，木部のある側が向軸面，師部のある側が背軸面となる。スイセンの葉のように葉の両面が外見上区別できない場合でも，葉脈の木部と師部の位

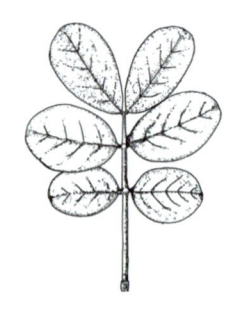

奇数羽状複葉（サンショウ）　　偶数羽状複葉（エビスグサ）

掌状複葉（トチノキ）　　三出複葉（ミツバ）　　再羽状複葉（ナンテン）

図7-2　いろいろな複葉の形

置をたどっていくと，向軸面と背軸面は区別できる。一方，ネギの葉のように先端部で円筒形になり，葉の基部へたどっていくと全面が葉鞘部の外側へつながっているものがある。この場合は，全面が背軸面である。このような葉は単面葉とよばれる。アヤメ，カキツバタ，グラジオラスなど，アヤメ科の葉はネギの葉を押しつぶしたような形をしており，やはり単面葉である。

7-1-6　葉の長さと幅

　葉の大きさや形状は，次項で述べるように，環境条件や栄養条件などによってさまざまに変化する。しかし，葉の長さと幅の相対値（縦と横の比）は多くの植物で概ね決まっている。葉の長さと幅を決めている遺伝子がシロイヌナズナでみつかっている。幅が小さくなる変異体は「細葉」という意味の *angustifolia-1* (*an-1*)，とよばれ，長さが短くなる変異体は「丸葉」という意味の *rotundifolia3* (*rot3*) とよばれる。an-1 変異体では細胞の幅が狭くなっており，rot3 では長さが短くなっていたので，これらの遺伝子は葉を形づくる細胞の形を決める遺伝子であると考えられている。その他，細胞の数が少なくなる変異として，横方向の数 an3 と縦方向の数 rot4 もみつかっている。

7-2　特殊な葉

7-2-1　子　葉

　子葉は種子植物の種子中の胚にすでに備わっている葉で，発芽に際して最初に現れる葉である（図7-3，7-4）。一般に，子葉は双子葉植物でよく発達している。種子中ですでに葉状に発達し，発芽とともに展開するもの（トウゴマ，アサガオなど）や，種子中で発達はしているが子葉は肉厚で，発芽後も葉状に展開しないもの（ダイズ，エンドウなど）がある。単子葉植物では，穀類の種子のように子葉があまり発達していないものが多い（トウモロコシなど）。このような種子では，胚乳が発芽に必要な養分を供給するが，その際，胚乳から養分を吸収する部分，および第一葉を保護して最初に現れる幼葉鞘の部分は子葉の一部であるとみなされている（図7-3および図7-4 (e), (f)）。通常，子葉は幼植物の初期の成長を支える役割を果たし，本葉が展開すると脱落する。子葉の形態や発芽の際の現われ方は植物種によって異なり，表7-1のような型に分けられる。

7-2-2　巻きひげ

　巻きひげは，巻きつくことによって植物体を支えるために，いろいろな器官が変態したものである。このうち葉身（スイートピー），小葉（エンドウ），葉柄（ボタンヅル），托葉（サルトリイバラ）のどれかが変態したものを葉巻きひげという。エンドウでは，葉身の先端部の何枚かの小葉が巻きひげに変形している。

7-2-3　捕虫葉

　ウツボカズラのように，葉の一部が陥没してロート状に変形し，中に消化液を蓄えているものや，モウセンゴケやナガバノイシモチソウのように，葉の表面に粘液のついた毛を生じ，消化液を分泌するものがある。

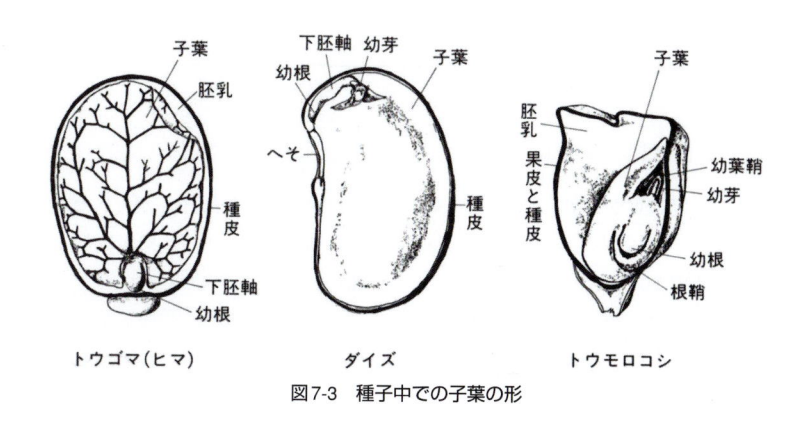

図7-3　種子中での子葉の形

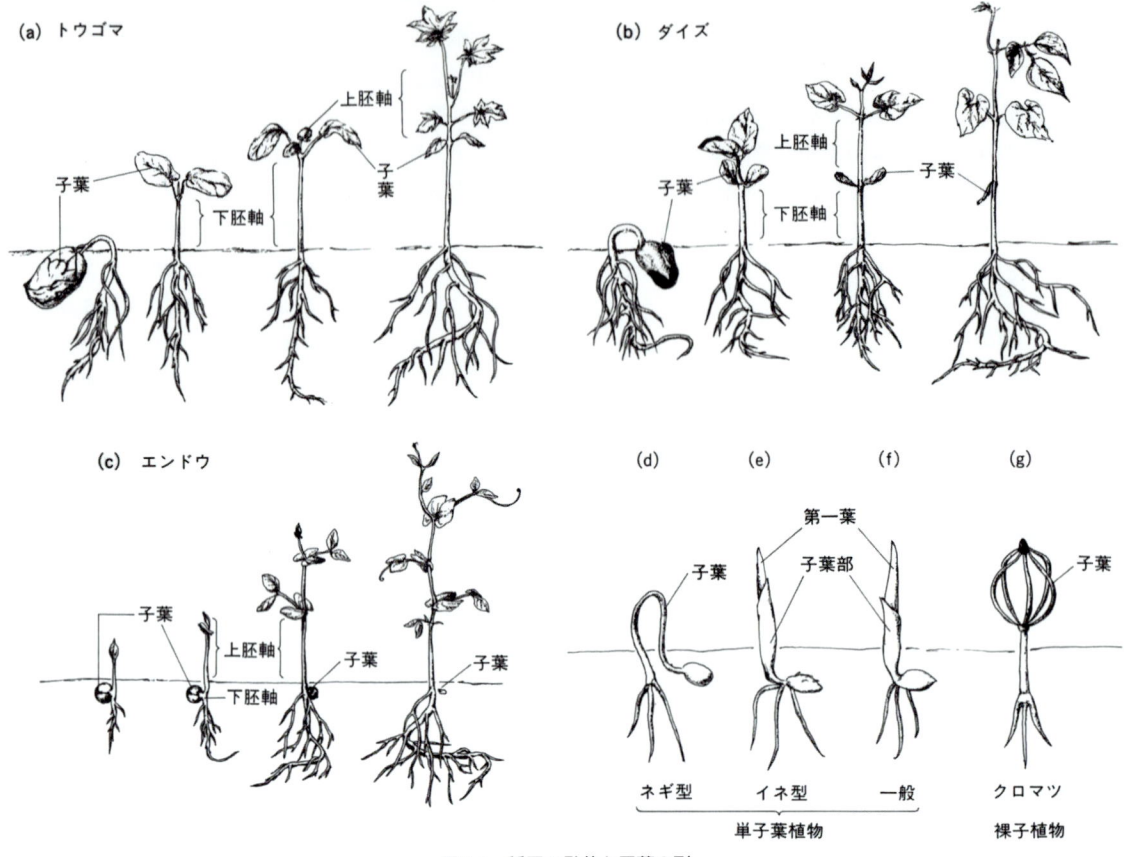

図7-4 種子の発芽と子葉の形

表7-1 種子の発芽に伴う子葉の形態

		子葉の形	図7-4中の記号
被子植物	双子葉類	地上に現れる型 　展開するもの（トウゴマ，アサガオなど） 　展開しないもの（ダイズなど） 地中に残る型―展開しない（エンドウなど）	(a) (b) (c)
	単子葉類	ネギ型 イネ科型 その他の単子葉類	(d) (e) (f)
裸子植物		2～数枚の子葉をもつ（クロマツなど）	(g)

7-2-4 葉 針

サボテンのとげはすべての葉が変態したものであるが，一部の葉が変態してとげ状になるものも多い。ヒロハヘビノボラズのとげは，一部の葉がとげに変わったものである。また，ハリエンジュやナツメのとげは托葉が変態したものである。

7-2-5 花 葉

花を構成する花弁，がく，雌ずい（めしべ），雄ずい（おしべ）などは葉が変形したものである（花の構造は，8章を参照）。

7-2-6 水 中 葉

ほとんどの植物は，上から下まで同じ形の葉をつけている。しかし，植物によっては，その植物体の

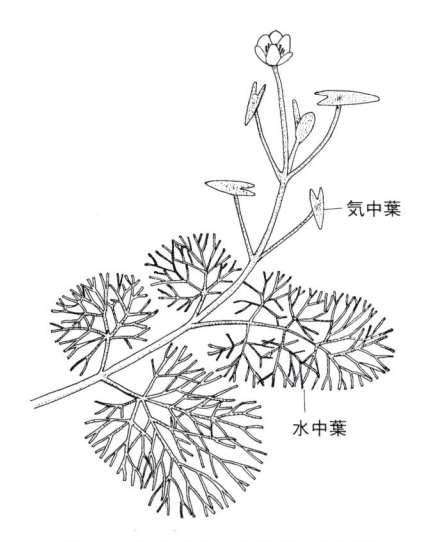

図7-5 ハゴロモモの気中葉と水中葉

部分や成長の時期によってまったく違った形の葉をつけるものがある。キンポウゲ属のバイカモやハゴロモモ属のハゴロモモ（フサジュンサイ）などの水生植物は，水面に出る葉とは別に水中葉とよばれる，まったく異なる糸状の葉を形成する（図7-5）。このような水中葉は水とのガス交換のために，表面積を増加させ，かつ，水の抵抗を和らげているものと考えられる。

7-3 葉の内部構造

葉を構成する組織は，表皮組織，葉肉組織，通道組織である。被子植物の葉肉組織は柵状柔組織と海綿状柔組織からなり，ここで光合成が行われる（図7-6）。通道組織は葉脈とよばれ，ほとんどの単子葉植物では平行脈であり，大部分の双子葉植物では網状脈である。一方，マツ属のような裸子植物の針形葉では葉肉組織は特殊な形態の細胞群で構成され，有腕柵状組織ともよばれている（図7-7）。また，葉脈は1本で，葉の中心部を貫いている。

7-3-1 広 葉

典型的な被子植物の葉の断面図を図7-6に示す。表面は表皮組織でおおわれ，内部には葉肉組織があって光合成を営む。表皮組織の表面には水を通さないワックスが分泌され，クチクラ（角皮）を形成している。クチクラの形状によって，葉の表面には光沢のあるものとないものがある。表皮細胞には，孔辺細胞を除いて葉緑体がなく，光をよく通す。表皮層は植物によって数層ある。

広葉では，表皮の下に規則正しく並んだ葉肉細胞がある。これは柵状柔組織とよばれる。これらの細胞は多数の葉緑体を含み，光合成能力の高い組織である。その次には海綿状柔組織がある。これらの細胞も葉緑体を含むが，その密度は柵状組織より少ない。細胞はまばらに配列し，細胞間隙が多い。柵状組織の下部から海綿状組織の中央にかけては，ところどころに葉脈の断面が観察できる。通常，葉の上部が向軸面であるから，葉脈の上部には木部が配置し，下部には師部が配置している。トウモロコシ，サトウキビなどのC_4植物では，葉脈の外側に維管束鞘とよばれる機械組織が発達している。C_4植物固有のCO_2固定反応で得られたC_4ジカルボン酸を海綿状柔組織から維管束鞘に集め，ここで効率のよい炭素固定が行われる（18章参照）。

7-3-2 針形葉

針形葉の例としてもっとも身近にあるクロマツの

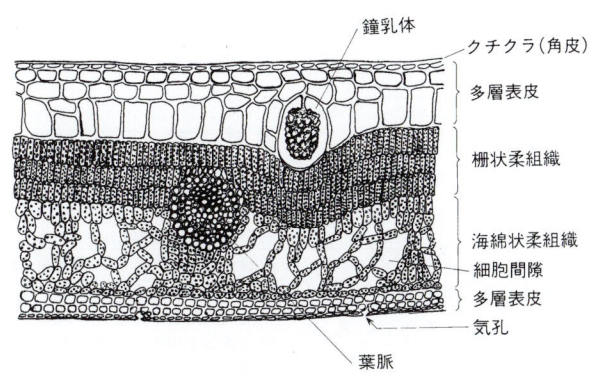

図7-6 被子植物の葉（広葉）の断面

図7-7 クロマツの葉の断面

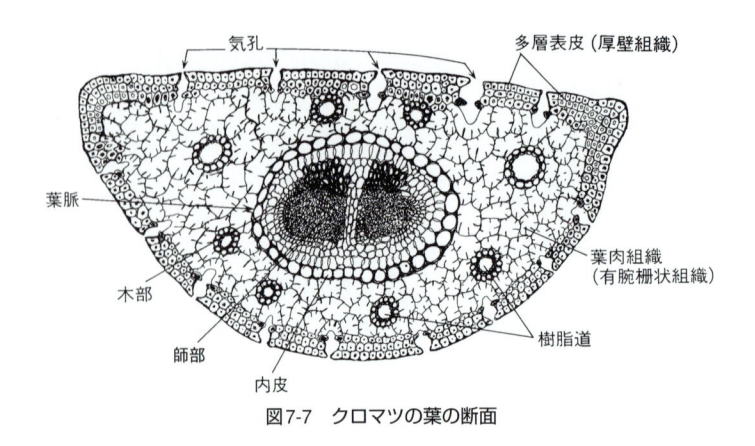

葉の断面図を図7-7に示す。上部の平らな面が向軸面である。なぜなら，中心を走る葉脈の維管束をみると，上部に木部，下部に師部があって，これを茎までたどっていくと，茎では内側（中心部側）に木部があって外側に師部があり，それらが葉脈の木部と師部につながっているからである。クロマツの葉肉組織は有腕柵状組織とよばれる特殊な細胞でできている。葉脈を取り囲む1層の細胞は内皮である。葉肉部には樹脂道という通道組織がある。クロマツの表皮は多層で，細胞壁の肥厚した厚壁組織で構成されている。最外層の1層は特に厚い細胞壁をもっている。周囲には，一定の間隔をおいて気孔が認められる。気孔の開閉部の孔辺細胞は表面から後退しており，水分が蒸発しにくく乾燥に強い構造をしている。

7-4 落葉の生理学的意味

古い葉が落葉する前，再利用できる有機化合物のほとんどは分解と吸収によって葉から回収される。これに対して，余分のカルシウムなど不用になった無機化合物は葉に結晶状になって残り，落葉によって植物体から「排泄」される。排泄器官をもたない植物では，落葉が重要な排泄機能を果たしているものと考えられる。カルシウムは炭酸カルシウムやシュウ酸カルシウムの結晶としていろいろな植物の葉に蓄積されており，これらの結晶を顕微鏡で観察することができる。図7-6に示されているように，成熟したインドゴムノキの葉では，多数の炭酸カルシウムの結晶が多層表皮組織の中に蓄積されている。これらは，その形から鐘乳体とよばれている。また，ベゴニアの葉や葉柄にはシュウ酸カルシウムの結晶が含まれている。これらは正八面体，またはそれが発達した星型の結晶で，顕微鏡観察の材料としてよく用いられる。

7-5 葉の配置と農作物の収量

一般に，農作物の収量は一定農地面積あたりの乾燥重量で評価することができる。乾燥重量の増加は光合成の能率に依存しているので，単位農地面積あたりの総光合成量が多いほど収率がよいことになる。単位農地面積あたりの光合成量は，単位農地面積あたりの葉の面積（葉面積指数）と葉の単位面積あたりの光合成量とに依存する。両者はともに植物の種類によって決まるが，葉面積指数は植物個体をどれだけ密植できるかということと，1本ごとの植物が葉をどれだけ重ね合わせているかということによって決まる。一般に，直立型の葉では葉面積指数が高い。イネやコムギなどの穀類は直立型の葉を多数出し，下位の葉にも光が当たるような配置をしている。真夏の正午ごろの太陽光の強さはほとんどの植物の光合成には十分な強さであるから，斜めであっても葉を何枚も重ねたほうが全体としては光合成量が増えることになる。

参考文献

森田茂紀：根の発育学，東京大学出版会，2000.
根の事典編集委員会：根の事典，朝倉書店，1998.
原襄ほか：植物観察入門―花・茎・葉・根，培風館，1986.
原襄：植物のかたち，培風館，1981.
植田利喜造編著：植物構造図説，森北出版，1983.
木島正夫：植物形態学の実験法（改稿版），廣川書店，1962.
増田芳雄：植物生理学（改訂版），培風館，1988.
「植物の軸と情報」特定領域研究班編：植物の生存戦略「じっとしているという知恵」に学ぶ，朝日新聞社，2007.

8

花・果実・種子

- 双子葉植物の花は，花弁，がく片，雄蕊，雌蕊（柱頭，花柱，子房を含む），花托（花床）から成り立っている。双子葉植物の花の形づくりは，遺伝学的にはABCモデルによって説明できる。
- 複数の花が集まって1つのまとまりをなす花の配列形式を花序とよぶ。花序は総穂花序（無限花序）と集散花序（有限花序）に大別される。
- 花の多くは両性花である。植物には自家不和合性，異型花柱性など自家受粉を避ける仕組みがある。
- 受粉して受精が完了すると，子房とその周辺部が発達して果実に，胚珠が種子となる。
- 被子植物では重複受精によって胚と胚乳が形成される。胚は通常，幼芽と幼根に形態分化しており，この形態形成に植物ホルモンのオーキシンが重要な役割を果たしている。
- 胚乳が胚の形成途中で胚に吸収され，胚乳が存在しない種子を無胚乳種子，胚乳の存在するものを有胚乳種子とよぶ。
- 発芽のために必要な内的条件として，胚の完全な発達，後熟，水分や気体の透過，阻害物質の除去などが，また，外的条件として，水分，酸素，温度，光などがある。
- 種子の発芽は光の影響を強く受けるものがある。発芽に光を必要とする光発芽種子，逆に光によって発芽が阻害される暗発芽種子である。
- 光の影響を受ける種子の発芽は，フィトクロムの制御を受けており，この光の発芽誘導効果はジベレリンで置き換えられる。

はじめに

多くの植物は，種子に次代の生命を託して一生を終える。種子は，構造上の特徴から，低温，乾燥など周囲の環境に対して著しい耐性を示し，外的条件が整わない場合には，休眠状態をとる。休眠が打破されると種子は発芽する。その後，植物体は栄養成長期を経て生殖成長期に移行する。顕花（種子）植物では，この移行過程で誘導された花芽が生殖器官である花へと発達し，受粉後，種子と果実が形成される。植物学的には，子房とその周辺の組織が発達した部分を果実，子房の中にある胚珠が発達したものを種子とよぶ。植物の繁殖に重要な花，果実，種子の構造は，根，茎，葉に比べてきわめて多様性が高い。

8-1 花

花は，被子植物の生殖器官で，発生学的には葉の変形した花葉器官である。タイサンボク（図8-2）などモクレンの仲間では進化的に花ができたときの形を残しており，花の中央に花軸があり，その上側に多くの雌蕊，下側に多くの雄蕊，そしてその下方に花弁とがく片があり，シュート（5章参照）についた葉が花器官に変化したことがわかる。ドイツの文豪，ゲーテ（J. W. von Goethe, 1749-1832）による「花は葉のような基本的な器官が変形したものである」ということが，分子遺伝学的に裏付けられている。マツやスギなど裸子植物においても雄花，雌花という言葉を用いるが，植物学的にはそれぞれ雄性胞子嚢穂，雌性胞子嚢穂とよび，被子植物の花の構成要素であるがく片，花冠，子房などの構造はない。雄性胞子嚢穂では花粉嚢が平たい葉状の構造体（鱗片）に，また，雌性胞子嚢穂では胚珠がむき出しの状態で葉状あるいは棒状の構造体に着いている。

8-1-1 花芽の分化

生殖成長の開始は外界の環境刺激，特に日長刺激によって誘導される。環境刺激を感受した葉が花成ホルモン（フロリゲン）を生成し，それが茎頂の分裂組織に移動して花芽の分化を誘導する。花成ホルモンは，ロシアの植物学者チャイラヒアン（M. K. Chailakhyan）によって1937年にその存在が示唆さ

れたが，半世紀以上にわたってその化学的実体は謎のままである。近年，シロイヌナズナやイネにおいて花成の時期を調節する遺伝子とそのネットワークに関する研究において，*FLOWERING LOCUS T*遺伝子（*FT*）（イネでは*Hd3a*遺伝子）の発現あるいはその産物であるFTタンパク質（イネではHd3aタンパク質）の光周性誘導の花芽形成への役割が議論されている。

また，秋に発芽して翌年種子を作るムギやアブラナなどの二年生植物では生殖成長の開始には，ある一定期間以上の低温期が必要である。

(1) 日長刺激

ある特定の季節になると，同緯度に成長している多くの植物が毎年ほぼ同じ日に花を咲かせる。このことは古くから知られていたことであるが，この植物の開花の時期を支配しているしくみが解明されたのは1920年のことであった。アメリカのガーナー（W. W. Garner）とアラード（H. A. Allard）は，さまざまな変種のダイズを緯度の異なる農場に同時に植え，あるいは同じ緯度の農場では異なった時期に植えてその開花時期を調べた。その結果，南に植えたダイズほど早く開花すること，また同じ緯度では種をまいた時期に関係なく秋になるとほぼ同時に開花することを見いだした。季節が同じであれば，緯度の低い温帯地方よりも緯度の高い地方のほうが1日の明るい時間，すなわち日長が長い。したがって彼らは，ダイズは日長が短くなると開花するのではないかと考えた。この考えが正しいことは，日長を人工的に短くするとメリーランドマンモスとよばれるタバコの開花時期が著しく早まるという実験結果によって証明された。このように，秋になって日長が短くなると開花する植物を短日植物という。その後，彼らによって，ホウレンソウなどのように春から夏にかけて日長が長くなると開花する長日植物，またトマトのように日長に関係なく開花する中性植物が発見された。

花芽誘導に最低限必要な日長を限界日長とよぶ。短日植物であるオナモミの限界日長は15時間である。オナモミは暗期が9時間をこえると明期の長さに関係なく開花するが，暗期が9時間以下では明期の長さに関係なくまったく開花しない。このことから，はじめは日長に意味があると考えられたが，一日のうちの夜と昼の時間のどちらが長いかではなく，重要なのは夜の長さであり，植物ごとに決まっている一定の夜の長さより夜が長いか短いかで花成が起こるか起こらないかが決まる（図8-1a，一定時間より夜が長ければ花成が起こるのが短日植物，逆に短ければ花成が起こるのが長日植物）。この一定の夜の長さを限界暗期という。この暗期の途中で，光を短時間植物に照射（光中断）すると，オナモミの花芽誘導が阻害される。光中断に有効な光は660 nmの赤色光で，その赤色光の効果は730 nmの近赤外光で打ち消される（図8-1b）。このことは，フィトクロム系が植物の開花調節に関係していることを

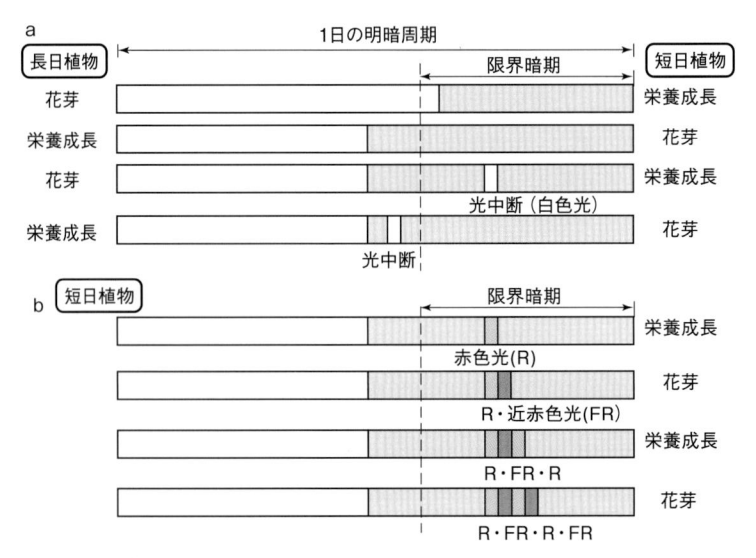

図8-1 (a) 長日植物と短日植物の花芽形成と明暗周期，(b) および短日植物の花芽誘導とフィトクロムの関与。（花芽は花芽誘導を，栄養成長は栄養成長期にあることを示している。

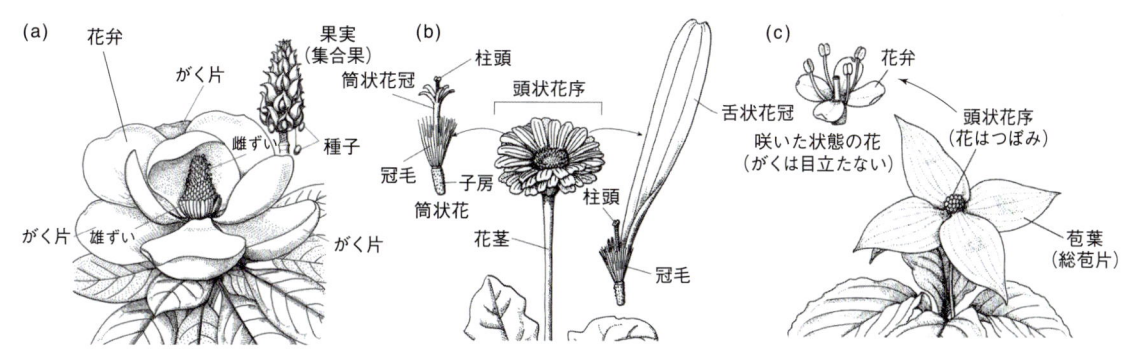

図8-2 花の形態。(a) タイサンボク（モクレン科），(b) ガーベラ（キク科），(c) ヤマボウシ（ミズキ科）。

示している。

日長刺激を感受するところは葉である。光刺激を感受した葉から，花芽分化が起こる茎の成長点（茎頂分裂組織）に何らかの信号が送られてくる必要がある。この信号の役割をするのがフロリゲンとよばれる花成ホルモンである。短日処理をして開花誘導された植物の葉を切り取って，誘導されていない植物に接ぐと花芽ができることや，開花誘導された植物に誘導されていない植物を寄せ継ぎすると双方が開花することから，花成ホルモンの存在が示唆される。葉における花成ホルモンの合成開始の時期は，植物体に存在する生物時計によって決定されると考えられている。短日植物の場合には，暗期になるとフィトクロムのP_{fr}（19章参照）が消失して生物時計がリセットされ，ある時間を経過すると花成ホルモンが合成されると考えられている。

このように，植物が明暗期に反応する性質を光周性とよぶ。花芽誘導のほかに，茎の成長，塊茎の形成，休眠などが光周性によって支配されている。また，植物で光周性が発見された後，動物のある種の行動も光周性によって支配されていることが明らかにされた。たとえば，鳥の渡り，昆虫の休眠，ある種の哺乳類の発情などは日長の支配のもとにある。

(2) 低温刺激

ある一定以上の冬の低温期を経験しないと，遺伝的に日長刺激に反応することができない植物がある。連続して5週間ほど5℃近くの低温を要求する植物の多くは長日植物で，セロリ，キャベツなどの二年生植物がこれに相当する。また，コムギの仲間には，春に播種してもある時期になると開花する春まきコムギと，秋に植えて冬の低温期を経験しないと開花しない秋まきコムギがある。しかし，秋まきコムギを5℃近くの低温に数週間さらして発芽させると，春に植えても開花がみられる。このように，植物に人工的に低温処理を行って生殖成長を促す方法を春化処理（バーナリゼーション）とよんでいる。また，ある種の低温要求植物では，ジベレリンが低温の効果を代替する。

8-1-2 花の外部形態

一般的な被子植物の花では，花托の上に，がく片，花弁，雌ずい（めしべ，しずい）があり，雄ずい（おしべ，ゆうずい）が互生または輪生している（図8-3）。花托は花床ともよばれ，花柄の先端の台状の部分である。雌ずいは，胚珠をつけた特殊な葉と考えられている心皮を基本単位として構成される。1枚の心皮でできているものを一心皮雌ずい，2枚以上の心皮が合着してできているものを合心皮雌ずいという。たとえば，サクラの雌ずいは一心皮で，胚珠を含む子房内が1子室であるのに対して，ユリでは3枚の心皮が合わさり，子房内に3つの子室をもつ。

花の各構成要素の数は種によって一定であり，多

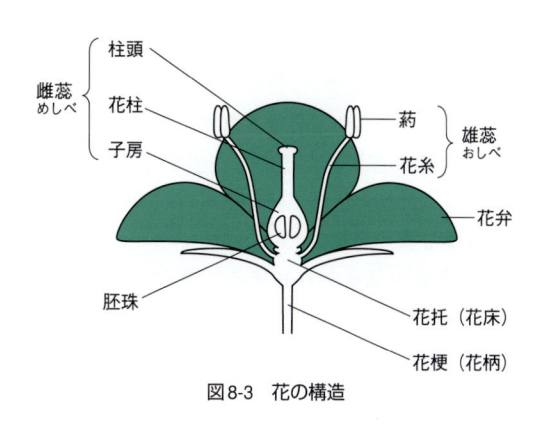

図8-3 花の構造

図8-4 子房の位置

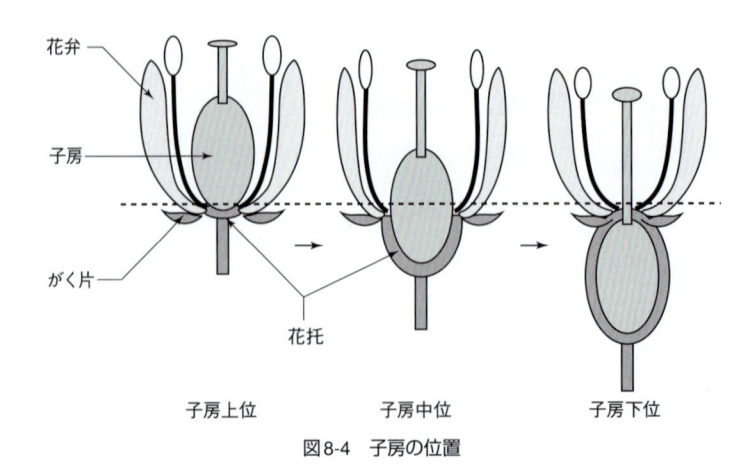

くの場合，近縁な植物グループ（科や属）で共通性がみられる。雄蕊は葯と花糸からなり，葯の中に花粉がある。雌蕊は柱頭，花柱，胚珠を含む子房からなり，子房中に胚珠があることから被子植物という。花糸と花柱の長さによって葯と柱頭の位置が決まるので，受粉のしやすさが制御される。花の形態は，花弁と子房との位置関係によって子房上位，子房中位，子房下位（図8-4）に分けられる。一般的に，進化した植物では子房が花托の中に潜り込んだ子房下位が多く，子房の下降によって昆虫や乾燥から胚珠を守っていると考えられる。個々の花は，花梗（花柄）によって茎に着生する。がく片と花弁は，花の生殖機能を補助している。花弁は，虫媒花では昆虫などの花粉を運ぶ（送粉）動物を誘引する働きをするが，風によって送粉される風媒花では退化している。花の形態は変化が大きく，進化の過程で各構成要素が融合したと考えられる場合が多く認められる。たとえば，がく片が融合してがくとなり，また花弁が融合すれば花冠となる。園芸上有用な植物の中で，花が八重であるものの多くは雄蕊が花弁化したものである。

8-1-3 花の内部構造

　花を構成する各要素は葉に由来しており，基本的には，葉の内部構造がそのまま当てはまる。しかし，それらは葉に比べて簡単である。子房は，葉に相当する心皮の裏側が表面に現れているので，未発達ではあるが気孔が存在する。また，花弁には，通常，葉に存在する葉緑体は認められないが，花弁の色調の原因となるアントシアン，カロチノイドなどの色素類が表皮細胞に存在している。

8-1-4 花　序

　花は多くの場合，ある規則性をもって複数がまとまってついている。これを花序とよぶ。ただし，茎の先に1つだけ花をつける植物もある。花序は2つのグループに大別される（図8-5）。1つは，同じ茎頂分裂組織の働きにより絶えず腋芽として花がつくられ続けるもので，総穂花序（あるいは無限花序）とよぶ。一方，茎頂分裂組織が花をつくるとシュートとしての成長がそこで終わり，腋芽が新しいシュートとして成長して花が次々とつくられるものを，集散花序（あるいは有限花序）とよぶ。また，花序全体が1つの花の形態をとるものを頭花（頭状花序）とよぶ。キク科植物は花弁が合体した合弁花を有し，その舌状花が放射状に，筒状花が中心部に配置して頭花をなしている。これは，総穂花序で花柄が短くなり花序の節間がつまったものである（図8-2）。それに対して，ミズキ科のヤマボウシなどの頭花は，集散花序の軸の短縮による。

　花が腋生している場合，その花あるいは花序を抱くように苞（苞葉）とよばれる付属物が付くこともある。1つの花の花柄に付くものを特に小苞とよぶ。苞は普通葉とは色や形が違うことが多い。ヤマボウシやドクダミなどは白色で立派な花弁にみえるものを有しているが，これは中心の花序を取り巻いている苞葉であり，これらのまとまりを総苞とよぶ（図8-2）。キク科植物（タンポポなど）では，頭花全体を包むように鱗状の葉のような総苞が存在する。また，サトイモ科植物（サトイモ，ミズバショウなど）は，大型の苞（仏炎苞）をもつ。

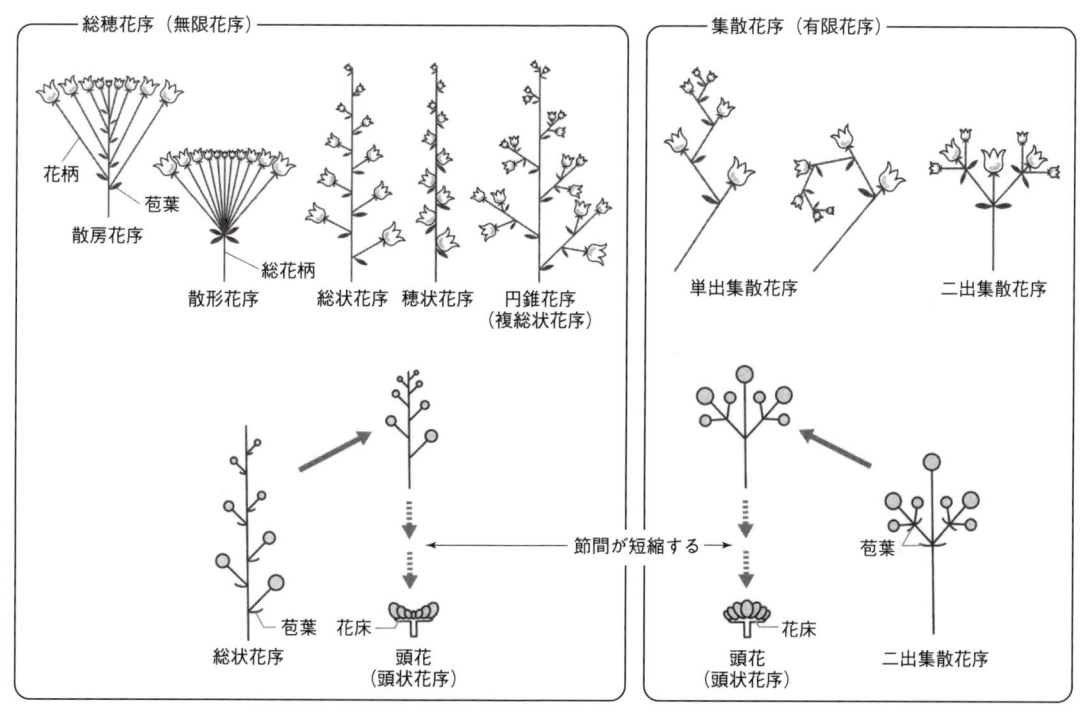

図8-5 花序の分類。総穂花序（無限花序）と集散花序（有限花序）。

8-1-5 花の形態形成：花の形づくりを決める遺伝子

双子葉植物の花は，基本的には，がく，花弁，雄蕊，雌蕊の4つの器官からなる（図8-6）。1991年にマイェロビッツ（E. M. Meyerowitz）らのグループは，シロイヌナズナにおいて花器官が発生する場所とその種類の対応関係が乱れたホメオティック突然変異体に着目した分子遺伝学的研究から，器官形成に関するABC説を提唱した（図8-7）。この説は，4つの同心円状に形成する葉に対して，それぞれの領域ごとに異なる形態形成プログラムが実行されて異なる器官が発生するというものであり，A，B，Cの3種類の遺伝子の発現の組合せで形成される器官が決定される。Aは単独で第1領域にがく片を，AとBで第2領域に花弁を，BとCで第3領域に雄蕊を，そしてC単独で第4領域に雌蕊（心皮）を分化させる。また，AとCの遺伝子活性は相互に抑制し合い，A活性は第1と第2領域においてCの働きを抑制し，他方，Cは第3と第4領域においてAの働きを抑制する。したがって，A活性がない場合にはC活性は花芽全体に存在し，逆にC活性がない場合にはA活性が花芽全体に存在することになる。A，B，Cクラスの遺伝子がすべてないと，花のすべての器官が葉に分化する。このモデルは，シロイヌナズナとは系統的にかなり離れたキンギョソウにも当てはまり，一般的なモデルとして支持されている。Aクラス遺伝子として*APETALA1*と*APETALA2*，Bクラス遺伝子として*APETALA3*と*PISTILLATA*，Cクラス遺伝子として*AGAMOUS*がクローニングされている。これらのうち，*APETALA2*を除くすべての遺伝子が，MADSボックスとよばれる高度に保存された特徴的な塩基配列を有している。MADSボックスは，DNAに結合して他の遺伝子の転写を制御する転写因子に特徴的なアミノ酸配列であるMADSドメインをコードしている。

ABCクラスの遺伝子を植物体で任意に発現させる実験では，花の任意の場所に任意の器官を形成さ

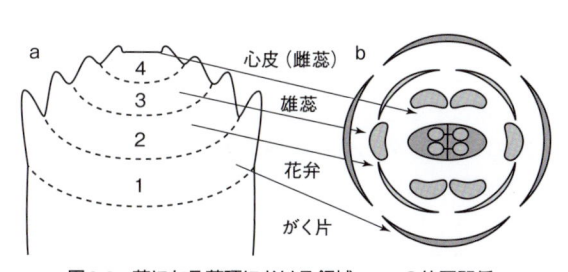

図8-6 花になる茎頂における領域1～4の位置関係。茎頂の縦断面（a），横断面（b）。

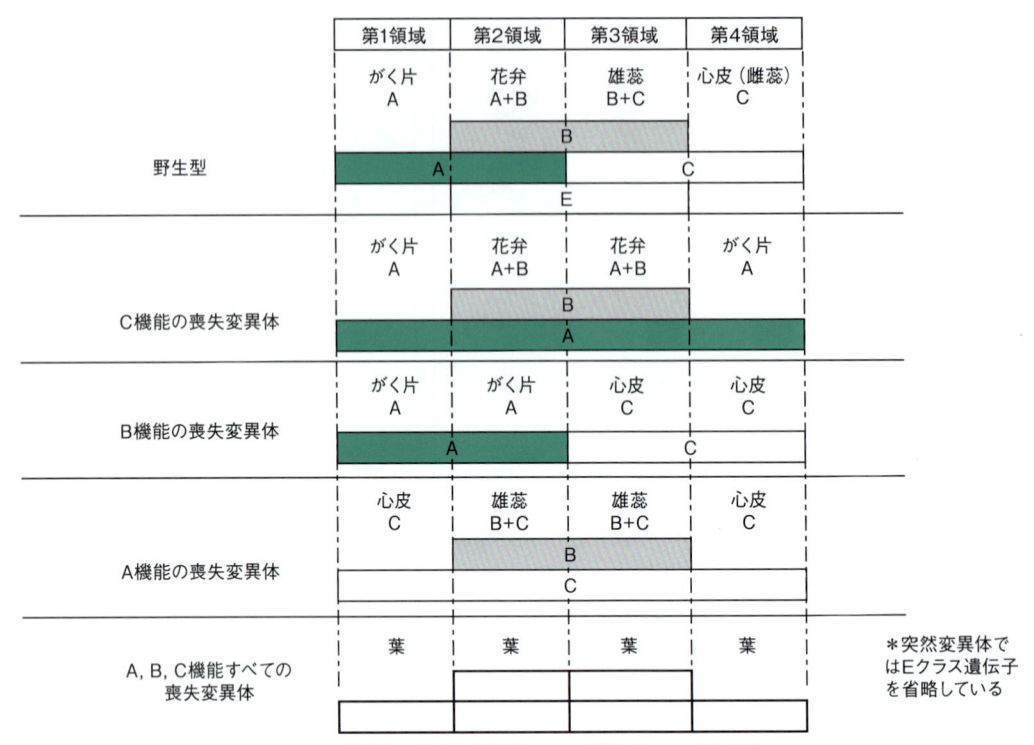

図8-7 花器官の形成に関するABCモデル（ABCEモデル）

せることができる。しかし，葉を花器官にするには，加えてEクラス遺伝子群（*SEPALLATA1-3*）の働きが必要らしい。これらのE遺伝子群を欠くと，花が完全にがく片様の形状になることから，この遺伝子群は，花弁，雄蕊，雌蕊の分化に関わっているらしいことがわかり，ABCモデルがABCEモデルに修正された。

8-1-6 花の性と受粉の制御

花の多くは雄蕊と雌蕊をもつ両性花である。両性花をつける雌雄同株植物は被子植物の7割以上を占め，トウモロコシやキュウリなど同一個体に単性花（雄花と雌花）をつけるものを含めると，被子植物の9割以上が両性具有種である。一方，ホウレンソウ，アスパラガス，キウイなどは，異なる個体に単性花をつける雌雄異株植物である。単性花でも原基には雄蕊原基と雌蕊原基が観察される種が多いことから，単性花の性の分化は，蕾の中で形態形成が進行する過程で片方の性の器官分化が抑制されることによると考えられている。また，高等植物では染色体の形態によって性を識別できることが多く，アサ，スイバ，ヒロハノマンテマなどでは不等性のXY染色体で識別できる。しかし，アスパラガスやホウレンソウでは同形性染色体のため，形態からは常染色体と区別がつかない。

両性花では，同じ花の配偶子同志で受精することが可能で，これを同花受精という。しかし，多くの両性花では，雄蕊の葯と雌蕊の柱頭が離れて位置（雌雄離熟）したり，葯と柱頭が時間的にずれて成熟（雌雄異熟）したりして，同花受精が起こりにくくなっている。

さらに，植物には，雌雄両配偶子が正常な機能を有していても，同じ個体の花粉での受精（自家受精）を阻害することで自殖を防ぎ，種の多様性を維持する仕組みがある。その1つが自家不和合性で，ダーウィン（C. Darwin）によってはじめて実験的に確かめられた。自家不和合性は複対立遺伝子をもつ1つの遺伝子座により制御されており，これをSelf-incompatibilityの頭文字から*S*遺伝子座とよぶ。*S*遺伝子座は，花粉または雌蕊で発現する1つ以上の*S*対立遺伝子を含んでおり，これらの*S*遺伝子にコードされているタンパク質（S因子）の違いによって，花粉が同じ個体のものか，違う個体のものかを区別している。同じ*S*対立遺伝子をもつ植物では不和合となり受精が成功しないが，雌雄が異なる*S*対立遺伝子をもっていれば和合となり受精が成功する。他

＊突然変異体ではEクラス遺伝子を省略している

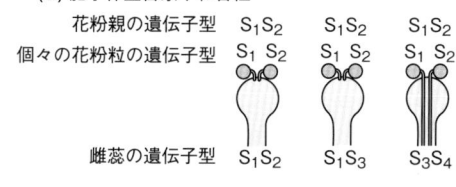

(a) 胞子体型自家不和合性
花粉親の遺伝子型　　S₁S₂　　S₁S₂　　S₁S₂
個々の花粉粒の遺伝子型　S₁ S₂　S₁ S₂　S₁ S₂

雌蕊の遺伝子型　　　S₁S₂　　S₁S₃　　S₃S₄

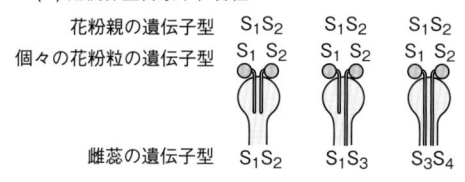

(b) 配偶体型自家不和合性
花粉親の遺伝子型　　S₁S₂　　S₁S₂　　S₁S₂
個々の花粉粒の遺伝子型　S₁ S₂　S₁ S₂　S₁ S₂

雌蕊の遺伝子型　　　S₁S₂　　S₁S₃　　S₃S₄

図8-8　自家不和合性。(a) 花粉親と雌蕊のS対立遺伝子の表現型が一致していれば，柱頭上での花粉管の伸長は発芽直後に阻害される。真ん中の図はS1がS2，S3に対して優性または共優性を想定。(b) S対立遺伝子が単相体である花粉と雌蕊で一致することで花柱内での花粉管の伸長が阻害される。

その伸長が停止するもので，一倍体である花粉（配偶体）のS遺伝子型によって花粉の不和合性が規定される。これを配偶体型自家不和合性とよぶ。ナス科植物など60以上の科でみられる。他方は，二倍体である花粉親（胞子体）のS遺伝型によって規定されるもので，不和合性の識別が，花粉と雌蕊の相互作用の初期で起こるため，柱頭上またはその中で花粉の発芽や花粉管の伸長が阻害される。これを胞子体型自家不和合性とよび，アブラナ科植物などでみられる。雌蕊で発現するSタンパク質として，ナス科の配偶体型自家不和合性ではS-RNA分解酵素（S-RNase）が，アブラナ科の胞子体型自家不和合性では，受容体様Sレセプターキナーゼ（SRK）がみいだされているが，花粉側のS因子はまだ十分に明らかにされていない。

自家不和合性の他，自家受精を避ける仕組みに異型花柱性（サクラソウでは二型花柱，カタバミでは三型花柱）がある（図8-9）。サクラソウでは，長い雌蕊と短い雄蕊をもつ長花柱花と短い雌蕊と長い雄蕊をもつ短花柱花をつける株が遺伝的に分化しており，同じ高さの雄蕊と雌蕊の組合せで有効な受粉が起こる。異型花柱性では長花柱花と短花柱花で花粉

家受精ではS対立遺伝子の種類が多様なため，同型接合体となることはめったにない。

自家不和合性は雌蕊組織上での花粉の挙動から，2つの型に分けられる（図8-8）。1つは，不和合の花粉でも花粉管の伸長は起こるが，花柱を通る間に

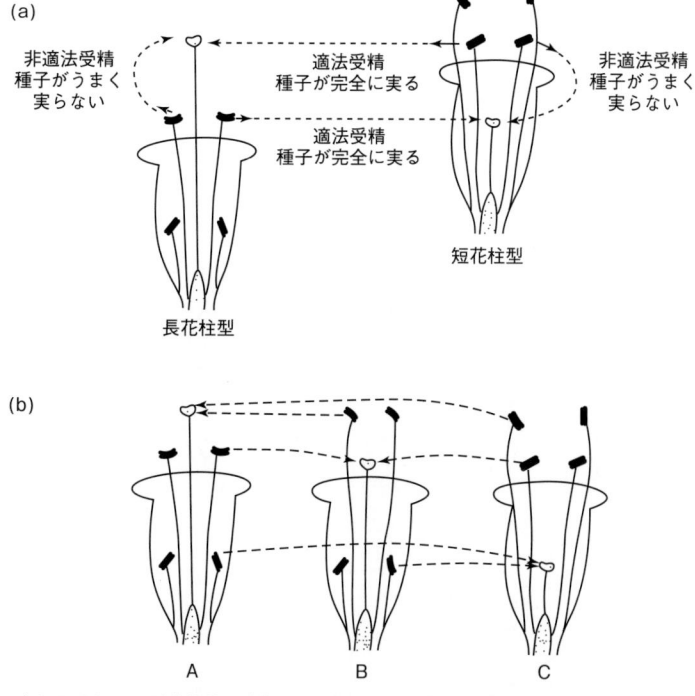

図8-9　(a) サクラソウにみられる二型花柱性。(b) カタバミ科，ミゾソバ科などにみられる三型花柱性（左：長花柱，中間の雄蕊と短い雄蕊をもつ花，中央：中間の花柱，長い雄蕊と短い雄蕊をもつ花，右：短い花柱，中間の長さの雄蕊と長い雄蕊をもった花）。

の形態にも差があり，花粉のタイプを識別する遺伝子，雄蕊や雌蕊の高さを決める遺伝子，花粉形態を決める遺伝子が協調して，自家受精を妨げている。

自家受精由来の子孫ではヘテロ接合で隠されていた劣性有害遺伝子がホモ接合になる確率が増して生存力や繁殖力などが低下するので，他家受精が子孫繁栄に有利であると考えられる。しかし，送粉昆虫が少ない環境などでは，自家受精が返って有利な場合もある。自家和合性の植物の中には，他家受精が可能な開放花の他に，開花せず自家受精だけが起こる閉鎖花をつけるものもある（スミレなど）。

8-2 果　実

日常生活で「実」という言葉を使う場合，「果実」と「種子」をあまり区別せずに用いているが，植物学的には，受精の結果，花の構成要素である子房とその周辺が発達した部分が果実であり，その中にある胚珠が発達したものが種子である。本来の果実は子房あるいは子房壁が肥大したもので，これを真果といい，それ以外の花の構成要素が肥大したものを偽果という。これらはすでに花の段階で明らかで，子房上位あるいは中位のものは真果に，子房下位のものは偽果になる。

8-2-1　果実の種類

真果と偽果の区別にみられるように，果実はその成り立ちが多様であり，果実の種類はさまざまな構成要素に着目して複雑に分けられている（図8-10）。果実の外観から，1つの雌蕊からなる果実を単果（モモ，リンゴ，マメ類など），単一の花で複数の雌蕊からなるものを集果（集合果，イチゴなど），複数の花で複数の雌蕊からなるものを複果（複合果，イチジク，パイナップルなど）と区別する。また，水分が多いか乾燥しているかで，液果と乾果に区別する。液果には，しょう果（ブドウ，トマトなど），ウリ状果（スイカ，キュウリなど），核果（モモ，サクラなど内果皮が堅くなった核をもつ），ナシ状果（ナシ，リンゴなど），ミカン状果，イチゴ状果実などがある。乾果には，果皮の形状が木質で堅い堅果（クリ，カシなど），反対にこれが薄くあたかも種子のようにみえる痩果（タンポポ，レタスなど），果皮が翼状の翼果（カエデなど），イネ科植物の穎果，マメ科植物の莢果（豆果），アブラナ科の角果，朔果（アサガオ，ヒナゲシ）などがある。また，乾果では，乾燥すると果皮が裂けやすくなる。果皮が裂けて種子を放出するものを裂開果，割れずに果皮ごと種子が散布されるものを閉果（非裂開果）とよぶ。

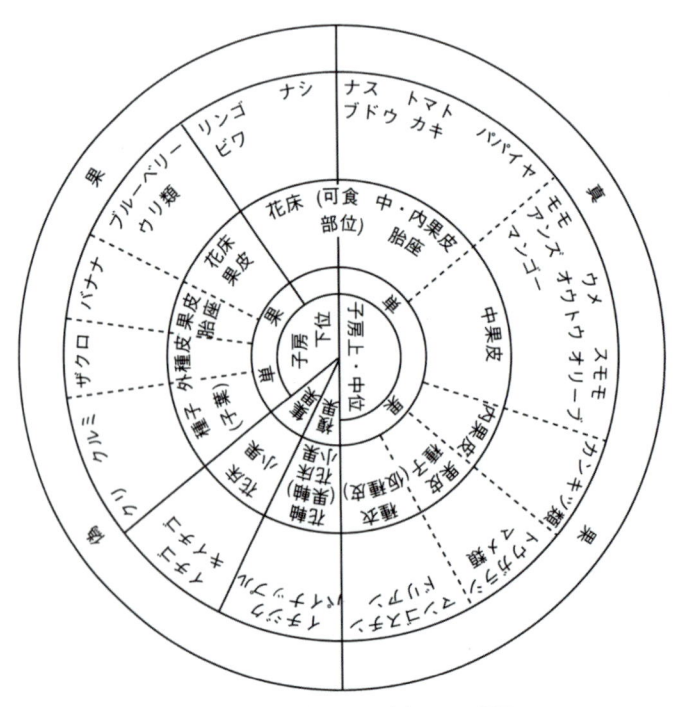

図8-10　果実の構造と可食部による分類

8-2-2 果実の内部構造

果実は，真果においては種子，胎座，果皮から成立し，果皮はさらに外果皮，中果皮および内果皮に分けられる。可食部に着目した場合，その部分は果実の種類によってさまざまである。真果では，モモ，ウメのように中果皮である場合や，柑橘類のように内果皮である場合が多い。一方，偽果の場合には，リンゴ，イチゴに代表されるように，その花床などが可食部となる（図8-10）。ブドウは中・内果皮を可食部とし，果実中に少数の小さな種子をもつ。ブドウでは開花前後のジベレリン（GA）処理によって，花粉形成の異常，花粉の発芽抑制および胚珠の発育異常，そして果実の肥大などが起こり，無種子果実となる。果実中の種子の割合が可食部の20％にもなるビワでも，GA処理によって無種子果実が誘導できるが，そのままでは果肉量がきわめて少ないため商品価値はない。現在，三倍体が二倍体に比べて個々の器官が大きくなる性質があることを利用して，三倍体とGAを利用したビワの無種子化技術が開発され，商品化されている。

8-2-3 果実の成長

重複受精が行われると，子房の中で胚と胚乳が発生し成長する。種子形成の初期においては，将来，胚乳となる組織が植物ホルモンをはじめとするあらゆる栄養物質の供給源であり，その後，分裂，成長した胚において合成された植物ホルモンなどは，果実細胞に作用し，果実の成長を促進する。また，種子は通常，果実の成熟に伴って成熟し，その後，休眠する。

種子や果実の成長，発達にとって重要な植物ホルモンはオーキシン，ジベレリン，サイトカイニンである。このうち，オーキシンはエチレンを生成させることが知られている。受精が完了すると，エチレンによる花弁の老化が始まる。ペチュニアを用いた実験では，受精すると花粉および花柱で1-アミノシクロプロパン-1-カルボン酸（ACC：エチレン生合成の前駆体）が生成されることが示されている（13章参照）。エチレン生合成阻害剤（アミノオキシ酢酸やアミノエトキシビニルグリシンなど）やエチレン作用阻害剤（2,5-ノルボナジエンなど）を作用させると，これらの老化が抑制される。

一方，果実はその成長の後期で柔らかく熟する（後熟）ものもある。多くの果実（アボガド，バナ

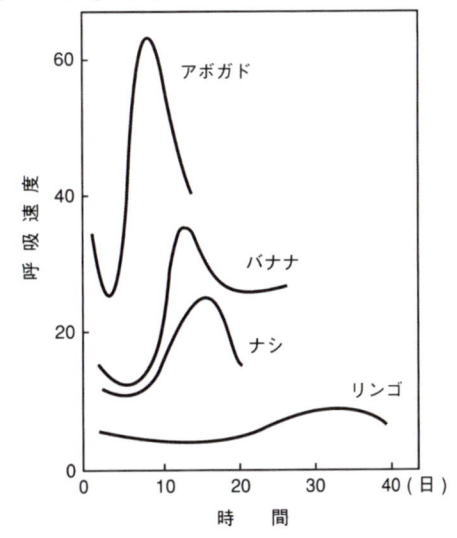

(ml CO₂/kg/時間)

図8-11 果実のクリマティック上昇

ナ，リンゴ，メロン，カキなど）では，後熟に先立ってクリマクテリックとよばれる著しい呼吸量の増大が起こる（図8-11）。後熟は，一連の生化学的変化によって特徴づけられる。すなわち，ペクチンは脱メチル化によってペクチン酸に変化し，さらにガラクツロン酸に分解される。また，各種細胞壁構成多糖類の分解が生じ，果実は軟化する。一般に，この後熟現象の引き金はエチレンである。植物の種類によって，たとえばオレンジ，レモン，サクランボのように果実の成熟過程で呼吸の増大がみられないものもあるが，このような果実でもエチレン処理でわずかに呼吸の増加が起こり，成熟が早まる。エチレンの作用は二酸化炭素によって阻害される。未熟な青いバナナを成熟させるのにはエチレンが，逆に果実の長距離輸送や長期貯蔵ではエチレンの吸収剤やエチレン作用の阻害剤である二酸化炭素が輸送容器内に封入されている。

8-3 種 子

種子植物では，胚は親個体に付随した状態で発生を続け，種子を形成したのち，一度休眠する。休眠した種子は，やがて親植物から離れ，水，温度，光などいくつかの条件がそろうと発芽して，個体としての発生を再開する。種子は周囲の環境，たとえば低温，乾燥などに対して著しい耐性を示す。したがって，種子の形成や特性は，種の繁殖にとってきわ

めて重要な意味をもっている。

8-3-1　種子の形成と胚発生

多くの被子植物では、胚珠が珠柄によって子房壁に着生しており、その胚珠内には、通常7個の細胞からなる胚嚢がある。胚嚢内には、後に中心核となる2個の極核をもった大きな中央細胞がある（図8-12）。その中の珠孔側に1個の卵細胞と2個の助細胞が、そしてその反対側に3個の反足細胞が位置する。珠孔と反対側で胚珠が珠柄につながる部分を合点とよぶ。反足細胞は、その中央細胞側の細胞壁に多くの原形質連絡があり、中央細胞への栄養供給の役を果たしている。

一方、花粉母細胞から減数分裂によって生じた小胞子は、花粉を形成する過程で不均等に細胞分裂して2つの細胞を形成する。大きい方が栄養細胞で、後に花粉管を形成する。小さい方は雄原細胞で、これははじめ花粉壁にくっついているが、やがて離れて栄養細胞の細胞質に浮いた状態になる（図8-13）。それぞれの細胞の核は、花粉管核と生殖核とよばれる。柱頭で花粉が発芽すると、花粉管中で雄原細胞は分裂して2個の精細胞となる。花粉管は伸長して胚嚢によるガイダンス範囲に到達すると、助細胞からの誘因物質によって珠孔を通って胚嚢に入り、精細胞を放出する。放出された2個の精細胞は、それぞれ卵細胞の卵核と中央細胞の極核とに合一する（重複受精）。受精後、細胞分裂を繰り返して、卵細胞は胚へ、中央細胞は胚乳となり、種子を形成する

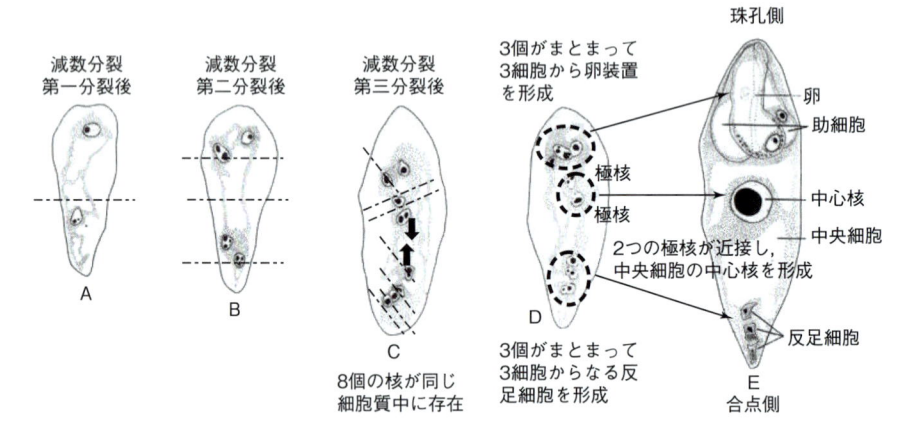

図8-12　胚嚢細胞から胚嚢（雌性配偶体）形成過程（BhojwaniとBhatnagar（1995）より、一部改変）

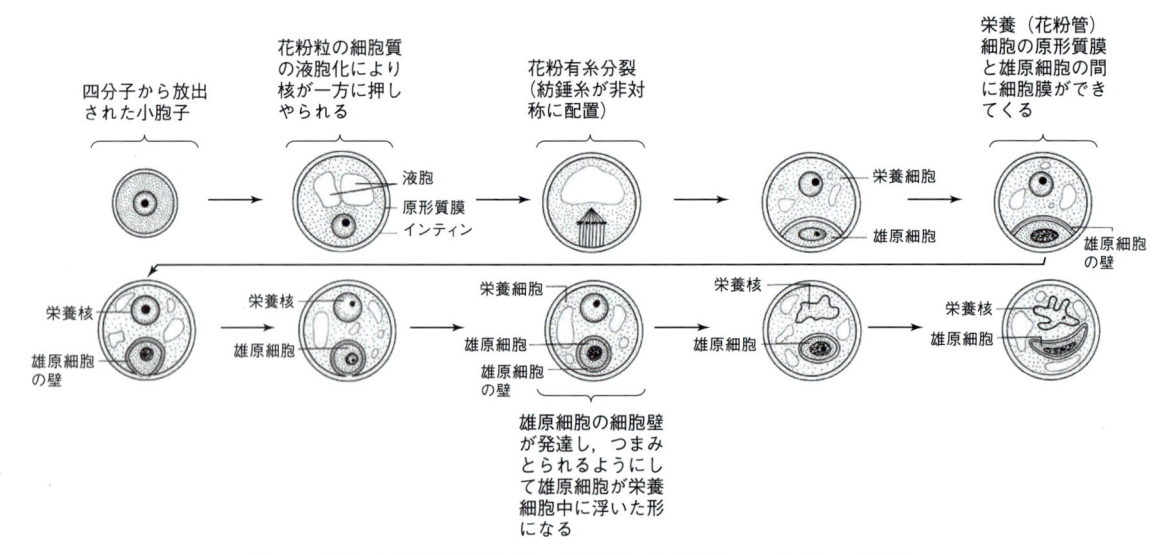

図8-13　花粉。栄養細胞と雄原細胞の形成過程（出典は図8-12と同じ：一部改変）。

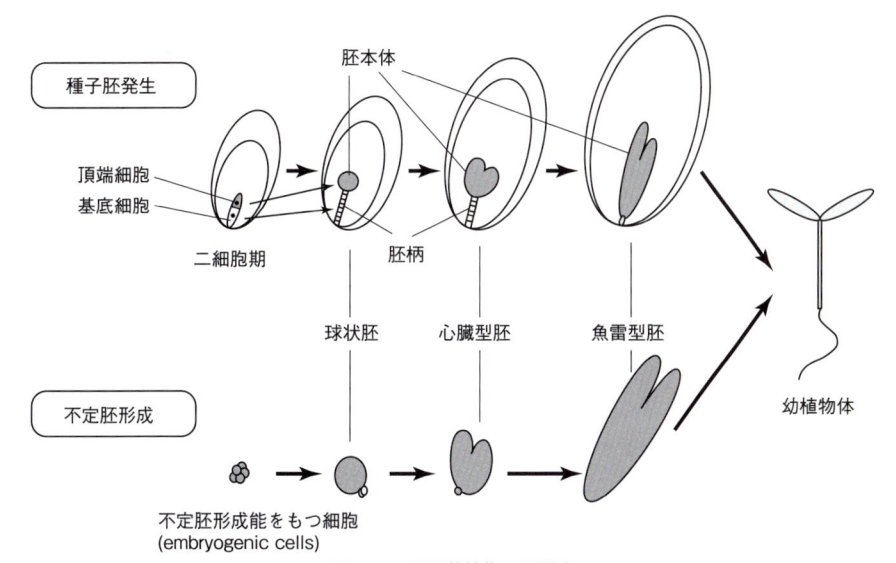

図8-14 双子葉植物の胚発生

(図3-6参照)。

受精卵から胚が形成される過程を胚発生とよぶ。双子葉植物のシロイヌナズナの胚発生では，受精卵は不等分裂して，子房の合点側に頂端細胞，珠孔側に基部細胞を生じる。基部細胞は，横分裂して細胞が一列に並んだ胚柄に分化する。他方，頂端細胞は規則的な分裂を繰り返し，8細胞，16細胞，球状胚となる（図8-14）。その後，器官分化に向けた細胞分裂が始まり，心臓型胚では，はっきりと将来の茎頂‐根端軸および放射軸がみられ，さらに子葉原基も発達する。心臓型胚は，魚雷型胚，子葉屈曲期を経て，成熟胚となる。単子葉植物の胚発生では，双子葉植物のような規則的な細胞分裂パターンはみられないが，受精卵が不等分裂をすること，器官分化の前に未分化な球状胚を形成することに変わりはない。胚発生に異常を示すシロイヌナズナの突然変異体の解析や不定胚形成過程における植物ホルモン類の投与実験から，胚発生機構に関する多くの知見がもたらされてきている。不定胚は，受精卵でなく，葉・茎・根などを構成する体細胞から発生する胚のことである。植物ホルモンのオーキシンは，頂端細胞が正常に分裂を進めること，茎頂‐根端の軸形成，およびその後の胚発生過程に深くかかわっている。

8-3-2 種子の構造

種子とは受精した胚珠であるが，その形態や構造は植物の種類によってきわめて多様である。多くの種子では，その外側は珠皮の発達した種皮で被われている。種皮が2層から成り立っている場合，通常は内側の内種皮は薄く，外側の外種皮は厚く，かつ堅くなっており，内部を保護している。風で種子を散布するものでは，種子毛（綿毛）や翼とよばれる付属物を利用して風に乗る。種子の表面の種皮（珠皮）や珠柄，珠孔付近の細胞が変形してできる毛は種髪とよばれ，フヨウやムクゲなどの種子から出た毛がこれにあたる。また，クレマチス（テッセン）やオキナグサなどには，花柱が発達してできた羽毛が，タンポポなどのキク科の瘦果には，がく片からできた冠毛がついている。また，ワタは種子毛をもつ代表的な植物である。この種子毛は1つの細胞で，セルロースを主成分とする細胞壁をもつ。種子の表面の種皮が変形して翼となっているものには，ユリ類，サルスベリ，キリなどがある。裸子植物のカラマツ，アカマツ，ヒノキなどの種子も翼をもつ。

さらに種子には，胚，胚乳（しばしばこれを欠くものがある），および，へそ（種柄が子房に付着していた部分）が存在する。胚は幼芽，幼根に形態分化し，ある種の植物ではさらに子葉，胚軸を含んでいる（図8-15）。ダイズ，エンドウなどマメ科植物の種子では，胚形成過程で胚乳が吸収され，それに代わって子葉が発達し，貯蔵物質を蓄えている（無胚乳種子）。一方，イネ，コムギ，オオムギなどのイネ科植物の種子に代表されるように，胚乳に貯蔵

物質を蓄えている種子を有胚乳種子という。コムギ，オオムギなどの種子の胚乳は，糊粉層とよばれるタンパク質を多く含む数層の細胞層で包まれている（図8-16）。これらの種子では，種子が吸水した結果，胚において植物ホルモンであるジベレリンが合成され，これが糊粉層に作用してデンプン分解酵素（α-アミラーゼ）などを誘導し，胚乳内のデンプンを糖化する。種子はこの糖を発芽のエネルギー源としている（図8-17）。

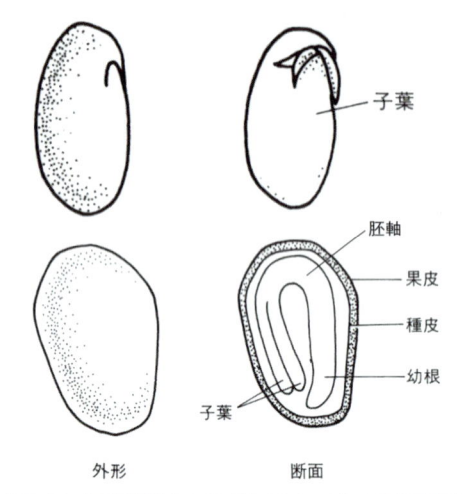

図8-15 無胚乳種子（インゲンマメ，上）と有胚乳種子（クワ，下）の外部形態と内部構造。

8-3-3 種子の発芽

種子は，胚がある段階で成長を休止した状態のものである。この胚が吸水の結果，再び成長を開始することを発芽という。発芽は，種々の内的および外的条件によって制御されている。種子は，外的条件が発芽に対して最適であっても，自身の内的条件が整わないと発芽しない。種子のこのような状態を休眠，特に自発休眠という。一方，外的条件が整わないために発芽できず，一見自発休眠しているようにみえる状態を他発休眠または強制休眠という。

（1）発芽のための内的条件

自発休眠の原因はさまざまである。果実が親植物から離れるとき，種子中の胚が完成していない場合には発芽できない。トネリコなどの種子の休眠がこれにあたる。また，種子の乾燥が不十分な場合，十分な発芽が起こらない。トウモロコシなどでは，一定期間貯蔵すれば種子の乾燥が進み，発芽能力が増す。胚を取り囲む種皮などが構造的に水分，酸素などを通しにくくなっている場合にも発芽ができない。アサガオやオナモミなどでは，種子に傷をつけたり，濃硫酸で種皮の構造をある程度破壊したりすると発芽する。自然界では，微生物などの作用によって同様のことが引き起こされる。また植物によっては，果実の果肉や種子に阻害物質が存在し，外的条件が発芽やそれに続く芽生えの成長にとって好都

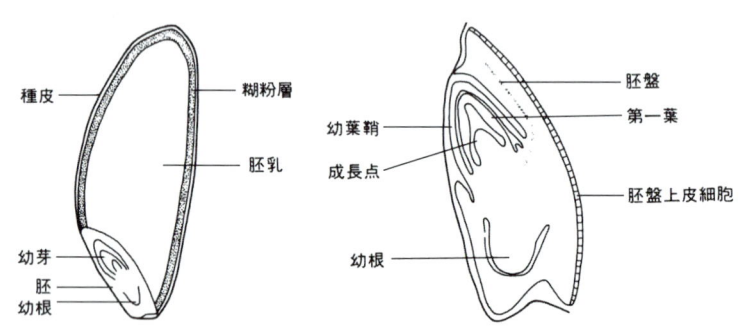

図8-16 単子葉植物（コムギ）の有胚乳種子およびその胚の内部構造

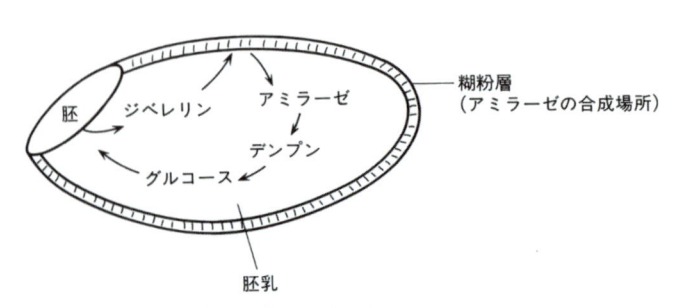

図8-17 種子発芽時のデンプンの分解とジベレリン

合になるまで種子を休眠させることがある。たとえば，植物ホルモンのアブシジン酸は有名な阻害物質である。その他に，桂皮酸，コーヒー酸，フェルラ酸などのフェノール化合物，シアン化合物配糖体のアミグダリンなどにも同様な作用がある。

(2) 発芽のための外的条件

種子の内的条件が整うと，発芽の可否は，すべて外的条件に依存することになる。通常，発芽に際しては，外的条件として種子に水分，酸素，温度，光などが適度に与えられることが必要である。

種子発芽の温度要求性はきわめて多様である。すなわち，各種子には特異的な至適温度が存在する。秋に発芽し，翌春あるいは初夏に開花，結実する二年生植物の種子は10℃程度を，また，その年の晩秋までに一生を終える一年生植物は25-30℃の温度を発芽に要求する。

また，タバコ，レタスなどの植物では，種子発芽に光を必要とする。このような種子を光発芽種子とよぶ。一方，多くのユリ科植物やネギ属のある種の植物などは，暗黒中でよく発芽し，光が逆に阻害的に作用するものがあり，暗発芽種子とよばれる。また，発芽が光の影響を受けないものもある。種子の光に対する反応の違いは，それぞれの植物がもっているフィトクロム系の反応様式の違いに起因すると考えられている。すなわち，光によって発芽が促進される植物では，赤色光によってフィトクロムのPr（不活性型）がPfr型（P730，活性型）に変化する。また，暗発芽種子の場合は，発芽に必要なPfrがすでに十分であり，光が照射されると，そこに含まれる近赤外光の影響が勝って，PfrをPrに変化させ，発芽が阻害されると考えられている。

フィトクロムの発見の端緒となったレタス（グランドラピッド種）の種子は，しばしば発芽の研究に用いられる。この種子の光，温度，ホルモンに対する反応は興味深い反面，複雑でもある。18-20℃のやや低温では種子は暗所でも発芽するが，30℃以上の高温では休眠し，発芽しない。このとき，種皮を除くか，サイトカイニンを与えると休眠が破れて発芽する。25℃付近のときによく知られた赤色光効果がみられ，フィトクロムが関与する調節系が働く。すなわち，このレタス種子の発芽は，温度によって調節系が変化する。

このレタス種子は，25℃付近の温度では典型的な光発芽種子の特徴を示して暗所では発芽することができないが，暗黒条件下でもジベレリン（GA）を与えると発芽することができる。この事実は，光発芽種子では，光（赤色光）の効果がGAによって置き換えられることを示している。レタス種子中では，GAは3位の炭素が水酸化されることにより活性型（GA_1）になる。赤色光照射すると種子中で活性型のGA_1が増加する。これは，フィトクロムのPfrが，GAの活性化に必要な3位の炭素を水酸化する酵素遺伝子（*LsGA3ox1*）の発現を著しく上昇させることに起因する。一方，GAによって促進される発芽はアブシジン酸（ABA）によって完全に妨げられる。より高濃度のGAを与えても，ABAの阻害作用を除去することはできない。しかし，サイトカイニンを与えるとABAによる阻害が消失する。このように，種子の発芽は植物ホルモンの相互作用によって制御されている。

参考図書

原襄：植物の形態（増補版），裳華房，1972.
増田芳雄：植物生理学（改訂版），培風館，1988.
大場秀章，清水晶子：絵で分かる植物の世界，講談社サイエンティフィク，2004.
H. Mohr, P. Schopfer／網野真一，駒嶺穆監訳：植物生理学，シュプリンガー・フェアラーク東京，1998.
甲斐昌一，森川弘道監修：プラントミメティクス〜植物に学ぶ〜，エヌ・ティー・エス，2006.
小柴共一，神谷勇治，勝見允行編：植物ホルモンの分子細胞生物学，講談社，2006.
柴博史，渡辺正夫，高山誠司：植物の生長調節45：113-120，2007.
東山哲也：植物の生長調節39：35-41，2004.
豊増知伸：植物の生長調節40：16-21，2005.
松井弘之，八幡茂木，佐藤三郎，小原均，大川克也，三輪正幸：植物の生長調節39：106-113，2004.
S. S. Bhojwani, S. P. Bhatnagar／足立泰二，丸橋亘訳：植物の発生学，植物バイオの基礎，講談社サイエンティフィク，1995.

9 植 物 細 胞

- 細胞壁は細胞の形を規定し，成長や形態変化を制御する。
- 細胞壁は結晶性のセルロース微繊維と，その間を埋めるゲル状の多糖類などからできている。
- 細胞膜に包まれた細胞膜以外の部分は原形質とよばれ，そこから核を除いた部分は細胞質とよばれる。
- 細胞質から細胞小器官を除いた基質の部分は細胞質基質とよばれる。細胞小器官には核も含まれる。
- 細胞を包む細胞膜（原形質膜ともよばれる）と細胞小器官を包む膜を総称して生体膜とよぶ。
- 生体膜は，流動的な脂質二重層に膜タンパク質がモザイク状に埋め込まれた構造（流動モザイクモデルとよばれる）をしている。
- 膜脂質の流動性は温度や，脂質の炭化水素鎖の不飽和度によって変わる。
- 原核細胞の遺伝物質は核様体とよばれる領域に存在するのに対し，真核細胞では遺伝物質が膜で包まれた核の中に存在する。真核細胞は膜で仕切られたさまざまな細胞小器官をもっている。
- 細胞内には，微小管やアクチン繊維などの細胞骨格が存在し，細胞分裂における染色体の分配，細胞小器官の移動，細胞構造の補強などの働きをしている。
- ミトコンドリアと葉緑体は，細胞内共生によって取り込まれたと考えられており，それぞれ酸素呼吸，光合成を行う細胞小器官である。
- 細胞内膜系と総称される，小胞体，ゴルジ体，液胞はもともと細胞膜が細胞内に陥入して生じたと考えられる。小胞体とゴルジ体はタンパク質の合成・選別・小胞輸送に関わる。液胞は細胞の吸水成長と代謝産物の貯蔵に関与する。

イギリスの物理学者ロバート・フック（R. Hooke, 1635-1703）の観察によって人類が細胞の存在を知って以来400年近く経つ。19世紀には，「ブラウン運動」を発見したことでも有名なブラウン（R. Brown, 1773-1858）（1831）が，どの細胞にも核があることを発見し，シュライデン（M. J. Schleiden, 1804-1881）（1838）とシュワン（T. Schwann, 1810-1882）（1839）は「細胞はすべての生物の構造および機能の単位であり，いわば生物体制の一次的要素である」という細胞説を確立した。また，今では当たり前のものとなっている「細胞は必ず細胞から生じる」ということ，つまり生命の連続性は細胞の複製に基づいていることを，ドイツの病理学者フィルヒョー（R. Virchow, 1821-1902）（1858）が提唱した。

9-1 細胞構造の研究の歴史

人類が細胞の存在を知ったのは，コルクがワインの栓として用いられ始めた頃と時を同じくしている。イギリスのフックは自作の顕微鏡を用いてコルクガシ（*Quercus suber*）からとったコルクの切片を観察し，1665年に著書Micrographiaの中ではじめて「細胞」という用語を用いた。コルクの切片でみえたものは生きた細胞ではないが，小部屋の意味でその用語を用いたとされる。したがって，現在の「細胞」の概念を彼がそのときに抱いたわけではなさそうだが，とにかく人類が最初に認識した細胞は植物細胞なのである。フックはその後，イラクサの葉などで生きた細胞も観察している。また同時期にオランダのレーヴェンフック（A. Leeuwenhoek, 1632-1723）は自作の顕微鏡を用いて生物の観察記録を多く残した。

9-1-1 光学顕微鏡

1846年には工業製品としての光学顕微鏡が，ドイツ人技術者カール・ツァイス（C. Zeiss, 1816-1888）によって製作された。ツァイスはイエナ大学でシュライデンの実習を受けていたという興味深い逸話が伝えられている。それ以降，光学顕微鏡の技術は進歩の一途をたどり，現在では共焦点レーザー顕微鏡の誕生により，その分解能は光学顕微鏡の理論的限界近くにたどりついている。では顕微鏡の分解能は何によって決まるのであろうか。細かい計算

式は省いておおまかに言えば，その分解能は，観察に用いる電磁波（可視光線もその一種）の波長により規定される。したがって，可視光線を用いる光学顕微鏡の分解能は，可視光線の波長である数百nmである。しかし，それくらいの分解能では細胞内部の細胞小器官（オルガネラ）の構造などを詳細に観察するためには不充分である。

9-1-2 電子顕微鏡

可視光線と比べて，波長が何桁も短い電子線を用いれば，その分解能を1 nm以下のレベルにすることが理論的には可能になる。1950年代には電子顕微鏡が実用化され，細胞内部の微細構造についての知見が飛躍的に増加した。電子顕微鏡によるもっとも基本的な観察方法は，試料を樹脂に包埋し数十ナノメートルの薄さに切った超薄切片を作成し，これに電子線を透過させて透過型電子顕微鏡（TEM）を用いて観察する方法である（図9-1）。超薄切片試料を作成する方法としては，化学固定剤（ホルムアルデヒドやグルタールアルデヒド）で生体分子を固定する従来の化学固定法に加えて，できるだけ細胞や生体分子を生きた形に近い状態で観察するために，急速に凍結した凍結試料を用いて，膜系や膜タンパク質を観察するフリーズ・フラクチャー法や，細胞骨格などを観察するフリーズ・エッチング法などのレプリカ法などが開発された。最近では，CT（コンピュータ・トモグラフィー）を電子顕微鏡に応用し，細胞を微細構造レベルで完全に立体再構成する，電子線トモグラフィーとよばれる技術も実用化されている。

電子顕微鏡を用いた形態学的な研究の進展と前後して，細胞壁や個々の細胞小器官の機能を明らかにするための方法として，細胞のこれらのさまざまな構造体を遠心分離機によって分離する方法，すなわ

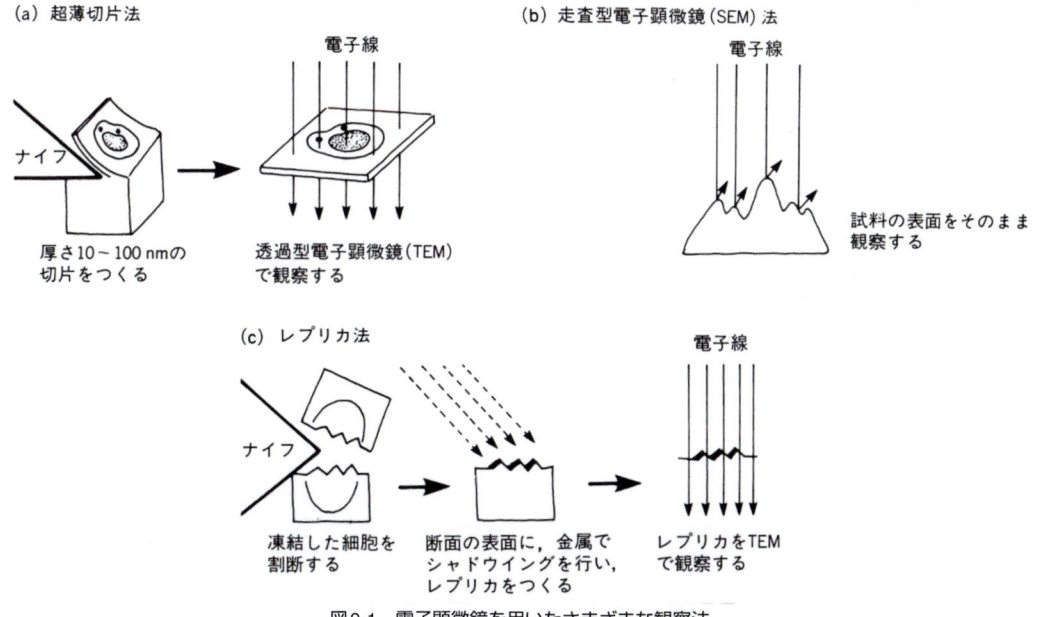

図9-1 電子顕微鏡を用いたさまざまな観察法

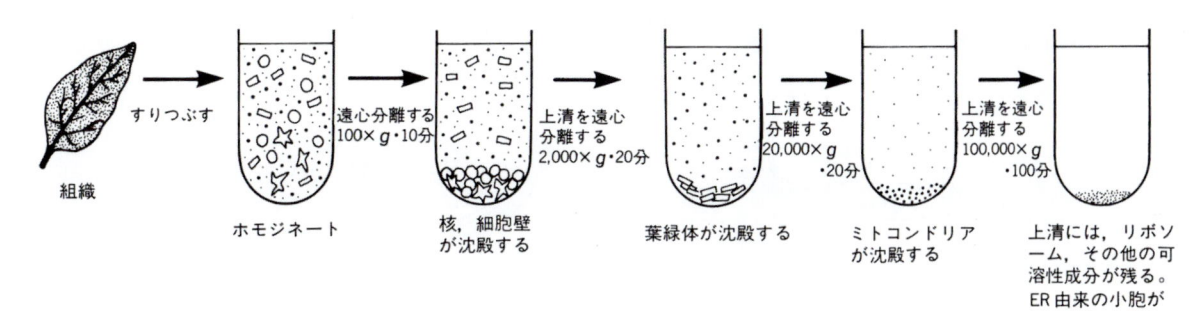

図9-2 細胞分画法

ち細胞分画法が確立された。この方法は細胞を破壊し、これらの構造体を懸濁状態にして遠心分離を行い、それぞれの構造体を沈みやすさの違いにもとづいて分画し単離する方法である（図9-2）。この方法により、これらの構造体の機能を生化学的な手段によって調べることが可能になり、1960年までには、細胞小器官の構造と機能についての大筋がほぼ解明された。

9-2　細胞の基本構造

核の有無という観点からみると生物はおおきく原核生物と真核生物の2つに分けられ、さらに原核生物は真正細菌と古細菌の2つに分けられると言われてきた。最近では、生物分類の最上位の分類群である界よりも上の階層を設ける提案がなされ、生物は真正細菌、古細菌、真核生物という3つの超界（ドメイン）に分けられるようになってきた。原生生物・菌類・動物・植物は真核生物に含まれる。

原核細胞・真核細胞を問わずすべての細胞が共通にもつものは、細胞を囲む細胞膜、その内側を満たす半液体状の細胞質基質、遺伝子としてのDNA、タンパク質を合成する装置リボソームである。原核細胞・真核細胞の違いは、まず核の有無である。原核細胞のDNAは核様体とよばれる領域に存在する（図9-3(b)）。この領域は膜に包まれていないし、細胞内に膜構造そのものがあまり発達していない。それに対し、真核細胞は遺伝物質が膜で包まれた核をもつ。また真核細胞は、核以外にも細胞内に膜で仕切られたさまざまな細胞小器官をもっている（図9-3(a)）。細胞構造の名称についてはさまざまなよび方があるのでまとめておきたい。細胞膜に包まれた細胞膜以外の部分は原形質とよばれ、そこから核を除いた部分は細胞質とよばれる。細胞質から細胞小器官を除いた基質の部分は細胞質基質とよばれる。

植物細胞が動物細胞と異なる主要点は、葉緑体、液胞、細胞壁をもつことである。植物細胞がこれらの構造をもつことが、植物細胞の機能的特徴に強く反映される。すなわち葉緑体により光合成を行い、液胞の吸水力と細胞壁の力学的特性から生じる膨圧により若い植物は体を維持する。しかしいずれの真核細胞の場合でも、その構造は、細胞表層の構造、細胞膜の構造、細胞質の構造、それに細胞内の膜構造におおまかに分けて考えることができる。

9-3　細胞表層の構造

植物細胞の細胞表層は、細胞外マトリクスとしての細胞壁と、細胞膜からなる。

9-3-1　細 胞 壁

サッカーやラグビーのボールの形は、ボールのいちばん外側の革製の袋の形とその力学的な性質によるものであって、中のゴム袋や空気圧によるものではない。同じように、植物細胞の形を決めるものは細胞膜や膨圧ではなく、細胞壁の形とその力学的な性質である。実際に植物細胞は組織によってさまざまな形をしているが、細胞壁分解酵素で処理することで植物細胞から細胞壁を取り除くと、球形のプロトプラストになる。細胞の形を決めることは細胞壁の重要な機能である。そして、細胞壁の力学的な性質を決めているのは、細胞壁を構成する化学成分の物理・化学的特性である。したがって細胞壁が細胞の形を決める仕組みを知るためには、まず細胞壁の

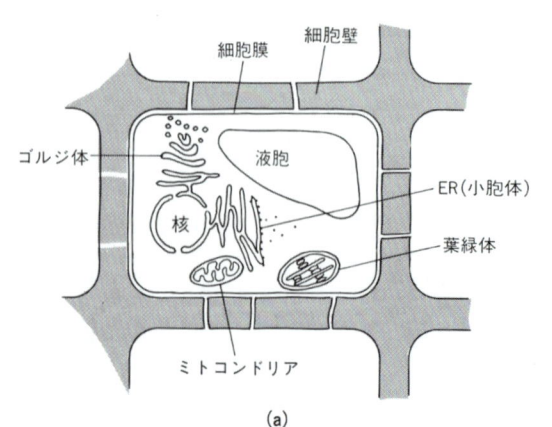

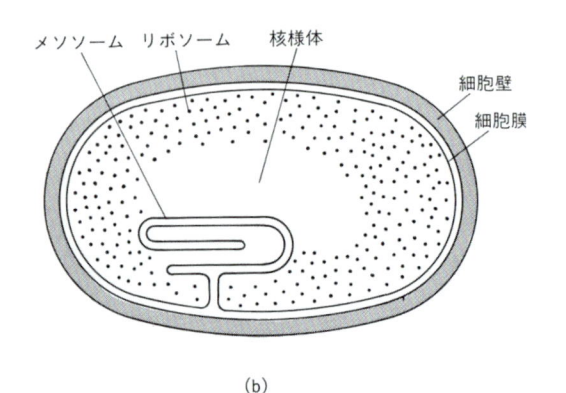

図9-3　細胞の基本構造。(a) 真核細胞の例としての植物細胞と、(b) 原核細胞の例としての細菌。

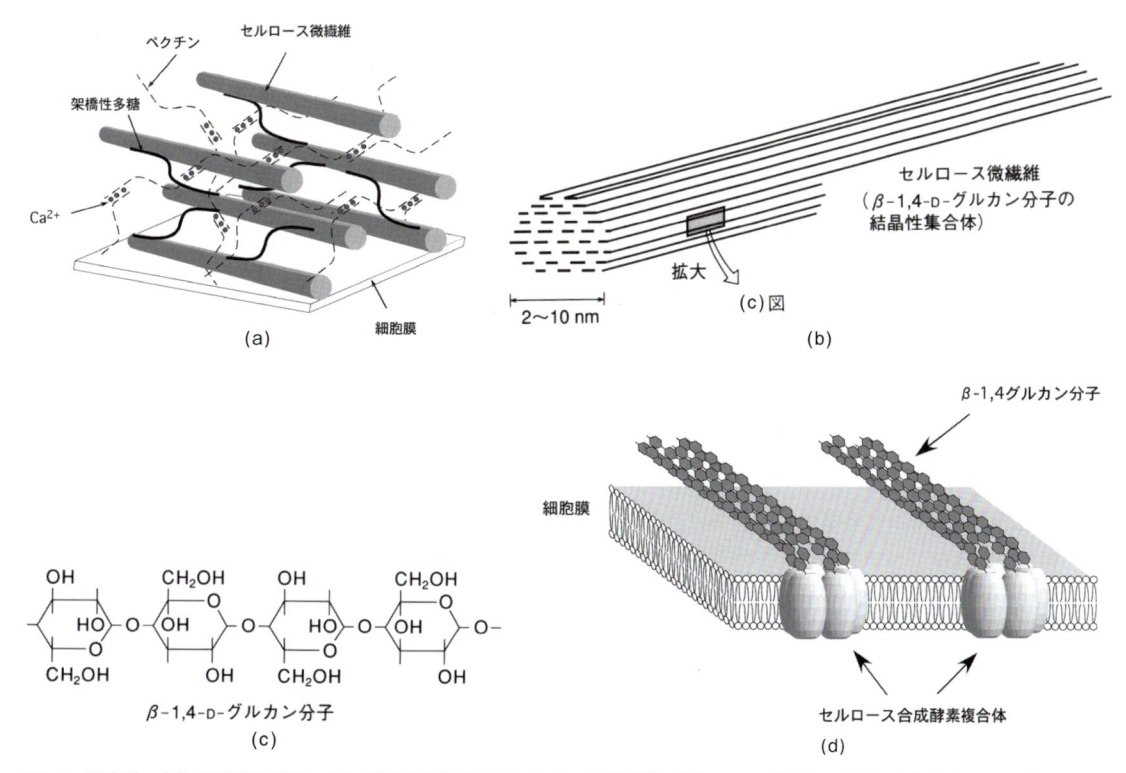

図9-4 細胞壁。(a) 細胞壁の構造，(b) 細胞壁を構成するセルロース微繊維，(c) β-1,4グルカン分子，(d) セルロース合成酵素複合体。

化学成分と構造を知る必要がある。

(1) 細胞壁の構造

細胞壁の化学成分は多糖・タンパク質・芳香族化合物である。細胞壁を構造面からみると，細胞壁はセルロース微繊維とその間を架橋する架橋性多糖を基本骨格とし，これを埋め込む形でペクチン性多糖やタンパク質が繊維成分と相互作用しながら複雑な網状構造をとっている（図9-4(a)）。

セルロース微繊維は，数十本（被子植物は平均で36本，太さは5-12 nm，藻類で数百本）のグルカン鎖が水素結合で束になったものである（図9-4(b)）。グルカンはグルコースがつながった多糖である。1本のグルカン鎖の長さは2-3 μm程度だが，セルロース微繊維の中ではそれぞれのグルカン鎖が互いにずれて束になっているため，束全体としては数百μmの長さにもなる。1本のセルロース分子は数千個のグルコース分子が β-1,4結合とよばれる結合様式で一列につながっている（図9-4(c)）。綿や麻の繊維，また紙の主成分であるセルロース微繊維は，力学的に非常に強く，引っ張り強さとしては鉄と同程度であるといわれる。

セルロース微繊維の隙間を埋める物質はゲル状のマトリックス多糖とよばれる。マトリックス多糖には，架橋性多糖とペクチンが含まれる。主要なマトリックス多糖類の構造を図9-5に示した。植物の種類や組織によって高分子成分の構成比や細部の構造は多少異なるが，その基本構造は共通している。被子植物の架橋性多糖は2種類に分けられる。双子葉植物と単子葉植物の半数（ツユクサ亜綱以外）がもつⅠ型細胞壁においては，架橋性多糖はキシログルカン分子である。単子葉植物であるイネ科などのツユクサ亜綱がもつⅡ型細胞壁では，架橋性多糖はグルクロノアラビノキシランである。また，これらの多糖類は共有結合，水素結合，ファンデルワールス力などさまざまな結合で互いにからみあい，粘弾性をもつゲルを形成している。細胞壁が力学的に強固な性質を備えながらも，その形を自在に変えうるのは，粘弾性をもつマトリックス多糖の性質によるものである。細胞伸長の際には一次壁の架橋性多糖の合成と分解が特に重要である。

ペクチン性多糖は複数種の多糖の総称で，イオン結合により架橋を形成し，水和してゲル状になる。

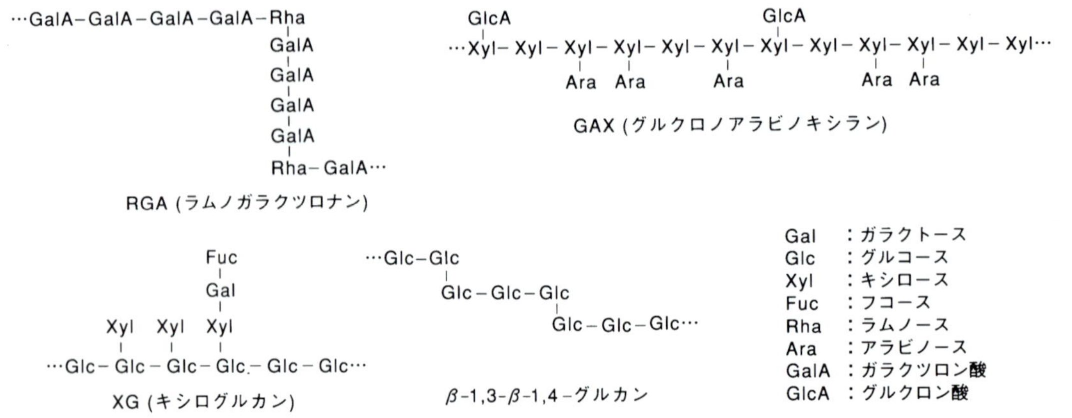

```
···GalA-GalA-GalA-GalA-Rha
                        |
                      GalA
                        |
                      GalA
                        |
                      GalA
                        |
                      GalA
                        |
                      Rha-GalA···
     RGA (ラムノガラクツロナン)
```

```
          GlcA                         GlcA
           |                            |
···Xyl-Xyl-Xyl-Xyl-Xyl-Xyl-Xyl-Xyl-Xyl-Xyl-Xyl-Xyl···
       |   |       |           |   |
      Ara Ara     Ara         Ara Ara
        GAX (グルクロノアラビノキシラン)
```

```
              Fuc                  ···Glc-Glc
               |
              Gal                    Glc-Glc-Glc
               |
      Xyl Xyl Xyl                      Glc-Glc-Glc···
       |   |   |
···Glc-Glc-Glc-Glc-Glc-Glc···
     XG (キシログルカン)            β-1,3-β-1,4-グルカン
```

Gal	: ガラクトース
Glc	: グルコース
Xyl	: キシロース
Fuc	: フコース
Rha	: ラムノース
Ara	: アラビノース
GalA	: ガラクツロン酸
GlcA	: グルクロン酸

図9-5　細胞壁を構成する主要なマトリックス多糖類の構造

代表的なペクチン性多糖であるホモガラクツロナンの場合，高度にメチルエステル化された状態で細胞外に分泌された後，細胞壁中に存在するペクチンメチルエステラーゼによりメチルエステル基が部分的に切断され，カルボン酸イオンとなってこれにCa^{2+}が結合する。そしてCa^{2+}架橋を介して連結帯をつくる。細胞壁のマトリックス内には，可溶性分子が拡散できる通り道があると考えられ，細胞壁微孔とよばれる。ペクチンは，連結帯と連結帯の間隔を変えることにより，細胞壁微孔のサイズを決めている。

(2) 細胞壁成分の合成

セルロースは伸長中のセルロース微繊維の末端に局在する末端複合体（terminal complex）[1]によって，細胞膜上でつくられる（図9-4(d)）。末端複合体は，UDP-グルコースを基質としてセルロース合成酵素を含むセルロース合成酵素複合体であると考えられ，ここでセルロースがつくられる。*CesA*がセルロース合成に関わる遺伝子群であることは遺伝学的に証明され，その遺伝子産物がセルロース合成酵素複合体の一部となることも確かめられているが，*in vitro*[2]で活性をもったままセルロース合成酵素複合体を生化学的に単離することが困難であることから，セルロース合成酵素複合体の全体像についてはまだはっきりしていない。一方で，非セルロース性の細胞壁多糖類は，ゴルジ体内で合成され，小胞によって細胞外に輸送される。非セルロース性多糖類の合成には，UDP-グルコースやGDP-グルコースを出発点とする，糖ヌクレオチドが基質として用いられる。

(3) 細胞壁の機能

かつて細胞壁は生理機能をもたないただの箱とみなされた時期もあったが，そのようなイメージは過去のものである。細胞壁中には，グルカナーゼやペルオキシダーゼなどのさまざまな酵素が存在し，これらの酵素の働きにより，細胞壁成分の分解・再構築・付加が休むことなく，あるバランスをもって続けられていると今では考えられている。そうでなければ，細胞は成長することはできないからである。細胞が成長する際に，もし細胞壁成分が付け加えられなければ，細胞壁はどんどん薄くなって破れてしまうだろう。細胞壁におけるこのような酵素反応によって，細胞壁の力学的性質が調節され，それが細胞形状の変化，すなわち細胞成長や分化につながるのである。また，細胞壁は細菌やカビなどの病原体の侵入に対する防御反応，共生生物との相互作用，植物細胞間の情報伝達などの面でも，重要な役割を担っていることも明らかになってきている（21章参照）。

(4) 一次壁と二次壁

発達段階という観点からみると，植物の細胞壁は2つに分けられる。1つは，細胞が分裂する際に細胞板から生じるもので一次壁とよばれ，すべての植物細胞がもっているものである。前項の細胞壁の構造はこの一次壁について説明したものである。一次

---

1) フリーズ・フラクチャー法を用いた電子顕微鏡観察により，末端複合体の多くはロゼット型（particle rosettes）をとっていることがわかっている。
2) 「試験管中で」という意味。

壁と一次壁の境界部分にはペクチン性多糖に富む中葉とよばれる部分が形成され，細胞と細胞の接着の役割をはたしている。果実の成熟の際には中葉の成分の代謝が重要となる。細胞によっては，細胞伸長が終わったのち，分化に伴って，一次壁の内側に更にリグニンなどの特徴的な成分を沈着する特殊な細胞壁が形成される場合があり，これは二次壁とよばれる。二次壁はおもに細胞や組織を強くする役割を果たしている（図11-6）。

9-3-2 生体膜

細胞が，ひいては生命が地球上に誕生するためには生体膜が発達することが必須であった。細胞の範囲についての定義としてはさまざまな説があるが，一般的には細胞膜とそれに囲まれた部分をさすことが多い。生体膜が発達することにより，細胞は代謝・複製・成長の活性を安定して維持することが可能となった。さらに，細胞内部にも生体膜で包まれた細胞小器官を発達させることで，反応物や酵素を濃縮し，特定の化学反応の効率を上げ，また，互いに相容れない化学反応を隔離することが可能となった。

（1）膜脂質と脂質二重層

脂質は本来疎水性であり，有機溶媒に溶けやすく水には溶けにくい性質を示す。しかし細胞膜をつくる脂質は1つの分子に水に溶けやすい親水性の頭部と，溶けにくい疎水性の尾部をもっている。このような性質を両親媒性という。もっとも典型的な膜脂質はリン脂質である（図9-6）。リン脂質は，グリセロールに2つの脂肪酸とリン酸が結合し，リン酸基にはさらに極性をもつコリンのような親水性の分子が結合している。このような両親媒性の分子が水と混ざると，親水性の頭部は水に引き寄せられ，疎水性の尾部は他の疎水性分子と会合しようとする。一般的に，両親媒性分子が水溶液中で一定濃度以上になると，疎水性尾部が1つしかない脂肪酸や界面活性剤などでは，疎水性尾部を内側に親水性頭部を外側にして球状のミセルとよばれる構造を形成する。しかし2つの疎水性尾部をもつリン脂質の場合は，疎水性尾部が向き合って平行に並び，親水性頭部がサンドイッチ状に疎水性尾部を挟み込んだシート状の構造をとる（図9-7）。これが脂質二重層である。しかしシート状の脂質二重層の自由端が水に露出した状態のままでは不安定なため，端がなくなるようにシートが丸まってつながり，自然に閉じた袋（小胞）をつくる。こうしてできた小胞が細胞である。実際にリン脂質を水と混ぜれば，脂質二重層からなるこのような小胞が自然に形成される。人工的につ

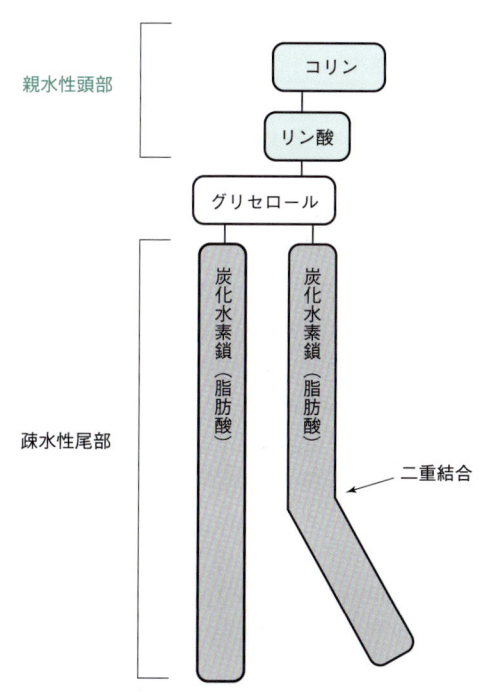

図9-6 リン脂質の化学構造の模式図（典型的な膜脂質であるホスファチジルコリンの場合）

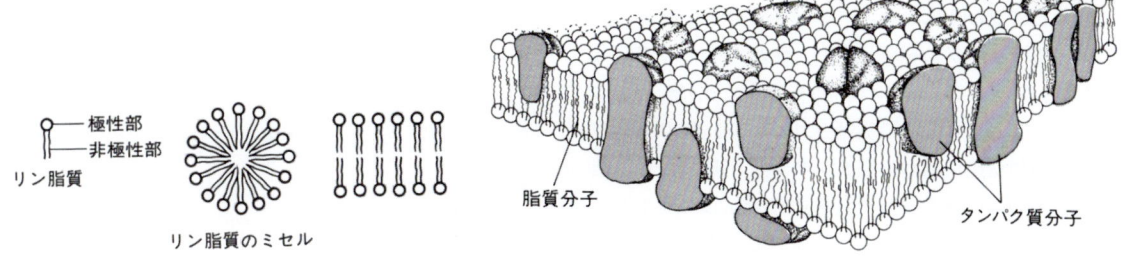

図9-7 生体膜の脂質と流動モザイクモデル

くられたこの小胞はリポソームとよばれ，さまざまな膜輸送の実験に使われている。

脂質分子は熱運動により動いていて，分子どうしは疎水結合などの弱い結合で相互作用しているだけである。膜内における分子の側方への拡散は，秒速 $2\mu m$ もの速さで起こる。このことが膜に流動性をもたらしている。そのため，膜は二次元の流動体であるといえる。温度が下がると脂質分子の運動速度が低下するので，膜の流動性も低下する。脂質二重層の流動性はその構成成分によっても変わり，膜脂質の尾部の炭化水素鎖の長さが短いほど，また不飽和度が高い（つまり二重結合の数が多い）ほど，流動性が高くなる。フユコムギなど低温に曝される植物では，秋になると不飽和脂肪酸の割合が増えることが知られている。動物細胞の場合は，膜へのコレステロールの挿入によって流動性が調節されていることが知られている。

脂質分子の側方拡散はよく起こる一方で，脂質二重層を構成する脂質の片側の層から反対側の層への，脂質分子のフリップ・フロップとよばれる移動は，それを専門に行うための酵素（フリッパーゼ）による助けがなければ，めったに起こらない。そのため，実際の生体膜では，細胞膜の外側と内側で脂質分子の構成が非対称になっている。

(2) 膜タンパク質と流動モザイクモデル

実際の生体膜では，重量にして50％もの量の，さまざまな機能をもつタンパク質が，脂質二重層に付着したり埋め込まれたりしている（図9-7）。これらのタンパク質を膜タンパク質という。膜を貫通しているタンパク質は，膜を貫通する領域で，αヘリックスとよばれる独特の二次構造をとり，特に疎水性アミノ酸の側鎖が膜脂質側に露出するような形をとるものが多い。脂質二重層のシートの厚さは5 nm程度であるが，膜タンパク質の出っ張りも含めた厚さは7-10 nmになる。膜タンパク質は脂質分子より大きいためその分だけ動きは遅いが，膜内を動くことに変わりはない。タンパク質分子が脂質二重層にモザイク状に組み込まれ，流動性をもって分布しているというモデルは流動モザイクモデルとよばれ，さまざまな方法で実証されている。膜の流動性は，情報伝達に関わる膜タンパク質が動いたり，細胞分裂の際に膜タンパク質を適宜分配したりすることに役立っている。ただし，すべての膜タンパク質が膜脂質の海の中を自由に漂っているかというとそうではなく，細胞外マトリックスや細胞内のタンパク質につなぎ止められていたり，膜上のフェンスにより，動きが制限されるものもある。

(3) 生体膜の物理・化学的性質と膜輸送

前述のように，生体膜という隔壁ができて外界から閉じた環境がつくり出されることで細胞が誕生した。その隔壁の性質はどういうものだろうか。脂質二重層の内部は疎水性なので，疎水性（あるいは親油性）の分子は透過しやすいが，極性をもつあるいは電荷をもつ親水性の分子は透過しにくくなる。また分子の大きさという面からみると，分子は大きくなるほど膜を透過しにくくなる。O_2，CO_2，N_2などの小さな疎水性分子や，極性をもつが分子が小さいH_2Oは拡散により比較的速く膜を透過する。一方，分子が大きな糖や，電荷をもつイオン，アミノ酸，ヌクレオチドなどは拡散では膜を透過しにくい（図9-8）。ショ糖やNaClなどの高張な溶液に植物細胞を入れると，細胞内部から水が奪われて細胞膜が細胞壁から分離する，原形質分離という現象が起こるのはこのためである。

このように細胞は，細胞の内外を隔てる障壁としてはたらく生体膜により外界から閉じた環境をつくり出した上で，細胞が生命を維持するために必要な分子を，別の方法で選択的に生体膜を介してやりとりを行う。生体膜が選択的に物質を通す性質を選択透過性といい，膜を隔てて特定の物質を輸送することを膜輸送という。膜輸送を行うのは膜タンパク質であり，その仕組みは10章で詳述する。

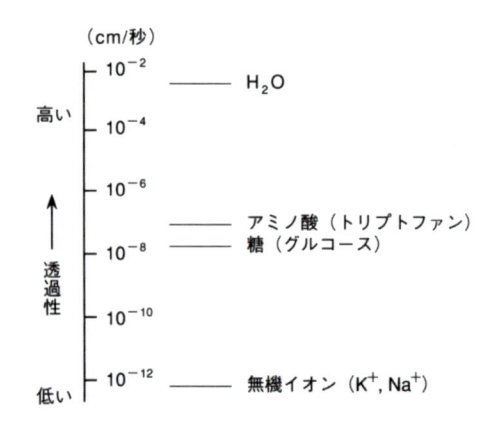

図9-8 脂質二重層における分子の透過性。透過性の尺度が対数目盛であることに注意。アミノ酸や糖の透過速度はH_2Oの千分の一以下である。

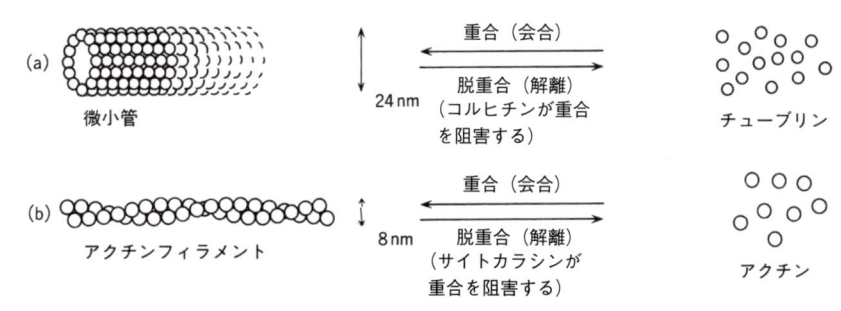

図9-9 細胞骨格である微小管とアクチン繊維

9-4 細胞質の構造

真核細胞は，細胞自身の運動，細胞小器官の移動，細胞の構造補強などのために，細胞骨格をもっている。微小管やアクチン繊維は，モータータンパク質[3]とともにはたらいて細胞小器官などを動かす。微小管は細胞分裂の際に染色体を動かす。アクチンは原形質流動に関わる。原形質流動は，細胞質全体を流れるように動かすという植物細胞固有の現象である。中間径フィラメントは細胞を補強する。真核細胞は，このような細胞骨格による細胞のダイナミックな動きから遺伝物質DNAを守るために核をもつようになったのだという考え方がある。

9-4-1 微小管

微小管は，タンパク質であるチューブリン分子が円筒状に会合してできた，太さ約24 nmほどの微小な中空の管である（図9-9）。微小管を構成するチューブリン分子は，αチューブリンとβチューブリンという2つの異なる球状のポリペプチドが結合したヘテロダイマーである。このチューブリン分子が1列に並んでできたフィラメントをプロトフィラメントとよび，微小管はこのプロトフィラメントが並んで管状になったものである。細胞内の一般的な微小管は13本のプロトフィラメントからなる。

微小管は細胞分裂のさまざまな段階で重要な役割を果たす（15章参照）。一般的に植物細胞では，細胞分裂前期でプレプロフェーズバンド[4]が顕著に表れる。プレプロフェーズバンドは，分裂予定位置の細胞膜直下に形成される微小管の束を主とした構造体で，将来の分裂面の位置を予言し，分裂面の精密な位置制御に関わる構造である。前中期には，姉妹染色分体における動原体の部分に微小管が付着し，有糸分裂紡錘体が形成される。この段階で染色体が赤道面に移動する。この過程には動原体微小管だけでなく紡錘体微小管も関わると考えられている。後期には，姉妹染色分体が極へ移動するが，その原動力は，動原体微小管上のモータータンパク質のはたらきと，動原体でのチューブリンの解離，の両方の力によると考えられている。終期には細胞質分裂が起こるが，植物細胞の細胞質分裂は，動物細胞と大きく異なり，2つの細胞が細胞板とよばれる新たにできる細胞壁の発達により隔てられていく。このとき，微小管とアクチン繊維およびそれらに結合するモータータンパク質からなる隔膜形成体（フラグモプラスト）[5]が隔壁を形成する。フラグモプラストに向かって，細胞壁成分を含む小胞が微小管にそって赤道面に運ばれ，融合しながら細胞板が形成されていく。フラグモプラストの拡大とともに，細胞板は細胞の中央から遠心的に広がり，親細胞の細胞壁に融合する。

細胞質には重合していない遊離のチューブリンのプールがあり，会合と解離のバランスで微小管が維持されている。ユリ科のイヌサフラン（*Colchicum*

---

[3] ATPをエネルギー源として細胞骨格の上を動くタンパク質。微小管に付随するものとしてキネシンやダイニン，アクチン繊維に付随するものとしてミオシンが知られる。

[4] 当初は "Preprophase band of microtubules" とよばれ，その日本語の訳として，これまで「前期前微小管束」という訳が用いられてきた。しかしこの構造には微小管以外のさまざまな分子が関係することもわかってきたことから，最近では英語としては "Preprophase band" だけで用いられる。したがってその訳としては，「微小管束」では不充分である上，「前期前」という表現も不適切であるためこの表現もやめて，「分裂準備帯」というよび方が用いられるようになってきている。

[5] 細胞質分裂に際し出現する，微小管やモータータンパク質などを構成要素とする構造。分裂後期の中頃，赤道面上に現れ，細胞板を形成しながら遠心的に広がる。

autumnale) の種子や球根に含まれるアルカロイドの一種コルヒチンは，微小管の重合を阻害する薬剤として知られている．植物の種子や芽生えをコルヒチンで処理すると，染色体の移動が阻害され，その結果，核分裂が阻害されて倍数体が得られる．この仕組みを用いて種なしスイカが作出された．その方法は以下のようなものである．二倍体のスイカを発芽後にコルヒチンで処理すると四倍体ができる．四倍体の雌ずいに二倍体の花粉を授粉させると，三倍体の種子ができる．三倍体を育て結実させると，種子は正常に発育しないため，種子のないスイカができる．

微小管は細胞分裂のとき以外にも，細胞質に存在する．セルロース微繊維の方向は，先述のセルロース合成酵素複合体が移動する方向によって決まり，セルロース合成酵素は，細胞膜直下を走っている微小管すなわち細胞質表層微小管に沿って移動する．そのため，微繊維の方向は細胞質表層微小管の方向によって決まる．成長中の植物細胞をコルヒチンで処理すると，細胞質表層微小管が破壊され，セルロースの合成の方向を制御できなくなり，本来の細胞の形を維持できなくなる．微小管の重合の阻害とは逆に，微小管の脱重合を阻害するタキソール[6]などの薬剤があり，これも細胞分裂をさまたげる．そのため，この薬剤は抗がん剤として用いられている．

9-4-2 アクチンフィラメント

アクチンフィラメントはATPを結合したアクチンタンパク質が会合してできた直径8 nmのフィラメント構造をしている（図9-9）．動物の筋肉細胞の中で，モータータンパク質であるミオシンとともに筋収縮に関わることがよく知られているが，アクチンタンパク質はどの植物細胞にも存在する．車軸藻でみられる原形質流動は，アクチンフィラメント上を細胞質ミオシンが動くことによって起こる．微小管と同様に，アクチンフィラメントも常に重合（会合）と脱重合（解離）を繰り返しており，サイトカラシンという薬剤によってその重合（会合）が阻害される．

9-5 細胞内の膜構造

真核細胞の構造上の重要な特徴として，細胞内部の膜系すなわち生体膜で囲まれた細胞小器官の発達がある．細胞小器官には，細胞膜が細胞内に陥入して生じたと考えられ，細胞内膜系と総称される，小胞体，ゴルジ体，液胞，および，細胞内共生によって取り込まれた可能性が考えられている色素体とミトコンドリアがある．

9-5-1 遺伝子発現に関係する細胞内膜構造

植物細胞は二重の膜である核膜に包まれた核をもつ．核には遺伝子の本体であるDNA分子が格納されている．二倍体トウモロコシの直径10 μm程度の核内には，長さにして10 mものDNAが，収められている．細胞のもつ全遺伝情報はゲノムとよばれ，細胞が分裂するときには，DNA全部を複製し娘細胞に分配し，娘細胞がそれぞれ完全なゲノムをもつようにしなければならない真核生物のゲノムは，通常何本かの染色体（chromosome）に分かれている．染色体はもともと，動植物細胞の有糸分裂の際に出現する，塩基性色素で濃く染まる棒状の構造体である．しかし現在では，細胞分裂中にみられる染色体だけでなく，核内の染色質（クロマチン），ウイルスや原核生物の核様体，葉緑体やミトコンドリアにある遺伝子群なども，広く染色体とよばれるようになっている．

真核細胞の染色体では，DNAはヒストンとよばれるタンパク質に結合してヌクレオソームという構造単位を構成し，このヌクレオソームが数珠状につながってクロマチンを形成している（15章参照）．このようにして，DNA分子は核の中にコンパクトに収められるとともに，遺伝情報の転写やDNA複製を行う酵素群が，折りたたまれたDNAにうまく接近できるようになっている．細胞間期やDNAを複製しているS期には，染色体はクロマチン繊維の形で存在しているが，S期でDNAが複製された後に，凝縮し棒状の構造体となって，細胞分裂の際にうまく娘細胞に分配される．分裂が終わった核内ではDNAの塩基配列からRNA（rRNA，tRNA，

---

[6] イチイ類の樹皮に含まれるジテルペン誘導体のアルカロイド．チューブリンの重合を安定化する．後に抗がん剤としてタキソールの名前が商標登録されたため，物質名としては一般名であるパクリタキセルという名前も用いられるようになっている．

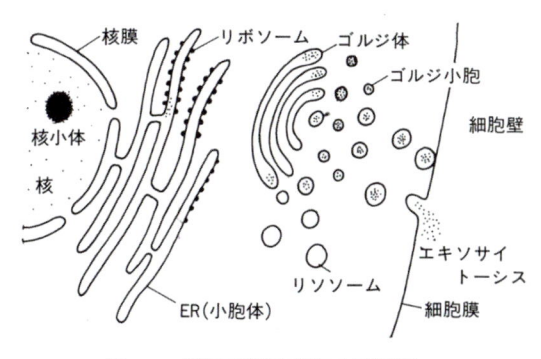

図9-10 遺伝子発現に関与する膜構造

mRNA）が転写される。核の中には，核小体とよばれる部分があり（図9-10），そこでrRNAの転写が行われ，リボソームのサブユニットが組み立てられる。核膜には，選択的にタンパク質や核酸を通す穴である核孔（核膜孔ともよぶ）が開いていて細胞質と連絡している。核の中で組み立てられたリボソームのサブユニットや，転写されスプライシングを終えたmRNAは，核孔を通って細胞質に移動する。また逆に，細胞質でつくられたタンパク質のうち，リボソームのタンパク質やDNAに結合するタンパク質など，特定のものが核孔を通って核内に移動する。細胞質に移動したmRNA，tRNA，リボソームによってタンパク質が合成される。細胞質基質ではたらくタンパク質は，小胞体には結合していない，いわゆる遊離型リボソームで合成される。一方，細胞内膜系や細胞膜ではたらく膜タンパク質，細胞外に分泌（エキソサイトーシス）されるタンパク質などは小胞体膜上に結合したリボソームで合成される。その後の過程は，10章の「タンパク質の選別と小胞輸送」で解説されている。

9-5-2 エネルギー代謝に関与する膜構造
（1）ミトコンドリア

　ミトコンドリアは二重の膜で包まれた細胞小器官である（図9-11(a)）。ミトコンドリアの外側の膜は，分子量1万以下の分子は比較的自由に透過させるのに対し，内側の膜（内膜）は内部へヒダのように入り込みクリステを形成し，特定の分子のみを選択的に通過させる。内膜の内側の領域をマトリックスとよぶ。ミトコンドリアのおもな機能はTCA回路，電子伝達系，酸化的リン酸化の過程を通してATPを生成することである。そのうち電子伝達系と酸化的リン酸化に関係した酵素はすべて内膜に埋め込まれている。TCA回路に関与する酵素群は，マトリックス中に溶液として存在する。マトリックスにはミトコンドリアそれ自身のタンパク質合成のための独自のDNAや自前のリボソームやtRNAが存在する。この点においては，ミトコンドリアは葉緑体と同様に，自律的な細胞小器官である。

（2）葉緑体と色素体

　葉緑体は光合成を行う，二重の膜で包まれた細胞小器官である（図9-11(b)）。二重の膜で包まれた部分，つまり葉緑体の内部には，扁平な袋状の構造であるチラコイドがあり，チラコイドが積み重なり，あるいは複雑に折りたたまれて，グラナを形成して

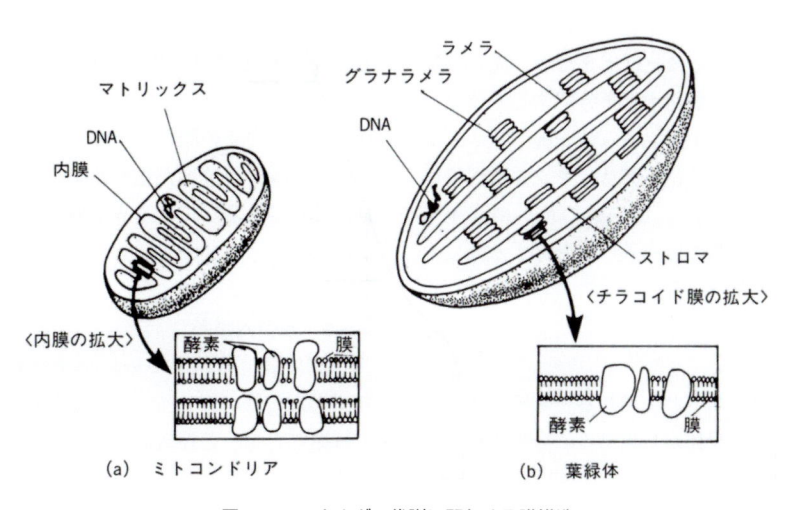

図9-11 エネルギー代謝に関与する膜構造

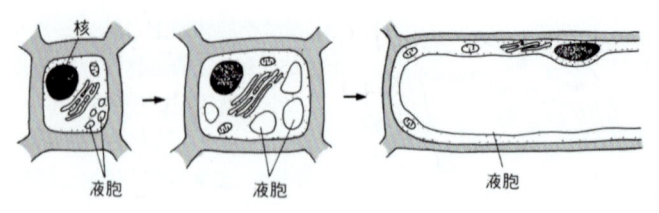

図9-12 液胞が成長するようす

いる。光合成反応のうちのいわゆる明反応，すなわち，光合成色素による光捕獲反応，電子伝達系，NADPH生成，光リン酸化によるATP生成がチラコイド上で行われる。生成したNADPHとATPはストロマへ放出される。炭素固定反応[7]はRuBisCO（リブロース1,5-二リン酸カルボキシラーゼオキシゲナーゼ）などの酵素のはたらきによってストロマで行われる。ストロマにはミトコンドリアと同様，葉緑体独自のDNA，自前のリボソーム，tRNAが存在する。光合成の詳細は18章で説明される。

葉緑体は，いくつかの種類に分化している色素体の一種であり，ここでは他の色素体についても簡単に述べる。白色体は無色で，精油に含まれる揮発性の化合物であるモノテルペンなどを合成し，柑橘類の皮の分泌腺細胞などで発達する。有色体はカロテノイドなどを蓄積し，果実や花弁において橙色や赤色を呈するのに役立っている。アミロプラストはデンプン粒を含み貯蔵組織に多いが，根の根冠にあるコルメラ細胞においては平衡石として，根が重力屈性を発揮する際に重力ベクトルの方向を感受する役割をになう（12章参照）。

(3) ペルオキシソーム

ペルオキシソームは一重膜で包まれており，ペルオキシダーゼやカタラーゼなどの酸化酵素を含み主として分子状酸素による酸化反応を行う。光合成細胞においては有害な過酸化水素を分解する重要なはたらきをする。ペルオキシソームの一種グリオキシソームは，脂肪酸のβ酸化とグリオキシル酸回路に関する酵素を含んでいて，脂肪酸の糖への変換を行い，脂肪種子（油脂貯蔵種子）が発芽する際にみられる。

9-5-3 液　胞

液胞は，トノプラストとよばれる一重膜で包まれている。液胞はゴルジ体から生じる。分裂組織でつくられたばかりの細胞では，液胞は小さな小胞群であるが，細胞が成長するにつれて融合して次第に大きくなり，成熟した細胞では，細胞体積のかなりの部分を占めるようになる（図9-12）。一般的に植物細胞が動物細胞に比べて大きいのは，この巨大な細胞小器官をもっているためである。細胞が成長する際には細胞が大量に水を吸うが，水は液胞にためられ，細胞質の溶質濃度は薄まらないようになっている。植物は細胞膜に加えて液胞にも水チャネル（10章参照）をもっており，吸った水が細胞質基質を通って液胞に蓄えられる。

トノプラストにはナトリウムポンプやプロトンポンプがあり，エネルギーを用いて細胞質基質から液胞内部へナトリウムイオンやプロトンを能動的にため込み，細胞質内のNa^+濃度やpHを一定の値に保つように調節している。また液胞は無機イオンだけでなく有機酸，糖，アルカロイドなどの毒物を含む二次代謝産物などを能動的にため込み，貯蔵・消化・防御などの機能を果たしている。ゴムの樹脂やケシのアヘン，たばこのニコチンなども液胞に蓄えられる。成長中の細胞は，液胞に溶質をため込むことによって浸透圧を高めて吸水し，成長に必要な膨圧を発生している。穀物種子の登熟期に合成される水溶性の貯蔵タンパク質グロブリンは，粗面小胞体で合成されてゴルジ体を経由して液胞に輸送される。この液胞はとくにプロテイン・ボディーとよばれる。種子発芽の際には，プロテイン・ボディーにタンパク質分解酵素が送り込まれて，貯蔵タンパク質は分解される。このような液胞は，分解型液胞とよばれる。

9-5-4 細胞内膜系

小胞体は，管状あるいは扁平な袋状の構造をとり，異なるサブドメインに分かれながらも全体としては閉じた単一の連続膜としてつながり，三次元的

---

[7] かつて暗反応とよばれていたが，暗所で完結するわけではないことから改められ，現在はこのようによばれる。

なネットワークをつくっている（図9-10）。小胞体はさらに，原形質連絡を通じて細胞を越えてつながっている。小胞体の表面にリボソームがみられる場合は粗面小胞体とよばれ，ここでは，細胞膜タンパク質や，細胞外に分泌あるいは，他の内膜系に運ばれるタンパク質が合成される。表面にリボソームがみられない小胞体は滑面小胞体とよばれ腺毛細胞などで発達している。腺毛細胞は，脂質・油脂などを合成しており，葉においては精油成分を合成している。

ゴルジ体（図9-10）は閉じた一重膜でできた袋状の槽が3から10層重なってできている（これを層板という）。細胞外に分泌されるタンパク質は，小胞体から輸送されてシス面に入り，反対側のトランス面へと層板の間を輸送されて，最終的にはトランスゴルジ網に到達する。その過程で，このタンパク質は種々の修飾・加工をうける。植物細胞のゴルジ体においては，キシログルカンやペクチンなどの細胞壁成分の合成や合成した多糖やタンパク質の分泌，および糖タンパク質へのオリゴ糖側鎖の付加やさまざまな場所に運ばれるタンパク質の選別などが行われる。動物細胞と違い，植物細胞は小さなゴルジ体をたくさんもつ。

参考文献

N. A. Campbell, J. B. Reece／小林興ほか訳：キャンベル生物学，丸善，2007.

B. Albertsほか／中村桂子，松原謙一監訳：Essential細胞生物学 原書第2版，南江堂，2005.

B. Albertsほか／中村桂子，松原謙一監訳：細胞の分子生物学 第4版，ニュートンプレス，2004.

B. B. Buchananほか／杉山達夫監訳：植物の生化学・分子生物学，学会出版センター，2005.

10

細胞膜を横切る物質輸送

- 膜輸送は，受動輸送と能動輸送の2つに分類される。
- 受動輸送は，膜の両側の電気化学ポテンシャルの勾配に従った膜輸送である。
- 電気化学ポテンシャルの勾配は，イオンの濃度勾配と電位差により生じる勾配である。
- 能動輸送とはエネルギーを用いて，電気化学ポテンシャルの勾配に逆らう膜輸送である。
- 膜輸送を行う膜タンパク質はキャリアーとチャネルの2種類に分けられる。
- 電気化学ポテンシャルの勾配ではない，他のエネルギー源と直接的に共役したイオン輸送を行う能動輸送系は一次能動輸送とよばれ，ATP駆動ポンプがその代表である。
- 他の能動輸送系に依存した能動輸送は二次能動輸送とよばれる。特に2つ以上の物質が同時に輸送される現象は共役輸送とよばれる。共役輸送には，2つ以上の物質が同一方向に輸送される共輸送の場合と，逆向きに輸送される対向輸送の場合がある。
- タンパク質は細胞質基質で合成され，さまざまな区画に輸送される。その過程はタンパク質の選別とよばれる。その選別のためのシグナルはタンパク質自身のアミノ酸配列に組み込まれており，シグナル配列とよばれる。
- 細胞外に分泌されるタンパク質や非セルロース性の細胞壁多糖類は，小胞輸送により輸送され，エキソサイトーシスにより放出される。また逆に，エンドサイトーシスにより特定の細胞膜タンパク質や細胞外の分子が細胞内に取り込まれる。

生体膜の構造と機能の基本的なことがらは9章で述べた。本章では生体膜を介して物質がどのように輸送されるのかということ，すなわち膜輸送の仕組みについて解説する。その次に，細胞質基質で合成されたタンパク質が，細胞内膜系をどのように移動し，細胞外へと輸送されるのかということ，すなわち小胞輸送の仕組みについて解説する。

10-1 生体膜による物質輸送

膜輸送は，受動輸送（passive transport）と能動輸送（active transport）に大別される。受動輸送は，膜の両側の電気化学ポテンシャル（electrochemical potential）の勾配に従った膜輸送であり，細胞がこの輸送のためにエネルギーを使う必要はない。グルコースのように電荷をもたない物質の場合には，単に濃度のみの勾配，すなわち化学ポテンシャルの勾配に従う。しかし，ほとんどの細胞膜には膜の両側に電位差[1]が生じているため，イオンなどのように電荷をもつ物質の場合には，その動きは単純に濃度差だけでは決まらず，電位差の影響を受ける。簡

単に言えば，濃度差と電位差を考慮したものが，電気化学ポテンシャルである。一方，能動輸送ではエネルギーを用いて，電気化学ポテンシャルの勾配に逆らって物質をとり入れたり排出したりする。

10-1-1 受動輸送

受動輸送の分子機構としては，物質が細胞膜の脂質二重層内を単純拡散によって通過する場合と，膜タンパク質を介して輸送される場合がある。O_2，CO_2などの小さな疎水性分子や，極性はもつが小さい分子であるH_2Oは，単純拡散によっても膜を透過する（図10-1(a)）。小さい分子の場合，疎水性の度合いと膜の通りやすさには相関がある。一方，大きな分子や電荷をもつイオンは拡散では膜は通過しにくく（図9-8），それぞれの物質を特異的に通す膜タンパク質を介した輸送が必要となる。小さい分子の膜輸送を行う膜タンパク質には，キャリアー（carrier）とチャネル（channel）がある。

(1) キャリアー（輸送体，トランスポーター）

低分子有機化合物を膜輸送するためには，多くの場合キャリアーが必要である。キャリアータンパク

---

[1] この場合の電位差は膜電位とよばれる。非興奮時の膜電位は静止電位とよばれ，細胞内が負となっている。

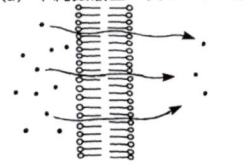

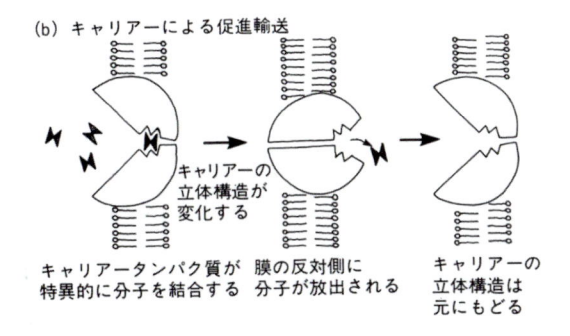

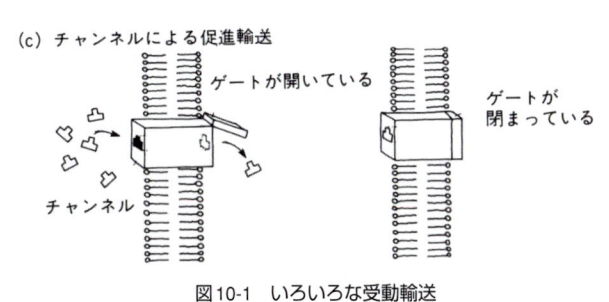

10-1 生体膜による物質輸送

(a) 単純拡散型の受動的膜輸送

(b) キャリアーによる促進輸送

キャリアータンパク質が特異的に分子を結合する　　膜の反対側に分子が放出される　　キャリアーの立体構造は元にもどる

キャリアーの立体構造が変化する

(c) チャンネルによる促進輸送

ゲートが開いている　　ゲートが閉まっている

チャンネル

図10-1　いろいろな受動輸送

質は，膜の片側でキャリアーに特異的な溶質分子を結合部位に結合させる。そうするとキャリアーの立体構造が変化し，膜の反対側で分子が放出される。溶質が放出されるとキャリアーの立体構造はもとに戻る。この一連の動作の繰り返しにより，1度に1つずつ分子の輸送が繰り返される（図10-1(b)）。その仕組みは回転ドアに例えられることがある。このため，キャリアーによる分子の輸送は，次項のチャネルによる輸送に比べると輸送速度が遅い。単純拡散の速度は溶質濃度に比例する。キャリアーによる分子の輸送は濃度に対し飽和現象を示すことや，競争阻害も起こりうることなど，輸送の様式は酵素反応と似ている。

(2) チャンネル

チャンネルに関しては，K⁺, Na⁺, Ca²⁺などの無機イオンを運ぶイオンチャネルがよく調べられている。キャリアーの場合には，通す溶質をその立体構造で区別するが，チャネルの場合には，通す溶質は分子の大きさと電荷によって区別する。チャネルは基本的に選択フィルターを備えた，膜を貫通した孔である。チャネルは開きっぱなしではなく，開閉が調節される（図10-1(c)）。チャネルは機能的には，チャネルの開閉を制御するゲート（gate），通過するイオンを選択するフィルター（filter），イオンが通過する通孔（pore）からなる。たとえばK⁺チャネルでは，穴の直径と形，穴を形成する部分のアミノ酸の電荷と溶質との相互作用によりカリウムイオンが選別されている。チャネルのゲート開閉を調節する因子としては，膜電位，ホルモンなどのリガンド，機械刺激などがある。

また最近では，単純拡散で膜を通過できる水分子も，水チャネル[2]によって輸送されていることがわかってきた。植物は水チャネルの活性や発現量を通じて，生体膜における水の透過性を制御していると考えられる。それでは生物は，なぜ水チャネルを必要とするのだろうか？　水は生体膜内を拡散により透過できるが，それだけでは不十分な場合があるためである。植物は，葉からの水の蒸散や吸水成長のために大量の水を吸わなければならないので，水チャネルが必要なのであろう。また，孔辺細胞や内皮細胞の吸水および根における水の輸送においても水チャネルは役立っている。根の表面から内部への放射方向の水輸送では，内皮のカスパリー線（5章参照）が抵抗となっていると考えられている。そこで，内皮には水チャネルのタンパク質が多く存在し，蒸散が高い条件下では，水輸送の抵抗を低くすることに役立っていると推測される。

10-1-2　能動輸送

能動輸送の様式は，イオンやアミノ酸，糖などの低分子と，タンパク質や多糖などの高分子では大きく異なる。ここでは低分子の能動輸送について述べる。低分子の能動輸送は，なんらかのエネルギー源を輸送過程に利用できる特定のキャリアータンパク質が行う。このうち，ATP駆動ポンプのように，電気化学ポテンシャルの勾配ではない他のエネルギーを使ってイオン輸送を行う能動輸送系は，一次能動輸送とよばれる（図10-2(a)）。一次能動輸送には

---

[2] 水チャネルのタンパク質はアクアポリン（aquaporin）とよばれる。2003年にノーベル化学賞を受賞したP. Agreにより赤血球において発見された。赤血球が，蒸留水中に入れられると水を吸って急速に膨らみ破裂するのは，水チャネルを多量に発現しているためである。

ATPポンプ以外に，電子伝達系直結型能動輸送がある。これは，葉緑体のチラコイド膜における光合成反応やミトコンドリアの内膜での呼吸反応において電子が電子伝達系を流れる際に放出される自由エネルギーを用いて，H^+の能動輸送が行われるものである（図10-2(b)）。一方，一見エネルギーを消費して能動輸送されているようにみえても，実は他の能動輸送系に依存して輸送されている場合がある。そのような場合は二次能動輸送とよばれる。特に2つ以上の物質が共役して輸送される現象は共役輸送とよばれる。

(a) ATP依存型の能動的膜輸送

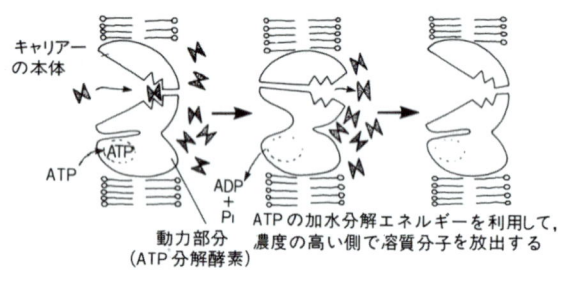

(b) 電子伝達系直結型H^+の能動的膜輸送

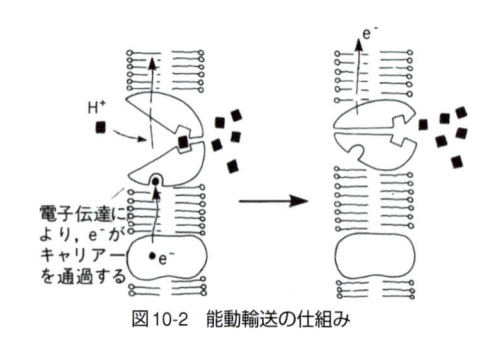

図10-2　能動輸送の仕組み

(1) ATP駆動ポンプ

ATPの加水分解エネルギーによってイオンを輸送するものである。代表例としては，動物細胞のナトリウムポンプがある。これは，Na^+の排出とK^+の取込みを駆動するナトリウム–カリウムATPアーゼである。小腸上皮細胞においては，ナトリウムポンプにより形成されたNa^+の電気化学的勾配が，糖やアミノ酸の共役輸送に使われる。植物細胞では，これに匹敵するものとして細胞膜にある電位差形成プロトンATPアーゼ（起電性ポンプ）がある。一般的に，植物細胞は動物細胞と違って，細胞膜の静止電位がはるかに大きな負の値である。これは，起電性ポンプによって，H^+が細胞外に能動輸送されているためである。このポンプにより形成されたH^+の電気化学的勾配をプロトン駆動力とよび，次に述べるようにさまざまな物質の吸収に役立っている。

(2) 共役輸送体

共役輸送（coupled transport）には，2つ以上の物質が共役して同一方向に輸送される共輸送（symport）と，逆向きに輸送される対向輸送（antiport）がある。共輸送の例として，動物の小腸上皮細胞の栄養吸収がある。糖やアミノ酸の濃度勾配に逆らう取込みは，ナトリウムポンプにより形成されたNa^+の電気化学的勾配を用いて行われる。したがってナトリウムポンプを止めると，この輸送も止まる。植物細胞の共輸送では，エネルギー源としてプロトン駆動力が用いられ，Cl^-，NO_3^-，$H_2PO_4^-$，ショ糖，アミノ酸などが共輸送により細胞内に取り込まれる。植物の対抗輸送の例としては，Na^+を細胞外に輸送する，Na^+-H^+アンチポーターなどがある。また，細胞成長に必要な吸水には，液胞に溶質を蓄積しなければならないし，塩分ストレス下においては液胞にNa^+がため込まれる。これらのように液胞に溶質を蓄積するためには，液胞膜プロトンATPアーゼによって液胞内にH^+が輸送されることにより形成されるプロトン駆動力が用いられる。

10-2　タンパク質の選別と小胞輸送

タンパク質の輸送は，タンパク質によって機能も局在性も多種多様であるため複雑に制御されている。あるタンパク質が細胞外に出るのか否か，細胞内のどのオルガネラではたらくのか，あるいは，どこかの膜にとどまるのかなど，単に，膜を横切るか否かという膜輸送の問題だけでなく，細胞内をどのように輸送されるかということが問題となる。植物細胞の場合にはまだ明らかになっていない部分も多いが，参考のため動物細胞でわかっていることを中心に解説する。

10-2-1　タンパク質の選別

ミトコンドリアや葉緑体内で合成される少数のタンパク質をのぞき，ほとんどのタンパク質は細胞質基質で合成されたのち，それらが機能する場所に適切に輸送されなければならない。細胞内膜系や細胞

外に分泌されるタンパク質は，小胞体（ER）を経由して運ばれるが，ミトコンドリア，葉緑体，核の内部へ輸送されるタンパク質は，小胞を介さずに直接その内部へ運び込まれる。これらの過程はタンパク質の選別とよばれる。その選別のためのシグナルはタンパク質自身のアミノ酸配列に組み込まれている。タンパク質のもつ選別シグナルとして一般的なものは，15-60個のアミノ酸からなるシグナル配列（signal sequence，またはシグナルペプチド signal peptide）である。おもしろいことに，遺伝子工学の手法を用いてERに行くべきタンパク質上のシグナル配列を除去すると，そのタンパク質は細胞質基質にとどまる。逆に，本来細胞質基質にあるタンパク質にERシグナル配列を付けると，そのタンパク質は小胞体に行ってしまう。以下に詳述するように，核内へ輸送されるタンパク質は核局在化シグナルをもち，葉緑体やミトコンドリアに輸送されるタンパク質もそれぞれのシグナル配列を備えている。

10-2-2　シグナル配列とシグナル認識タンパク質

　タンパク質はN末端からリボソーム上で合成される。ERに向かうタンパク質の場合を例として説明しよう。タンパク質が合成される途中で，N末端にあるシグナル配列に細胞質基質にあるシグナル認識タンパク質（signal recognition particle，SRP）が結合し，SRPがER膜上のSRP受容体に結合する。このとき翻訳途中のmRNAと，それについたリボソームもろともERに結合する形になる。そしてこの複合体からSRPが解離し，リボソームはER膜上のタンパク転送チャネルに渡され，タンパク質合成の進行とともにポリペプチド鎖がチャネルの中を通っ

てER膜を通過していく。水溶性タンパク質の場合，シグナル配列がシグナルペプチダーゼによって切断され，ポリペプチド鎖が膜を通過しきることで，ER膜からER内腔に遊離される（図10-3）。膜貫通型タンパク質の場合は，ポリペプチド鎖の途中に疎水性の輸送停止シグナルがあり，そこでポリペプチド鎖の膜通過が停止することで，タンパク質はER膜にとどまる。

　ミトコンドリア，葉緑体，核内など，細胞内膜系以外のオルガネラへのタンパク質の輸送の場合もそれぞれに固有のシグナル配列が関わる（表16-4）。しかし，これらのタンパク質の場合は，細胞質基質において遊離型リボソームにより最後まで合成された後に，シグナル配列がその受容体と結合する，という点でERに向かうタンパク質と異なる。

10-2-3　細胞質からミトコンドリアや葉緑体へのタンパク質の輸送

　細胞質で合成されたタンパク質が，ミトコンドリアや葉緑体などのオルガネラへ輸送される場合にも，シグナル配列が重要なはたらきをする。しかしその仕組みは細胞外へ分泌されるタンパク質とは少し異なる。さらに葉緑体へ輸送されるタンパク質の場合でも，葉緑体内のストロマに存在するRuBisCO[3]（リブロース1,5-二リン酸カルボキシラーゼオキシゲナーゼ）と，葉緑体内のチラコイド内腔に存在し電子伝達系に関与するプラストシアニンの場合では少し異なる。

　RuBisCOの2つのサブユニットのうちの1つ（小サブユニット）などのストロマタンパク質の場合は，細胞質内の遊離型リボソーム上で最後まで合成さ

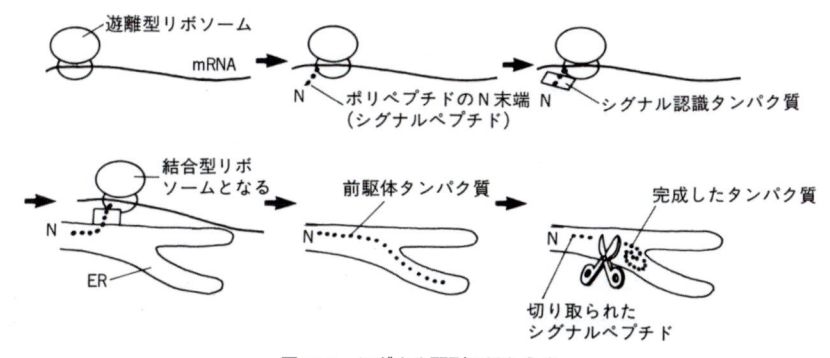

図10-3　シグナル配列のはたらき

3）炭素固定を行う。地球上でもっとも多いタンパク質であると言われている。

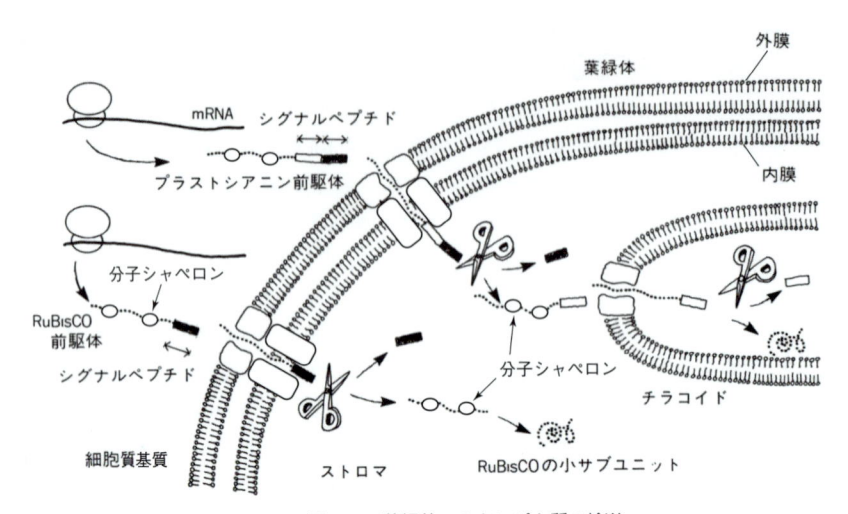

図10-4　葉緑体へのタンパク質の輸送

れ，細胞質基質内に放出される。そのポリペプチド鎖（小サブユニットの前駆体タンパク質）のN末端には40から50個のアミノ酸からなるシグナルペプチド（トランジット・ペプチドとよばれる）が付いている。葉緑体の外膜上にあるシグナルペプチド受容体が，このシグナルペプチドを認識する。外膜と内膜が接した部分にあるチャネルをポリペプチド鎖は通過し，ストロマ内に輸送される。ストロマ内に輸送された後，シグナルペプチド部分が酵素により切断され，機能するRuBisCOサブユニットとなる。チャネルを通過する前に，ポリペプチド鎖がほどけた状態のまま保たれたり，最終的に正しい形に折りたたまれたりするのは分子シャペロン[4]とよばれるタンパク質の助けによる。

プラストシアニンなどのチラコイドタンパク質の場合も，その前駆体タンパク質が細胞質内の遊離型リボソーム上で合成された後，葉緑体内に輸送される点ではRuBisCOサブユニットの場合と同じであるが，そこから先が少し異なる。プラストシアニンの前駆体タンパク質のN末端には2種類のドメインからなるシグナルペプチド（トランジットペプチド）が付いている。1つのドメインは葉緑体外膜を通過するためのもので，もう1つのドメインはチラコイドを通過するためのものである。この2つのドメインのはたらきにより，プラストシアニンタンパク質は最終的にはチラコイド内腔まで輸送されることになる。

10-2-4　細胞質から細胞内膜系や細胞膜への小胞輸送

ER膜やER内腔に入ったタンパク質の多くは，ER内の糖鎖付加酵素により糖鎖が付加されることで，自身が分解されるのを防いだり，その糖鎖を自身の輸送のシグナルとして用いたりする。しかし，細胞質基質にとどまるタンパク質の場合は，糖鎖が付加されるものはごく少ない。ERにとどまるタンパク質の場合は，C末端側にER保留シグナルをもつ。さらに他の細胞内膜系や細胞膜に向かう（ターゲティングされる）タンパク質，あるいは細胞外に分泌されるタンパク質は，ERから出芽する輸送小胞（transport vesicle）に包まれて，ゴルジ体に輸送され，ゴルジ体ではシス側からトランス側へと層板間を輸送される。タンパク質によってはゴルジ体内部で糖鎖付加される場合もある。植物に特徴的な細胞壁や，液胞に輸送されるタンパク質は，トランスゴルジ網を経て小胞に包まれて細胞膜や液胞膜に輸送され，エキソサイトーシス（exocytosis）とよばれる過程により細胞外や液胞内に放出される（図9-10）。エキソサイトーシスはタンパク質の輸送以外にも，ペクチンやヘミセルロースなどのセルロース以外の細胞壁多糖類の輸送にも関わる。ER，ゴルジ体，細胞膜などの大きな膜系から小胞が出芽する際には，COP（coat proteinの略）被覆やクラスリン被覆などとよばれる被覆タンパク質に小胞が包まれることで出芽する。また輸送小胞が正しい標的膜に

[4) ヒートショックタンパク質などが分子シャペロンの働きを行うことが知られている。

特異的に捕捉されるためには，SNAREとよばれる一群の膜貫通タンパク質が関わる．小胞がもつv-SNAREと，標的膜がもつt-SNAREが，相補的な組合せになった場合にのみ，両者の膜どうしが接近し融合することができるので，小胞と標的膜の特異的な融合が可能となる．

エキソサイトーシスにより増えた細胞膜の成分を回収するためや，あるいは特定の細胞膜タンパク質や細胞外の分子を細胞内に取り込むために，エキソサイトーシスとは逆の，エンドサイトーシス（endocytosis）とよばれる，小胞による取り込みの仕組みがある．植物細胞においては膨圧により細胞膜が細胞壁に強く押しつけられているため，エンドサイトーシスは困難であろうとかつては考えられていたが，現在では植物の分裂組織においてもペクチンなどのエンドサイトーシスが起こっていることが明らかにされている．

10-3 原形質連絡

個々の植物細胞の細胞質や細胞膜は完全に独立して存在しているのではなく，原形質連絡（plasmodesma）という構造により，細胞を越えてほとんどすべての細胞の原形質がつながっている．原形質連絡でつながった原形質の総体をシンプラスト（symplast）とよぶ．原形質連絡の構造は，細胞質がつながった単なる穴ではなく，デスモチューブル（desmotubule）とよばれる，修飾されたERのチューブも通っていて複雑な構造をしている（図10-5）．このような構造は，構造の保存性にすぐれた急速凍結法を用いた電子顕微鏡観察により明らかになっている．水や溶質の移動はデスモチューブルか，デスモチューブルと細胞膜間の狭い隙間（cytoplasmic sleeve）を経由し，脂質の移動はデスモチューブルを経由して起こるらしい．原形質連絡を通過することのできる溶質のサイズは4-6 nmであることが，蛍光標識したデキストランの移動の解析などから明らかになっている．細胞膜は原形質連絡を通じてつながっているが，奇妙なことに，細胞膜脂質の移動は原形質連絡を通じては起こらないらしい．原形質連絡では，通す溶質のサイズが制限され，開閉そのものも調節されていると考えられている．

原形質連絡はその形成のしかたから，2種類に分けられる．1つは，細胞質分裂時に細胞板内にERがはさまって残るかたちで形成されるもので一次原形質連絡とよぶ．もう1つは，もともと原形質連絡が存在しなかった場所にみられるもので，接ぎ木の境界における異種細胞どうしの間に新たに形成されるものである．これは二次原形質連絡とよばれる．二次原形質連絡は一般的な細胞にも形成されると考えられているが，その形成の仕組みはよくわかっていない．

最後にこの章に関してまだよくわかっていないことを挙げたい．膜輸送の分子メカニズムに関しては比較的よくわかっている一方で，タンパク質選別のうち，小胞輸送の分子メカニズムについては，被覆タンパク質以外のことは動物細胞でもわかっていないことが多い．植物細胞のオルガネラ間の輸送については比較的よく研究されているが，エンドサイトーシスやエキソサイトーシスのメカニズムはよくわかっていない．またゴルジ体の層板間輸送の仕組みもまだよくわかっていない．原形質連絡についてはその構成分子，これを介した細胞間コミュニケーション，開閉のメカニズムや調節の仕組みについても今後の課題である．

参考文献

N. A. Campbell, J. B. Reece／小林興ほか訳：キャンベル生物学，丸善，2007.

B. Albertsほか／中村桂子，松原謙一監訳：細胞の分子生物学 第2版，教育社，1990.

B. Albertsほか／中村桂子，松原謙一監訳：Essential細胞生物学 原書第2版，南江堂，2005.

B. Albertsほか／中村桂子，松原謙一監訳：細胞の分子生物学 第4版，ニュートンプレス，2004.

B. B. Buchananほか／杉山達夫監訳：植物の生化学・分子生物学，学会出版センター，2005.

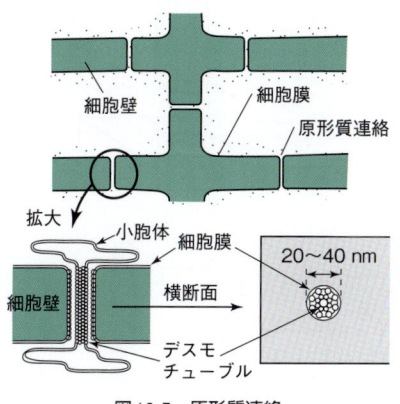

図10-5 原形質連絡

11 根・茎・葉の成長

- 成長は細胞の数の増加と，体積増加の両方で起こる。
- 根，茎，葉の器官成長を栄養成長といい，生殖器官（花）の成長を生殖成長という。
- 器官の成長には，伸長，肥大，拡大成長の3つの型がある。
- 細胞は水を吸って体積を増やす（吸水成長）。
- 吸水成長は浸透圧と細胞壁圧のバランスによって起こる。
- 細胞は，内部溶液の浸透圧で常に水を吸おうとしているが，細胞壁がこれを抑えている。
- 細胞壁圧が小さくなって，水が細胞に流れ込み，吸水成長が起こる。
- 細胞壁圧が小さくなる原因は，細胞壁が粘性的性質をもつからである。
- 細胞壁では，成長中は一次壁が合成される。成長が止まると二次壁が合成されて，細胞に機械的強度が与えられる。

　植物の成長とは，細胞の大きさ（体積）の増加と定義してもよい。植物は体積を増加させるのに，次の2つの方法をとる。細胞数の増加（細胞分裂）と，細胞1個の体積の増加（吸水成長）である。植物では，細胞分裂による体積の増加はあまり目立たない。体積の増加は十数倍にも達する。分裂直後の細胞の長さは10μm程度で，1,000個縦に並べても1cmにしかならないが，1個1個の細胞が十数倍に長さを伸ばすと十数cmになる。細胞体積の増加は液胞の拡大による。

　植物は，すでに種子中に幼植物の体制を整えている。それぞれの器官には，その器官に特徴的な細胞が備わっている。種子が水を吸い，発芽すると，さらに細胞分裂が起こる。分裂でできた新しい細胞は引きつづき体積の増加に移る。通常，新たな細胞分裂がみられなくなった種子中でも，細胞体積の増加はしばらくつづく。

11-1　栄養成長と生殖成長

　植物体の最上部と最下部には分裂組織がある。最下部の分裂組織は，その一生で根の形成のみに関わる。最上部の分裂組織は，ある期間まで茎や葉を形成し，茎が伸び葉が展開する。この成長を栄養成長とよぶ。しかしあるとき，環境要因のシグナル（夜の長さや温度）を受け（8章参照），それまで茎や葉の細胞を形成していた分裂組織は異なる細胞を形成し，生殖器官（花）を構成しはじめる。この成長を生殖成長とよぶ。生殖成長が始まると，栄養成長が抑制される。以下では，栄養成長期での成長をとり上げる。

11-2　器官の成長

　植物の栄養成長は，根や茎の伸長成長，茎の肥大成長，葉，塊茎，塊根の拡大成長の3つの型の器官成長に分けられる。いずれの場合も，細胞分裂を終えた細胞が水を吸い，その体積を増加させる吸水成長である。根や茎の伸長成長では，体積の増加は常に一方向（軸方向）である。茎の肥大成長，葉の拡

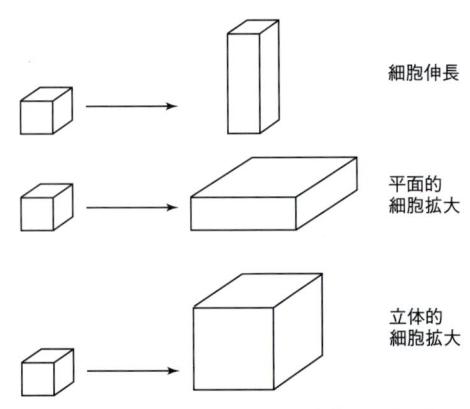

図11-1　細胞の成長の3つの型。細胞伸長は根や茎でみられる。平面的細胞拡大は葉でみられる。立体的細胞拡大は貯蔵器官でみられる。

11-2 器官の成長

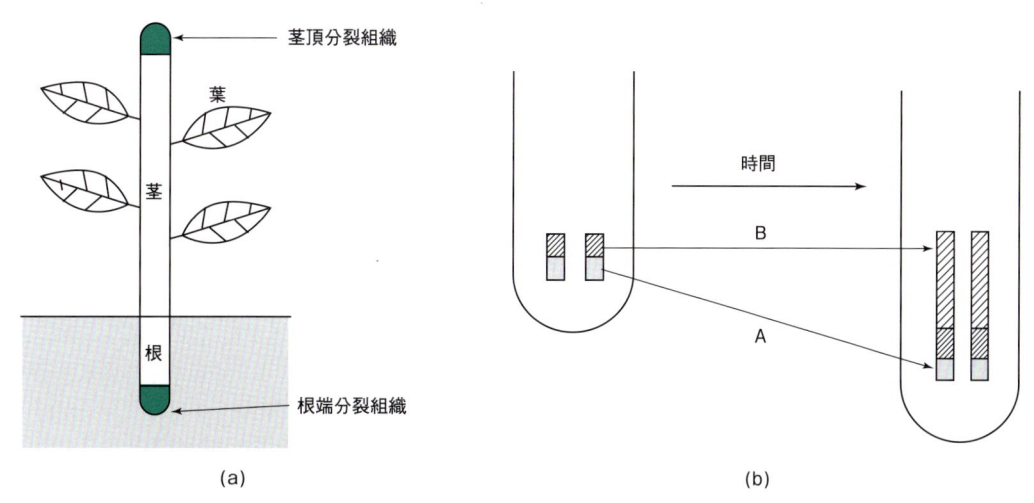

図11-2 植物の分裂組織と細胞伸長のパターン。（a）植物の体制と分裂組織の位置。茎は重力に逆らって伸び，根は重力の方向に伸びる。その結果，植物は地面に垂直な体制をとる。分裂組織は，その両端に位置する。根と茎の伸長方向の制御はオーキシンが行っている。（b）根端分裂組織で形成された新しい細胞が伸長成長するようす。分裂組織細胞Aから形成された細胞Bが伸長し，根の成長が起こる。茎頂分裂組織では，この図の上下を逆さまにしたことが起こっている。

大成長は平面的で，二方向性である。塊茎や塊根内の細胞の成長は，三次元的で三方向性である（図11-1）。この方向性は，細胞壁のセルロース微繊維の方向性が重要な働きをしている。

11-2-1 根と茎の伸長成長

根の成長は，活発に細胞分裂している根端分裂組織で新しい細胞が形成され，それが軸方向に長さを伸ばすことによって起こる（図11-2）（5章参照）。茎でも同様に茎頂分裂組織（成長点）で細胞分裂が起こり，この細胞が軸方向に長さを伸ばす。

茎も根も，最外層は表皮細胞でおおわれている。表皮細胞の空気に接する面の細胞壁は分厚いので，他の細胞に比べ伸びにくい。そのため，表皮細胞は常に内部からの圧力を受け，また逆に反作用として内部に圧力をかけている（この圧力が，師部などの分化に必要であるらしい）。表皮細胞の成長が，茎や根全体の成長を制御している（6章参照）。

オーキシンとジベレリンは，伸長成長を促進する。アブシジン酸は伸長成長を阻害する。

11-2-2 茎の肥大成長

木本性植物の茎の維管束内，および維管束間には形成層がある（6章参照）。形成層で分裂した細胞は，やはり水を吸って細胞の体積を増やす。細胞は平面的にその体積を増やして，茎を太らせる。単子葉植物では形成層が分化しないので，この型の肥大成長はしない。エチレン，サイトカイニンは茎の肥大成長を促進する。

11-2-3 葉の拡大成長

分裂が完了してできた葉は，最初は小さく折りたたまれている。葉を構成する1個1個の細胞の体積が平面的に増加し，若い葉が成熟した葉に展開，拡大する。葉は表皮細胞，柵状組織，柔組織細胞から構成されているが（7章参照），各細胞は協調して拡大している。基本的に葉の拡大成長を規定しているのは，茎や根と同様に表面の表皮細胞である。葉の成長を上からみた場合，細胞の拡大は葉の先端から始まり，その拡大は葉の基部に向かい，基部の細胞が拡大して葉の成長は終了する。

オーキシンは葉の裏側の表皮細胞の成長を促進するので，外から与えると葉が反り返る。ジベレリンとサイトカイニンは，葉の拡大成長を均等に増加させる。エチレンは葉を茎につけている葉柄の上面の成長（上偏成長）を促進するので，外から与えると葉は下を向く。

11-2-4 塊茎や塊根の拡大成長

多年生草本植物では地下茎や根の一部が肥大して，そこに貯蔵物質をためるものがある。ジャガイモやキクイモは茎が拡大成長した塊茎であり，サツ

マイモ，ダリア，ダイコンなどは，根が肥大した塊根である。これらの貯蔵器官の形成では細胞がほぼ三次元的に等方向に拡大成長する。キクイモでは，オーキシンが拡大成長を促進する。ジベレリンやサイトカイニンは単独では促進効果を示さないが，オーキシンとともに与えると，オーキシンの効果をさらに増加させる。このような効果を相乗効果とよぶ。

11-3 細胞の成長

植物細胞は，おもに細胞内の液胞に水を取り込んで体積を増加させている。これを吸水成長とよぶ。細胞はどのようにして水を吸うのだろうか。細胞内部の溶液に溶けているさまざまな有機物質や無機物質がその原動力となる。この細胞溶液は膜で取り囲まれており，溶液中の物質（溶質）は，膜を自由に通過できないが，水は通過できる。このような膜の性質を半透性という。水は半透性の膜で隔てられると浸透圧を生じ，溶質濃度の高い方に移動する。植物は大部分の水を根から吸収するので，根を取り囲む土壌中の水を根の内部に取り込むために，細胞内の溶液濃度は，細胞外に比べて常に高く保たれている。ここで，細胞外の溶液とは原形質膜より外の溶液をさし，細胞と細胞の間隙（すなわち細胞壁内）に含まれる溶液も細胞外の溶液となる。

11-3-1 浸透圧

水分子の動きやすさが浸透圧を生じる原因となる。溶質をまったく含まない純水中での水分子の運動量（動きやすさ）と比較して，溶質分子が溶けている溶液中では，水分子の運動は溶質分子によって妨げられるので動きにくい（図11-3）。

そのため，純水と溶液を半透膜で仕切ると，純水側から溶液側に移動する水分子の数に比べ，溶液側から純水側に移動する水分子の数は少ない。時間がたつと，純水の一部は溶液側に移動して，溶液の体積が増加している。溶液側の体積を増やさないようにしようとすれば，溶液側に圧力をかければよい。この圧力が浸透圧とよばれる。この圧力は，ファン

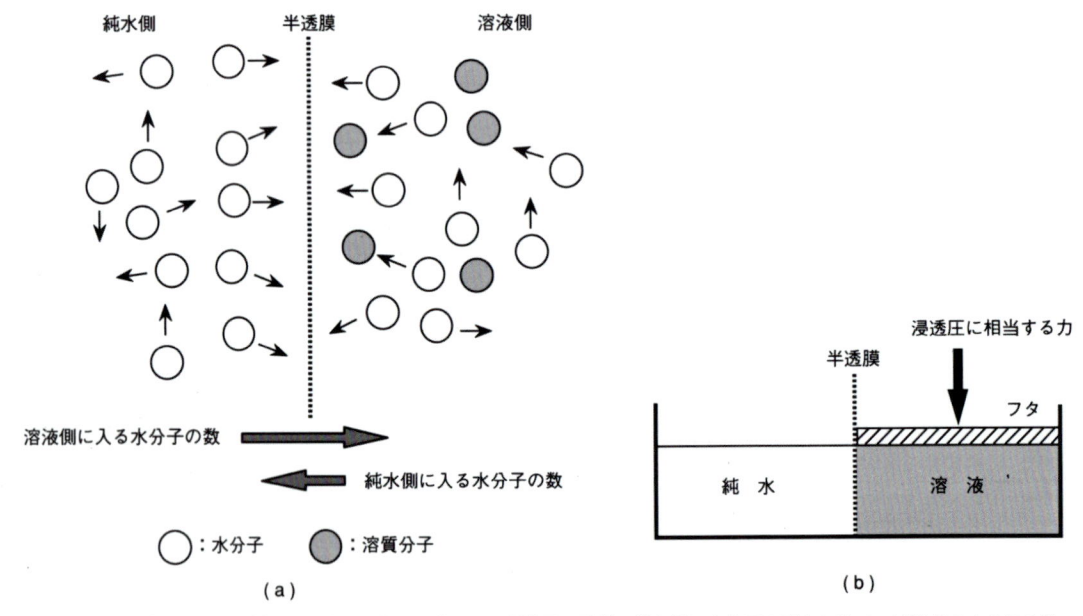

図11-3 浸透圧の原理。(a) 溶液中の水分子の動きと溶質分子の関係。純水側の水分子の動きに比べ，溶液側の水分子の動きは溶質分子に邪魔される。そのため純水側から溶液側に入る水分子の数に比べ，溶液側から純水側に入る水分子の数が少なくなる。この差が浸透圧を生み出す力となる。(b) 浸透圧の発生。純水と溶液を半透膜ではさむと溶液側のほうに水が入る。溶液側の体積を増やさないようにするためには，上から圧力をかけなければならない。この圧力は浸透圧に等しい。

11-3 細胞の成長

ト・ホッフの式によって，次のように計算できる。

浸透圧＝気体定数[1]×絶対温度×溶液濃度

浸透圧の単位はパスカル（N/m²），溶液の濃度はmol/ℓ（M）である。1 mol/ℓの溶液は，摂氏20℃で2.44 MPa（メガパスカル：およそ1 cm²あたり24 kgの力）の浸透圧をもつ。細胞内部の溶液はおよそ0.2-0.5 mol/ℓの濃度に相当するので，その浸透圧は0.5-1.2 MPaにも達する。

さて，このような溶液を内部にもつ細胞は，水を吸う能力はあるのだが，自由に水を吸えない。原形質膜の外側にある強固な細胞壁が，体積の増加を邪魔するからである。したがって，細胞全体（細胞壁も含めた）の水を吸う能力を考える場合，浸透圧だけではなく，細胞壁の存在も考慮しなければならない。

11-3-2 壁 圧

溶液が水を吸おうとする力に細胞壁が抵抗すると，内部に圧力を生じる。この力を膨圧という。膨圧は，内部の溶液が細胞壁を押す力である。正味の水の出入りがまったくない細胞では，膨圧は細胞壁が溶液を押す力（壁圧）とつり合っている（図11-4）。

膨圧に抗する壁圧がなければ，すなわち細胞壁がなければ，細胞は際限なく水を吸いつづける。すなわち，細胞壁は細胞が水を吸う力を弱めている。細胞1個が水を吸う力は次式で表される。

水を吸う力＝膨圧－浸透圧

細胞が水を吸う力は細胞からみて吸引する力なので，常にゼロ以下のマイナスの値をとる。細胞が水を吸っていないときは，水を吸う力はゼロである。このとき，膨圧と浸透圧は等しい。水を吸うためには，すなわち水を吸う力をマイナスにするためには，膨圧を減少させるか，浸透圧を増加させればよい。

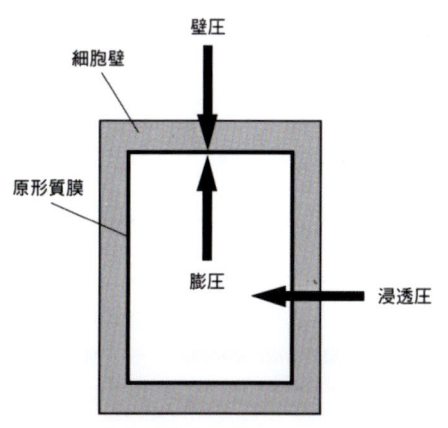

11-3-3 浸透圧の役割

成長する前の細胞と，成長し終わった細胞の溶液濃度を比較すると，必ず濃度が前よりも低くなっている。しかしこれは，細胞が水だけを吸った結果ではない。細胞はその成長中，維管束から供給される糖，アミノ酸や無機イオンを吸収している。しかし溶質を吸う量よりも，吸収する水の量の方が多いため，結果的に細胞内の溶液濃度が下がる。一般的に，細胞は内部の浸透圧を上げて成長能力を高めてはいない。例外的に，細胞内のデンプンを分解して浸透圧を高める場合がある。デンプンは，グルコースが1,000個以上つながった高分子である。1モルのデンプンが全部分解されてグルコースになると，1,000モルのグルコースになる。すなわち浸透圧は1,000倍になる。わずかなデンプンの分解が浸透圧を上昇させるのである。

11-3-4 細胞壁の役割

一般的な吸水成長は，膨圧が減少することによって起こる。これは一見矛盾しているようにみえる。

図11-4 細胞が水を吸う力に関係する浸透圧，壁圧，膨圧。細胞が水を吸う力は陰圧なので，マイナスの符号をとる。浸透圧も同じく水を吸う力なので式ではマイナスの値として扱う。膨圧は内部からみて外に向かう力なので，プラスの値として扱う。

図中：壁圧／細胞壁／原形質膜／膨圧／浸透圧
水を吸う力＝膨圧－浸透圧
水を吸う力≦0，膨圧＞0，浸透圧＞0

---

[1] 気体定数（R）は8.3145 J/K/molである。浸透圧＝気体定数×絶対温度×溶液濃度 という式の場合，溶液の濃度 mol/ℓを使っているので換算値（1000 mol/m³）を使い1 M溶液の浸透圧は気温20℃のとき次のように表される。
浸透圧 ＝ 8.3145 J/K/mol × 293 K × 1000 mol/m³ ＝ 2.44 × 10⁶ J/m³ ＝ 2.44 × 10⁶ N/m² ＝ 2.44 × 10⁶ Pa
10⁶単位をメガ（M）とよぶので，結局1 Mの溶液の浸透圧は，2.44 MPaとなる。Paとは1 N/m²の力（圧力）である。

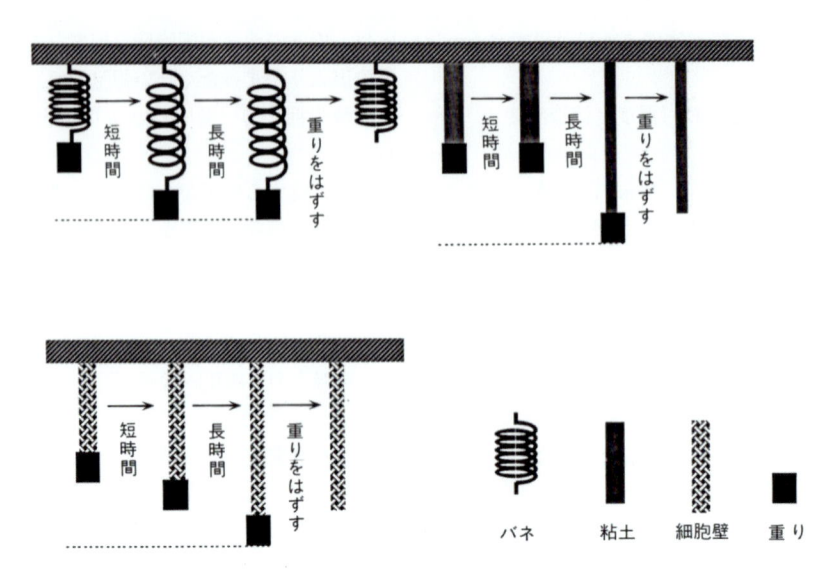

図11-5 バネと粘土に重りをかけたときの伸びと時間の関係。弾性体であるバネは重りをかけた瞬間に伸びるが，その後時間が経ってもそれ以上伸びない。一方，粘性体である粘土の円柱は重りをかけた瞬間は伸びないが，時間が経つと徐々に伸びていく。バネの場合は重りをはずすとその長さはもとに戻る。粘土の場合は，重りをはずしてももとの長さに戻らない。細胞壁はこの両方の性質をあわせもつ。

細胞壁を押す力が減少して成長が起こることを意味しているからである。しかし，膨圧がもともと細胞壁が細胞質を押すことによって生じていることを思いおこせば，納得できるであろう。すなわち，細胞壁の壁圧が弱まることが膨圧を減少させ，浸透圧による水の吸水を促すのである。手で風船を押さえていれば，空気を入れようと力んでも風船は膨らまないが，手を放すと膨らむ。これと同じように，細胞を外から押さえていた細胞壁の力（壁圧）が弱まって，水が細胞内に流れ込んでくる。これが吸水成長である。

それでは，なぜ壁圧が弱まるのだろうか。これは，若い細胞壁が粘性的な性質を示すからである（図11-5）。細胞が伸長した後，たとえば細胞内部の液を取り去り，膨圧をなくしても，細胞（細胞壁の殻）はもとの長さにもどらない。これは，細胞壁が粘性を示す証拠である。

粘性を示す細胞壁に力（膨圧）をかけたままにすると，伸長が引き起こされる。さらに活発に伸長している細胞では細胞壁の物性が変化し粘性による伸長が促進されている。若い細胞の細胞壁は粘性を十分示すが，伸長を終えた古い細胞壁は弾性も粘性もほとんど示さない，固体に近い状態なっている。

細胞が伸長している間に，新たな細胞壁の合成が起こるので，細胞が伸長しても細胞壁の厚さはそれ

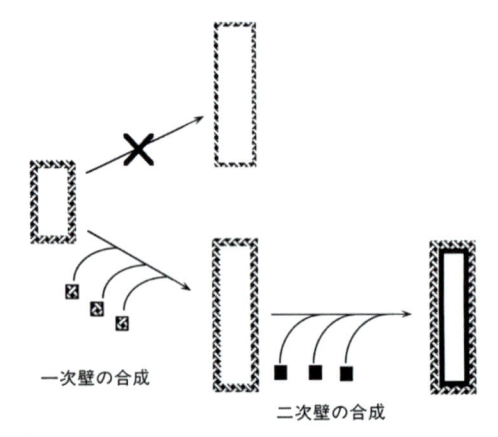

図11-6 細胞壁の合成と細胞伸長。細胞の伸長は細胞壁の合成を伴う。

ほど薄くならない。

伸長中に合成される細胞壁を一次壁という。一次壁は粘性を示す。伸長が終わってから一次壁の内側に形成される細胞壁を二次壁という。二次壁は弾性も粘性もあまり示さない細胞壁で，植物体を機械的に支える働きをしている（図11-6）。

参考文献

P. S. Nobel：Biophysical Plant Physiology and Ecology, W. H. Freeman and Company, 1983.

P. W. Barlow, D. J. Carr：Positional Control in Plant Development, Cambridge University Press, 1984.

J. E. Dale：The Control of Leaf Expansion, *Ann. Rev. Plant Physiol.*, **39**, 267-295, 1988.

J. F. V. Vincent, J. D. Currey：The Mechanical Properties of Biological Materials, Symposia of the Society for Experimental Biology No. 34, Cambridge University Press, 1980.

J. E. Dale, F. L. Milthorpe：The Growth and Functioning of Leaves, Cambridge University Press, 1983.

山本良一，櫻井直樹：絵とき植物生理学入門（改訂版），オーム社，2007.

櫻井直樹，山本良一，加藤陽治：植物細胞壁と多糖類，培風館，1991.

増田芳雄：植物生理学（改訂版），培風館，1988.

増田芳雄：植物の細胞壁（UPバイオロジー60），東京大学出版会，1986.

小野木重治：化学者のためのレオロジー（化学モノグラフ32），化学同人，1982.

中川鶴太郎：レオロジー，岩波書店，1978.

鐸木啓三，斎藤隆英：高分子化学，裳華房，1978.

12 植物の運動

■ 植物器官の運動には屈性，回旋転頭運動，傾性がある。
■ 屈性は茎や根が刺激の方向に対して一定方向に屈曲する運動である。
■ 茎や根の先端が円や楕円を描くように動く運動を回旋転頭運動という。
■ 傾性は刺激の方向に関係なく，器官により反応の方向が決まっている運動である。
■ 植物器官の運動は成長や膨圧の変化によって引き起こされる。
■ 運動性をもつ細胞が刺激に対してある一定の方向に移動する運動を走性という。
■ 外界の刺激による運動は，刺激の受容，その変換および伝達，そして反応の過程を経て起こる。
■ 細胞内運動である原形質流動は細胞内の物質輸送に不可欠である。

大地に根を張って生活している植物は動物のように移動することはない。そのため，植物は運動しないと思っている人もいるのではないだろうか。動物の運動と比べると植物器官の運動は一般的に遅いために，ヒトの眼ではなかなかその運動を捉えにくい。しかし，植物はさまざまな環境の変化に反応して明らかに運動し，姿勢を変えている。たとえば，鉢植えの植物を窓辺におくと，いつの間にか葉や茎が光の方向に向いていたり，ネムノキの葉が昼夜で開閉を繰り返したり，オジギソウの葉にふれると葉が閉じたりするのが，その例である。環境の変化に反応するばかりでなく，植物は自発的な運動も行う。さらに，細胞の内部でも原形質流動をはじめとする細胞小器官の運動がみられる。また，生理的な運動に加えて，ホウセンカの果皮が乾燥ではじけるといった非生理的な運動（乾湿運動）も植物の運動のひとつである。

12-1 屈 性

植物が刺激の方向に対してある一定の方向に器官の一部を屈曲させる反応を屈性（tropism）という（図12-1(a)）。刺激に近づく反応を正の屈性，逆に刺激から遠ざかる反応を負の屈性とよぶ。屈性を引き起こす刺激にはさまざまなものがあり，よく知られている光や重力以外にも，水分，接触，熱，電気や化学物質などがある。屈性反応が引き起こされるためには，まず，刺激を受容しなくてはいけない。

また，刺激情報としては大きさだけでなく方向も，すなわちベクトルが必要である。刺激を受容する組織と屈曲が起こる組織は必ずしも一致しない。そのため，受容されたベクトル情報は，変換され，屈曲する組織に伝達される。最終的な反応である屈曲は，偏差成長（不均等な成長）によって起こる（図12-2(a)）。

12-1-1 光屈性

植物のシュート（芽と若い葉を付けた茎の先端部分）に一方向から光を照射すると屈曲が起こる。これを光屈性（phototropism）という。一般的にシュートは正の光屈性を示す。根は植物によって光屈性をもつものともたないものがあり，光屈性をもつ植物では一般的に負の屈性を示す。普段，私たちが目にする植物の姿勢，特に地上部の姿勢には光屈性が深く関わっている。さて，光屈性において刺激の受容はどこで行われているのだろうか。進化論で有名なチャールズ・ダーウィン（C. Darwin）と息子のフランシス（F. Darwin）は，19世紀後半に，カナリアクサヨシやマカラスムギ（アベナ）などの芽生えを用いて，先端に光があたらないと屈曲が起こらないことを示した。また，屈曲するのは先端部ではなく，その下の部分であることを明らかにした。これらの結果から，彼らは，先端で光を受容し，なんらかの因子が先端から下部に移動し，下部が屈曲すると考えた。その後の解析から短時間の光照射の場合は先端を遮光すると屈曲は起こらないが，先端を

12-1 屈　性

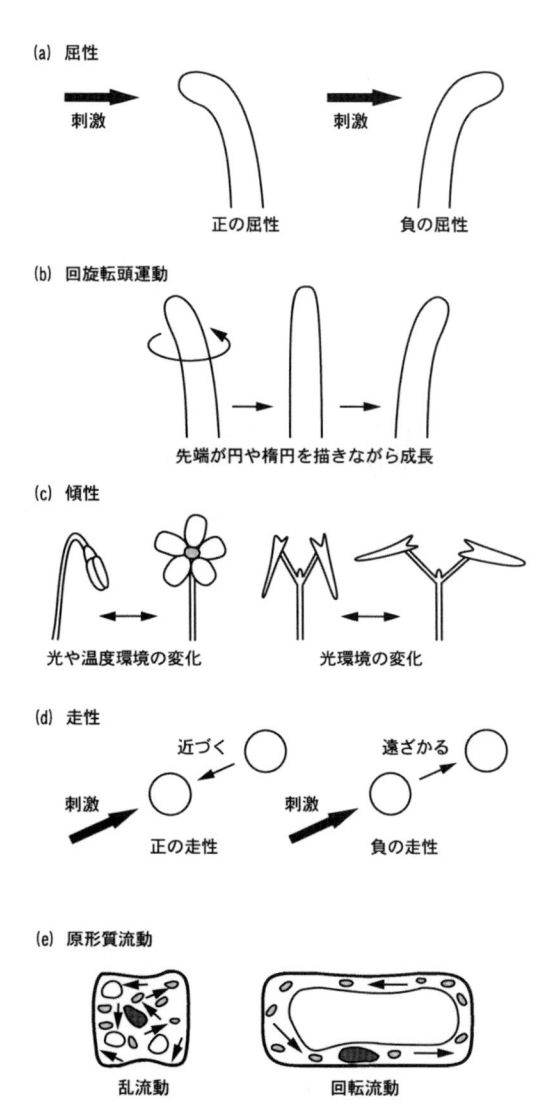

(a) 屈性　　刺激 → 正の屈性　　刺激 → 負の屈性

(b) 回旋転頭運動　先端が円や楕円を描きながら成長

(c) 傾性　光や温度環境の変化　光環境の変化

(d) 走性　刺激 → 近づく 正の走性　刺激 → 遠ざかる 負の走性

(e) 原形質流動　乱流動　回転流動

図12-1　植物の運動

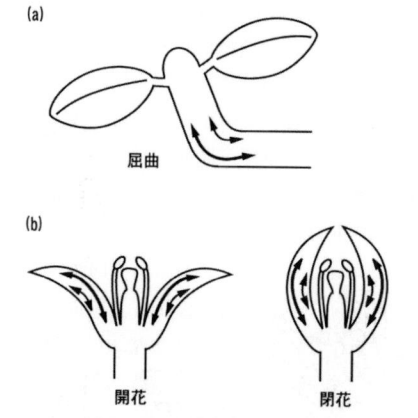

図12-2　偏差成長による茎の屈曲と花の開閉。矢印は長いほど伸長成長の速度が大きいことを示す。
(a) 屈曲
(b) 開花　閉花

遮光しても長時間照射すると屈曲が起こることが示されている。すなわち，シュートの先端がもっとも光に対する感受性が高いが先端以外の部分も光を受容していると考えられる。また，アベナやキウリ，クレス，ダイコンの芽生えを用いた実験で，光屈性において光を受容する部位は，屈曲部位であると示唆する結果も出されているが，一般的には光の受容にはシュートの先端がもっとも重要であると信じられている。ところで，光屈性の誘導には青色光がもっとも有効である。青色光受容体の正体は長年不明であったが，シロイヌナズナ突然変異体の解析からその受容体はフォトトロピンであることが現在では明らかになっている（19章参照）。フォトトロピンで受容した光シグナルの発信には，フォトトロピン

の自己リン酸化や，フォトトロピンによる他の分子のリン酸化が関与している可能性が示されている。また，あとで述べるように屈性を引き起こす偏差成長には植物ホルモンであるオーキシンが関わっている。

12-1-2 重力屈性

重力は光と違って，地球上ではその大きさや向きは変化しない。そのため，地球上の1 gの重力の下で進化してきた多くの生物は，重力の方向を感知し，姿勢の制御を行っている。たとえば，光のない真っ暗な環境で植物の芽生えを生育させても，茎はまっすぐに上（重力と逆方向）に伸び，根（主根）は真下（重力方向）に伸びる。これを重力屈性（gravitropism）という。さて，植物はどのようにして重力方向の変化を感じているのだろうか。脊椎動物では，内耳にある耳石器官が重力受容器であり，平衡石（耳石：炭酸カルシウムとリン酸カルシウムを含む結晶体）の位置によって重力方向を感受している。植物も動物の場合と同じで，重力で沈降する平衡石を用いている（図12-3）。しかしながら，植物と動物で平衡石の成分はまったく異なっており，高等植物では大きなデンプン粒を含むアミロプラスト（デンプン体）とよばれる色素体が平衡石としての役割を担っている。動物の耳石は細胞の外に存在し，その位置が周囲の細胞によって認識されるが，植物の場合は重力受容細胞（平衡細胞）の中にアミロプラストが存在している。

根の先端には分裂組織を保護する働きをもつ根冠という組織が存在する（図12-3）。根冠の中央部にはコルメラという細胞群があり，そこには他の細胞より直径が10倍以上大きなアミロプラストが含まれている。一方，茎では，皮層と中心柱の間に内皮という組織が存在しており，その中にアミロプラストが存在する。また，コルメラ細胞や内皮細胞に存在するアミロプラストが重力の方向に移動することが観察されてきた。これらのことから，根ではコルメラ細胞が，茎では内皮細胞が重力受容細胞であると考えられている。根冠をカミソリなどを用いて除去すると，成長速度にはほとんど影響がないが，根が重力屈性を示さなくなる。また，シロイヌナズナにおいて根冠の中央に位置するコルメラ細胞をレーザー照射により破壊すると根の重力屈性が著しく阻害されるということが示されている。これらのこ

とは根冠のコルメラ細胞が根の重力受容細胞であることを示している。茎の内皮細胞が重力感受に関与しているということはシロイヌナズナ突然変異体の解析から遺伝学的に示された。*sgr1*（*shoot gravitropism 1*）/*scr*（*scarecrow*）および *sgr7*/*shr*（*short-root*）突然変異体は，花茎と胚軸の重力屈性を完全に失っている。両突然変異体の原因遺伝子は内皮の形成および分化に関与する転写因子様のタンパク質をコードしており，両突然変異体は花茎と胚軸において内皮層が完全に欠失している。アミロプラストが重力方向に移動した後のシグナル変換の仕組みはまだよくわかっていない。

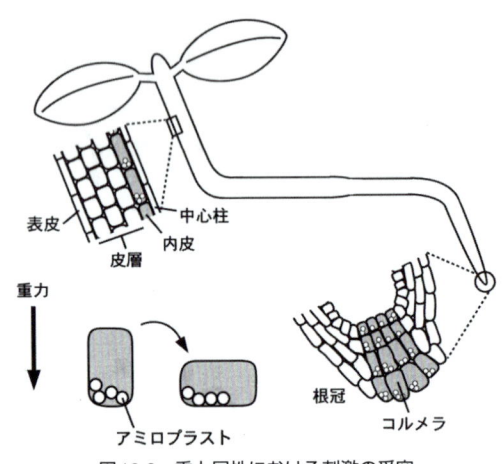

図12-3 重力屈性における刺激の受容

12-1-3 オーキシンの不均等分布と偏差成長

光屈性における刺激の受容部位に関しては諸説があるが，少なくとも重力屈性，特に根においては刺激の受容部位と屈曲部位は異なっている（図12-3）。このことは受容部位から屈曲部位へなんらかの情報が伝達されていることを示している。ウェント（F. W. Went）は植物芽生えに一方から光を照射すると，光の当たらない側でオーキシンの量が増え，光の当たる側より細胞の伸長が促進されて，光の方向に屈曲すると考えた。コロドニー（N. Cholodny）は同様のことが重力屈性にも当てはまることを示していた（図12-4(a)）。このことから，光屈性や重力屈性がオーキシンの不均等分布による偏差成長によって引き起こされているというコロドニー・ウェント説が1937年に提唱された。その後，屈曲時のオーキシンの濃度が直接測定されたり，オーキシン応答性シス配列である *DR5* を用いたレポーター遺伝子

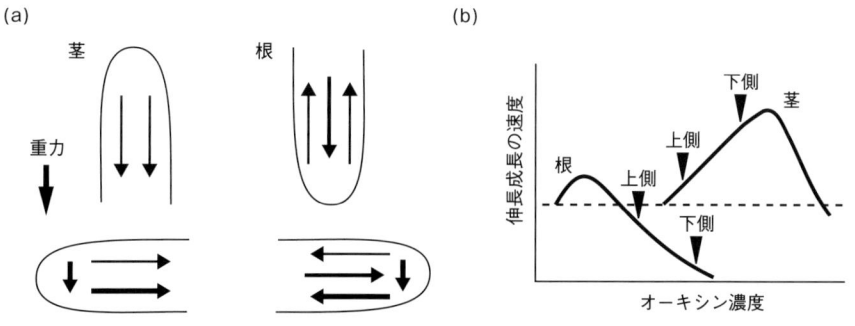

図12-4 重力屈性におけるオーキシンの輸送と伸長成長に対する効果。(a) の矢印はオーキシンの流れとその量を示す。(b) の矢じりは屈曲開始時の茎および根の上側または下側の組織中のオーキシン濃度を示す。

(*DR5::GUS* または *GFP*) を用いて間接的にオーキシンの濃度が測定され，コロドニー・ウェント説を支持する結果も得られた。しかしながら，支持しない結果も報告されており，個々の植物に特有の成長阻害物質が屈性反応に関わっている可能性も示されている。

オーキシンは茎の先端部で合成され，茎の基部方向に極性的に輸送される（図12-4(a)）。根に到達したオーキシンは，根の中心柱を通って先端に向かって輸送され，根の先端で周辺部（表皮と皮層）を伝わって折り返す。これをオーキシンの極性輸送という。オーキシンの輸送には，オーキシンを細胞内へ取り込むキャリアー（輸送体）であるAUX1と，細胞外へ排出するキャリアーであるPINが関与している。現在までに，シロイヌナズナでは*AUX1*類似遺伝子が少なくとも4個確認されているが，*AUX1*以外の遺伝子の機能は不明である。また，*PIN*には少なくとも8個の類似遺伝子が確認されており，機能が一部重複したり，分化したりしながら，全体で排出キャリアーとして機能していると考えられている。屈性を引き起こすオーキシンの不均等分布の誘導にはAUX1は関与しておらず，PINがその役割を担っている。すなわち，環境の変化によって細胞内のPINの分布が変化し，オーキシンの分布が変化する。重力屈性の場合は植物を横たえると茎でも根でもPINの働きにより下側にオーキシンが蓄積する（図12-4(a)）。オーキシンの作用には最適濃度（成長速度が最大になる濃度）があり，茎では内生のオーキシンの濃度が最適濃度より低いので下側の伸長成長の速度が上昇し，上方へ屈曲する（図12-4(b)）。ところが，根では通常の状態で内生のオーキシン濃度が最適濃度を超えており，オーキシンが蓄積すると下側の成長速度がさらに低下する。そのため根は下方に屈曲する。光屈性では，光照射側に比べて反対側（陰側）のオーキシン濃度が増加し，茎は光の方向に根は光と反対側に屈曲する。また，屈曲の直接的な原因は器官の凹側と凸側の細胞壁物性（11章参照）の違いである。

12-2　回旋転頭運動

ほとんどの人が小学校の授業でアサガオの観察をしたことがあるのではないだろうか。しかし，支柱に巻きつく前のアサガオの茎頂の動きを真上から観察したことがある人はほとんどいないと思う。成長の段階によって程度は異なるが，アサガオの茎は真上から観察すると，反時計回りに数時間で1回転する円を描きながら成長している（図12-1(b)）。振幅（円の大きさ）と周期（1回転に要する時間）は成長とともに大きくなる。アサガオだけでなく，高等植物の茎の先端はその成長方向を絶えず変えながら，全体としては直線的に成長している。この運動は，成長がもっとも早い領域が規則的に変化し，成長が不均等になることによって起こる。先端の軌跡は真上から観察すると円や楕円であることがわかる。これを回旋転頭運動（circumnutation）という。先ほど例にしたアサガオをはじめとするつる性植物の茎ではもっとも典型的な回旋転頭運動が観察できる。つる性植物では，回旋転頭運動は植物が支柱をみつけ，それに巻きつくのに役立っている。茎だけでなく，多くの植物の根，特に幼根で典型的であるが，根の先端も回旋転頭運動を示す。また，つる性植物の巻鬚も回旋転頭運動を行う。巻鬚では支柱などの物体にふれるとそれに巻きつく反応が起こるが，これは接触屈性によるものである。回旋の方向は植物によって決まっているものと，決まっていな

いものがある。また，方向が決まっていない植物の中には，成長途中で何度もその方向を変化させるものもある。回旋転頭運動が植物に一般的な現象であることをみいだしたのは，屈性のところにも登場したダーウィン（C. Darwin）である。

　回旋転頭運動はなんらかの環境刺激の影響をうけるのだろうか。一般的に茎の回旋転頭運動は光の下で観察される。イネでは暗所で生育させた幼葉鞘は回旋転頭運動を示すが，光の下では回旋転頭運動を示さない。イネの幼葉鞘は光を求めて回旋転頭運動を行っているのかもしれない。重力が回旋転頭運動に影響を与えるのか，すなわち，回旋転頭運動は重力屈性の繰り返しにより誘導されているのかという課題は多くの研究者が興味をもちさまざまな研究が行われてきた。1983年に行われた宇宙実験によると，ヒマワリ胚軸の回旋転頭運動は宇宙の微小重力環境下でも維持されることが明らかになった。しかしながら，宇宙では回旋転頭運動の周期は短くなり，振幅も小さくなった。このことから，基本的には回旋転頭運動は重力屈性とは異なっており，回旋転頭運動を行うために重力刺激は必須ではないという結論が導き出された。しかし，3 gの過重力環境ではヒマワリ胚軸の回旋転頭運動の周期や振幅が大きくなるという報告がある。また，重力屈性が十分に行えないシロイヌナズナの突然変異体では回旋転頭運動の周期や振幅が小さくなり，重力屈性を示さない突然変異体では明瞭な回旋転頭運動が観察されない。同様の結果は，重力屈性が異常なイネの突然変異体でも示されている。これらの結果は，回旋転頭運動は重力屈性とは異なるが，その維持に重力刺激が必要であり，刺激受容の機構が共通である可能性を示している。

12-3　傾　性

　先に述べた屈性は刺激の方向に対してある一定方向の反応を示す運動であったのに対して，本節で述べる傾性（nasty）は刺激の方向に関係なく，器官により反応の方向が決まっている運動である（図12-1(c)）。このため，傾性の場合は，刺激情報として方向は必要ではなく，大きさのみが必要である。運動の方向は器官の形態的かつ生理的性質によって決定されている。よく知られている傾性運動としては，チューリップなどの花が昼に開いて夜に閉じる反応や，オジギソウの葉にふれると葉が閉じる反応，食虫植物であるハエトリグサが虫を捕獲する運動などがある。また，葉の気孔の開閉も傾性運動である（17章参照）。傾性運動は屈性の場合と同様に組織の偏差成長によって起こるものと，細胞の膨圧が変化することによって起こるものがある。偏差成長による場合は細胞の体積増加は不可逆的であるが，膨圧変化による場合は細胞の体積は可逆的に変化する。

12-3-1　開花運動

　十分に発達したつぼみは，ひとりでにつぼみが開く（開花する）のだろうか。多くの植物は開花のために刺激が必要である。野外では太陽が昇り明るくなると，気温が高くなる。植物はこの光や温度などの情報を開花のために用いている（図12-1(c)）。光を情報として利用している植物の発達したつぼみに光を照射すると，光の方向に関係なく開花が起こる。すなわち，光（刺激）の方向に関係なく花被（花弁）は外側に開く（運動の方向が決まっている）。このような反応を光傾性といい，刺激が温度の場合は温度傾性（熱傾性）という。開花は花被（花弁）の内側と外側の細胞の成長速度の差（偏差成長）によって起こる（図12-2(b)）。サツキツツジなどを用いた研究によると，開花時の細胞体積の急激な増加は細胞内のデンプンが分解されることにより，浸透圧が上昇し，それによって細胞内への吸水が促進されることによって起こっているらしい。また，花を昼に開いて夜に閉じるものや，昼に閉じていて夜に開くものがある。このような開閉運動を就眠運動（nyctinasty）という。花の就眠運動には，おしべやめしべを保護したり，受粉を媒介する送粉者を選択する役割などがあると考えられている。

　チューリップやクロッカスの開花は温度傾性によるものである。したがって，朝に太陽が昇り明るくなりはじめても，気温が上がる前に開花することはない。また，真っ暗でも温度が上昇すると開花が起こる。開花に対する温度の影響はチューリップで詳しく研究されている。チューリップの花は朝に気温が上がると開き夕方に気温が下がると閉じるという就眠運動を1週間ほど繰り返す。チューリップの花被は外側と内側の2枚に剥がすことができる。剥がした花被組織を水に浮かべ，水温を変化させたときの反応が調べられている。水温を7℃から17℃に上

げると，内側組織の成長速度は大きく上昇するが，外側組織の成長速度はほとんど変化しない。逆に，水温を下げると，外側組織の成長速度は大きく上昇する。このような内側と外側の温度に対する反応の違いから，温度が上昇すると花被内側の成長量の方が大きくなり開花し，温度が低下すると花被外側の成長量の方が大きくなり閉花する。タンポポやムラサキカタバミの開花は基本的に光傾性によるものである。すなわち，朝になり太陽が昇り明るくなると開花する。開花には強い光は必要ではなく，一般的な室内の照明程度で十分である。ただし，タンポポやムラサキカタバミの光傾性による開花には夜の気温がある温度以上である必要がある。自然環境下では，明るくなってから気温の上昇が起こることから，一般的に，温度傾性で開花する植物より光傾性で開花する植物の方が朝早くに開花する。

ところで，つぼみをもったアサガオを温度一定の暗室においても，ある一定の時間が経つとつぼみが開く。これはアサガオのつぼみが開くためには温度や光環境の変化が必要でないということを示している。アサガオはどのような情報を利用してある時間につぼみを開くのだろうか。細菌から動物，植物まで，ほとんどの生物はその体内に時計（生物時計）をもっている。生物がもつさまざまな時計のうち，ほぼ24時間の周期で動く時計を概日時計という。アサガオはこの概日時計を利用して，自然環境下では暗くなってから約10時間後に完全に花を開く。概日時計の調節（時刻合わせ）には明暗の変化を利用しているので，アサガオの開花にまったく光が必要でないというわけではない。アサガオなどの開花だけでなく，葉の就眠運動，茎の成長速度，細胞分裂などさまざまな現象がほぼ24時間の周期性（概日リズム）をもっている。

12-3-2　葉の開閉運動

オジギソウの葉にふれると，葉があっという間に閉じ葉の付け根（主葉枕）から葉が垂れ下がる（お辞儀する）現象は非常に有名である。今まで述べてきた運動と比べて非常に速い運動であり，1-2秒で起こる。オジギソウの葉の運動は方向に関係なく，触る（接触する）という刺激で引き起こされる。このことから，オジギソウの運動は接触傾性（振動傾性）の代表とされているが，触るという機械的な刺激だけでなく，温度変化や水分変化によっても引き起こされる。たとえば，火のついた線香を葉の近くに近づけることで運動を引き起こすことができる。オジギソウの1枚の葉（小葉）にふれると，まずふれた葉が閉じ，それから隣の葉が反応する。これが1対の葉すべてが折りたたまれるまで続き，最終的に葉が垂れ下がる。刺激の伝達には動物の神経と同じように活動電位として伝わる速いものと，液性因子が関与するゆっくりしたものとがある。オジギソウの活動電位の伝導速度は6-40 mm/秒であり，動物と比べると何千倍も遅い。活動電位が主葉枕に伝えられると，主葉枕の下部の細胞からカリウムイオンと塩素イオンが細胞外へ流出する。それに伴って浸透的な水の輸送が起こり，下部の細胞から急速に水が失われる。すなわち，オジギソウの運動は主葉枕下部の細胞の膨圧がすばやく低下することにより引き起こされる。カリウムイオンと塩素イオンがもとの細胞に輸送されるのには数分から十数分の時間を必要とし，両イオンがもとに戻ると細胞は吸水し運動前の状態になる。

オジギソウの葉は上で述べた速い運動に加えて，昼に葉を開き夜に閉じる就眠運動を行う（図12-1(c)）。葉の就眠運動はネムノキ，ソラマメなどマメ科植物やカタバミ科の植物では多くのものが行う。これら以外でもナスやヨモギなどさまざまな植物が就眠運動を行う。葉を閉じる方向は，ネムノキやソラマメのように下に閉じるものと，シロツメクサやヨモギのように上向きに閉じるものがある。この運動は光傾性の一種で，概日リズムによって制御されている。マメ科とカタバミ科の植物の葉の就眠運動は，上で述べたオジギソウの葉の速い運動と基本的に同じで，葉枕の細胞の膨圧の変化によって起こる。すなわち，葉が下に曲がるときは葉枕の下側の細胞が膨圧を下げて縮み，上側の細胞が膨圧を上げて膨らむことによる。葉が上に曲がるときは逆の反応が起こることによる。葉枕をもたない植物の葉の就眠運動は，葉柄の成長速度が上側と下側で異なること（偏差成長）による。偏差成長による就眠運動は葉柄が成長している若い時期のみに起こる現象である。葉枕をもつマメ科などの植物でも葉柄が成長している間は，葉枕による屈曲と葉柄による屈曲が観察される。就眠運動が植物にとってどのような意味があるのかはよくわかっていない。ダーウィン（C. Darwin）は夜間に植物の熱が奪われるのを防ぐためだと考え，また，インゲンマメの就眠運動を用

いた実験により生物時計の存在とその機構を明らかにしたビュンニング（E. Bünning）は生物時計の調節が月光によって乱されることを防ぐためだと考えた。人工的に就眠運動を起こさないようにすると1週間程度で植物が枯死することから，就眠運動が植物の生存に不可欠な生命現象であることが示されている。

　オジギソウ葉枕の膨圧変化による速い運動に似た運動はハエトリグサなどの食虫植物でもみられる。食虫植物は独立栄養を行いながら食虫作用を行う植物で，約600種類が存在し，日照条件が悪く貧栄養な場所に生育している。ハエトリグサなどの食虫器官は葉身が分化したもので捕虫葉とよばれている。また，捕虫時に運動を伴わないものも多く存在している。ここでは食虫植物の中でもっとも有名なハエトリグサの捕虫運動について述べる。ハエトリグサの捕虫葉は二枚貝のような形をしており，それらをすばやく閉じることによって虫などを捕まえる。この運動は虫が毛（感覚毛）に接触することによって引き起こされる接触傾性である。捕虫葉にはそれぞれ3本ずつ感覚毛が生えており，虫が感覚毛にふれると活動電位が発生する。活動電位は捕虫葉全体に広がるが，それだけでは葉は閉じない。20秒以内にもう一度，虫が感覚毛にふれ活動電位が発生すると，捕虫葉の内側の運動細胞の膨圧が低下するとともに外側の細胞の膨圧が上昇し捕虫葉が閉じる。捕虫葉を閉じるのに2回の刺激が必要なのは，捕虫葉を閉じさせる物質が十分蓄積されるのに刺激が2回必要だからである。虫を捕まえることができたハエトリグサは虫を消化・吸収し，10日ほど経つとまた捕虫葉を開く。

12-4　走　性

　今まで述べてきた屈性，回旋転頭運動，傾性は植物個体の一部（器官）の運動であるため個体の位置は変化しない。走性（taxis）は運動性をもつ細胞が刺激によって移動する運動でミドリムシなどの藻類やイチョウなどの精子でみられる。刺激に対してランダムな動きをする場合は走性といわない。走性とは刺激の方向に対してある一定の方向性をもって移動する運動である（図12-1(d)）。屈性の場合と同様に正・負の接頭語をつけることにより反応の方向を区別している。すなわち，刺激に向かって移動する反応を正の走性，逆に刺激から遠ざかる反応を負の走性とよぶ。走性を誘導する刺激には，光，重力，温度，化学物質などがある。ミドリムシが明るい方へ移動するのは正の光走性であり，イチョウやソテツの精子が雌花を求めて移動するのは正の化学走性であるといわれている。ミドリムシと同様に光走性を示すことで有名なクラミドモナスは藻類の中では比較的陸上植物に近いとされている。一般に植物では光受容体として，赤色光の受容体であるフィトクロムや青色光の受容体であるクリプトクロムおよびフォトトロピンを利用している（19章を参照）。ところが，クラミドモナスは光走性の光受容体として多くの動物が光受容体として用いているロドプシンを用いているらしい。

12-5　細胞内運動

　顕微鏡を用いて植物細胞を観察すると細胞内小器官が規則的に動いている様子をみることができる。これを原形質（細胞質）流動（protoplasmic (cytoplasmic) streaming）という（図12-1(e)）。オオカナダモやシャジクモでは液胞が大きく発達し細胞質が薄い層となって細胞膜に沿って存在している。このような細胞では細胞質が細胞膜に沿って一方向に循環している（回転流動）。ムラサキツユクサのおしべやタマネギ鱗片葉の細胞では，細胞質は液胞内を貫いて循環している（循環流動）。また，液胞が未発達の若い細胞では細胞質の流動方向は不規則である（乱流動）。他にも逆噴水型，多条型，往復型などさまざまなタイプの流動がみられる。ところで，原形質流動はどのような役割をもっているのだろうか。もし原形質流動のような細胞質の移動がなければ，細胞内で物質が移動するためには濃度勾配に依存した拡散に頼らざるをえない。一般に植物細胞は動物細胞と比べるとはるかに大きいため，拡散によりさまざまな物質が移動するには動物細胞よりかなり長い時間がかかる。また，加齢に伴って発達した大きな液胞は拡散の妨げになる。一般的な原形質流動の速度は数μm～数十μm/秒であり，拡散に比べて10倍以上速く物質を移動させることができる。すなわち，原形質流動は細胞内においてさまざまな物質の輸送に不可欠である。原形質流動の機構はシャジクモなどの車軸藻類を用いて詳しく解析が行われている。よく用いられている節間細胞は

円柱形をしており，大きいものでは直径は数百μm，長さは何と100 mm以上にもなる．また，原形質流動の速度が非常に大きいことが知られている．車軸藻類では，原形質流動はモータータンパク質であるミオシンがATPのエネルギーを利用してアクチン繊維に沿って滑ることによって引き起こされていることが示されている．アクチンもミオシンも多くの植物に存在することから，他の植物の原形質流動もアクチンとミオシンの相互作用によって引き起こされていると考えられている．この機構は動物の筋肉が収縮するときに起こるアクチンとミオシンの相互作用に類似するものである．

本章では，おもに環境要因などの外界刺激によって誘導される植物器官の運動について述べた．器官の運動が成長や膨圧の変化によって引き起こされることは明らかになっているが，その詳細なメカニズムについては不明な点が多い．特に，刺激の変換や伝達に関しては明らかにすべきことが数多く残されている．残された課題は，変異体の分離・解析に加えて，遺伝子レベルやタンパク質レベルでの網羅的な発現解析を行うことで理論的には明らかにできるはずである．しかし，そんなに簡単にもいかないようである．というのも，当初の予想を超えた多様な遺伝子群がそれぞれの過程に関わっている可能性が示されつつあるからである．

参 考 文 献

柴岡孝雄：動く植物（UPバイオロジー44），東京大学出版会，1981.
C. Darwin／渡辺仁訳：ダーウィン植物の運動力，森北出版，1987.
神阪盛一郎ほか：植物の生命科学入門，培風館，1991.
新免輝男編：環境応答（現代植物生理学4），朝倉書店，1991.
大森正之，渡辺雄一郎編著：新しい植物生命科学，講談社，2001.
増田芳雄：植物生理学講義，培風館，2002.
山村庄亮，長谷川宏司編著：動く植物，大学教育出版，2002.
柴岡弘郎：植物は形を変える，共立出版，2003.
小柴共一ほか編：植物ホルモンの分子細胞生物学，講談社，2006.

13

植物ホルモン

- 植物ホルモンは植物の成長を制御する物質であり，その合成・代謝は環境により調節される。
- 植物ホルモンにはオーキシン，ジベレリン，サイトカイニン，エチレン，アブシシン酸，ブラシノステロイド，ジャスモン酸類，サリチル酸，各種ペプチドホルモンがある。
- オーキシンは光屈性（屈光性）を引き起こす。
- ジベレリンは植物の背丈を調節する。
- サイトカイニンは細胞の分裂や分化を促進する。
- エチレンは果実の成熟を促進する。
- アブシシン酸は種子の発芽を抑制する。
- ブラシノステロイドは細胞の伸長や分裂を促進する。
- ジャスモン酸類やサリチル酸は病傷害に対する抵抗性を誘導する。
- ペプチドホルモンはさまざまな形態形成を制御する。

植物は動くことができないので，その成長と分化は環境によって大きな影響を受ける。逆に，植物はさまざまな環境情報を利用することにより成長と分化を行うともいえる。植物が環境情報を感知すると，植物ホルモンの合成が始まり，合成された植物ホルモンは低濃度で植物の成長と分化を制御する。このように，植物ホルモンは情報伝達因子のひとつである。植物ホルモンとしてオーキシン，ジベレリン，サイトカイニン，エチレン，アブシシン酸，ブラシノステロイドが知られているが，最近ジャスモン酸，サリチル酸，そして，数種のポリペプチドが植物ホルモンの仲間入りをした。

動物ホルモンは内分泌腺で合成されると隣接する血管に放出されて，特定の器官に運ばれる。一方，血圧や炎症などに関与するプロスタグランジンは局所ホルモンとよばれ，つくられたその近傍ではたらく。植物には内分泌腺はないが，オーキシンのように茎頂細胞で合成されてから，各器官に輸送される植物ホルモンがある。また，ブラシノステロイドのようにほとんど動かない植物ホルモンもある。このように，動物でも植物でも，ホルモンの働きには似たような仕組みがあると考えられる。

13-1 オーキシン

13-1-1 発見の歴史

進化論で名高いイギリスのダーウィン（C. Darwin）はその息子（F. Darwin）とともに，カナリアソウやマカラスムギなどの単子葉植物の幼葉鞘の光屈性を研究した。その結果を記載した1880年の著書には，光を感知するのは先端部であり，屈曲が起こるのはそれより下の部分であると述べられている。このことから，なんらかの刺激が下方に伝わると考えられたが，1913年にデンマークのボイセンイェンセン（P. Boysen-Jensen）はこの刺激が電気的な信号ではなく，先端部でつくられる水溶性物質であることを示した。また，1918年にハンガリーのパール（A. Paál）はこの物質が光のあたらない部分に蓄積する可能性を示した。1928年に，オランダのウェント（F. W. Went）はマカラスムギの幼葉鞘の先端部を寒天上におくと，その物質が寒天に移動することをみいだした。この物質は，オランダのケーグル（F. Kögl）らによってオーキシンとよばれた。1934年にケーグルらは人尿から，1935年にチーマン（K. V. Thimann）はカビからオーキシンを単離し，オーキシンがインドール-3-酢酸（IAA）であることを証明した。植物にIAAが存在することは，1946年にハーゲンスミット（A. J. Haagen-Smit）がトウモロコシの未熟種子をつかってはじめて証明し

た。なお、2,4-ジクロロフェノキシ酢酸（2,4-D）や1-ナフタレン酢酸（NAA）は組織培養などによく使われる合成オーキシンである。その構造は各々27章の図27-1と図27-3に示す。

13-1-2 生理作用とその仕組み

オーキシンは茎頂や若い葉の先端で合成されたのち、維管束周辺の柔組織中を基部に向かって時速約1cmで極性輸送される。根の中心柱を通って根端に達したオーキシンは表皮と皮層部分を基部に向かって少し上方移動する。オーキシンの極性移動は、細胞膜に存在するオーキシン搬入タンパク質AUX1とオーキシン搬出タンパク質PINなどによって引き起こされる。オーキシンはこのように極性移動しながら、さまざまな部位で生理作用を発揮する。オーキシンの受容体はTIR1というタンパク質である。オーキシンのない状態ではAux/IAAタンパク質がDNAと結合して、オーキシン作用の発現を抑制している。オーキシンがTIR1に結合すると、生じた複合体がAux/IAAに結合する。するとプロテアソームとよばれるタンパク質分解系によってAux/IAAが分解される。その結果Aux/IAAによる遺伝子発現抑制が解除されて、オーキシンの作用が現れる。

オーキシンの生理作用を表13-1に示す。光屈性や重力屈性はオーキシンの細胞伸長活性によるものである。オーキシンの作用は、他のホルモンとの共

表13-1 植物ホルモンの生理作用（表中にない植物ホルモンについては本文に記載する）

器官	オーキシン	ジベレリン	サイトカイニン	エチレン	アブシシン酸	ブラシノステロイド
頂芽	細胞分裂 かぎ状部展開阻害 通導組織分化	細胞分裂 かぎ状部展開	細胞分裂 通導組織分化	かぎ状部展開阻害		細胞分裂 かぎ状部展開阻害 通導組織分化
側芽	発芽・成長抑制		発芽・成長促進		発芽・成長抑制	
茎	細胞伸長・肥大 重力・光屈性 形成層活性化 不定根形成 傷害治癒	細胞伸長 抽だい 形成層活性化* 塊茎形成抑制	細胞肥大 傷害治癒 不定根形成阻害	細胞伸長阻害 肥大成長 不定根形成*	成長阻害	細胞伸長 肥大成長 重力屈性 木部分化
葉	上偏成長 細胞拡大 離層形成抑制	成長 離層形成 老化抑制	拡大成長 葉身展開 上偏成長 気孔開口 老化防止	離層形成 老化促進 上偏成長	離層形成 老化促進 気孔閉鎖	上偏成長 細胞伸長 葉身屈曲（イネ） 葉身展開 老化促進
根	形成層活性化 側根形成 重力屈性 木部分化 根粒形成*	細胞伸長	形成層活性化 根粒形成*	細胞伸長阻害 側根・根毛形成		細胞伸長 重力屈性 側根形成阻害
花	雌花誘導 単為生殖 子房成長 花器官発生 開花 離層形成抑制	抽だい 単為生殖 雄花誘導	花芽形成 単為生殖	花芽形成* 花芽形成阻害* 雌花誘導	離層形成	花粉管伸長 雌花誘導*
果実	果実成長 着果	果実成長 着果*	果実成長 着果	果実成熟 離層形成	離層形成	果実成長
種子	発芽促進 胚器官形成	発芽促進 貯蔵物質蓄積 アミラーゼ合成	発芽促進	発芽促進	発芽阻害 貯蔵物質蓄積	発芽促進
培養細胞	細胞分裂 組織分化 維管束分化		細胞分裂 組織分化			細胞分裂 木部分化

＊一部の植物

同作用であることが多い。オーキシンによる細胞伸長もジベレリンとブラシノステロイドとの共同作業によってはじめて可能になる。これら植物ホルモンは細胞壁の非セルロース性多糖を分解する酵素の合成を促進して細胞壁を弛緩させるので伸長が促進される。オーキシンは頂芽優勢を引き起こすが，これは側芽に下降してきたオーキシンが側芽におけるサイトカイニンの合成を阻害するためである。したがって，側芽にサイトカイニンを与えると頂芽優勢が打破される。オーキシンには若い葉や果実の脱離を抑制する働きがあるが，これはオーキシンが離層細胞の発達を阻害しているためである。なお，組織が老化するとエチレンの働きにより離層が発達する。

一方，オーキシンはサイトカイニンと共同で細胞分裂や分化を促進する。タバコなどのカルスでは，オーキシンのサイトカイニンに対する濃度比が大きいときには根が分化し，濃度比が小さいときには茎葉が分化する。その中間では細胞分裂が盛んになる。オーキシンが維管束の分化を促進することは古くから知られてきた。さらに，最近，オーキシンは花弁，雄ずい，雌ずいなどの花器官の分化や胚形成などにも重要な役割をもっていることが明らかとなっている。

13-1-3 生合成と代謝

植物ホルモンは必要なときに合成されて，その役目を終えると直ちに代謝・不活性化される。この仕組みはすべての植物ホルモンにあてはまる。IAAにはさまざまな生合成経路がある。そのうちインドールピルビン酸経路がよく知られているが，その他に，トリプタミン経路，インドール-3-アセトアミド経路およびアブラナ科に特有なインドール-3-アセトアルドキシム経路などがある（図13-1）。さらに，トリプトファン合成の中間体であるインドールやその前駆体を経由する非トリプトファン経路もある。これらの経路がIAA合成のために生体内でどのように使い分けられているのかは依然として，あまりよく理解されていない。

IAAの代謝様式のひとつとして，ペルオキシダーゼによる酸化的不活性化がある（図13-2）。この経路は脱炭酸を伴い，IAAはインドール-3-カルボン酸または3-メチルオキシインドールへと代謝される。一方，グルコース，イノシトールなどの糖やアスパラギン酸と結合することによっても不活性化される（図13-2）。一般に，結合型IAAの内生量はIAAと比べて非常に高い。結合したIAAは，結合型IAAとよばれ，必要なときに加水分解によってIAAに戻ると考えられてきたが，実際にこのような働きがあるかは証明されてはいない。

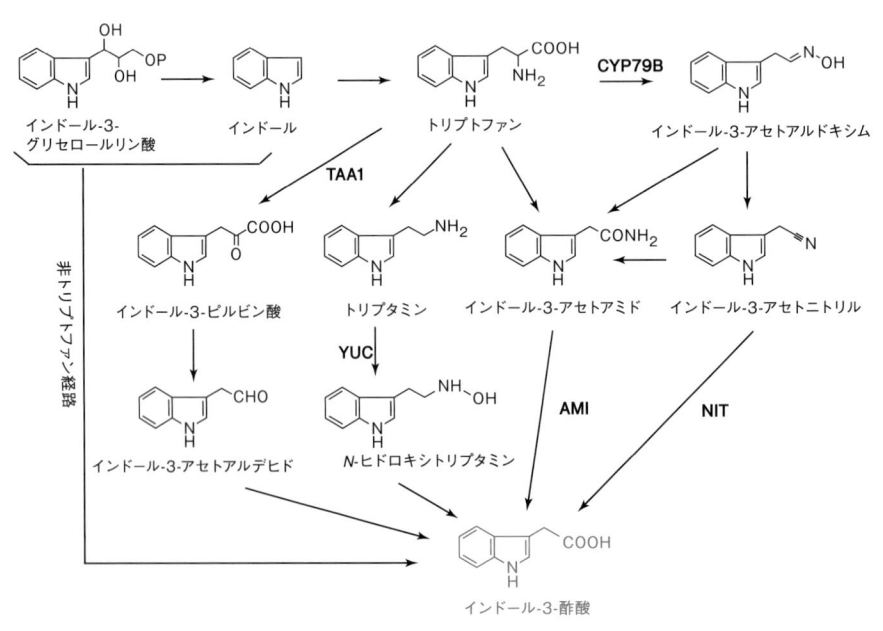

図13-1　インドール-3-酢酸の生合成（関係する酵素名を太字で示す）

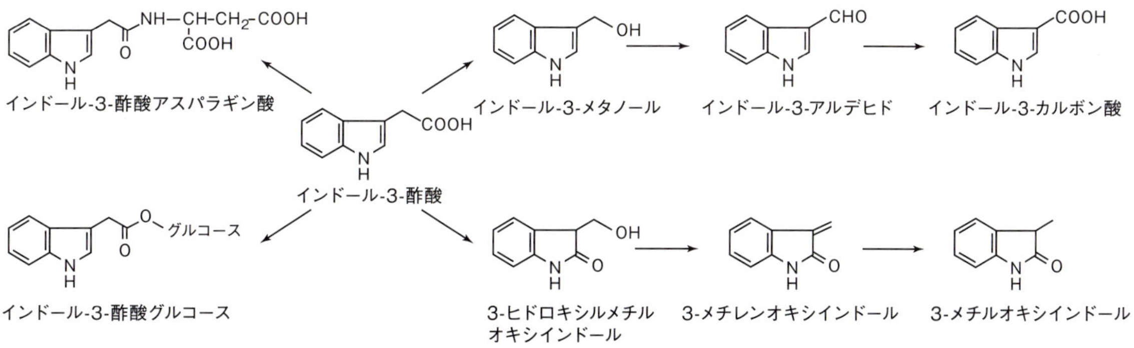

図13-2 インドール-3-酢酸の代謝・不活性化

13-2 ジベレリン

13-2-1 発見の歴史

イネが馬鹿苗病にかかると背丈が異常に高くなり，ほとんど結実しなくなる。1898年堀正太郎は，馬鹿苗病の原因がのちに *Gibberella fujikuroi* と同定されたカビの感染によるものであることを明らかにした。1926年，黒沢英一はこのカビがイネを伸長させてしまう毒素を生産することを明らかにした。1935年，藪田貞治郎は，この毒素を部分精製し，ジベレリンと命名した。1938年，藪田と住木諭介はジベレリンを結晶として単離し，分子量などについて報告した。この研究は以後第二次大戦のために途絶えてしまったが，戦後日本ばかりでなくアメリカやイギリスでも盛んに研究されるようになった。ジベレリンの構造は，1954年にジベレリンA_3についてイギリスのクロス（B. E. Cross）や高橋信孝らによって決定されたが，正しい絶対構造はX線結晶解析によってのちに明らかにされた。

ジベレリンが植物の成長分化に対して著しい影響を与えることがわかるにつれ，ジベレリンは植物ホルモンの一種ではないかと考えられた。1958年イギリスのマクミラン（J. MacMillan）らがベニバナインゲンの未熟種子からジベレリンA_1を単離するに及んで，ジベレリンが植物ホルモンであることが明らかになった。ジベレリンはジテルペンに分類される化合物であり，カビおよび植物から，2008年現在で136種単離されている。個々のジベレリンは発見順にGA_1，GA_2，GA_3のように表記される。

13-2-2 生理作用とその仕組み

ジベレリンにはオーキシンのような極性移動は観察されない。ジベレリンの受容体はGID1というタンパク質である。ジベレリンのない状態ではSLR1タンパク質が核内でジベレリン作用の発現を抑制している。ジベレリンがGID1に結合すると，生じる複合体がSLR1に結合して，SLR1はプロテアソームよるタンパク質分解系によって分解される。その結果，遺伝子の発現が起こり，ジベレリンの作用が現れる。

ジベレリンの生理作用を表13-1に示す。ジベレリンの植物伸長作用は，細胞の伸長成長が促進されることによって起こる。ジベレリンによる細胞伸長はオーキシンとは異なり細胞肥大を伴わない。これは，ジベレリンが微小管タンパク質を細胞膜の内側に伸長方向と直角に並ばせ，それに沿って外側に合成されるセルロースが細胞に「たが」をはめるために，細胞が太らずに伸びるからである。種子の発芽にはジベレリンが必須なので，ジベレリンを合成できない変異体は発芽できない。レタスなどの光発芽種子の場合，赤色光によって活性化したフィトクロム（P_{FR}）がジベレリンの合成を引き起こす（8章種子の発芽参照）。合成されたジベレリンは貯蔵デンプンを分解するα-アミラーゼなどの酵素の発現を誘導して，胚の成長を助ける。キャベツや秋まきコムギのような低温要求性植物に花芽ができるためには低温にさらされる必要がある。これは，低温がジベレリンの合成を促し，合成されたジベレリンが花芽を誘導するためである。

13-2-3 生合成と代謝

ジベレリンは図13-3のように，ゲラニルゲラニル二リン酸から *ent*-カウレンを経て合成される。生理活性を有するのはGA_1とGA_4であるが，それぞれ

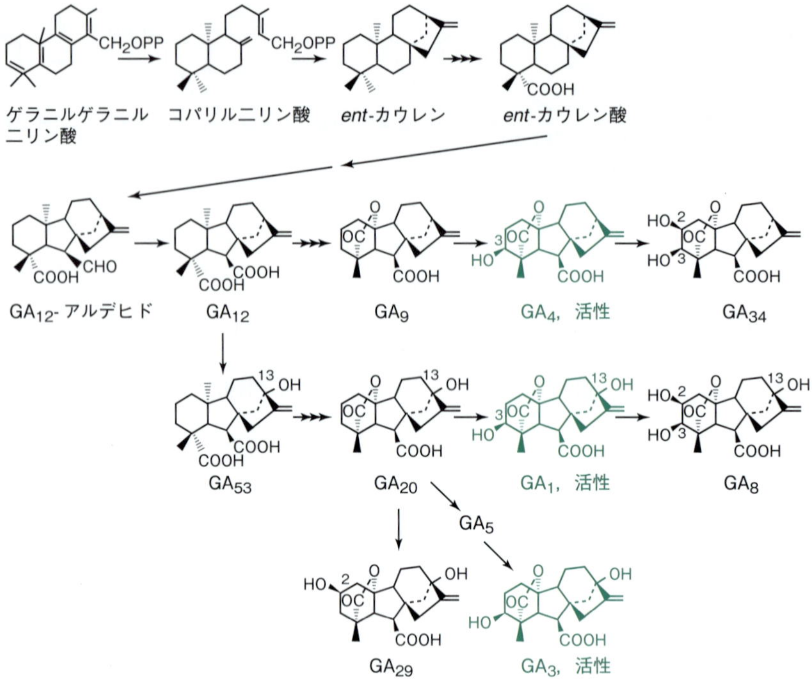

図13-3 ジベレリンの生合成と酸化的不活性化

前駆体のGA₉とGA₂₀のC-3β位にGA3-酸化酵素によって水酸基が導入されることによって合成される。GA₃は限られた植物にしか存在しない活性ジベレリンであるが，これはGA₂₀からGA₅を経て合成される。GA3-酸化酵素などのジベレリン合成酵素が欠損している突然変異体では遺伝的に背丈の低い矮性植物になる。

ジベレリンの不活性化代謝は，活性ジベレリンのGA₁とGA₄ばかりでなく，前駆体の段階でも起こる。主要な不活性化として，GA₁，GA₄，GA₂₀のC-2がGA2-酸化酵素によって水酸化されて，おのおのGA₈，GA₃₄，GA₂₉を生じる経路がある（図13-3）。GA2-酸化酵素遺伝子に変異が起こると，活性ジベレリンが増えて，植物の背丈が異常に高くなる。一方，グルコースとの結合も重要な不活性化反応であり，GA₁やGA₄のカルボキシル基がグルコースと結合したグルコシルエステル，GA₁やGA₃の3位の水酸基がグルコースと結合したグルコシルエーテルなどが知られている。

13-3 サイトカイニン

13-3-1 発見の歴史

アメリカのスクーグ（F. Skoog）とミラー（C. O. Miller）は，タバコの髄の細胞を増殖させる物質が，DNAの高温高圧分解物中にあることをみいだした。彼らは，1955年にその原因物質を単離することに成功し，カイネチンと命名し，その構造をフルフリル基のついたアデニンと決定した（図13-4）。一方，天然の細胞分裂促進物質は，1964年にニュージーランドのリーサム（D. S. Letham）によりトウモロコシの未熟種子から単離された。この化合物の構造は水酸基をもつイソペンテニル基がN₆に結合したアデニンと決定され，ゼアチン（図13-5）と命名さ

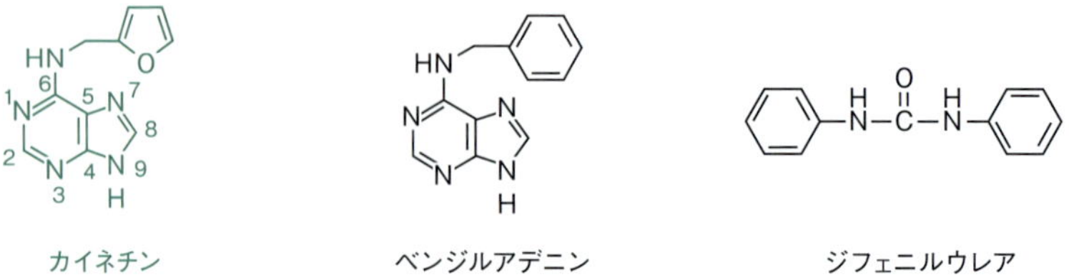

図13-4 カイネチンと合成サイトカイニンの構造

れた。このような植物細胞の分裂促進物質はリーサムによってサイトカイニンとよばれるようになった。合成サイトカイニンにはカイネチンやベンジルアデニンなどがある（図13-4）。また，ジフェニルウレア（図13-4）や植物成長調節剤のホルクロルフェニュロンやチジアズロン（27章の図27-3）などの尿素系化合物もサイトカイニン活性を示す。

13-3-2 生理作用とその仕組み

サイトカイニンの生理作用を表13-1に示す。サイトカイニンは細胞分裂や茎葉の分化を促進したり，頂芽優勢を打破したりする。そのほかに，葉などのクロロフィルを保持させるなどの老化抑制作用や気孔の開口作用をもっている。サイトカイニンの受容体は細胞膜を貫通しているヒスチジンキナーゼであり，CRE1など数種類が存在する。サイトカイニンが受容体の細胞外部分に結合すると，その情報が細胞内に伝わる。サイトカイニンがはたらいている場所は，合成部位の近傍であることが証明されている。根でつくられたサイトカイニンが通道組織を通って茎葉部に上昇するが，この移動の役割は解明されていない。

13-3-3 生合成と代謝

植物に存在する複数のイソペンテニル転移酵素（IPT）はATPおよびADPにジメチルアリル二リン酸を結合させる。イソペンテニル化されたATPとADPの糖部分が図13-5のように切り離されると活性型のイソペンテニルアデニンが生成する。一方，シトクロム酸化酵素（CYP735A）により側鎖に水酸基が導入されてから，糖部分がとれるともう1つの活性型であるゼアチンが生成する。なお，リン酸化された糖部分をそのまま切り取るLOGという酵素が知られている。サイトカイニンの分解代謝系を図13-6に示す。イソペンテニルアデニンにおいては，脱水素酵素により側鎖が切り取られる。ゼアチンは主としてグルコースやアラニンとの結合によって不活性化される。

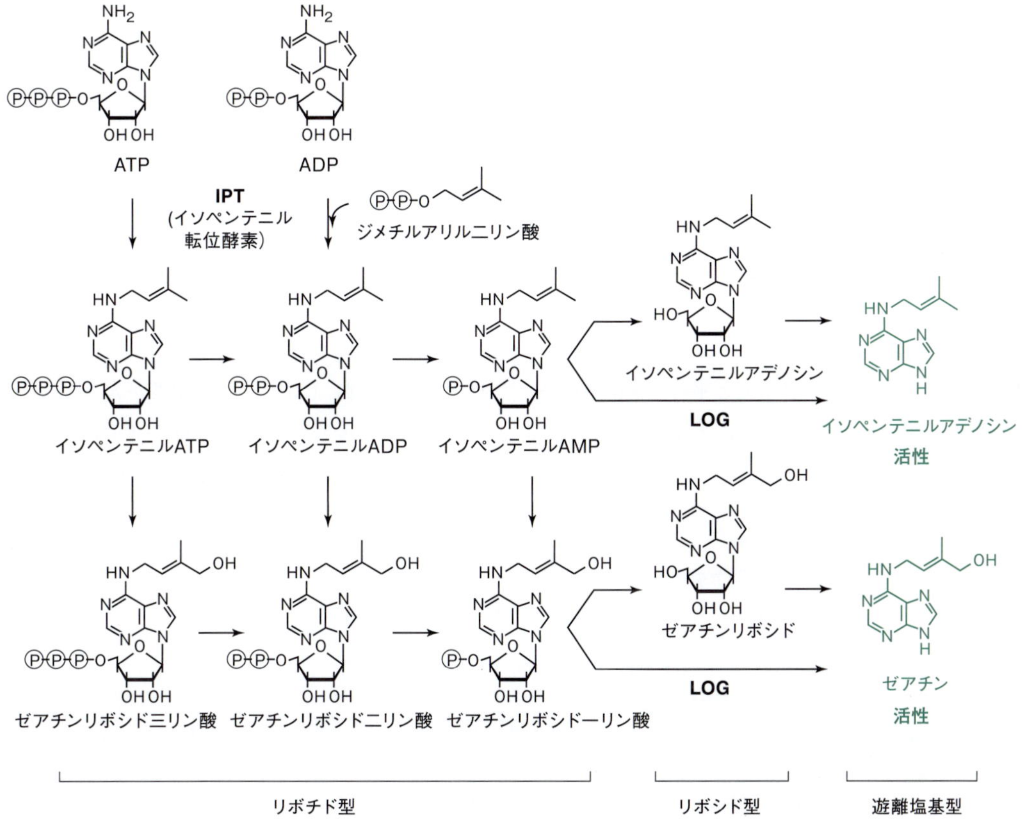

図13-5　サイトカイニンの生合成（関係する酵素名を太字で示す）

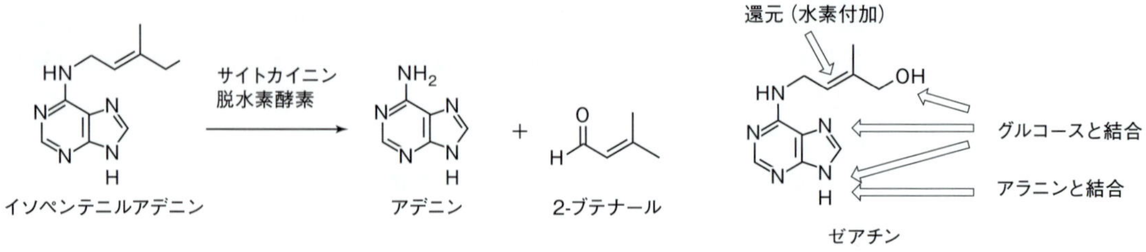

図13-6 サイトカイニンの分解代謝（関係する酵素名を太字で示す）

13-4 エチレン

13-4-1 発見の歴史

1900年代のはじめころから，石炭ガス（都市ガス）に入っているエチレンが植物に影響を与えることが知られてきた。たとえば，ガス灯のそばの街路樹が早く落葉したり，温室などにおけるガス漏れによってカーネーションのつぼみが開かなくなったり，レモンが黄色く着色したりする例があげられる。1934年，イギリスのゲイン（R. Gain）はリンゴがエチレンを合成することを化学的に証明した。しかし，当時はエチレンを効率良く検出する方法がなかったため，研究が進展しなかった。1959年にバーグ（S. P. Burg）とチーマン（K. V. Thimann）によってガスクロマトグラフィーがエチレンの分析に使われてから，研究が進みだした。

13-4-2 生理作用とその仕組み

エチレンには表13-1にまとめた生理作用がある。そのうち果実の成熟作用は代表的であり，実用価値も高い。エチレンの落葉促進作用は，離層の形成が促進されるために起こる。また，エチレンは伸長抑制と肥大生長を起こす。これは，エチレンがジベレリンとは逆に微小管を伸長方向と平行に配向させることが原因になっている。なお，高濃度のオーキシンが伸長抑制を起こすのは，エチレン合成が誘導されるためである。また，植物が接触あるいは風などによる物理的刺激を受けるとエチレンが大量に合成され，それにより植物が短く太く頑丈になり倒れにくくなる。さらに傷害によってもエチレンが合成され，合成されたエチレンは，フェニルアラニンから$trans$-ケイ皮酸をつくるフェニルアラニンアンモニアリアーゼ（PAL）の発現を高める（図13-13参照）。ついで，$trans$-ケイ皮酸から開始されるリグニンやフィトアレキシン（抗菌物質）の合成を促進する。リグニンは細胞壁を強化し（9章，21章参照），フィトアレキシンは病原菌に抵抗することにより（21章参照），病障害から植物を守る。

エチレンの受容体タンパク質はヒスチジンキナーゼ領域をもつETR1であり，小胞体膜に局在している。エチレンがETR1に結合すると，ヒスチジンキナーゼ領域にリン酸化が起きることにより情報が伝達する。

13-4-3 生合成と代謝

図13-7に示すように，エチレンはメチオニンから合成される。メチオニンからS-アデノシルメチオニン（SAM）までの経路はすべての生物に共通であるが，植物ではSAMから1-アミノシクロプロパンカルボン酸（ACC）への変換がACC合成酵素の働きによって起こる。ACCはACC酸化酵素によってエチレンを放出する。このときに副産物として

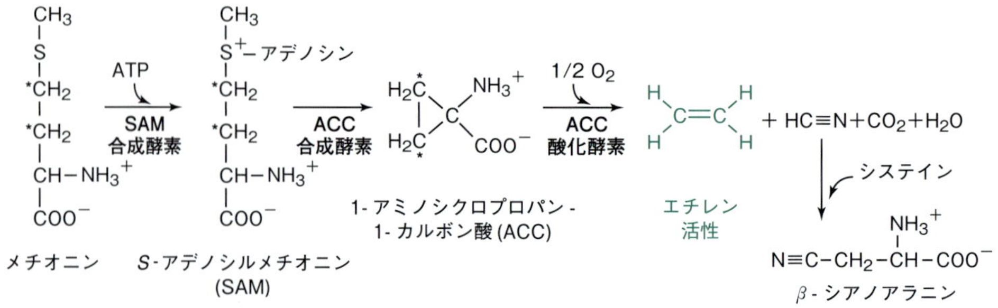

図13-7 エチレンの生合成（関係する酵素名を太字で示す）

できる青酸（HCN）はシステインと反応して無毒化される。植物組織にはACC酸化酵素が充分に用意されているので，エチレンの合成速度はACC合成酵素の発現量に依存している。ACC合成酵素には多種類があるが，オーキシン，接触，傷害，果実熟成などの異なる刺激は異なるACC合成酵素遺伝子の発現を引き起こす。

13-5 アブシシン酸

13-5-1 発見の歴史

植物組織には成長を阻害する物質が含まれていることが20世紀のはじめ頃から知られていた。そのひとつがカエデの芽の休眠物質であるドーミン（dormin）で，1960年代にイギリスのウエアリング（P. F. Wareing）が研究していた。一方，同じころワタやキバナノハウチワマメの落果を促進する物質について，それぞれアメリカのカーンズ（H. R. Carns）やオーストラリアのヴァンステベニック（R. F. M. van Stevenink）が研究していた。1963年にアメリカのアディコット（F. T. Addicott）は大熊和彦らとともにワタの実から落葉促進物質を単離することに成功し，1965にその平面構造を提出した。この化合物はドーミンなどそれまでさまざまな名前でよばれていた阻害物質と同じであったため，1967年にアブシシン酸と統一してよぶように決められた。絶対構造は1970年代初期に最終確定した。

13-5-2 生理作用とその仕組み

表13-1にアブシシン酸の生理作用を示す。アブシシン酸の落葉ホルモンとしての働きは，現在では大事な働きとは考えられていない。アブシシン酸を与えると茎葉の成長が阻害されるが，この働きも生理的に重要な意味をもつかはわかっていない。本質的な働きは種子中に貯蔵タンパク質などの蓄積を促進するとともに，未熟種子の発芽を抑制する働きである。また，完熟種子の休眠を誘起し，発芽を阻害する働きも重要である。アブシシン酸による発芽阻害作用の原因のひとつとして，発芽時のジベレリンによるアミラーゼ合成促進を阻害することがあげられる。一方，植物が水ストレス（乾燥ストレス）を受けると，アブシシン酸の合成が促進される。アブシシン酸は，気孔を閉じさせて水分の損失を防ぐとともに，親水性の高いベタインのような適合溶質ならびにLEAタンパク質などの蓄積を通じて細胞の浸透圧を高めることにより，細胞の含水量を保つ。低温や高塩濃度に対する抵抗性も誘導する。アブシシン酸の受容体は複数あると考えられているが，まだ特定されていない。

13-5-3 生合成と代謝

アブシシン酸はC$_{15}$のセスキテルペンであるので，ファルネシル二リン酸から直接合成されると考えられてきた。しかし，現在では，図13-8に示すように9-*cis*-ビオラキサンチンまたはその異性体の9-*cis*-ネオキサンチンから酸化酵素NCEDによってキサン

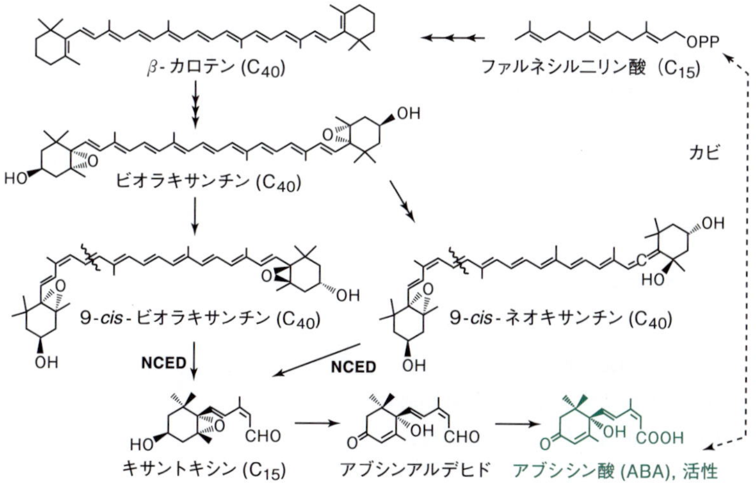

図13-8 アブシジン酸の生合成（関係する酵素名を太字で示す）

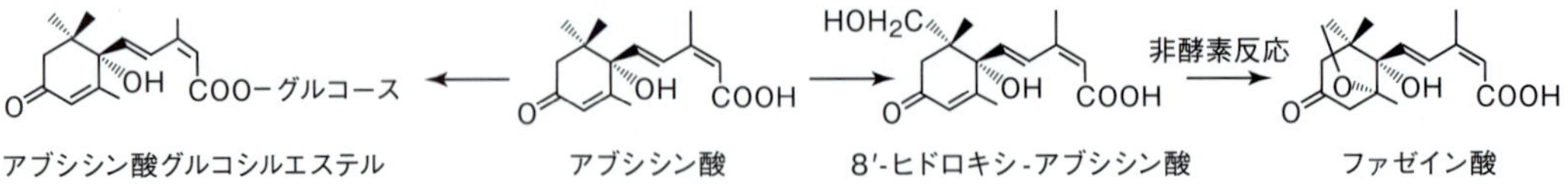

図13-9　アブシジン酸の代謝・不活性化

トキシンが切り出され，ついで2段階の酸化によって合成されることが知られている。なお，カビの場合はファルネシル二リン酸から直接合成される。アブシシン酸の主要な不活性化は，図13-9に示すように酸化によるファゼイン酸への変換またはグルコシルエステルの形成である。

13-6　ブラシノステロイド

13-6-1　発見の歴史

　ブラシノステロイドは植物の成長を促進するステロイドの総称である。丸茂晋吾らは種々の植物中にイネの葉身を関節部位で屈曲させる物質があることをみいだした。1968年にその物質をイスノキの葉から精製したが，構造が決定できるほどの純度が得られなかった。一方，1970年にアメリカのミッチェル（J. W. Mitchell）らはインゲンマメの幼植物の成長を促進する物質をアブラナの花粉から取り出し，ブラッシンとよんだ。しかし，活性本体はその中の超微量成分であった。活性本体はミッチェルの後継者によって1979年に結晶として分離され，ブラシノライドと命名された。ブラシノライドは植物成長作用をもつ初めてのステロイドであった。丸茂らの物質は，のちにブラシノライドの類縁体であることが示された。横田孝雄らは1982年にブラシノライドの前駆体のカスタステロンをクリの虫こぶから単離し，引き続きさまざまな植物に多様な類縁体があることを明らかにした。このことにより，ブラシノステロイドが植物の普遍的なホルモンであることが明らかになった。

13-6-2　生理作用とその仕組み

　ブラシノステロイドの生理作用を表13-1に示す。ブラシノステロイドは植物細胞を伸長させることにより，茎，葉，根の伸長を起こす。イネの葉身屈曲作用も向背部細胞の伸長による。植物細胞の伸長にはオーキシン，ジベレリン，ブラシノステロイドのすべてが必要であり，各ホルモンの働きは他の2つのホルモンによっては補完することができない。また，ブラシノステロイドは細胞分裂も促進する。したがって，ブラシノステロイドが欠損している植物では背丈が小さくなるとともに，葉も小さくなる。一方，ブラシノステロイドはエチレンの合成を促進するので，暗所におけるフック（かぎ状部）の形成に重要である。また高濃度のブラシノステロイドによって起きる上偏成長はエチレンの発生によるものである。ブラシノステロイドによる木部分化作用はアポトーシス（細胞死）の誘導によって引き起こされる。なお，ブラシノステロイドには耐病性，耐塩性，除草剤耐性などのストレス耐性を誘導する働きもある。ブラシノステロイドの受容体には数種類あるが，植物体に普遍的に発現する受容体はBRI1とよばれるロイシンリッチリピート型受容体キナーゼである。BRI1は細胞膜を貫通しており，活性ブラシノステロイドが細胞外部分に結合すると，細胞内のセリン／トレオニンキナーゼ部位によるリン酸化が起こって情報が伝達される。

13-6-3　生合成と代謝

　植物ではさまざまなステロールが合成されるが，そのうち主としてカンペステロールがブラシノステロイドに変換される。図13-10に生合成経路を示す。関与する生合成酵素を図中に示すが，DET2以外はすべて膜に局在するシトクロムP450酸化酵素である。ブラシノライドとカスタステロンが活性ブラシノステロイドと考えられている。ブラシノライドはカスタステロンより高い活性を示す。6-デオキシキャサステロンは完熟種子に蓄積して発芽のときにつかわれる貯蔵型である。図13-11に示すように，ブラシノステロイドの代謝としては酸化やグルコースとの結合などが知られている。

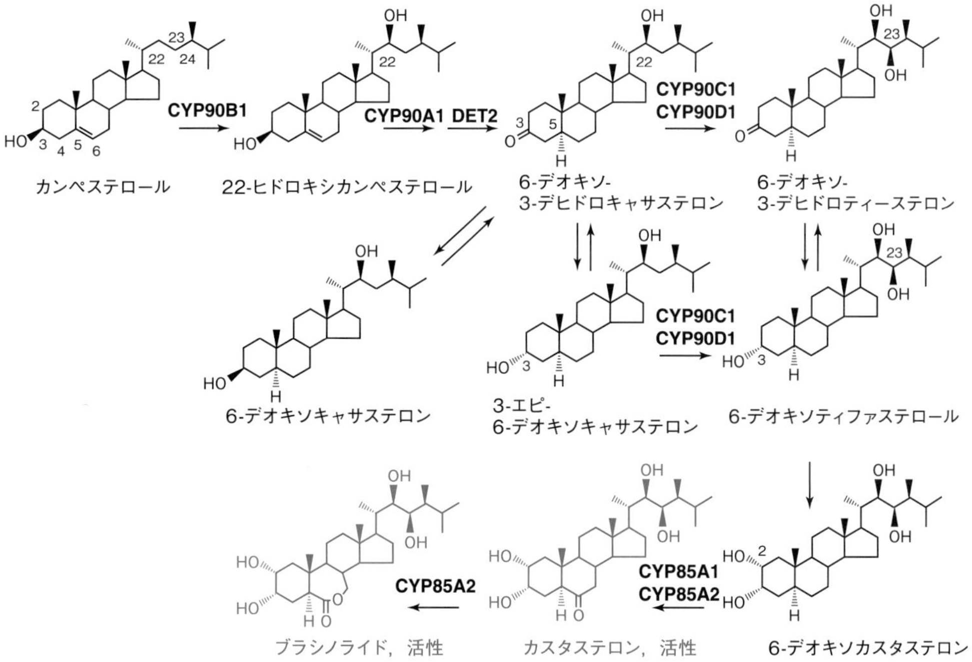

図13-10 ブラシノステロイドの生合成（関係する酵素名を太字で示す）

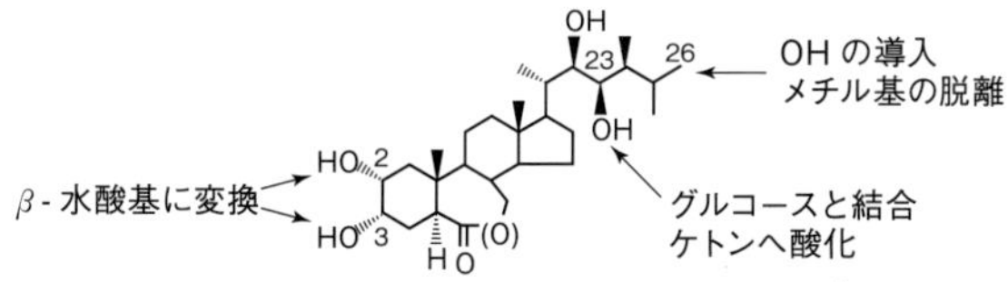

図13-11 ブラシノステロイドの代謝・不活性化

13-7 ジャスモン酸類

13-7-1 発見の歴史

ジャスモン酸のメチルエステルはジャスミンの香りの主要成分として，1962年に発見された。ジャスモン酸自身は1971年に植物病原菌 Lasiodiplodia theobromae の生産する植物成長阻害物質として単離された。1980年，山根久和らはジャスモン酸が植物の成分であり，そのメチルエステルとともにイネ幼植物の成長を阻害することを報告した。また同年，上田純一らはニガヨモギからジャスモン酸のメチルエステルを老化促進物質として単離した。一方関連化合物としては，1974年にカボチャ種子から成長阻害物質として分離されたククルビン酸とそのグルコシド，1989年にジャガイモの塊茎誘導物質として単離されたツベロン酸とそのグルコシドがある。これら化合物はジャスモン酸類と総称されている。

13-7-2 生理作用とその仕組み

ジャスモン酸の作用として特に注目されているのは植物が受ける傷害や病害を治癒させる働きであり，とくに傷害に関してはよく研究されている。植物が害虫や接触などによる傷害を受けるとジャスモン酸とエチレンの合成が起こる。この2つの植物ホルモンは虫の消化不良による生育阻害を引き起こすプロテアーゼインヒビター，ならびに病原菌の生育を抑制する塩基性PRタンパク質の合成を引き起こすために，虫による食害および病原菌による感染が抑制される。またジャスモン酸は揮発性のメチルエステルに変換されて，傷害を受けていない部位や周囲の植物にも病害虫抵抗性を起こせる。一方，ジャスモン酸は植物がオゾン暴露を受けたときにも，オゾンに対する抵抗性を上昇させる。その他にも，ジャスモン酸は葯の開裂と花粉の発芽に対する必須因子であるとともに，つるの巻きつきや，葉の黄

化，離層の形成を誘導する。また，ツベロン酸は短日下，葉の中でジャスモン酸から合成されてからグルコシドの形で地下部に移動し，ジャガイモの塊茎を誘導する。

13-7-3 生合成と代謝

ジャスモン酸の生合成経路を図13-12に示す。トマトなどでは，傷害によってまずシステミンという低分子ペプチドの合成が誘導される。システミンはリパーゼを活性化して，葉緑体膜に存在するグリセロ糖脂質からリノレン酸を遊離させる。リノレン酸はリポキシゲナーゼにより過酸化物になってから，複数の反応によってジャスモン酸類にまで変換される。cis-ジャスモン酸とそのメチルエステルが生体成分であるが，抽出過程で活性は低いが安定なtrans体と1：9の平衡混合物になる。ジャスモン酸とそのメチルエステルのどちらが活性体であるかについてはいろいろな議論がある。また，ジャスモン酸がイソロイシン複合体として活性を発現する経路も示されている。メチルエステルは揮発性であるので，ジャスモン酸はメチルエステルとして空中を伝搬する植物ホルモンと考えられる。なお，中間体の12-oxo-PDAは，ジャスモン酸の前駆体としてだけではなく，つるの巻きつきやストレス応答反応においてジャスモン酸とは異なる独自の生理機能をもっている。

13-8 サリチル酸

13-8-1 発見の歴史，および生理作用とその仕組み

サトイモ科のザゼンソウの肉穂花序は発熱することで耐寒性を示す。また同じサトイモ科のブードゥーリリーの肉穂花序は発熱することで昆虫誘因物質を揮発させると考えられている。1987年，ラスキン（I. Raskin）はブードゥーリリーの発熱現象が内生のサリチル酸によって引き起こされることを明らかにした。1990年以降に，ウイルスなどの病原体に抵抗性をもつ植物では，ウイルス感染によりサリチル酸内生量が上昇することが示された。生成したサリチル酸は感染した細胞に過敏感反応を誘導して壊死させることにより病原体を封じ込める。同時に酸性PRタンパク質などを誘導して病原体を撃退する。また，サリチル酸は揮発性のメチルエステルになって，健全な遠隔部位にも作用して病気抵抗性を全身に誘導する。このような抵抗性は全身獲得抵抗性とよばれる植物の免疫作用である。全身獲得抵抗性を誘導する農薬も数種類あり，作物の病気予防に使われている（27章参照）。サリチル酸とジャスモ

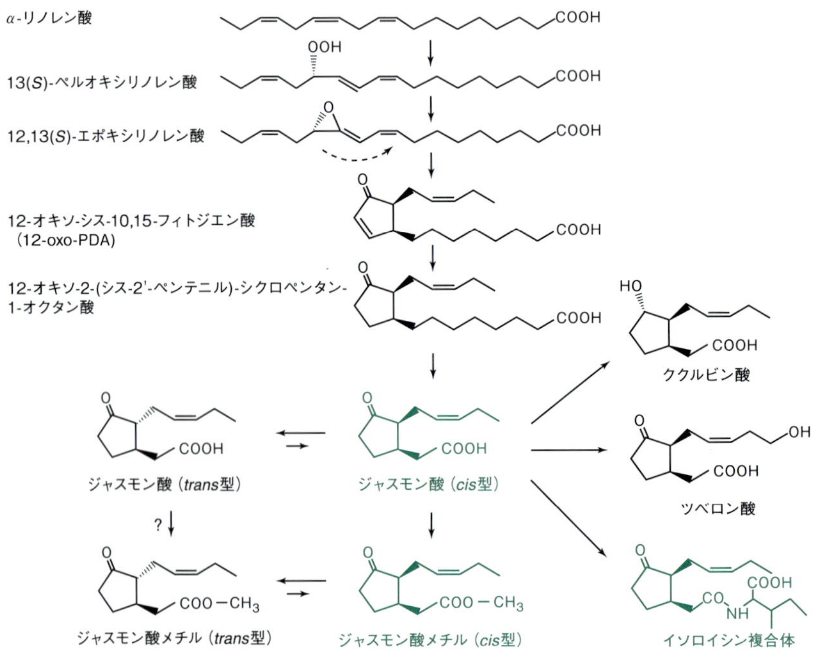

図13-12 ジャスモン酸類の生合成

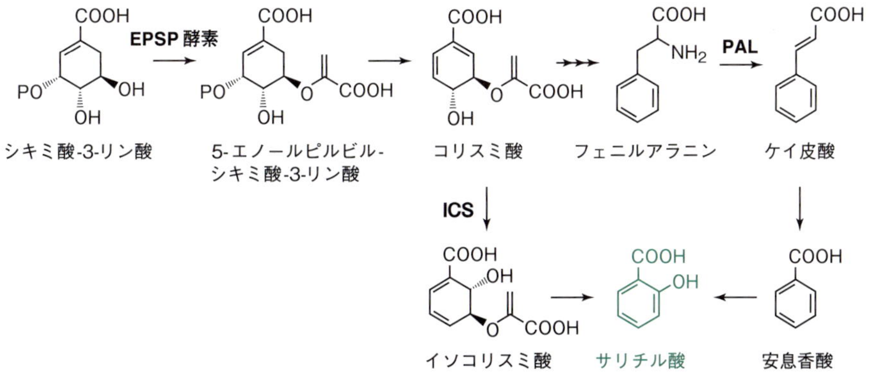

図13-13 サリチル酸の生合成

ン酸はお互いの作用を拮抗的に抑制するばかりでなく、生合成についてもお互いに阻害する。

13-8-2 生合成と代謝

サリチル酸は、図13-13に示すようにシキミ酸経路で生成するコリスミ酸からフェニルアラニンアンモニアリアーゼ（PAL）またはイソコリスミ酸合成酵素（ICS）が関与する経路により合成される。どちらの経路が使われるのかは、植物の種類によって異なるようである。

13-9 ペプチドホルモン

13-9-1 発見の歴史、および生理作用とその仕組み

ペプチドホルモンは細胞から分泌される小ペプチドであり、受容体に結合することによりその作用が情報伝達される。1991年、ライアン（C. A. Ryan）らは傷害を受けたトマトの葉で生成するシステミンがプロテアーゼインヒビターを誘導することを発見した（13-7節参照）。システミンは18個のアミノ酸からなるペプチドである。1996年、坂神洋次と松林嘉克はフィトスルフォカインを細胞増殖物質として単離した。フィトスルフォカインは5個のアミノ酸からなり、含まれる2個のチロシンが硫酸化されているペプチドであり、植物に普遍的に存在する。また、アブラナ科植物の自家不和合性はSCRあるいはSP11とよばれる50-60個のアミノ酸からなるペプチド類が受容体に認識されることにより起こる。

一方、シロイヌナズナの*CLV3*遺伝子やトウモロコシの*ESR*遺伝子と相同な遺伝子は*CLE*遺伝子と総称され、各植物中には30種類以上の遺伝子ファミリーがある。これら遺伝子からつくられるCLEペプチド類は多様な生理機能をもつ。その中には、シロイヌナズナの茎頂幹細胞数を抑制する12個のアミノ酸からなるMCLV3、ヒャクニチソウの管状要素分化を抑制する12個のアミノ酸からなるTDIFがある。またイネの*FON1/2*遺伝子からつくられるCLEペプチドは雄ずいと雌ずいの分化を抑制する。また、CLEペプチドのなかには根粒形成を抑制するものもある。このようにCLEペプチドは形態形成の制御に深く関わることが急速に明らかにされつつある。なお、フィトスルフォカインとCLEペプチドの受容体はブラシノステロイド受容体と同じタイプのロイシンリッチリピート型キナーゼである。

13-9-2 生合成

ペプチドホルモンは、遺伝子の翻訳産物である前駆体ポリペプチドから修飾と切り出しによりつくられる。

参考文献

高橋信孝, 増田芳雄編：植物ホルモンハンドブック（上）・（下）, 培風館, 1994.
小柴共一, 神谷勇治編：新しい植物ホルモンの科学, 講談社サイエンティフィク, 2002.
小柴共一, 神谷勇治, 勝見允行編：植物ホルモンの分子細胞生物学, 講談社サイエンティフィク, 2006.

14

遺伝と変異

- メンデルは，生物の形質を支配する基本単位として遺伝子の概念をはじめて提示した。
- メンデルの遺伝法則のうち，もっとも重要で現在も意味があるのは「分離の法則」である。
- 遺伝子は染色体に存在し，減数分裂を経て配偶子に分配される。
- 同一染色体上で位置が比較的近い遺伝子は一緒に行動し，同じ配偶子に伝達される（連鎖）。
- 減数分裂時には，相同染色体の一部が入れ替わり（組換え），その頻度から染色体地図ができる。
- 植物の草丈や種子量など量的形質は，複数の遺伝子（ポリジーン）によって決定される。
- 細胞質内に存在するDNAによって起こる遺伝現象がある（細胞質遺伝）。
- 変異には，遺伝子突然変異と染色体突然変異とがある。
- 染色体の異常は，欠失，重複，転座，逆位などによって生じる。
- 染色体上を動き回る要素であるトランスポゾンも変異を引き起こす。

生物は，物質代謝をとおして得るエネルギーにより個体を維持し，いろいろな生命現象を営んでいる。多彩な生命現象は，生物の個体に限定されることなく，それぞれが属する種の中で世代を越えて伝達されていく。このような生命の連続性を支えているのが，生殖（3章，8章参照）と遺伝である。

14-1　メンデルの遺伝法則

遺伝とは子が親に似ることである。その仕組みが明らかになるきっかけは，メンデル（G. J. Mendel, 1822-1884）によって与えられた。雌雄のある生物では，交配によって両親の姿形や性質が混じり合い，子孫に受けつがれていく。親から子孫へ遺伝によって伝わる体の特徴や性質のことを形質という。当時の考え方は，子のもつ個々の形質は，どれも両親の形質を足して2で割ったものになるというものだった。それに対し，彼は，生物の形質に"要素"という粒子を対応させ，その粒子が両親から1つずつ子に伝達されるとする説（粒子説）を提出した。こうして，遺伝の基本単位としての遺伝子という概念がはじめて示され，今日につながる科学的な遺伝学はスタートした。

メンデルは，エンドウを用いた交雑実験によって遺伝の基本法則を見いだした（1865）。この法則は，後に生物界に普遍的な遺伝の仕組みであることがわかった。また，両親の雌雄を入れ替えても成り立つことから，遺伝現象への両親の均等な寄与がはじめて明らかになった。彼の研究成果は，優劣・分離・独立の3法則のセットとしてまとめられることが多い。そのポイントは，ひとつひとつの形質に対応する"要素"（遺伝子）が両親の双方からくるため，いつも2つ一組で存在することである。形質は，したがって，ペアを組む2つの遺伝子によって決まる。

各個体が実際に示す形質のことを表現型といい，どういう遺伝子をペアとしてもつかを遺伝子型という。ペアを組む遺伝子がXとxであれば，個々の形質には3種の遺伝子型，XX，Xxおよびxxが存在する。そのとき，同一遺伝子のペアとなるXXやxxの場合をホモ接合，異なる遺伝子のペアとなるXxの場合をヘテロ接合とよぶ。遺伝子型が同じであれば，表現型は同じになるが，表現型が同じであっても，必ずしも同じ遺伝子型になるとは限らない。この点が遺伝の法則では重要である。

14-1-1　優劣の法則

エンドウの栽培品種で7組の対立形質（種子の形・色，さやの形・色，草丈，子葉の色，花のつき方）について，それぞれ交雑を行ったところ，どの場合も，生じた雑種第1代（F_1）は，すべて両親の一方と同じ形質を示した。メンデルは，対立形質とは，ある形質について互いに異なる型であり，ペアを組む遺伝子（対立遺伝子）の各々によってもたら

112

14-1 メンデルの遺伝法則

されると考えた。そして，ヘテロ接合のときに，表現型を決定する方を優性な（対立）遺伝子（A），表現型には関係しない方を劣性な（対立）遺伝子（a）とした。たとえば，種子の色の場合，遺伝子型は，黄色の親がAAであり，緑色の親がaaであると考える。すると，F₁世代はすべてAaであり，どれもが黄色の表現型となるのである。このように，優性ホモ個体（AA）と劣性ホモ個体（aa）とを交雑させたとき，ヘテロ接合となるF₁個体の表現型がすべて優性形質となることを優劣の法則という。

14-1-2 分離の法則

F₁個体間での自家受粉によって雑種第2代（F₂）をつくった。その結果，F₂世代には，優性形質を示す個体と劣性形質を示す個体とがほぼ75％：25％の割合で現われること，この割合は7組の形質のどれでも同じであることが明らかになった。このことは，遺伝子型を考えると，簡単に理解できる。F₁個体（Aa）からできる配偶子は，雌雄のどちらもAかaであり，それらの比率は1/2：1/2となる。これら雌雄の配偶子はランダムに融合するから，F₂世代の遺伝子型は，AA，Aaおよびaaが1/4：2/4：1/4の比となるはずである（図14-1）。したがって，表現型でみれば，F₂世代の3/4（75％）が優性形質を示し，1/4（25％）が劣性形質を示すことが予想される。

ところで，優性形質を示すF₁個体には本当に劣性遺伝子が含まれているのだろうか。その点を確かめるために，F₁個体と劣性ホモの親との交配（戻し交配）が行われた。生じた子の分離比は，予測どおり，優性：劣性がほぼ1/2：1/2であった。以上のように，F₁個体ではペアとして存在する対立遺伝子のAとaが，配偶子が形成されるときに互いに分離し，別々の配偶子に分配される。これが，分離の法則として知られる現象である。

14-1-3 独立の法則

2つの形質を同時に追跡する実験も行われた。たとえば，種子の形と色について「丸型で黄色」の個体と「しわ型で緑色」の個体を交雑した。結果は予想どおりで，F₁世代はすべて両形質とも優性の種子，つまり丸型・黄色の種子をつけた。次に，両方の形質の間に関連性があるかどうかを知るため，F₂世代の分離比を調べたところ，両方とも優性，片方だけが優性，両方とも劣性のものが，ほぼ9：3：3：1の比率で現われた。いま両親の遺伝子型をAABBおよびaabbとすると，F₁個体の遺伝子型は必ずAaBbとなるはずである。したがって，F₁世代では雌雄とも4種の配偶子（AB, Ab, aB, ab）がそれぞれ1/4ずつ生じる。配偶子の結合はランダムに起きるので，F₂世代には16種の遺伝子型ができる（図14-2）が，表現型で分ければ，「丸・黄」，「丸・緑」，「しわ・黄」，「しわ・緑」が9/16：3/16：3/16：1/16となる。しかし形と色の形質ごとにみると，どちらも優性：劣性の比は3/4：1/4であって，互いに無関係なことがわかる。このように，対立遺伝子の組が複数のとき，それらが独立に子孫へ遺伝することを独立の法則という。

上述の3法則のうち，「独立の法則」と「優劣の法則」は，現在では一般性を失っている。前者は，2組の対立遺伝子が別々の染色体に存在するときだけしか成立しない。また，後者には例外が多く，F₁の表現型が両親の中間型をとったり，両親の形質を両方とも示したりする。一方，「分離の法則」は，

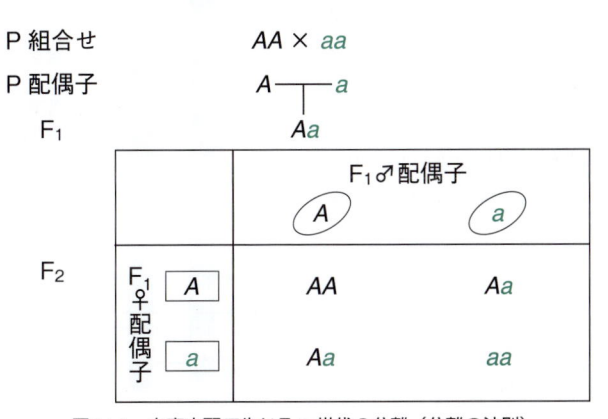

```
P 組合せ        AA × aa
P 配偶子        A ──── a
                    │
F₁                 Aa
```

		F₁♂配偶子	
		A	a
F₂	F₁♀配偶子 A	AA	Aa
	F₁♀配偶子 a	Aa	aa

図14-1 自家交配で生じるF₂世代の分離（分離の法則）

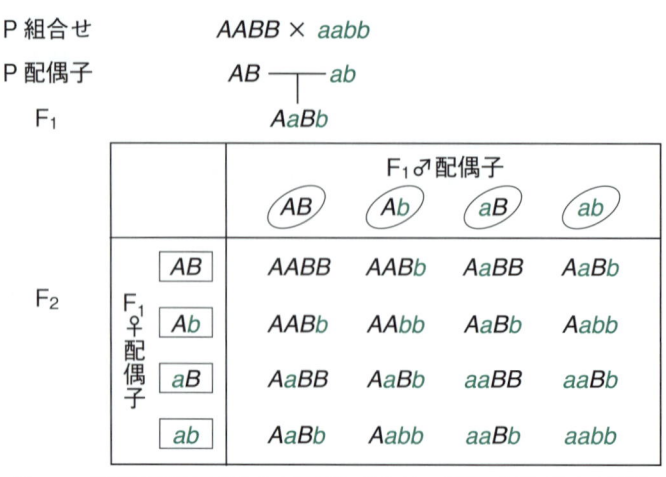

```
P 組合せ        AABB × aabb
P 配偶子         AB ─┬─ ab
F₁                 AaBb
```

		F₁♂配偶子			
		AB	Ab	aB	ab
F₂	AB	AABB	AABb	AaBB	AaBb
F₁♀配偶子	Ab	AABb	AAbb	AaBb	Aabb
	aB	AaBB	AaBb	aaBB	aaBb
	ab	AaBb	Aabb	aaBb	aabb

図14-2　二遺伝子雑種の場合の自家交配で生じるF₂世代の分離（独立の法則）

メンデルのもっとも重要な発見であり，現在でも大きな意義をもっている。この法則の核心は，ペアを組んでいる対立遺伝子が決して融合することなく，分離することである。だからこそ，雑種の子孫の中には両親や何代か前と同じ表現型および遺伝子型が再現される。ここには，現代の科学的遺伝学の基本コンセプトが明確に示されている。すなわち，遺伝を担う遺伝子は，雑種になっても決して消滅しないし変質もしないのである。

14-2　遺伝と染色体

メンデルの法則が発見されたとき，遺伝子の物理的特性についてはまったく不明だった。しかし，20世紀に入ると，遺伝子は染色体の一部であることがサットン（W. S. Sutton, 1876-1916）によって示唆された（1903）。彼は，メンデルの"要素"と染色体の行動とを比較し，それらが多くの点で一致することに気づいた。とくに，ペアをつくる染色体（相同染色体）が，配偶子の形成の際に1本ずつ分かれることに注目し，対立遺伝子が相同染色体に存在すると考えた。この考えは，遺伝の細胞学的基礎をはじめて示したもの（遺伝の染色体説）であって，1910年代にモルガン（T. H. Morgan, 1886-1945）らが，ショウジョウバエを用いた実験によって証明した。

14-2-1　染色体

分裂中の細胞を顕微鏡で観察すると，塩基性色素で濃く染まる棒状の構造体が複数みえる。これが染色体であり，遺伝子を含んでいる。染色体は，分裂期の細胞に現われ，分裂期以外の細胞では消失してしまう。この構造体を構成しているクロマチン（染色質）が，分裂するときに限って凝縮し太く短くなるからである。この分裂期だけの特殊な構造のせいで，母細胞がもっている遺伝子群が娘細胞に確実に均等に配分される。遺伝現象で観察される形質は非常に多い。したがって，1本の染色体にはかなり多くの遺伝子が含まれている。染色体で遺伝子を含む各部位のことを遺伝子座という。染色体には，たくさんの遺伝子座が存在することになるが，異なる遺伝子座にはそれぞれ別々の遺伝子が含まれている（図14-3）。

相同染色体の対は，1本は父親から受け継ぎ，もう1本は母親から受け継いだものである

1つの遺伝子座は，染色体上の特定の遺伝子の位置をさす

各遺伝子座には，2つの対立遺伝子が，2本の相同染色体のそれぞれに存在している。対立遺伝子は，(AAやaaの個体のように) 同一であったり，(Aaの個体のように) 異なっていたりする

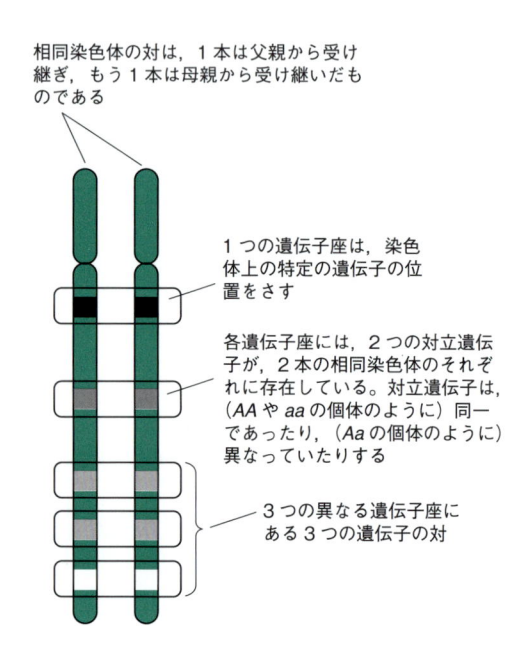

3つの異なる遺伝子座にある3つの遺伝子の対

図14-3　染色体上の遺伝子座。対立遺伝子が位置している。

細胞内には，性決定に関わる性染色体を別として，形と大きさの同じ染色体が必ず一対存在している。ペアを組む染色体どうしのことを相同染色体という。相同染色体の一方は母親からきた染色体（遺伝子群）であり，他方は父親からきた染色体（遺伝子群）である。

14-2-2 減数分裂

細胞のもつ染色体の数は生物の種によって厳密に決まっている。通常の細胞分裂，つまり体細胞分裂では，分裂の前と後で染色体の数も種類もまったく変わらない。しかし，配偶子が形成されるときの細胞分裂は，染色体数が半減されることから減数分裂とよばれる。この分裂では，体細胞分裂とは違って，1回の染色体複製の後に分裂が2回連続して起きる。結果として生じる4個の娘細胞では，染色体数が体細胞の場合のちょうど半分になっている。染色体の半減は，相同染色体が互いに分離して別々の細胞へ入ることによる。

減数分裂のポイントは相同染色体の分離の仕方にある。各相同染色体ペアの分離は，めいめい独立に起きる（図14-4）。したがって，形成される配偶子は，母系，父系の染色体をさまざまな組合せでもつ。たとえば，20対の相同染色体をもつトウモロコシの場合なら，この組合せは，2^{20}通りにもなる。こうして，両親の染色体（遺伝子群）は，さまざまな程度に混合されて子に伝達されることになる。

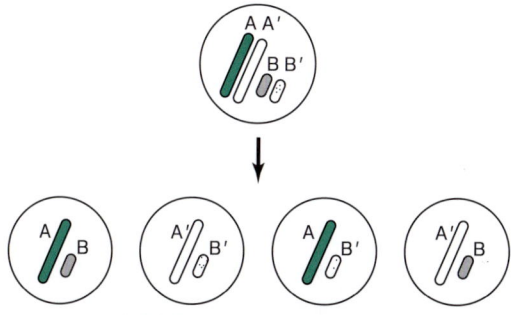

図14-4 減数分裂によって生じる染色体の組合せ（染色体数が$2n=4$で交差なしの場合）

14-2-3 連　鎖

同じ1本の染色体に存在する遺伝子は常に行動をともにするから，減数分裂が起きても，同じ配偶子に入る。この現象は，遺伝学的に連鎖とよばれている。ある遺伝子の組合せが完全に連鎖しているとすると，両親の場合と同じ組合せが孫の代においても保持され，その後も代々受け継がれていくことになる。

一方，異なる染色体に含まれる遺伝子どうしは，減数分裂時の各相同染色体ペアの分離が互いに独立なので，決して連鎖することはない。このことは，メンデルの「独立の法則」が成立する根拠となるが，モルガンらがキイロショウジョウバエを用いて行った交雑実験によってはじめて証明した事実である。彼らは，遺伝子がいくつかのグループを形成して行動する傾向のあることを示し，そのような遺伝子群のことを連鎖群とよんだ。連鎖群の数は，ショウジョウバエでは4であったが，その数は，相同染色体のペアの数，いいかえれば配偶子の染色体数に一致していた。

14-2-4 交差（組換え）

ベーツソン（W. Bateson, 1861-1926）とパネット（R. C. Punnett, 1875-1967）はスイトピーで花色と花粉について交雑実験を行い，F_2において9：3：3：1の比率ではなくて，ほぼ11：1：1：3という奇妙な分離比を示すことを見いだした（1905）。このF_2の分離比では，両親における2形質の組合せが高頻度に現われていることから，これらの形質が連鎖していることがわかった。しかし，その連鎖が不完全であることもまた明らかであった。このような結果は，減数分裂が行われるときに染色体相互で一部の交換が起きると考えると理解できる。

実際に，同一の染色体に含まれているからといって，2つの遺伝子が常に連鎖を示すわけではない。なぜなら，減数分裂のプロセスには，相同染色体の各ペアが互いに密着して並ぶ対合というステップがあり，このとき，つなぎ換えによる染色体の部分的交換がかなり頻繁に起きるからである（図14-5）。この現象を染色体の交差（組換え）という。つなぎ

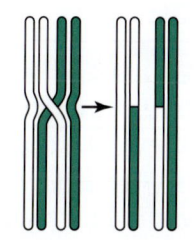

図14-5 減数分裂における染色体の交差と部分的交換。それぞれ複製された相同染色体（図中の黒と白）が対合したとき，4本の娘染色体のうちの2本の間で起こる。

換わった染色体は，母系と父系のさまざまな組合せからなる新しい遺伝子組成をもつことになる。

14-2-5 染色体地図

同一染色体にある2つの遺伝子は，減数分裂のときに連鎖はするものの，多かれ少なかれ交差が起きる。交差は，両遺伝子が染色体上で遠く離れて位置している場合ほど起こりやすく，両遺伝子が別々の染色体に組み換えられる頻度は高くなるはずである。このように考えて，モルガンらは，いろいろな遺伝子がどの程度連鎖しているかを組換えの頻度（組換え率）によって測定し，1本の染色体の上に，どのような遺伝子がどのように配置しているかを推定した。その結果を図として表したものは，遺伝学的地図あるいは連鎖地図とよばれている。この地図は一種の染色体地図であって，遺伝子間の距離の単位は，センチモルガン（cM）といい，1回の減数分裂によって1％の頻度で組換えが起こるような距離と定義された。遺伝子の組換え率は次の式で計算できる。

$$組換え率(\%) = \frac{交差が生じた配偶子の数}{F_1 の全配偶子の数} \times 100$$

組換え率は0-50の値をとり，0％なら完全に連鎖する場合，50％なら連鎖していない場合である。

すでに多数の植物において，互いに連鎖している遺伝子のグループつまり連鎖群が調べられている。近年とくに穀類や野菜などの作物では，遺伝子どうしが互いにどの程度連鎖しているかが詳細に解析され，精密な連鎖地図がつくられはじめている。イネをはじめとして，トウモロコシ，オオムギ，コムギ，エンドウ，トマトなどで，有用形質を支配している遺伝子座が次々に同定され地図上に位置づけられてきている。

14-3 細胞質遺伝

生物の遺伝情報は，ほとんど染色体に含まれている。しかし，細胞質中の2種類のオルガネラ，すなわちミトコンドリアと色素体にも遺伝子があって，それぞれ呼吸と光合成の機能の一部を分担している。これらオルガネラの遺伝子が関係する遺伝現象のことを細胞質遺伝とよぶ。細胞質遺伝では，メンデルの遺伝法則は成り立たず，雌雄を入れ替えた交雑で結果が違ってくる。

典型的な例が母性遺伝である。この現象は，コレンス（C. E. Correns, 1864-1933）による斑入りオシロイバナを用いた研究で見つかった（1909）。オシロイバナには，一本の株の中に緑色，黄白色および斑入りの枝が混じっているものがある。これらの黄白色の部分には異常な色素体が含まれている。コレンスが各枝に咲いた花を互いに交配したところ，どの組合せでも F_1 世代はすべて母親と同じ表現型になった。どういう交配をしようと子孫の表現型はいつも母親で決まってしまうのである。これは，現在では，細胞質の色素体遺伝子が母親だけから伝わるからだと理解されている。実は，花粉からのオルガネラ遺伝子は，受粉後に花粉管が伸びて胚珠に届くまでの間に分解されてしまうのである。したがって，卵細胞には精核，つまり父方の染色体だけしか入らない。

ところが，父方のオルガネラ遺伝子も子孫に伝わることも知られている。たとえば，針葉樹類やマメ科植物などでは，花粉を通して父親のミトコンドリアや色素体が受けつがれている事例はめずらしいものではない。こうして母方に加えて父方からも伝わる場合だけでなく，父方からだけしか伝わらない場合すら見つかっていて，それぞれ両性遺伝および父性遺伝とよばれている。

要するに，細胞質遺伝の現象は，受精のときに雌雄のオルガネラ遺伝子のどちらかが選択的な分解を受けて片方だけが残るか，それとも分解を受けることなく両者が共存するかによって引き起こされる。このことは，オルガネラ遺伝子の分解が性によって異なるように植物種ごと厳密に制御されていることを示している。以下に述べるように（14-6節参照），植物育種の現場では，雑種強勢という現象がしばしば利用されてきた。その場合には，雄性不稔の系統をつくり出すことが必須の条件となることが多い。この雄性不稔という遺伝現象の中には，ミトコンドリア遺伝子が関係する細胞質遺伝によるものが知られている。

14-4 遺伝的変異

変異とは，起源が同じ個体の間にみられる形質の違いのことをいう。変異のなかで遺伝するものが遺伝的変異である。これは，DNAの塩基配列の変化による遺伝子の突然変異や，染色体レベルでの変化

14-4 遺伝的変異

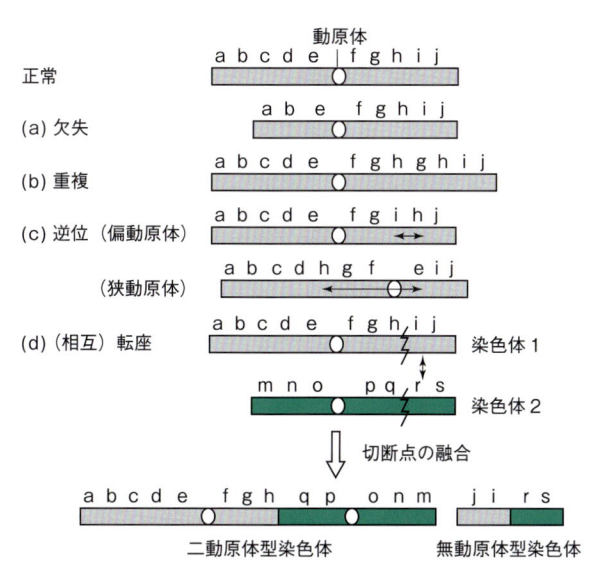

```
                          動原体
                   a b c d e │ f g h i j
         正常      ░░░░░░░░░░○░░░░░░░░░░

                      a b  e   f g h i j
       (a) 欠失       ░░░░░░○░░░░░░░░░░

                   a b c d e   f g h g h i j
       (b) 重複      ░░░░░░░░░○░░░░░░░░░░░░

                   a b c d e   f g i h j
    (c) 逆位（偏動原体）░░░░░░░░░○░░░░░░░░░
                              ←→
                   a b c d h g f   e i j
        （狭動原体） ░░░░░░░░░░○░░░░░░░
                          ←―――

                   a b c d e   f g h│i j
    (d)（相互）転座  ░░░░░░░░░○░░░░░░╱░░  染色体1
                                    ╲
                         m n o │ p q r s
                         ▓▓▓▓○▓▓▓▓▓▓▓   染色体2
                              ╱
                      ⇓ 切断点の融合

                a b c d e   f g h q p   o n m   j i r s
                ░░░░░░░░░○░░░░░░░▓▓○▓▓▓▓▓  ░░░░░░
                      二動原体型染色体          無動原体型染色体
```

図 14-6　主要な染色体構造変異の種類

によって起こる遺伝子の組合せの変更によって生じる。現在いろいろな植物で知られている変異体は、ほとんどが遺伝子突然変異である。たとえば、トウモロコシで知られている草丈が著しく低い矮性系統（d1, d2, d3, d5 など）は、植物ホルモンであるジベレリンの生合成系に関わる遺伝子が変化し、ジベレリンの含量が少なくなる遺伝子突然変異株である（13章参照）。

染色体数が $2n$ ではなく、$2n-1$、$2n+1$ のように変化している変異がある。これを異数性とよび、異数性を示す個体が異数体である。異数体となる原因は減数分裂の異常にある。減数分裂が起きるとき、ある相同染色体のペアがたまたま均等に分配されず、染色体の多い配偶子と少ない配偶子とが形成されてしまうことがある。これらが受精によって正常な配偶子と融合してできる個体が異数体である。たとえば、ド・フリース（H. de Vries, 1848-1935）はオオマツヨイグサ（$2n=24$）の変異体であるヒロハノマツヨイグサ（$2n+1=25$）を発見した。

また、染色体数が $2n$ から $3n$、$4n$ のようになる変異も知られている。これは倍数性とよばれる。倍数性を示す個体を倍数体といい、$3n$ の場合なら三倍体である。ふつうは倍数性が増すにつれて個体の大きさが増える。とくに四倍体は、コルヒチン（イヌサフランから得られるアルカロイド）による簡単な処理で確実につくり出せる。そのため、かつては品種改良に利用できるとおおいに期待されていた。しかし、人為的な四倍体品種の実用例は、数種の牧草、ペチュニアなど花卉の一部やブドウなどを除いてそれほど多くはない。一方、三倍体品種の場合も、バナナやリンゴ、チャ、クワなど自然に生じたもの以外では、成功例がチューリップなどの花卉やテンサイだけに限られる。倍数体品種の実用化が難しいのは、染色体の倍加によって、ほとんどの場合、種子稔性の低下や不均衡な器官肥大など深刻な障害が生じてしまうからである。

一方、染色体の構造にさまざまな原因で変化が生じることもある。この構造変化は、染色体の一部分が欠けた「欠失」やダブった「重複」、一部分がいったん切れた後、逆向きに再結合した「逆位」や他の染色体に付着した「転座」、などに区別される（図14-6）。仮に多量の放射線などを浴びた場合、染色体は高頻度で切断されるが、その断片はいずれかの染色体に再結合することが多い。そのようにして、2つの動原体をもつ染色体や動原体をもたない染色体ができる。こうなると、その後の分裂はうまくいかない。減数分裂がうまくいかなければ、種子の稔性がひどく低下してしまう。したがって、このような転座は種なし植物の原因となりうる。

以上のような遺伝子および染色体の変異は、植物細胞を培養したときに高頻度に生じる。このような細胞培養における遺伝的変異は、植物ではありふれていて、細胞が由来する種や組織・器官に関係なく起きる。これをソマクローナル変異または体細胞変異とよんでいる。植物の培養細胞からの個体の再生は比較的に簡単なので、再生植物体で起きるソマク

表14-1 質的形質と量的形質

形　質	変異の特徴	遺伝子	関係遺伝子	環境の影響
質的形質	不連続	主働遺伝子	少　数	一般にない
量的形質	連　続	微働遺伝子 （ポリジーン）	多　数	受けやすい

ローナル変異は，すでにイネ，セロリ，サツマイモ，ジャガイモなどの新品種の育成に利用されている。

14-5 量的遺伝

遺伝形質には，表14-1に示すように，質的形質と量的形質がある。質的形質とは，表現型がはっきりと識別できる形質のことをいう。たとえば，エンドウの豆の形や子葉の色など，ショウジョウバエの眼色やヒトのABO血液型などがそうであり，多くの場合，表現型は1つの遺伝子座で決まる。一方，量的形質とは，長さ，重さ，面積，時間など，計量的に測定でき連続的に変異する形質のことである。例として，一本の植物につく実の大きさや数など，またヒトの身長や動物の成長速度などがあげられる。このような形質の発現には複数の遺伝子座が関与するが，一般に個々の遺伝子（微働遺伝子）の効果はそれぞれ比較的小さい。生物にとって重要な形質の大部分は量的形質が占めていて，農作物や家畜・家禽で経済的に重要な特性も，質的形質より量的形質の方がはるかに多い。イネの例では，分げつ（株分かれ）数，穂数，草丈，穂長，生体重，開花期などが量的形質に含まれる。

質的形質の遺伝様式は，20世紀の幕開けとともに科学的遺伝学が急速に発展する中で，種々の生物で次々に解明された。形質と遺伝子が1対1に対応しているため，親子関係や系統関係などが調べやすかったからである。それに対して，量的形質の遺伝解析は簡単なものではなかった。量的形質が質的形質の場合と決定的に異なっている点は，表現型が，複数の遺伝子座によって決められていること，しかも個体をとりまく環境の影響も受けやすいということにある。やっと1949年になって，1つの量的形質の決定に関わっている多数の遺伝子（ポリジーン）も，各々についてはメンデルの法則にしたがって遺伝することがマザー（K. Mather, 1911-1990）によって明らかにされた。

量的形質に関与している遺伝子座はQTL（量的形質遺伝子座：quantitative trait locus）とよばれる。

現在では，分子生物学的な解析技術がめざましく進歩した結果，これまで困難であった量的形質の遺伝解析はかなり容易になっている。20年あまり前から，DNA多型（生物個体間のDNA塩基配列の違いのこと）が検出できるようになった。DNA多型にもとづく遺伝マーカーのことをDNAマーカーという。DNAマーカーには，RFLP (restriction fragment length polymorphism)，AFLP (amplified fragment length polymorphism)，SSLP (simple sequence length polymorphism)，RAPD (random amplified polymorphic DNA)，CAPS (cleaved amplified polymorphic sequence) などがある。これらのDNAマーカーを用いることで，精細な連鎖地図が作成できるようになった。さらに，そのような連鎖地図を利用すれば，ある量的形質に関与するQTLの数を決め，それぞれの遺伝子座を染色体上に位置づけたり，各遺伝子座の形質に対する貢献度を推定したりできるのである。このようにして，近年，イネやトウモロコシ，コムギ，トマトなど世界的に重要な作物では，精密な連鎖地図が作成され，有用形質の発現に関与するQTLの解析が急速に進み，量的形質を決定している遺伝子が単離されはじめている。

14-6 雑種強勢（ヘテロシス）

他家受粉でふえる植物（他殖性植物）の多くは，自殖や近親交雑を続けると，植物体が全体に虚弱になって生活力がかなり落ちこんでしまう。ところが，異なる品種や系統どうしを交雑すると，雑種1代目（F_1）はふつう両親より発育も収量もずっと上がって全体として強勢になる。この現象は雑種強勢（ヘテロシス）とよばれ，2世紀以上も前から知られていた。20世紀にはいると，他殖性の栽培植物の育種に利用されるようになり，最初にトウモロコシで実用化された。トウモロコシの場合，自殖をくりかえせば草丈や収量などが急速に大きく減ってくる（図14-7）。草丈なら5世代まで，収量なら30世代までは減少がすすむ。そのことから，草丈に関わる遺伝子座の数はより少なく，逆に収量に関わる遺

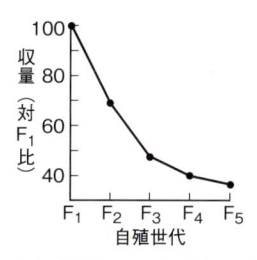

図14-7 トウモロコシの自殖による収量の減少

伝子座の数はより多いと推定できる。遺伝子座が少ないときは、それらすべてがホモ接合になるのにそれほど時間はかからないが、多ければもっと長い時間が必要となるからである。

ヘテロシスはすべての形質で現われるわけではないが、トウモロコシではかなり多数の形質、すなわち草丈、葉の大きさ、クロロフィル含量、根系の大きさ、病害抵抗性、粒の大きさと数、穂の長さと径、および花粉量などでみられる。現在のところ、ヘテロシスの起きる仕組みはよくわかっていない。しかし、植物種や形質、遺伝子座などによっても異なっているのではないかと考えられている。

このような一代雑種は、すでにいろいろな他殖性栽培植物（ワタ、ヒマワリ、キャベツ、キュウリなど）の改良に活かされている。近年では、自殖性植物（自家受粉でふえる植物）でも両親をうまく選べば、ヘテロシスが強く現われることがわかり、イネ、トマト、ナスなどでの実用化が進んでいる。一例がハイブリッド・ライスと称する超多収イネである。交雑によって優良なイネ系統を作出するには、自家受粉によって種子がつかないようにする工夫が必要であった。そこで、遺伝的にまったく花粉をつくれない雄性不稔系統を作出し、交雑の母親として用いることとした。まず、野生イネの中から細胞質雄性不稔の因子をもつ系統を探し出した。次に、この細胞質因子をもどし交雑法（図14-8）によって栽培イネに導入した。こうしてできた雄性不稔系統のイネでは、まったく花粉が生じないため、自殖による種子をつけることがない。したがって、結実という点では、他殖性植物と同じに取り扱うことができ、雑種強勢が生まれることになる。

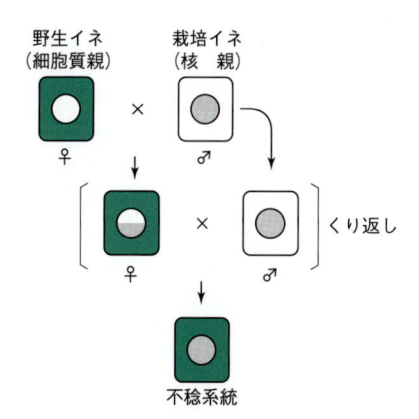

図14-8 もどし交雑法によるイネの雄性不稔系統の作出方法

14-7 動く遺伝子（トランスポゾン）

染色体のDNA配列は通常とても安定している。しかし、特定のDNA配列には、同じ染色体の別のところや他の染色体に移動するものがあって、DNA型トランスポゾン、あるいは単にトランスポゾンとよばれている。ゲノム上を動き回るDNA配列は、マクリントック（B. McClintock, 1902-1992）がトウモロコシの胚乳についての遺伝を調べる中で見いだした（1951）。現在では、原核生物、真核生物を問わず生物界に広く分布することが明らかになっている。それらの配列の構造には、両方の末端部分に反復配列があるという特徴がある（図14-9）。

トランスポゾンが、遺伝子領域の内部に転移すれば、その遺伝子の機能には大きな影響が出ることになる。植物の場合、トウモロコシのAc/Ds、Spm、Muやキンギョソウの Tam、アサガオの Tpn などのトランスポゾンが、斑入りなどの自然突然変異の原因となっている。また、エンドウでは、しわ型種子の形質に対応する劣性対立遺伝子が、トランスポゾンの挿入による突然変異遺伝子であることがわかった。このようなトランスポゾンの特徴は、分子生物学的研究の強力なツールとして利用されている。たとえば、未知の遺伝子を単離・同定するためのトランスポゾン・タギング法や、遺伝子発現の誘導領域を同定するためのエンハンサートラップ法である。とくに前者の場合、全ゲノム配列が決定されているシロイヌナズナやイネに対してAc/Dsが使われている。

トランスポゾンには、RNA型とよばれる別のタイプのものもある。RNA型トランスポゾン（レトロトランスポゾンともいう）は真核生物だけにしかみられない。このタイプでは、ゲノム内の特定配列が、いったんRNAに転写される。そのRNAが逆転写を受けて生じるDNA断片が、ゲノムの別の位置に入りこむ。このように特定配列そのものは移動せ

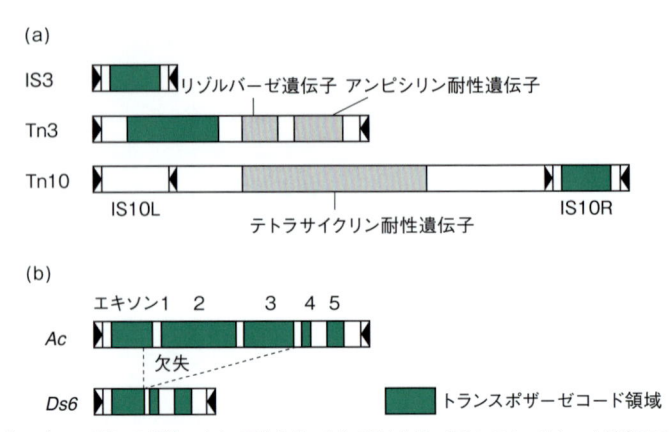

図14-9 トランスポゾン（DNA型）の構造。(a) 原核生物 (b) 真核生物（図中の▶◀は，末端部にある逆方向の反復配列）。

ず，そのコピーだけが転移する．結果として，特定配列がゲノムの中で増えることになる．

レトロトランスポゾンは，進化の歴史のなかで，現在さまざまな生物のゲノムにみられる散在型反復配列（例として，ヒトゲノムのAlu I, LINE1）の原因となったと考えられている．現時点では，これらトランスポゾンはいずれも不活性な状態にあるが，植物の場合では，細胞培養によって活性化することがあり，これが培養細胞における突然変異を誘発し，ソマクローナル変異（14-4節参照）の原因のひとつになっている．

14-8 遺伝的刷り込み（ゲノム・インプリンティング）

真核生物は，ふつう両親から対立遺伝子を1個ずつ受けついでいる．対立遺伝子はペアとなって働くが，長い間，それらの働きかたには互いに差がないと考えられてきた．ところが近年，遺伝子座によっては，片方の親から伝わった遺伝子だけが機能するという事実が明らかになった．これは，受精後の細胞には，それぞれの対立遺伝子をどちらの親から受け継いだのかがなんらかの形で記録されていて，一方の働きが抑制されるためである．各遺伝子が雌雄のどちらに由来するのかに関する記憶が細胞分裂を経て代々継続されていくことをゲノム・インプリンティング（または遺伝的刷り込み）とよぶ．もともとインプリンティングとは，動物の成長初期に特定の事物（親の姿など）が記憶され，それが長く継続する現象のことだからである．

この現象は，まず哺乳類で広く知られるようになり，その後，植物でも発見された．一種の雌雄差別であるが，動物，植物を問わず，細胞の機能的な分化を伴う正常な発生・分化のために重要な機構となっている．ところで，機能を発現するのは，いったいどちらの親から伝わった対立遺伝子なのだろうか．わかっているのは，片方だけが選択的にDNAメチル化による発現抑制を受けること，そして発現抑制の選択が遺伝子座ごとに決まっているということしかない．そもそも刷り込みを受けるべき遺伝子座がどのように決まるかは，まだ謎であり，全体像の理解はこれからである．

遺伝的刷り込みによって発現抑制を受ける側の遺伝子では，DNAにメチル化という化学的修飾が起きているが，その塩基配列そのものはいっさい変化していない．したがって，遺伝的刷り込みでは，DNAメチル化によってエピジェネティックな遺伝子発現の調節が起こっていると考えられる．遺伝子が，いつ，どこで，どの程度，発現するかは，一般に遺伝子そのものや周辺の塩基配列によって調節されている．ところが，塩基配列が変わっていないのに遺伝子発現のようすが変わることがあって，そのような調節をエピジェネティックな（後成的な）制御とよんでいる．エピジェネティックな制御は，クロマチンを構成しているDNAやヒストンにメチル基やアセチル基がつくことによって起こる．なかでも，遺伝的刷り込みにも関わっているDNAメチル化がもっとも重要な機構として知られている．

参考文献

M. L. Cainほか／石川統監訳：ケイン生物学，東京化学同人，2004.
中村千春編著：遺伝学，化学同人，2007.
鵜飼保雄：植物育種学，東京大学出版会，2003.
日向康吉，西尾剛著：植物育種学，文永堂出版，2001.

15 DNAの複製

- DNAは核，ミトコンドリアおよび葉緑体に存在する。このうち，真核生物の核DNAはヒストンとよばれる塩基性のタンパク質と規則正しく結合し，ヌクレオソームを形成している。一方，ミトコンドリア，葉緑体のそれは原核生物と同様の環状DNAで，ヌクレオソーム構造はとっていない。
- 細胞分裂によって，遺伝子の本体であるデオキシリボ核酸（DNA）が母細胞から娘細胞へと受け継がれる。細胞分裂に先立って，DNAが複製される。
- DNAの複製は，二本鎖のおのおののDNAが鋳型となって，DNA合成酵素（DNAポリメラーゼ）の働きによって，5′から3′の方向に半保存的に行われ，一方の鎖は連続的に，もう一方は不連続的に合成される。
- 細胞分裂には体細胞有糸分裂と，生殖細胞でみられる減数分裂とがある。
- 減数分裂に際しては，キアズマ現象によって遺伝子の組換えが起こる。
- 分裂細胞は間期と分裂期からなる細胞周期というサイクルを経て分裂する。細胞周期の進行には，サイクリン／CDK複合体が主要な役割をはたしている。

15-1　DNAの存在様式

生物がもつ遺伝情報の総体を，すなわち生物のすべてのDNAをゲノムとよぶ。核のDNAでは，染色体の一組のセットのDNAをゲノムとよんでいる。高等植物細胞においては，DNAは核，ミトコンドリア，および葉緑体に存在する。このうち核DNAは線状で，アルギニン，リシンなどの塩基性のアミノ酸を多く含むタンパク質であるヒストンと結合してヌクレオソームを形成している（図15-1）。ヌクレオソームは，ヒストンのまわりをDNAが約二回り巻きついてできる粒子と，それらの間をつなぐDNAとからできている。このヌクレオソームが重合し，さらに折りたたまれ，染色体となる（図15-1）。高等植物のシロイヌナズナの核ゲノムは約125メガ塩基対（Mbp）で，約26,000個の遺伝子が存在している。

一方，ミトコンドリアおよび葉緑体のゲノムDNAは原核生物のゲノムDNAと同様に環状で，タンパク質と複合体を形成して存在しているが，ヌクレオソーム構造はとっていない。葉緑体のゲノムDNAは，陸上植物では約120-160キロ塩基対（kbp）で100-159個の遺伝子を含んでおり，植物種間で，大きさや含まれる遺伝子にそれほど大きな違いはない。これに対して，植物ミトコンドリアのゲノムDNAは，植物種ごとに大きさが異なり200-2600kbpとさまざまな報告があるが，遺伝子を含まない領域が多く，シロイヌナズナのミトコンドリアDNAは367 kbpのDNA上に57個の遺伝子が報告されているにすぎない。

15-2　DNAの複製

細胞分裂の際にはDNAが倍加する。このようなDNAの増殖を複製という。DNA複製は親DNAを鋳型として，それと相補的な新しいDNA鎖を合成する過程をいう（図15-2）。高等植物のような真核生物のDNA複製も，基本的な部分は，大腸菌などの原核生物のそれと同様である。

DNAの複製は，二本鎖の一本が鋳型となり，その塩基配列に相補的なヌクレオチドが選択されてつながり，新しい一本鎖DNAがつくられ，もとの鋳型DNA鎖と新たに合成されたDNA鎖が水素結合によって対になり，再び新しい二本鎖ができあがる，いわゆる半保存的複製である。DNAの複製において，DNAポリメラーゼがデオキシリボヌクレオシド三リン酸を結合させて，鋳型DNAと相補的な一本鎖DNAを5′から3′の方向に伸長させる。DNAポリメラーゼがDNAを合成するためには，鋳型と塩基対を形成した短いポリヌクレオチド鎖（プライマー）が必要である。DNA合成開始に必要なプライマーの合成にはDNAプライマーゼがはたらいてお

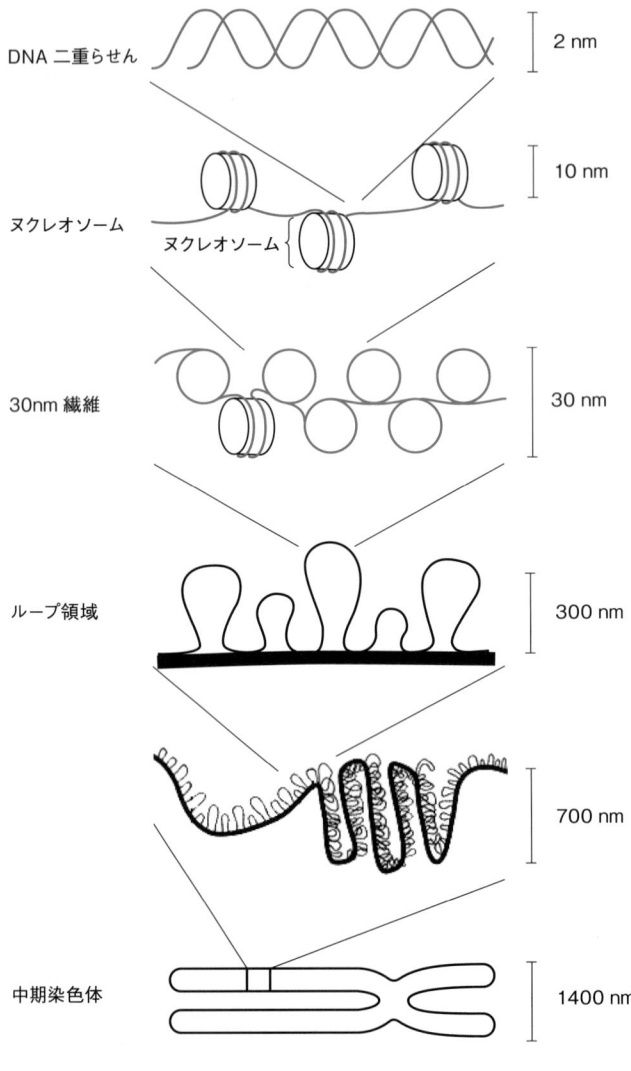

図15-1　染色体の構築

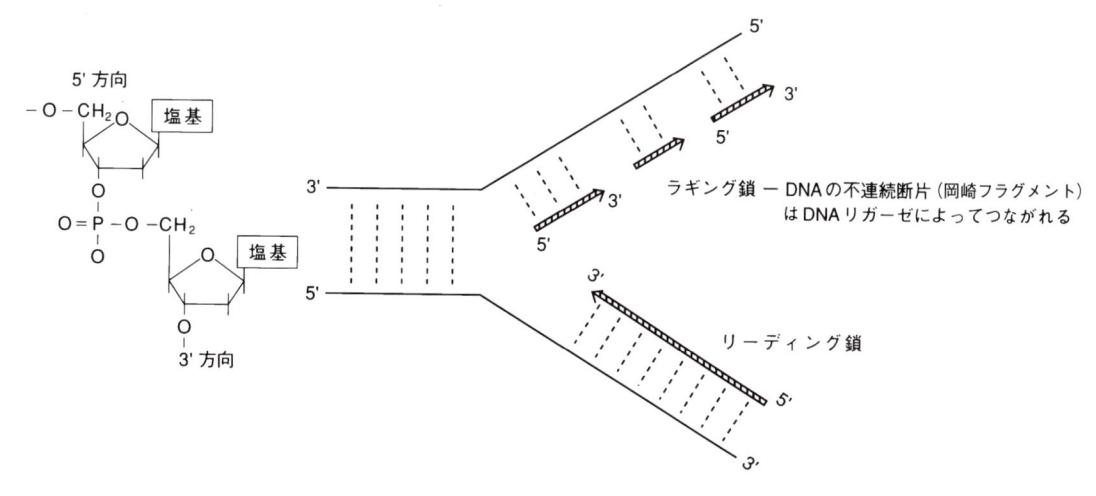

図15-2 DNAの複製機構。5′から3′方向に新たなDNAが合成される。

り，この酵素により短いプライマーRNAが合成される。このプライマーRNAの3′末端に鋳型DNAと相補的なデオキシリボヌクレオチドが付加されていき，新しいDNA鎖が合成されていく。プライマーRNA部分は最終的に除去される。新たに合成されるDNA鎖のうち，一方の鎖は連続的に合成されるが，もう一方のDNA鎖ではDNA鎖全体の合成方向とデオキシリボヌクレオチドが付加されていく方向が逆になるため，連続的に合成することができない。このDNA鎖の合成では，岡崎フラグメントとよばれる短いDNA鎖が合成されたのち，連結されて長いDNA鎖がつくられるという不連続的な合成が行われる。連続的に合成される側の鎖をリーディング鎖（先導鎖）といい，不連続的に合成される鎖をラギング鎖（遅延鎖）という（図15-2）。

15-3 細 胞 分 裂

高等植物では，細胞分裂は特定の場，すなわち茎頂や根端の分裂組織，あるいは第二次成長をする植物では，維管束部に存在する形成層などにおいて盛んである。分裂能力を有する細胞を分裂細胞とよぶが，分裂細胞はその形態から，大きく間期および分裂期に分けられる。高等植物細胞の細胞分裂は，染色体や紡錘体の出現や消失を伴うきわめて複雑な過程である。細胞分裂には，体細胞でみられる体細胞有糸分裂と生殖細胞を形成する過程でみられる減数分裂とがある。

15-3-1 細胞周期

1個の分裂細胞が2個に分裂するまでの時間を調べてみると，分裂細胞がいわゆる構造細胞と同一の形態をとって，なんの変化もしていない時期と，著しい形態変化を起こしている時期とがある。前者を間期といい，後者を分裂期という（図15-3）。このように分裂細胞が間期，分裂期を経て分裂するサイクルを細胞周期という。

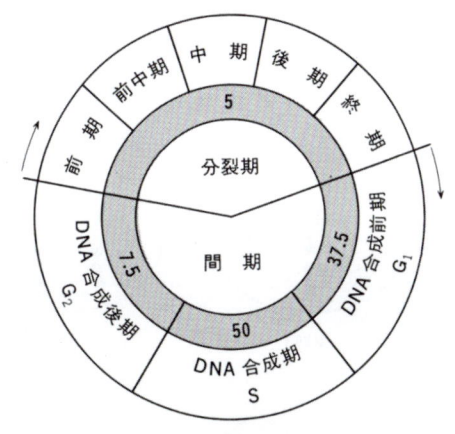

図15-3 細胞分裂周期

15-3-2 体細胞有糸分裂

染色体が倍加し，それぞれの娘細胞に分配される細胞分裂で，生物の体を構成している細胞が通常行う分裂である（図15-4(a)）。細胞周期にしたがって，以下のような段階に分けられる。

(1) 間　期

分裂細胞が，もはや分裂能を有していない構造細

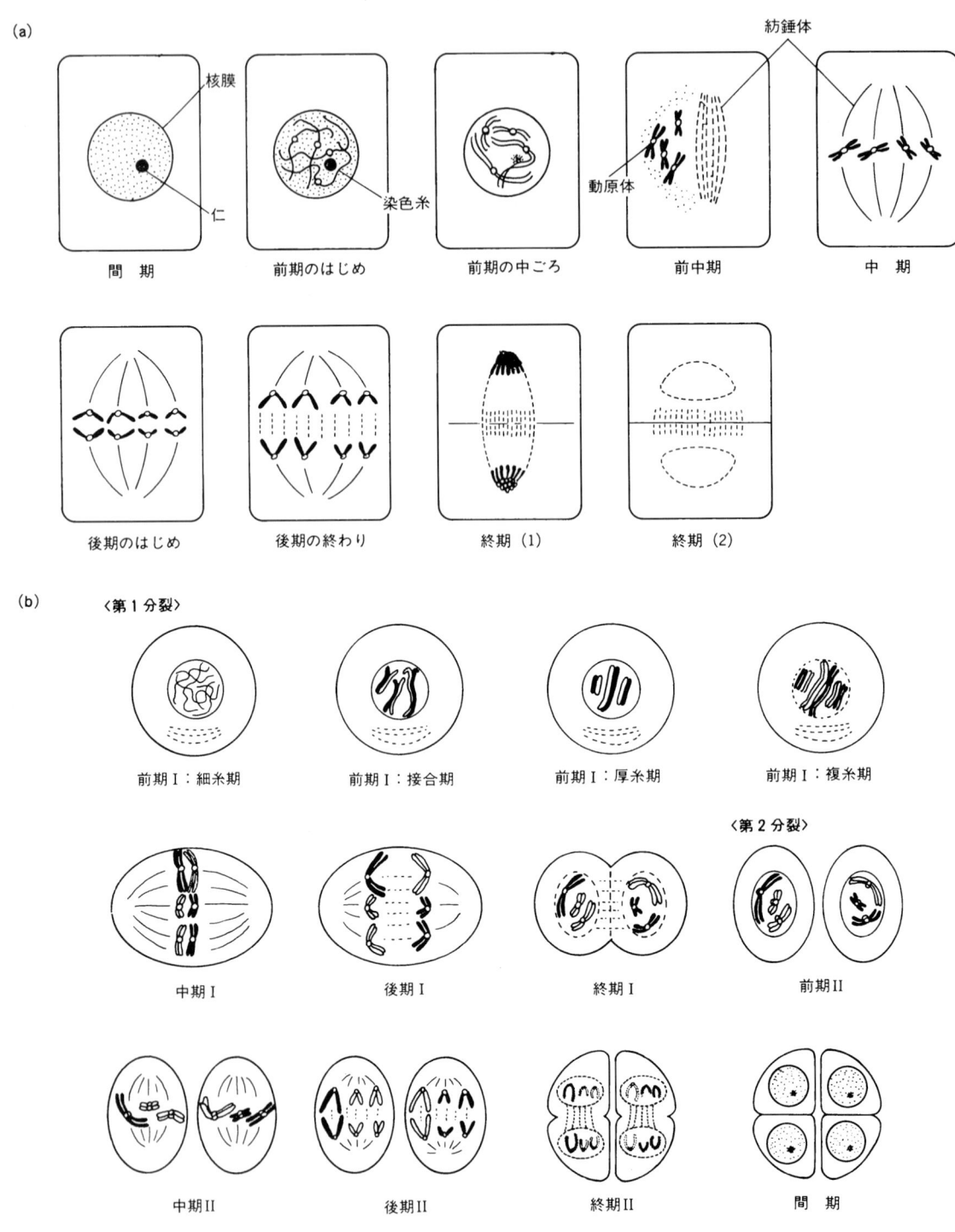

図15-4 (a) 体細胞分裂時と (b) 減数分裂時にみられる細胞の形態変化

胞と同じ形態をとっている期間を間期という。分裂細胞では間期においてDNA合成が行われ，DNAが倍加する。このDNA合成を指標にすると，間期は以下の3期に分けられる。

①DNA合成前期（G_1）：DNA合成の材料となるヌクレオチド量，およびDNAポリメラーゼの活性が上昇しはじめる。

②DNA合成期（S）：DNA量が増加する時期で，核内においてDNAが合成されている。

③DNA合成後期（G_2）：DNA合成が完了し，DNA量が2倍となり，細胞分裂の準備が行われる。

(2) 分裂期（M）

間期において合成されたDNAは，一組ずつ染色体とよばれる構造に組み立てられ，2つの細胞に分配される。分裂期にある細胞の核内においては，まずこのような染色体が形成され，つづいてこれらが二組に分配されるための核分裂が起こる。この核分裂の最初から細胞分裂の終了までを分裂期という。分裂期は，細胞，特に核の構造・形態にしたがって以下の4期に分けられる（図15-4(a)）。

①前期：間期にみられた核の染色質が不均一になり，やがて細く糸状の染色糸を形成する。この染色糸は染色分体，染色体と太短くその形態を変化させる。その変化とともに核小体（仁），および核膜が消失し，紡錘体が形成されはじめる。紡錘体は微小管と微小管に付随するタンパク質からなる繊維でできている。平均的な紡錘体では，約10^8個のチューブリン分子が集合して微小管を形成している。

②中期：染色体は動原体とよばれる部分で紡錘体を構成している紡錘糸に付着し，赤道上に配列する。この間，染色分体どうしは動原体部でかたく結びついている。すなわち，この部分のDNAは後期に入るまで，対合を保つ。

③後期：紡錘糸の短縮が起こりはじめる。その結果，対を形成していた染色体は各動原体を先頭に，微小管の伸縮によって両極に引き寄せられていく。

④終期：完全に染色体が両極に引き寄せられ，紡錘体が消失する。各極では，核小体，核膜が出現し，それに伴って，染色体は染色質化する。同時に細胞質の分裂が起こり，細胞は完全に二分される。

植物細胞は，細胞壁とよばれるかたい構造を有しているので，細胞分裂に伴う細胞質の分裂は動物の場合とはかなり異なる。すなわち，動物細胞は収縮によって細胞質にくびれが生じ，二分裂が完了する

が，植物細胞では核分裂によって核が完成し，その後，細胞壁の前駆体となる小胞が紡錘体の微小管が重なり合った赤道領域（隔膜形成体）に集まり，融合して，初期の細胞板をつくる。この初期細胞板に，細胞壁構成成分である多糖類の前駆体が集合して発達し，2個の新しい娘細胞が完成する。

15-3-3 減数分裂

有性生殖を行う生物において，配偶子を形成する場合にみられる細胞分裂である（図15-4(b)）。減数分裂は被子植物，裸子植物では葯中の花粉および子房にある胚珠で，シダ・コケ植物では造精器，造卵器でみられる。第1減数分裂では体細胞有糸分裂と同様に，その染色体の倍加が起こり，2つの細胞に分裂する。このとき，染色体は対合している相手の染色体と部分的に交叉（キアズマ）するために，遺伝子の組換えが起こる。第2減数分裂においては，第1減数分裂で分裂した各細胞が今度は染色体の倍加を伴わずにおのおのが分裂し，最終的には染色体の半減した4個の一倍体細胞が生じる。減数分裂過程は体細胞有糸分裂の場合と同じく，核および染色体の構造・形態から以下のように分けられる（図15-4(b)）。

(1) 第1減数分裂

①前期（Ⅰ）
 ・細糸期：染色質が不均一になり，細長く糸状になり，染色糸を形成する。
 ・接合期：染色糸が太短くなり，四分染色体となり，対合する。
 ・複糸期：染色体は対合している相手と部分的に交叉（キアズマ）し，染色体の交換が起こる。核膜が消失する。

②中期（Ⅰ）：染色体が赤道板上に並ぶ。

③後期（Ⅰ）：染色体が両極に分かれて移動する。

④終期（Ⅰ）：核膜が再び出現し，細胞質が分裂し，2個の細胞となる。

(2) 第2減数分裂

第2分裂では，体細胞有糸分裂の場合と同様な過程でそれが進行する。やはり，核および染色体の構造・形態から，前期（Ⅱ），中期（Ⅱ），後期（Ⅱ），終期（Ⅱ）に分けられる。結局，第1・第2減数分裂を経ることによって，半数の染色体をもった細胞が4個生じる。

の伸長や成熟に関連しており，この現象により植物の成熟した器官では，核内DNA量が2倍，4倍，8倍と増加した細胞がみられる。

15-4　細胞分裂とオルガネラ

　ミトコンドリアと葉緑体では，それぞれ核とは異なる独自のDNAの複製やオルガネラの増殖が行われる。ミトコンドリア，葉緑体の増殖には2つの遺伝子系が関与している。タンパク質の一部はミトコンドリア，葉緑体のDNAに存在する遺伝情報によってそれぞれのオルガネラ内で生合成されるが，大部分のものは核DNAの情報によって細胞質内のリボソームで生合成され，それぞれミトコンドリアと葉緑体に運び込まれる。

　ミトコンドリア，葉緑体は既存のものが成長，分裂して増殖する。これらが分裂する様相は，膜が内側にくびれて2つに引きちぎられる細菌の細胞分裂とほぼ同様である。また，ミトコンドリア，葉緑体の分裂は細胞の分裂と同調していない。これらのDNAは核DNA合成期にだけ合成されるのではなく，細胞周期を通して複製が行われる。ミトコンドリア，葉緑体は細胞内に十分多数存在するので，細胞分裂に伴ってはそれらがおのおのの細胞に配分される。

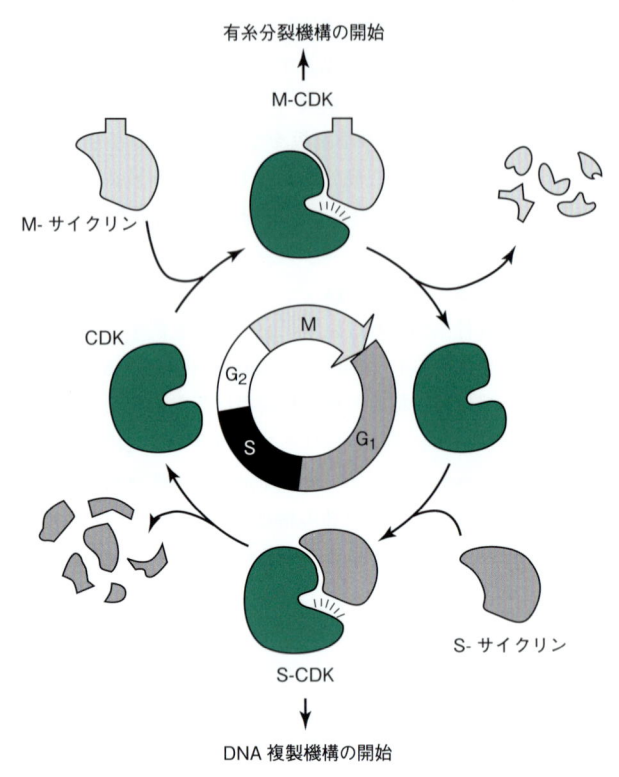

図15-5　細胞周期の制御系

15-3-4　細胞周期の調節

　細胞周期の進行には，サイクリン／CDK（cyclin-dependent kinase）複合体が主要な役割をはたしている。G_1→S期の進行，G_2→M期の進行のそれぞれに対して，異なるサイクリンやCDKがはたらいている（図15-5）。サイクリンは細胞周期の特定の時期だけに出現する不安定なタンパク質で，CDKはタンパク質リン酸化酵素で，サイクリンと結合することにより活性化され，標的のタンパク質をリン酸化する。

15-3-5　エンドリデュプリケーション

　細胞質分裂を伴わずに核DNAの複製だけが起き，核DNAが増加する現象をエンドリデュプリケーションという。エンドリデュプリケーションは，細胞

参 考 文 献

B. Albertsほか／中村桂子，松原謙一監訳：細胞の分子生物学（第4版），ニュートンプレス，2004．
B. B. Buchananほか／杉山達夫監修：植物の生化学・分子生物学，学会出版センター，2005．
N. A. Campbell, J. B. Reece.／小林興ほか訳：キャンベル生物学，丸善，2007．

16 遺伝子の発現

- 遺伝子は生物の遺伝形質をつかさどるものであり，高等植物のシロイヌナズナの核ゲノムには約26,000個の遺伝子が存在している。
- 遺伝子の塩基配列情報は，RNA合成酵素の働きにより，RNAに写し取られる。この過程を転写という。
- DNAから転写されたRNAは，タンパク質を指令する伝令RNA（mRNA）とタンパク質の情報をもたない非コードRNAに大別される。非コードRNAにはリボソームRNA（rRNA），転移RNA（tRNA）をはじめとして，さまざまな機能をもつRNAが存在している。
- 遺伝子から転写されたmRNAの塩基配列情報をもとに，タンパク質合成装置のリボソームとアミノ酸を運搬するtRNAの働きにより，タンパク質が合成される過程を翻訳という。
- 合成されたタンパク質の多くは，「翻訳後修飾」を受けて機能的分子になる。

16-1 遺伝子とその発現

遺伝子は生物の遺伝形質をつかさどるものであり，ヒトのゲノム上には約25,000個の遺伝子が存在し，シロイヌナズナの核ゲノムには約26,000個の遺伝子が存在している。ほとんどの遺伝子はタンパク質のアミノ酸の並び方（アミノ酸配列）を指令しており，これらの遺伝子からタンパク質を指令する伝令RNA（mRNA）が転写され，mRNAの情報をもとにタンパク質が合成される。最近，ヒトやマウスにおける転写物（RNA）の研究から，タンパク質を指令するmRNAだけでなく，タンパク質の情報をもたないRNA（非コードRNA）が大量に存在することがわかってきており，タンパク質を指令しない遺伝子も生物の機能に重要な役割を果たしていることが明らかになりつつある。

遺伝子の情報にもとづいてタンパク質が合成される過程は，大きく3つに分けられる。まず，DNAのヌクレオチド配列がRNAに写し取られる転写の過程である。DNAの一方の鎖を鋳型として，RNA合成酵素（RNAポリメラーゼ）がRNAを合成する。この過程は，真核細胞では核内で進行する。次の過程は，転写されたばかりの前駆体RNAを加工して機能的な成熟RNAにするRNAプロセシングという過程である。この過程も転写同様，真核細胞では核内で進行し，つくられた機能的RNAは細胞質へ運ばれる。最後の過程がタンパク質を指令する

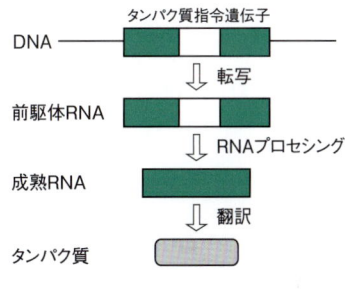

図16-1 遺伝子発現の過程

mRNAのヌクレオチド配列をもとにタンパク質がつくられる翻訳の過程である。この過程は，真核細胞では細胞質内のリボソーム上で進行する。これらの一連の過程を遺伝子の発現という（図16-1）。

16-2 RNAの種類

RNAは，タンパク質の情報をもつかどうかで，伝令RNAと非コードRNAの2つに分けられる。タンパク質の情報をもたない非コードRNAには，機能の異なるさまざまなRNAが含まれる（表16-1）。

表16-1　細胞内のおもなRNAの種類

RNAの種類	機能
伝令RNA（mRNA）	タンパク質のアミノ酸配列を指令する
非コードRNA（noncoding RNA）	タンパク質の情報を持たないRNA
リボソームRNA（rRNA）	リボソームを構成し，タンパク質合成反応を触媒する
転移RNA（tRNA）	アミノ酸と特異的に結合し，翻訳の場にアミノ酸を運搬する
核内低分子RNA（snRNA）	mRNA前駆体のスプライシングに関与する
核小体低分子RNA（snoRNA）	rRNA前駆体の切断や化学修飾に関与する
ミクロRNA（miRNA）	標的mRNAの分解あるいは，翻訳抑制を引き起こす
テロメラーゼRNA	テロメアの合成に関わる

16-2-1　伝令RNA（mRNA：messenger RNA）

　タンパク質のアミノ酸配列を指令するRNAである。真核細胞の核では，RNAポリメラーゼⅡによって転写され，転写後に，5′-キャップと3′ポリAの付加，スプライシングといったRNAプロセシングを経て機能的な成熟mRNAとなり，細胞質に輸送されたのちタンパク質合成に働く。伝令RNAは，シロイヌナズナでは約25,500個のタンパク質遺伝子から転写されるため，RNAの種類としては多いが，量的には少なく，細胞中のRNA重量の5％程度を占めるにすぎない。

16-2-2　非コードRNA（noncoding RNA）

　タンパク質の情報をもたないRNAである。代表的なものに，リボソームRNAと転移RNAがあるが，それ以外にも数多くの非コードRNAがみつかっている。

（1）リボソームRNA（rRNA：ribosomal RNA）

　リボソームタンパク質とともにリボソームを構成しているRNAで，真核細胞の細胞質リボソームには，沈降係数が，5S, 5.8S, 16-18S, 25-28Sの4種類の大きさのリボソームRNAが含まれている。リボソームRNAはリボソームにおけるタンパク質合成反応を触媒するRNA酵素（リボザイム）としての働きをしていると考えられている。5S rRNAはRNAポリメラーゼⅢによって転写されるが，それ以外のリボソームRNAはひとつながりの前駆体RNAとしてRNAポリメラーゼⅠによって転写される。リボソームRNAは，細胞中のRNAの中では量的にもっとも多く，細胞中のRNA重量の80％近くを占めている。

（2）転移RNA（tRNA：transfer RNA）

　20種類のアミノ酸と特異的に結合し，mRNAのコードを読んで，リボソーム上にアミノ酸を配置するRNAである。真核細胞には40-60種類存在するが，すべてほぼ同じ大きさで，約80ヌクレオチドの長さである。RNAポリメラーゼⅢによって転写される。

（3）核内低分子RNA（snRNA：small nuclear RNA）

　真核細胞の核内に存在し，mRNA前駆体のスプライシングに関与している。

（4）核小体低分子RNA（snoRNA：small nucleolar RNA）

　真核細胞の核の核小体（仁）内に存在し，rRNA前駆体の切断や化学修飾に関与している。

（5）ミクロRNA（miRNA：micro RNA）

　21-25ヌクレオチドの短いRNAであり，特定の標的mRNAと相補的な配列をもち，標的mRNAの分解あるいは，翻訳抑制を引き起こすことにより，標的mRNAからのタンパク質合成を抑制する。ミクロRNAは前駆体RNAとして転写されたのち，小さく切断されて，二本鎖ミクロRNAとなり，その片方の鎖がRNAタンパク質複合体（RISC：RNA-induced silencing complex）に取り込まれる。二本鎖RNAを細胞に取り込ませることによって特定のmRNAを分解するRNA干渉（RNAi）という現象で働くsiRNA（small interfering RNA）もミクロRNAと同じ機構で働く。

　このほかに，染色体の末端に存在する繰り返し配列テロメアの合成に関わるテロメラーゼRNAや，tRNAの前駆体の切断に関わるリボヌクレアーゼPの酵素活性を担うRNAなど，さまざまな機能の非

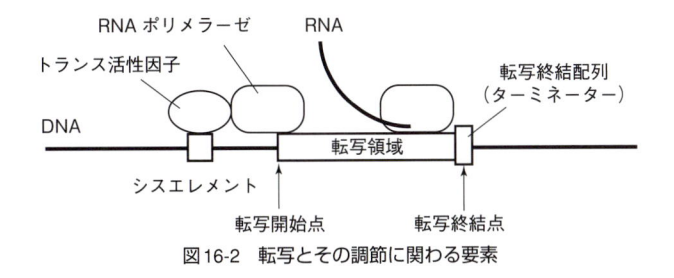

図16-2 転写とその調節に関わる要素

コードRNAが存在している。

16-3 転写調節

転写は植物細胞では葉緑体，ミトコンドリア，核の中でRNAポリメラーゼによって触媒される。一般的に，遺伝子には転写領域の近傍に転写を制御する領域（プロモーター）がありエンハンサーや応答配列などの制御配列（シスエレメント）を含む。そこへトランス作用因子（転写因子）が結合し，RNAポリメラーゼと転写開始複合体を形成（転写開始），DNAの鋳型鎖をもとにRNAを合成（転写伸長）し，最後に転写を終了（転写終結）する（図16-2）。遺伝子からの転写量は，必要に応じて転写因子量，ポリメラーゼの修飾，DNAメチル化やヒストン修飾，DNA-ヒストンの高次構造（クロマチン）の変化などによって制御される。

16-3-1 葉緑体

葉緑体はシアノバクテリア型生物が細胞内共生したものと考えられ，その証拠として原核生物型のRNAポリメラーゼを保持する。ポリメラーゼのコア複合体はαサブユニットが2つ，β，β'，β''サブユニットがそれぞれ1つで構成され，遺伝子は葉緑体ゲノムに含まれる（PEP：plastid-encoded plastid RNA polymerase）。転写因子として複数のσファクターがあり，大腸菌と類似の-35ボックスおよび-10ボックス保存配列に結合し，コア複合体を呼び込み，転写が開始される（図16-3）。σ因子は，環境に応じて核・細胞質でつくられ，葉緑体に運ばれて転写の調節を行う。葉緑体には，遺伝子が核ゲノムに存在するRNAポリメラーゼ（NEP：nuclear-encoded plastid RNA polymerase）もみつかっており，これは細菌に感染するウイルス（バクテリオファージ）がもつ単一サブユニットのRNAポリメラーゼと類似していることからファージ型RNAポリメラーゼとよばれる。ほとんどのNEPのプロモーターは保存配列（YRTAやGAA）を含むが，保存配列がない例もある（図16-3）。NEPは，単一のタンパク質でありσファクターのような転写因子は必要としない。PEPはおもに緑葉における光合成系遺伝子の転写に関わり，NEPは遺伝情報系遺伝子などのハウスキーピング遺伝子の転写に関わっている。

16-3-2 ミトコンドリア

有気呼吸を司るミトコンドリアはαプロテオバクテリアが細胞内共生したと考えられるオルガネラであるが，葉緑体とは異なり原核型RNAポリメラーゼを失い，NEP同様の核由来ファージ型RNAポリメラーゼをもっている。ミトコンドリア遺伝子のプロモーターはNEPプロモーターと同じ保存配列を含み，ポリメラーゼ単独で転写開始する。

16-3-3 核

核の中には少なくとも4つのRNAポリメラーゼ（Ⅰ，Ⅱ，Ⅲ，Ⅳ）が含まれ，それぞれが役割に応じて特定のRNAを合成する。植物特有の性質をもつものが少なくない。

(1) RNAポリメラーゼⅠ（Pol Ⅰ）

5S rRNAを除くリボソームRNAを転写する。転写する遺伝子は数千コピーにおよぶ18S-5.8S-25S rRNA遺伝子の繰り返し配列（クラスター）で，その一部からポリシストニック転写で大量のrRNAを合成する（図16-4）。転写時には遺伝子クラスター

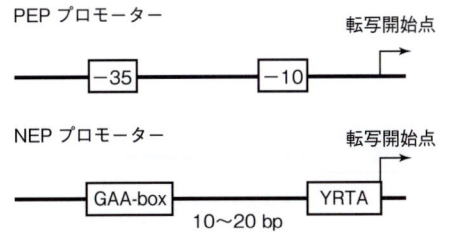

図16-3 葉緑体遺伝子の転写開始に働くプロモーター配列

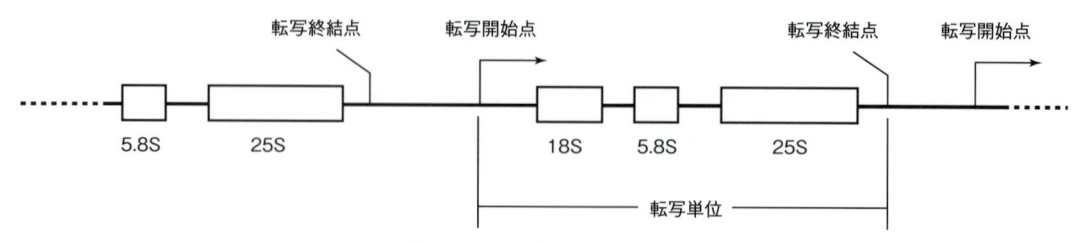

図16-4 rRNA遺伝子の転写単位

が核小体付近に凝集し，核小体が消失する有糸分裂時には転写が抑えられる。転写開始点付近にはTATA配列を含む保存配列がある。シスエレメントとそれを認識する転写因子は動物やコウボとは異なり，植物種によっても異なる。

(2) RNAポリメラーゼⅡ（Pol Ⅱ）

mRNAおよび低分子RNAを転写する。移動の困難な植物は生理条件やストレスに応答するため，タンパク質コード遺伝子を制御する多くの転写因子と低分子RNA遺伝子がゲノムに存在する。おもなタンパク質コード遺伝子のプロモーターはTATAボックスやCAATボックスをもち，一般的に転写量が多く明確に制御される（図16-5）。転写はTATA結合タンパク質（TBP）を含む基本転写因子TFIIDがTATA配列に結合することで始まり，転写開始点は少ない。TATAボックスがないTATA-lessプロモーターをもつ遺伝子は複数の転写開始点を含み，転写量と量変化の少ない遺伝子に多くみられるが，例外的に光合成関連遺伝子群に多い。核内低分子RNA（snRNA）やrRNAなどの成熟に関わる核小体低分子RNA（snoRNA），RNA干渉によって翻訳量を調節する低分子RNA（siRNAやmiRNAなど）の多くもPol Ⅱにより転写されると考えられる。ヒストン遺伝子を除き，Pol Ⅱ依存遺伝子の転写終結位置は明確にはわかっていない。

(3) RNAポリメラーゼⅢ（Pol Ⅲ）

Pol ⅢはtRNA, 5SrRNAなどの安定低分子RNAを転写する。遺伝子終端に明らかな転写終結配列（ターミネーター）があり，そこからPol Ⅲは再び同じDNA上で転写を開始（リイニシエーション）するため転写効率が高い。遺伝子発現に関わるRNAが多く，未分化細胞で高発現である。他の生物ではPol Ⅱ転写されるU3 snoRNA遺伝子は植物では例外的にはPol Ⅲで転写される。

(4) RNAポリメラーゼⅣ（Pol Ⅳ）

シロイヌナズナ全ゲノム配列から第4のRNAポリメラーゼが発見され，その後siRNAの転写に関わることが判明した。Pol ⅣaとPol Ⅳbの2種類があり，転写された24塩基のsiRNAは反復配列のDNAメチル化を誘導し，ヘテロクロマチン形成に関わる。しかし，鋳型およびプロモーターの詳細は不明である。

16-4　RNAのプロセシング

DNAのヌクレオチド配列を写し取ったRNA分子（前駆体RNA）は，いろいろな化学変化を受けたのち最終的に機能的な成熟RNAとなる。この一連の過程をRNAプロセシングという。真核細胞では，核内でRNAプロセシングをうけた成熟RNAだけが，細胞質へ輸送されて機能する。mRNA，非コードRNAはそれぞれ以下のようなRNAプロセシングをうける。

16-4-1　mRNAのプロセシング

真核細胞において，mRNA前駆体は，5′末端への

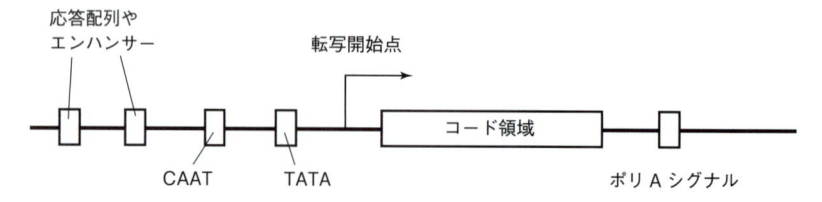

図16-5　RNAポリメラーゼⅡによって転写される遺伝子の転写調節配列

16-4 RNAのプロセシング

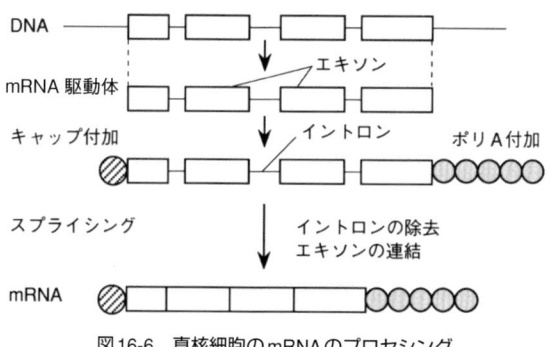

図16-6 真核細胞のmRNAのプロセシング

　キャップ付加，スプライシングおよび3′末端へのポリA付加という一連のRNAプロセシングを経て，機能的な成熟mRNAになったのち，細胞質へ輸送されてタンパク質合成に使われる（図16-6）。
　真核細胞のmRNA前駆体には，成熟mRNAに含まれないイントロンという介在配列が存在している。最終的に成熟mRNAに残ってタンパク質の情報を担う部分はエキソンとよばれ，イントロンによって分断されている。高等な真核生物では，mRNA前駆体の長さの50-90％近くがイントロンで占められており，エキソン部分はイントロンよりもはるかに短い場合がある。mRNA前駆体からイントロンを除去して，エキソンどうしを連結する反応がスプライシングである。スプライシングは，snRNAとタンパク質の複合体であるsnRNPがその他のタンパク質とともにmRNA前駆体上で形成したスプライソソームという複合体において進行する。mRNAの5′末端にはキャップとよばれる特殊な構造が付加されている。キャップは，7-メチルグアノシンがmRNAの5′末端に付加されたものである。mRNAの転写が始まって10ヌクレオチドほどRNAが合成されるとキャップが付加される。キャップは，mRNAの安定性に重要で，mRNAからキャップが外れるとmRNAはすみやかに分解される。また，真核細胞における翻訳開始の際にリボソームはキャップを認識してmRNAに結合することから，翻訳にもキャップは必要である。mRNAの3′末端には，ポリAとよばれるアデノシンヌクレオチドが約200個ならんだRNA鎖が付加されている。mRNA前駆体の3′末端付近にあるポリAシグナルという配列を認識してmRNA前駆体の3′側を切断したのち，その3′末端にポリAを付加する。ポリAは，mRNAの安定性に重要で，ポリAが短くなると，mRNAから

キャップが外れ，mRNAはすみやかに分解されるようになる。また，ポリAは翻訳にも重要な役割を果たしている。mRNAは，ポリA結合タンパク質と翻訳開始因子を介してポリA部分とキャップの部分がつながった環状構造をとり，翻訳を終えたリボソームがすみやかに翻訳開始に使われるようになっている（図16-7）。

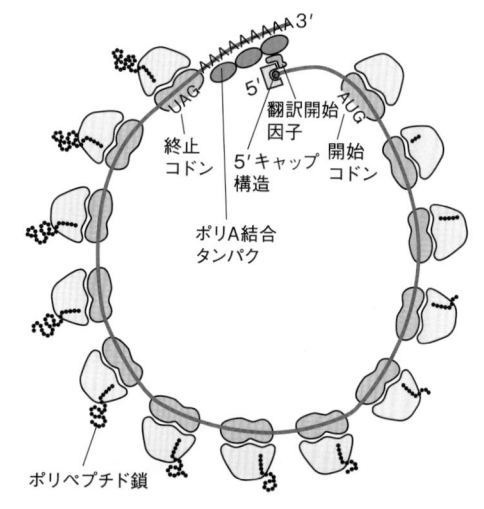

図16-7 mRNAの環状化による翻訳の促進

16-4-2　rRNAのプロセシング
　高等植物の細胞質のリボソームには4種類の大きさのrRNAが含まれている。それぞれ25S, 18S, 5.8S, 5Sという沈降係数をもつ。このうち5S rRNA以外の3種類のrRNAは，まず1本の前駆体RNA分子としてDNAから転写される。このrRNA前駆体の特定のヌクレオチドにおいて糖の2'-O-メチル化あるいは塩基のプソイドウリジン化という2種類の化学修飾を受ける。その後，切断，端揃え（トリミング）

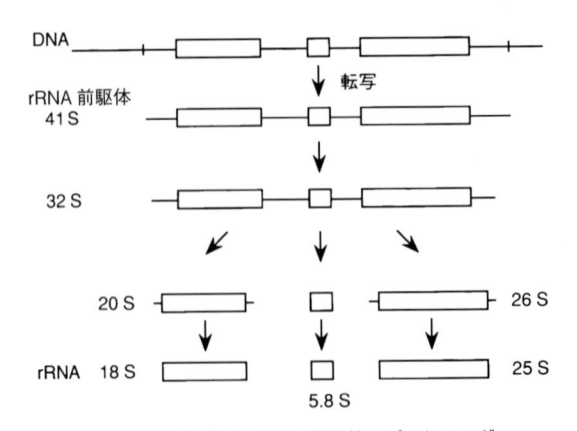

図16-8 真核細胞のrRNA前駆体のプロセシング

というプロセシングをうけて，25S, 18S, 5.8Sの各rRNAになる（図16-8）。snoRNAとタンパク質の複合体であるsnoRNPが化学修飾や切断に関与している。

16-4-3 tRNAのプロセシング

真核細胞の細胞質tRNAはRNAポリメラーゼⅢによって転写され，tRNA前駆体の両端がトリミングされ，その後3′末端にCCA配列が付加される。一部のtRNA遺伝子にはイントロンが存在し，tRNA前駆体からイントロンが切り出されるスプライシングが起きる（図16-9）。このスプライシング反応は，mRNA前駆体におけるスプライシングとは異なり，イントロンを切断する酵素とエキソンを結合する酵素による酵素反応からなる比較的単純な系である。tRNA分子のヌクレオチドはさまざまな化学修飾を受けており，50種類を超える修飾ヌクレオチドが知られている。これらの修飾ヌクレオチドは修飾酵素によってつくられる。

16-5 タンパク質の構造

タンパク質は，約20種類のアミノ酸が数十から数百個直鎖状につながった高分子化合物である。タンパク質は生物の体を構成する成分であるだけでなく，酵素反応によって体内の化学反応をすすめ，タンパク質以外の体の構成成分をつくり出している。タンパク質の構造は遺伝情報によって決定され，DNA上の遺伝情報がmRNAに写し取られたのち，リボソーム上でタンパク質が合成される。

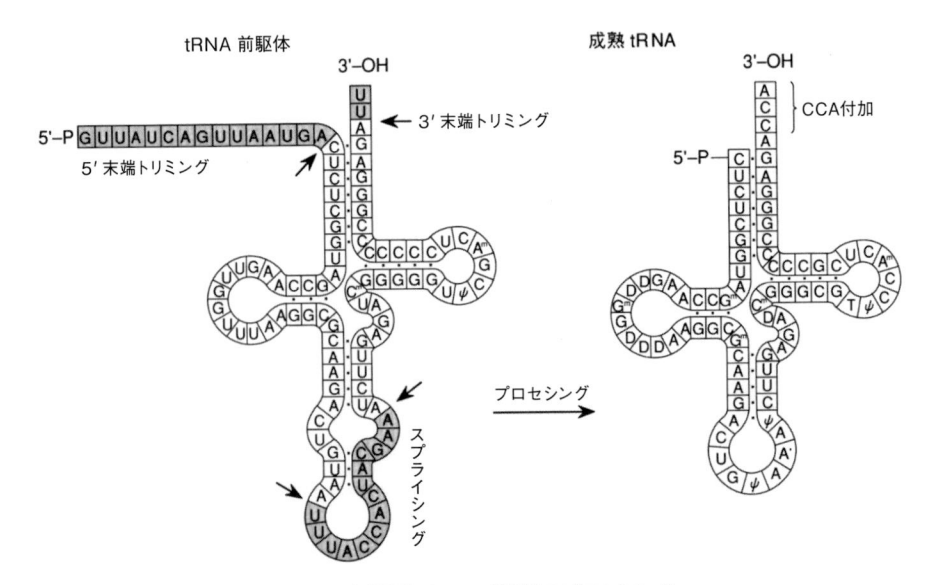

図16-9 真核細胞のtRNA前駆体のプロセシング

16-6 遺伝暗号

DNA上の遺伝情報は，ヌクレオチド配列の形で書かれている。この遺伝情報はmRNAのヌクレオチド配列に写し取られたのち，タンパク質のアミノ酸配列を指令する。mRNAのヌクレオチド配列とタンパク質のアミノ酸配列を対応付けるのが遺伝暗号である。遺伝暗号では，3つのヌクレオチドの並び（コドン）が1個のアミノ酸に対応している（表16-2）。遺伝暗号は細菌から高等動植物まで同じであるが，動物のミトコンドリアと一部の生物においては，一部異なった暗号が使われている。

表16-2 遺伝暗号表

1番めの塩基 (5′末端)	2番めの塩基 U	C	A	G	3番めの塩基 (3′末端)
U （ウラシル）	Phe	Ser	Tyr	Cys	U
	Phe	Ser	Tyr	Cys	C
	Leu	Ser	終止	終止	A
	Leu	Ser	終止	Trp	G
C （シトシン）	Leu	Pro	His	Arg	U
	Leu	Pro	His	Arg	C
	Leu	Pro	Gln	Arg	A
	Leu	Pro	Gln	Arg	G
A （アデニン）	Ile	Thr	Asn	Ser	U
	Ile	Thr	Asn	Ser	C
	Ile	Thr	Lys	Arg	A
	Met（開始）	Thr	Lys	Arg	G
C （グアニン）	Val	Ala	Asp	Gly	U
	Val	Ala	Asp	Gly	C
	Val	Ala	Glu	Gly	A
	Val	Ala	Glu	Gly	G

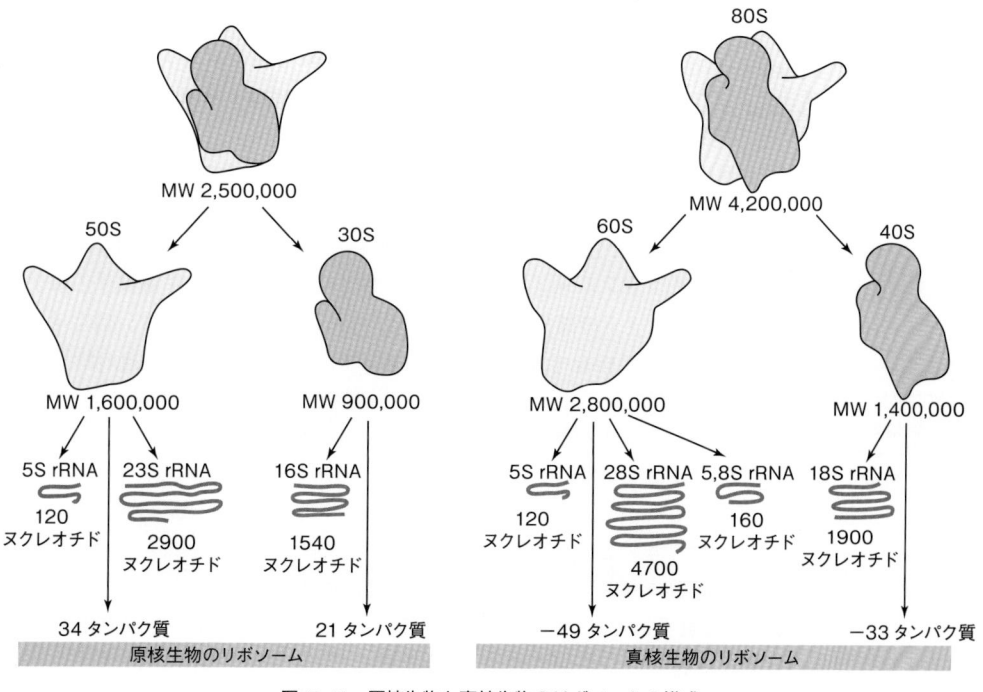

図16-10 原核生物と真核生物のリボソームの構成

16-7 翻訳

16-7-1 リボソーム

リボソームは，タンパク質の生合成にとってもっとも重要で複雑な反応をつかさどる構造体である。リボソームは大小2つの亜粒子からなるが，真核細胞と原核細胞では，それらの大きさと構造が異なっている（図16-10）。細菌の増殖だけを抑制する抗生物質の中には，このリボソームの構造の違いを標的にするものがある。真核細胞の中でも葉緑体とミトコンドリアは細胞質とは異なる独自のリボソームをもっている。葉緑体リボソームの大きさや組成は原核生物のリボソームとよく似ており，原核生物のタンパク質合成を阻害する抗生物質が効く場合が多い。ミトコンドリアのリボソームの沈降係数は生物によって大きく異なっている。

リボソームは，図16-10のようにリボソームRNAとリボソームタンパク質から構成されており，リボソームのタンパク質合成の活性を担っているのは，リボソームRNAであると考えられている。

16-7-2 tRNA

tRNAはmRNAのコドンとアミノ酸のアダプターとして働くRNAである。tRNAはコドンに対応したアミノ酸を結合して，タンパク質合成の場であるリボソームへと運搬する。tRNAは約80ヌクレオチドの短いRNA分子であり，分子内の塩基対形成によりクローバーリーフ構造とよばれる特徴的な二次構造をとる。クローバーリーフ構造をとったtRNAは，さらに折り畳まれて，L字型の立体構造をとる。tRNA分子は，Dループ，TψCループ，アンチコドンループ，3′末端の各部分に分けられる（図16-11）。3′末端にアミノ酸が結合し，アンチコドンループ内のアンチコドンという3個のヌクレオチドの部分でmRNA上のコドンと塩基対を形成して結合する。アミノ酸に対応するコドンは61種類あるのでそれに対応するアンチコドンをもつtRNAは61種類必要のように思えるが，実際にはコドン3文字目とアンチコドン1文字目の間で，A-U, G-Cという通常の塩基対以外の塩基対を形成する「ゆらぎ」という現象により，1つのアンチコドンが複数のコドンを認識できるようになっている。この場合，A-U, G-C以外にG-Uという塩基対が形成されることや，イノシン（I）という特殊な塩基がアンチコドン1文字

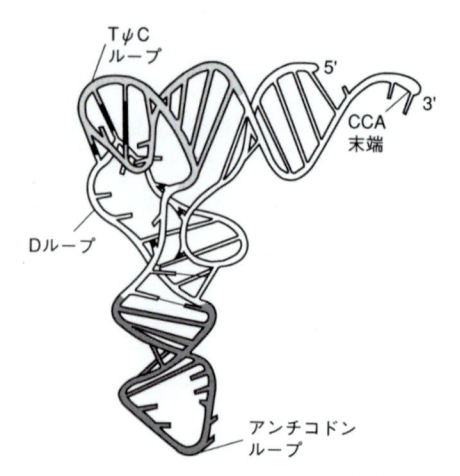

図16-11 酵母のフェニルアラニンtRNAの立体構造

表16-3 コドンとアンチコドンの塩基対形成のゆらぎ

コドンの第3塩基	A	G	U	C
対合できるアンチコドンの第1塩基	Uまたは I	Cまたは U	Gまたは I	Gまたは I

目に存在して，IとA, C, Gの間で塩基対が形成されることが知られている（表16-3）。

細胞質で働くtRNAは核ゲノムにコードされており，葉緑体で働くtRNAの遺伝子はすべて葉緑体ゲノム上に存在する。これに対して植物ミトコンドリアで働くtRNAはミトコンドリアゲノムにコードされているものだけでなく，細胞質からミトコンドリアへ輸送されて働くものもある。

20種類のアミノ酸をそれぞれ特定のtRNAの3′末端に結合させることを，tRNAのアミノアシル化といい，アミノ酸を結合したtRNAはアミノアシル-tRNAとよばれる。この反応を触媒する酵素がアミノアシル-tRNA合成酵素である。通常それぞれのアミノ酸に対して1種ずつ計20種の酵素が存在する。植物細胞では，細胞質と葉緑体では異なるアミノアシル-tRNA合成酵素が使われており，ミトコンドリアでは細胞質と同じ細胞質型のものか葉緑体と同じオルガネラ型のいずれかが使われている。

16-7-3 翻訳の過程

原核生物ではサイトゾルでRNAの転写中にもタンパク質合成反応が起きる。これに対して真核細胞では，転写されたmRNA前駆体が核内でプロセシ

16-7 翻訳

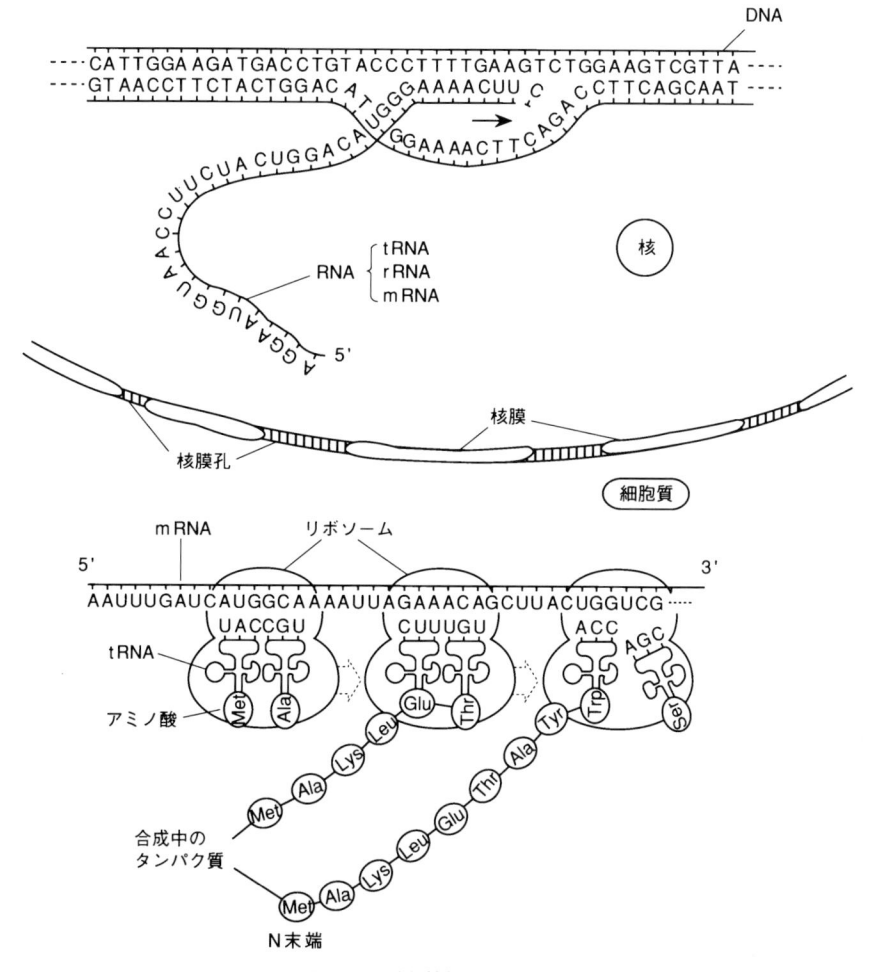

図16-12 遺伝情報の転写と翻訳

ングを受け成熟したmRNAになり細胞質に輸送されたのち，細胞質でタンパク質合成反応が行われる（図16-12）。

mRNAの翻訳は，開始コドンから開始される。開始コドンは，通常メチオニンをコードするAUGコドンが使われる。原核生物では，開始のAUGコドンにはホルミルメチオニンが対応し，ホルミルメチオニンが1番目のアミノ酸になる。開始コドン以外のAUGコドンはメチオニンが対応する。原核生物では，AUG以外にGUGやまれにUUGコドンが開始コドンとして使われる場合もある。GUGはバリン，UUGはロイシンのコドンであるが，開始コドンとして使われる場合には，ホルミルメチオニンが対応する。真核細胞の細胞質では，開始のAUGコドンにはメチオニンが対応する。真核細胞の細胞質では，AUG以外にCUGコドンが開始コドンとして使われる場合もある。CUGはロイシンのコドンであるが，開始コドンとして使われるCUGにはメチオニンが対応する。開始コドンAUGを認識するtRNAには開始tRNAが用いられ，開始コドン以外のAUGを認識するtRNAとは異なっている。開始tRNAは，開始コドンがAUG以外のGUGなどのコドンであっても同じ開始tRNAが使われる。

メチオニンを結合した開始tRNAが開始コドンをみつけだす方法は，原核生物と真核細胞では異なっている（図16-13）。原核生物では，開始コドンの数塩基上流にリボソーム結合配列が存在する。この配列は発見者の名前にちなんでシャイン-ダルガーノ配列とよばれ，コンセンサス配列として5'-AGGAGGU-3'をもつ。この配列はリボソーム小サブユニットに含まれる16SリボソームRNAの3'末端と相補的であることから，この配列にリボソーム

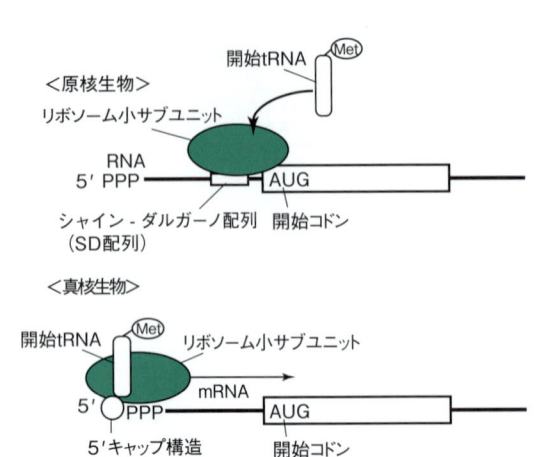

図16-13 原核生物と真核生物の開始コドン認識機構の違い。翻訳開始因子は省略してある。

小サブユニットが結合する。このように開始コドン部位に結合したリボソーム小サブユニット上に開始tRNAと開始因子とよばれるタンパク質が集合し開始複合体を形成する。その後，開始複合体にリボソーム大サブユニットが結合し，タンパク質合成反応が開始される。一方，真核細胞では，開始tRNAと開始因子を結合したリボソーム小サブユニットがmRNAの5′末端のキャップ構造に結合して，mRNA上を5′から3′へと移動しながら，開始コドンを探し，開始コドンがみつかると，そこでリボソーム大サブユニットが結合し，タンパク質合成反応が開始される。

　リボソームにはtRNAが結合する3つの部位（A, P, E）がある（図16-14）。A部位はアミノ酸を1つ結合したアミノアシル-tRNAが結合する場所，P部位はポリペプチド鎖を結合したtRNAが結合する場所，E部位はポリペプチド鎖がはずれたtRNAが結合する場所である。翻訳反応では，A部位にアミノ酸を1つ結合したアミノアシル-tRNAが取り込まれ，そのアミノアシル-tRNAのアミノ酸に，P部位のtRNAが結合していたポリペプチド鎖が転移され，A部位にあったアミノアシル-tRNAはポリペプチド鎖を結合したtRNAとなり，P部位に移動する。P部位にあったポリペプチド鎖を結合したtRNAは，ポリペプチド鎖がはずれ，E部位に移動し，やがてリボソームから解離していく。このような過程の繰り返しによって，タンパク質合成反応が進行していく。このポリペプチド鎖の伸長過程には伸長因子とよばれるタンパク質が関わっている。

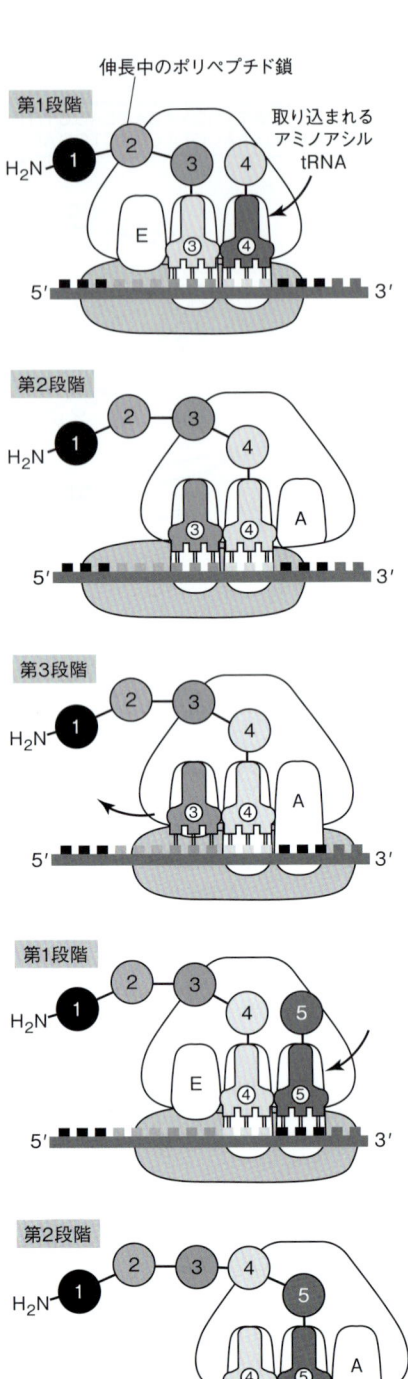

図16-14 リボソーム上でのタンパク質合成過程

翻訳過程は終止コドンで終結する。終止コドンは，UAA, UAG, UGAの3種類あり，これらには対応するtRNAがなく，その代わり終結因子というタンパク質によって終止コドンは認識される。mRNA上に終止コドンが現れると，通常アミノアシル－tRNAが入るA部位に終結因子が取り込まれ，終止コドンを認識する。終結因子の働きにより，P部位のtRNAが結合していたポリペプチド鎖をtRNAから解離させる。その後，mRNAからリボソームが離れ，リボソームは大小2つのサブユニットに分かれ，新たにmRNA上で会合し，タンパク質合成に使われる。

16-8　タンパク質の翻訳後修飾

16-8-1　タンパク質の折りたたみ

合成されたタンパク質が機能を発揮するためには，ポリペプチド鎖が折りたたまれて，適切な高次構造をとる必要がある。合成されたポリペプチド鎖は含まれているアミノ酸の性質によって，最終的に適切な三次構造へと折りたたまれていくが，折りたたみの効率をよくしているのが，シャペロンとよばれるタンパク質である。生物を高温にさらすと発現が誘導される熱ショックタンパク質はシャペロンタンパク質で，高温によって誤って折りたたまれたタ

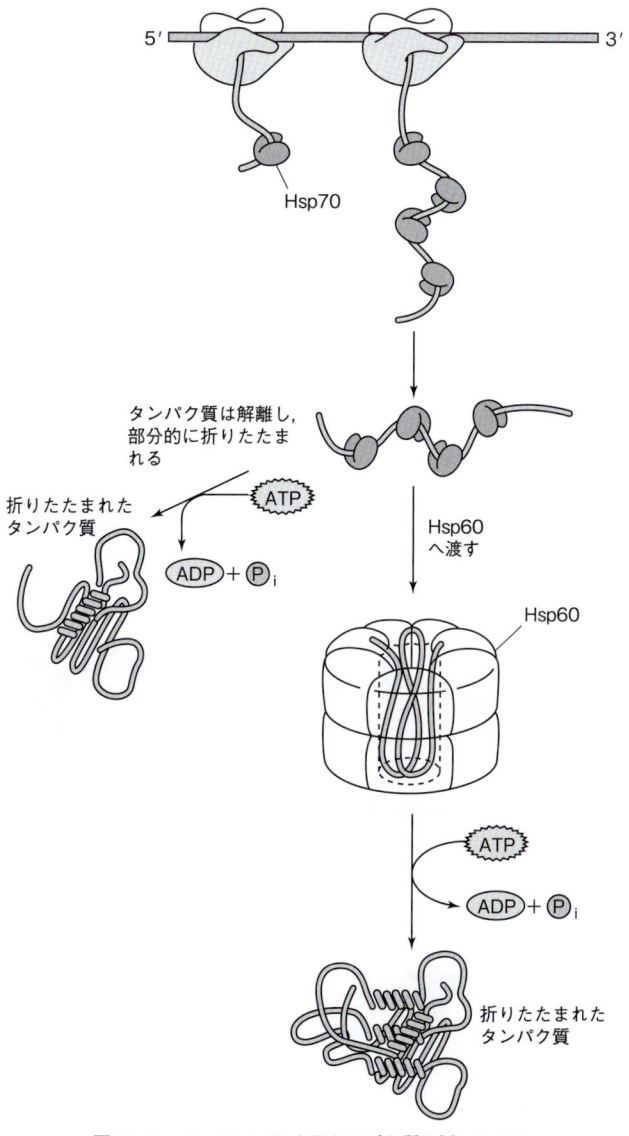

図16-15　シャペロンによるタンパク質の折りたたみ

ンパク質のたたみなおしに関わっている。細胞内ではHsp60, Hsp70といった熱ショックタンパク質ファミリーが働いている。Hsp70熱ショックタンパク質ファミリーは合成中のタンパク質が異常な折りたたみによって凝集しないように働き，Hsp60熱ショックタンパク質ファミリーは合成されたタンパク質の正確な折りたたみを助けている（図16-15）。

16-8-2　タンパク質の分解

細胞内では，適切な折りたたみができなかったタンパク質を排除するもう1つの経路がある。異常なタンパク質をプロテアソームへ運び分解する経路である。プロテアソームは，ATP依存性のプロテアーゼをもつ複合体で細胞質と核に多数存在し，折りたたみがうまくいかなかったタンパク質を分解する。

プロテアソームで分解されるタンパク質には特定の目印が共有結合でついている。目印はユビキチンとよばれる小型のタンパク質が複数個つながったもので，ユビキチン活性化酵素E1, ユビキチン結合酵素E2, 補助タンパク質E3, E2-E3ユビキチン連結酵素の一連の働きにより，E3が標的タンパク質の分解シグナルに結合し，標的タンパク質のリジンにユビキチンを結合する（図16-16）。E2やE3は多くの種類が存在し，それらの違いによって異なる分解シグナルを識別してユビキチンを結合し，分解することができる。このようなユビキチン‐プロテアソーム分解系は，異常なタンパク質を排除するために働いている（図16-17）。しかしそれだけではなく，正常なタンパク質を細胞の状態に応じて分解し，タンパク質量を制御するためにも働いている。オーキシンやジベレリンといった植物ホルモンは，核内で遺伝子を抑制している特定のタンパク質をユビキチン標識し，プロテアソーム分解系で分解することによって遺伝子の発現を誘導することが明らかになってきている（13章参照）。

16-8-3　ペプチド鎖の切断

原核生物，葉緑体，ミトコンドリアでは，すべてのタンパク質はホルミルメチオニン，真核細胞の細胞質ではメチオニンから合成が始まる。ホルミルメチオニンのホルミル基は後にデホルミラーゼという酵素によって除去される。また，大半のタンパク質では，1番目のメチオニンはメチオニンアミノペプチダーゼによって除去される。1番目のメチオニンが除去されるかどうかは2番目のアミノ酸によって決定されている。タンパク質のN末端にArg, Lys, His, Phe, Leu, Tyr, Trp, Ile, Asp, Glu, Asn, Glnといったアミノ酸が存在すると，細胞内におけるタンパク質の安定性が低下する。これらの不安定化アミノ酸

図16-16　タンパク質のユビキチン化

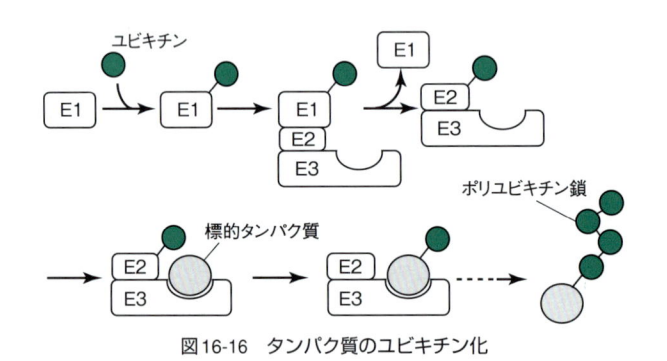

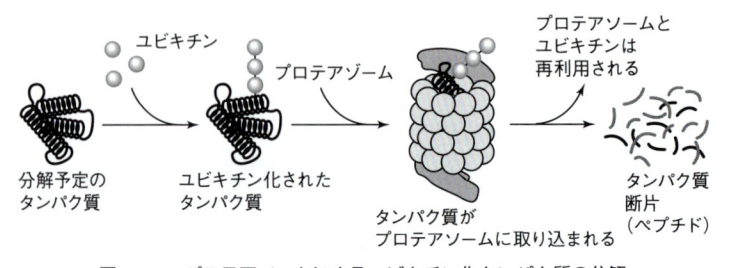

図16-17　プロテアソームによるユビキチン化タンパク質の分解

表16-4 タンパク質のオルガネラ輸送のためのシグナル配列

輸送されるオルガネラ	シグナル配列の特徴
小胞体	N末端側に存在し，輸送の際に除去される。8個以上の非極性アミノ酸を含む
ミトコンドリア	N末端側に存在し，輸送の際に除去される。両親媒性の α ヘリックス構造をとる。
葉緑体	N末端側に存在し，輸送の際に除去される。セリン，トレオニンを比較的多く含む。
ペルオキシソーム	N末端側に存在するものとC末端側に存在するものがある。C末端側の配列は除去されない。
核	タンパク質の中程に存在し，塩基性アミノ酸が連続した配列。

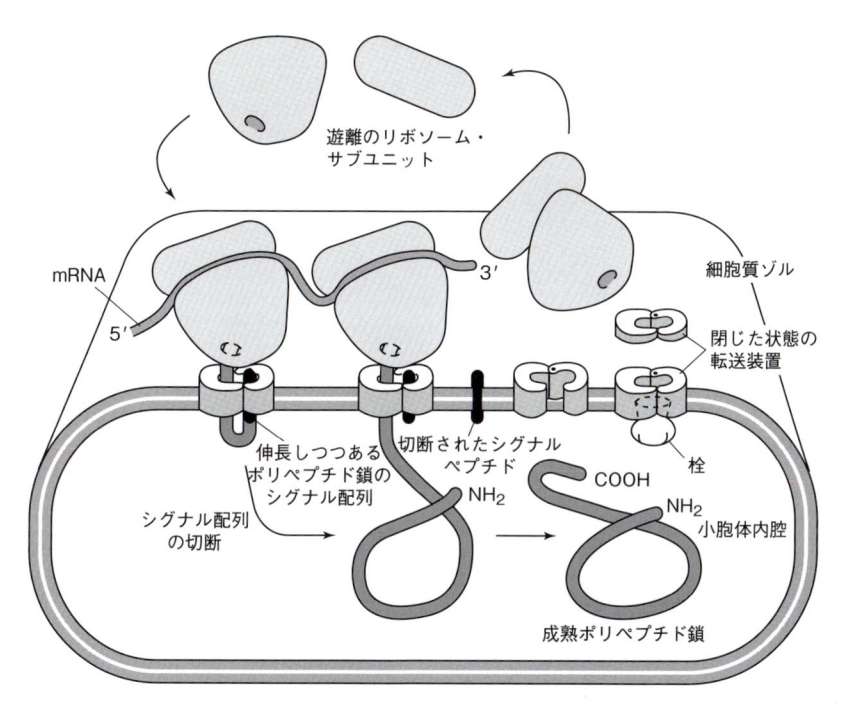

図16-18 シグナル配列によるタンパク質の小胞体への輸送

が2番目に存在する場合は1番目のメチオニンの除去は起きない。

合成されたポリペプチド鎖は，切断されて成熟タンパク質になる場合がある。タンパク質の切断がタンパク質のオルガネラへの輸送過程に関与する場合が多くみられる。小胞体へ輸送される分泌タンパク質や，細胞質からミトコンドリアあるいは葉緑体，ペルオキシソームへ輸送されるタンパク質では，タンパク質のN末端側に各オルガネラへ輸送されるためのシグナル配列が存在し（表16-4），オルガネラへ輸送される際にシグナル配列が切断される（図16-18，10章参照）。

16-8-4 アミノ酸残基の酵素化学的修飾

多くのタンパク質は，翻訳後，アミノ酸残基のいくつかが酵素の作用で化学的修飾を受ける。アミノ酸の化学的修飾には，水酸化，メチル化，アセチル化，リン酸化，糖鎖の付加などがある（表16-5）。これらの化学的修飾により，タンパク質の物理化学的性質を変化させ，酵素タンパク質では酵素活性を変化させる。セリンやトレオニンのリン酸化はさまざまなタンパク質でみられ，標的タンパク質の活性化や不活性化に関わる場合が多く，細胞内のシグナル伝達において重要な役割を果たしている。リシン，アルギニンに対するメチル化やリジンのアセチル化はヒストンなどでみられ，ヒストンにおけるアセチル化やメチル化はクロマチン構造の変化やタン

表16-5 タンパク質の翻訳後の化学修飾の例

	修飾を受けるアミノ酸残基	タンパク質の例
水酸化	プロリン，リシン	コラーゲンなど
メチル化	リシン，アルギニン	ヒストンなど
アセチン化	リシン	ヒストン，リボソームタンパク質など
リン酸化	セリン，トレオニン，チロシン	酵素（ホスホリラーゼなど）
糖の付加	アスパラギン，セリン	卵白アルブミンなど
	トレオニン，	赤血球膜糖タンパク質など
	ヒドロオキシリシン	コラーゲンなど

パク質との相互作用に影響を与えることにより，遺伝子発現に重要な役割を果たしていることが，明らかになってきている。

参考文献

B. Albertsほか／中村桂子，松原謙一監訳：細胞の分子生物学（第4版），ニュートンプレス，2004.

B. B. Buchananほか／杉山達夫監訳：植物の生化学・分子生物学，学会出版センター，2005.

N. A. Campbell, J. B. Reece／小林興ほか訳：キャンベル生物学，丸善，2007.

17 水と植物

- 植物体の85-95％は水である。
- 水はさまざまな物質を溶かし，生命維持のための光合成やエネルギー生産に必須である。
- 根から吸い上げられた水は道管を通り，大部分が気孔から蒸散される。
- 樹木の先端まで水が上昇するのは，水が蒸発するときの引っ張り力による。
- 植物体内の主要な水の通り道は細胞膜の外で，その空間をアポプラストという。
- 水は水ポテンシャル（＝浸透ポテンシャル＋位置ポテンシャル）の低い方へ移動する。
- 蒸散のときに失われる水の蒸発熱で，植物の葉温が調節される。
- 蒸散は気孔の開閉で調節され，その開閉は水分条件，光，葉内の二酸化炭素濃度の影響を受ける。
- 土壌中の水分が不足すると，葉内のアブシジン酸量が上昇し，気孔を閉じて蒸散による水分損失を防ぐ。
- 植物細胞は細胞内の浸透圧によって，隣接する，土壌，細胞，道管などから水を吸収する。

17-1 水の性質

カリウム，マグネシウム，鉄，硝酸などの元素は植物の成長に不可欠である。これらの元素はイオン化して水に溶け根から吸収される。一方，光合成で生産された糖はスクロースの形で水に溶けて師管を通り，葉から他の器官に分配される。このように，溶質を溶かす水のすぐれた能力が栄養の輸送に役立っている。水の分子は図17-1(a) に示す構造をとる。水素原子はややプラスに，酸素原子はややマイナスに帯電している。この分子内の帯電のアンバランスが，水に溶質を溶かす能力を与えている。溶質をまったく含まない場合，水分子は互いに自由ではなく，ある水分子のプラスに荷電した1個の水素原子は，別の水分子のマイナスに荷電した酸素原子と互いに引き合う。この水素原子と酸素原子の間の弱い結合を水素結合とよぶ。

いま，塩化ナトリウム（NaCl）を水に加えると，NaとClは水分子のもつプラスとマイナスの電荷と相互作用し，Naは陽イオンとしてマイナスに荷電した酸素原子と対をなし，Clは陰イオンとしてプラスに荷電した水素原子と対をなす（図17-1(b)）。スクロースを水に溶かした場合，スクロースには1分子あたり水酸基（OH基）が8個あるので，このOH基が水分子のプラスに荷電した酸素原子と-O-H$^+$... O$^-$-H$_2$の水素結合を形成して水に溶ける。このような，溶質と水分子の相互作用を水和という。

17-2 水と生命活動

種子は乾燥状態では約5％の水を含むにすぎないが，発芽し，植物体としての体制を整えると水分含

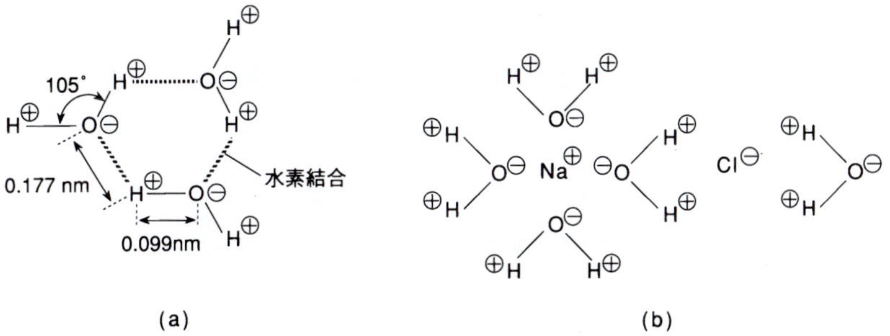

図17-1 水分子の構造とイオンの水和。(a) 水分子の構造と相互作用。数個の水分子がこのような構造を通してグループをつくっていると考えられる。(b) NaClが水に溶けたときのNa$^+$とCl$^-$の水分子との相互作用。

有率は85-95％にも達する。種子が吸水すると種子に含まれていた貯蔵物質（22章参照）が水和し，貯蔵物質を分解する酵素が働きはじめる。乾燥状態の物質には酵素は作用しない。このように，生命活動に必須の酵素反応に水は不可欠である。

種子に貯蔵されている物質の多くはエネルギー生産に使用される。このエネルギー生産のためには，さらに酸素分子も必要である。水1ℓには約31 mℓの酸素分子が溶けこめる。水に溶けた酸素がなければエネルギー生産は効率よく進まない。また二酸化炭素は水1ℓに880 mℓも溶ける（サイダーを思い出そう）。光合成を行う細胞液中にも二酸化炭素が溶けているので，光合成を行うことができる。

酵素は最適のpH条件で最大の作用を発揮する。たとえば，デンプンを消化するオオムギのα-アミラーゼの最適pHは6であり，それ以上でもそれ以下でも酵素活性は著しく低下する。pHは水に溶けている溶質が水素イオン（H^+）を出すか水酸イオン（OH^-）を出すかによって決まる。細胞内では，細胞質中に溶けているさまざまな物質の働きによって細胞内のpHが決定される。

17-3　蒸散と気孔開閉の調節

水分が植物の地上部から蒸発する過程を蒸散という。地上部の表面はクチクラなどの疎水性物質で覆われているので，蒸散は気孔（7章　図7-6, 7-7）を通じて起こる。気孔の大きさは，幅が数μm，長さが十数μmである。気孔の密度は植物種によっても異なるが，1 cm^{2}あたり数千から数万個である。葉の両面に気孔があるものと，片面にしかないものとがある。気孔の位置と葉の断面を図17-2に示す。気孔のすぐ直下には空間（呼吸腔）があり，実際の水の蒸発は葉内の細胞の細胞壁の表面で起こっている。したがって，気孔が閉まれば，この空間の湿度はすぐ100％に近づく。根から吸収され，葉から蒸散されるまで水は，おもにアポプラストを通る。植物体内で細胞膜の外側の部分をアポプラストという。アポプラストは，細胞間隙，細胞壁，道管内部を指し，水はここを流れる。

日中に光合成を行って二酸化炭素を気孔から取り込むために，植物の気孔は基本的には昼間開いて夜閉じる。光は気孔を開かせる主要なシグナルである。気孔を開けて1分子の二酸化炭素を取り込むと，同時に100以上の水分子が気孔から外気に逃げていく。したがって，活発に光合成をする葉では大量の水が気孔から逃げていく。一方，水が気孔から蒸散されると，その蒸発熱によって植物体は葉温を下げることができる。光の照射によって葉温が上昇するので，水の蒸散による葉温の低下がなければ植物は高温障害を受ける。気孔を開くと植物体内の水分量が減るという不利益があるが，その一方で光合成を行い，葉温を一定に保つという利益がある。植物はこの利益と不利益を，総合的に利益が勝るように気孔の開閉を調節している。

気孔の開閉は孔辺細胞の収縮膨潤運動によって行われる（図17-3）。孔辺細胞が水を十分吸った状態では気孔は開いている。葉内の水分量が蒸散によっ

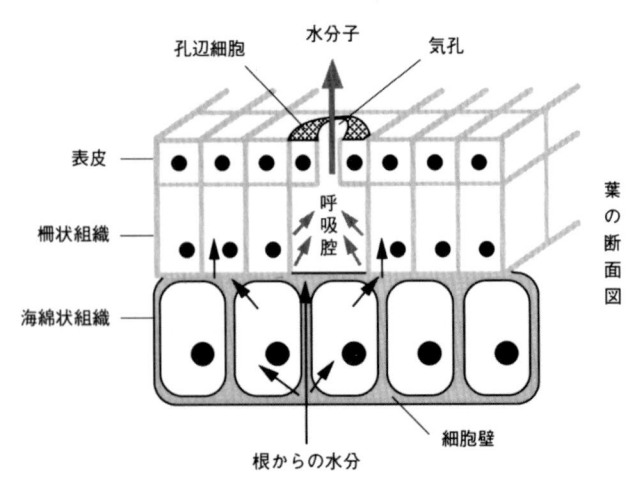

図17-2　気孔と葉の断面図。道管内の水は細胞内，細胞間を通って，気孔直下の呼吸の周りの細胞の細胞壁表面から蒸発する。

て低下すると，孔辺細胞に十分水が供給されず，気孔は閉じる。閉じて蒸散が起こらないと，また水分が孔辺細胞に供給され，気孔が開く。事実，日中気孔は30-60分の開閉リズムをもっている。孔辺細胞は周りの細胞から水を吸収して開くが，水を吸収するためには孔辺細胞の浸透圧がまわりの細胞よりも高くなければならない。この調節を行っているのがカリウムイオン（K^+）である。孔辺細胞は気孔を開けるために，K^+を細胞の外から中へ取りこみ，まわりの細胞よりも浸透圧を上げる。気孔を閉じるときは，逆に外にK^+を放出する。このK^+の放出と取りこみには，プロトンポンプが関与する。すなわちK^+を取りこむときには，ATPのエネルギーを使って水素イオン（プロトン，H^+）が細胞外に放出される。

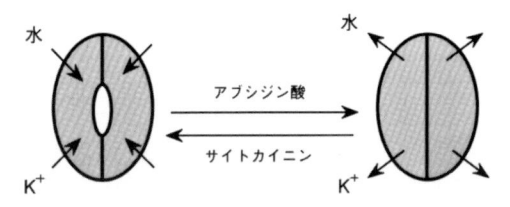

図17-3 気孔が開閉するときの水とカリウムイオンの動きと植物ホルモンの影響。葉のアブシジン酸が増えると孔辺細胞内のK^+が外に出て，浸透圧が下がり，水が外に出る。その結果，細胞が縮んで気孔が閉じる。サイトカイニンは逆のはたらきをして気孔を開ける。

水不足になると，植物体内の水分の損失を防ぐために気孔が長時間閉じる。このとき，葉内で植物ホルモンの一種アブシジン酸（ABA）の量が著しく増加する。このホルモンは人為的に外から葉に与えても気孔を閉じさせることから，水不足のときに気孔が閉じるのはABAが関与していることがわかる。ABAを葉に与えると，孔辺細胞内のK^+が外に出て孔辺細胞内の浸透圧が下がり，気孔が閉じる。逆に，もう1つの植物ホルモンであるサイトカイニンは気孔を開かせる（図17-3）。

水不足や植物ホルモンのほかに，二酸化炭素（CO_2）も気孔の開閉に関与している。気孔が閉じた状態で光合成がすすみ，葉内のCO_2が消費され，CO_2濃度が下がると気孔が開く。大気中のCO_2濃度は約0.04％であるが，人為的にCO_2濃度を下げても気孔は開く。このように，気孔はCO_2濃度にも敏感に反応して開閉する。

17-4 植物体内での水の動き

植物体に必要な水は根から供給される。根で吸収された水分は木部道管を通って，最終的に気孔から蒸散される。植物のなかにはレッドウッドのように樹高が100 mに達するものがある。水はその最先端部までどのようにして運ばれているのであろうか？考えられる仕組みは3つある。

1つは根圧である。根は積極的にエネルギーを使って水を吸い上げているので，根の呼吸を止めると根からの吸水が阻害される。積極的な吸水は根圧となって現れる。すなわち，茎を切ると切断面から水分が漏れ出て，あたかも根にポンプがあり水を押し上げているような現象が観察できる。しかし，この圧力は2-3気圧なので，20-30 mの上昇しか説明できない。また，針葉樹などでは根圧が観察されない。

2つめは毛細管現象である。道管の直径は数μm-100μmである。細い管に入れられた水は，その管壁の水に対するなじみやすさ（接触角）に応じて，毛細管現象で上昇する。水が管を上昇する高さh（m）は，管壁の水のなじみやすさを接触角α，管の半径をr（m）で表すと，次式で与えられる（図17-4参照）。

$$h = 1.49 \times 10^{-5} \times \cos \alpha / r$$

いま，半径5μm，管壁が最も水になじみやすい接触角$\alpha = 0$，とすると，この管を昇る水の高さは約3 mになる。しかし，これら根圧や毛細管現象では，水を100 mの高さにまで引き上げる力を説明できない。

3つめは，気孔から水が蒸散するときの蒸発に伴う力である。たとえば，素焼きの陶器が水に満たさ

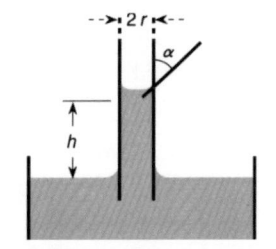

図17-4 毛細管内の水の上昇は，水の壁へのなじみやすさ（接触角度は0度がもっともなじみやすい），水の凝集力（表面張力を生み出す力），毛細管の半径，の3つの因子で決まる。

れていて，この下に管がついている場合，陶器表面から水が蒸発すると管の中の水は上昇する（図17-5）。

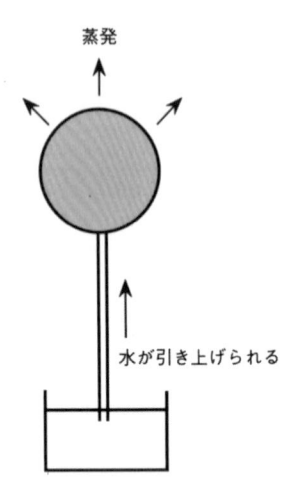

図17-5 陶器表面からの水の蒸発。細かい穴の開いた素焼きの陶器の下にパイプをつけると蒸発力で水が吸い上げられる。

この力：P（単位はメガパスカル，MPa）と，絶対温度：Tと相対湿度（％）：RHの関係は次式で示される。

$$P(\text{MPa}) = 0.462 \times T \times \text{Ln}(RH/100)$$

Ln（自然対数）の項は，いつも1よりも低いのでこの力は引圧（負の力）となる。気温25℃（絶対温度約300℃），湿度80％のとき，水が気孔から蒸散する力は−30 MPaにもなる。したがって，この力だけで理論上では樹高3,000 mの植物でも，その茎の先端部まで水を引き上げることができる。1 MPaは10^6 Paで圧力の単位である。1 N/m^{2}が1 Paに相当する。1 MPaの圧力は，1 cm^{2}あたりおよそ10 kgに相当するので，底面積1 cm^{2}で高さ100mの水柱を支える力に相当する。実際の水の蒸発は気孔直下の呼吸腔で起こっており，内部の湿度が80％まで下がることはない。下がると，細胞内の水が引き抜かれてしまう。呼吸腔内部の湿度が99.3％のとき，−1 MPaになり，これなら細胞は耐えられる。実はこの力で水は100 mまで引き上げられる。

植物内の道管の水は莫大な力で引っ張られると，切れる。もし，木部道管の壁面に少しでも空気の小さな泡があれば，ほんの1気圧足らずの負圧で道管内部の水は沸騰してしまう。植物体内で沸騰が起こらずにすんでいるのは，木部道管内の壁面がまったく空気の泡を含んでいないことを示している。実測値によれば，細管内の水は，もし壁面に空気が付着していない場合は2-4 MPaの引っ張り力に耐えることがわかっているので，これだけで水は200-400 m上昇できる。地上に存在する最高の樹の高さが100 mを大きく超えることができないのは，細胞の浸透圧と管内の水柱の切れにくさに限界があることが原因で蒸発による引っ張りの力は実は非常に強い。

17-5 植物細胞の吸水

根から道管を通って運ばれてきた水は，まず道管のまわりの細胞に取りこまれる。この吸水力は細胞内に含まれる溶質濃度に正比例する。1モル濃度（M）の溶液は，約2.5 MPaの力で水を吸う力をもっている。植物細胞のもつ溶質濃度はおよそ0.2-0.6 Mなので，水を吸う力は0.5-1.5 MPaとなる。この力だけで，水を50-150 m吸い上げることができる。

植物細胞は動物細胞とは異なり，体積が増大すると膜に囲まれた液胞が細胞内に出現する。液胞は顕微鏡で観察するとほとんど透明に見え，その中には原形質でみられるようなオルガネラのような構造はない。液胞の中には，無機イオン，有機酸，炭水化物，タンパク質，アミノ酸などが，また時には花の色の原因となる色素が含まれている。

図17-6(a)で示すように，水と0.4 Mの溶液が半透膜で仕切られているとき，水を右に移動させないためには約1 MPaの力でピストンを引いておかなければならない。その値は−2.24×濃度（M）で計算できる。1 MPaは，断面図1 cm^{2}の管を通して水を100 m引き上げる力に相当する（図17-6(b)）。細胞膜には半透膜の性質があるため，細胞は1 MPaという力で水を吸収する能力をもっている。これを水ポテンシャルという。実際には，植物細胞はまわりを細胞壁で囲まれているため，水を吸収する力は溶質濃度から見積もられる力よりも少ない。

植物体内の水は，水ポテンシャルの低い方へ流れる（図17-7）。純水の水ポテンシャルはもっとも高く，0と定義されている。溶質を少しでも溶かした水の水ポテンシャルは0より小さい。水が移動する能力をポテンシャルで表すと，物理学でいう位置ポテンシャルと同じ次元で水の動きを考えられるので

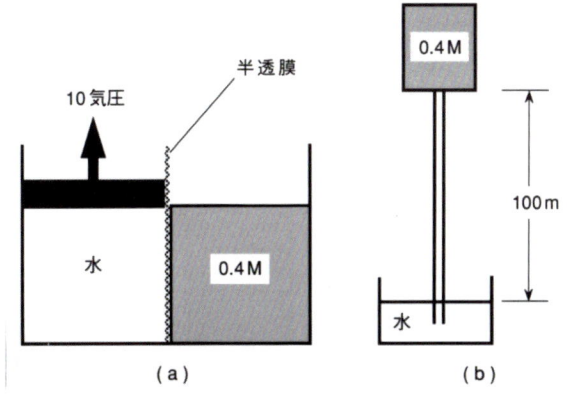

図17-6 溶質濃度と水を吸う力。(a) 半透膜で純水と溶液を仕切ると純水側から溶液側に水が移動しようとする。これを阻止するためには，水をある力で引き上げておかなければならない。この力が浸透圧に相当する。(b) 0.4 Mの溶液が半透膜で仕切られていると水を100 mあげる力がある。

都合がよい。すなわち，

水ポテンシャル ＝ 浸透ポテンシャル
　　　　　　　＋ 位置ポテンシャル

と表すことができる。

同じ高さにある水と0.4 Mの溶液を半透膜で仕切ると水は，0 Mから0.4 Mに流れる。0.4 Mの方が水ポテンシャルが低いからである。その隣に，0.8 Mの溶液が半透膜で仕切られて並んでいると，水は0.4 Mから0.8 Mに流れる。ところが0.5 Mの溶液が0.4 Mの溶液の25 m上に半透膜で仕切られていても水は上にはのぼらない。25 m上にある0.5 Mの水の位置ポテンシャルが高いから結局相殺されて水ポテンシャルは0 mの位置にある0.4 Mと同じになる。0.8 Mの上に同じ0.8 Mの溶液があれば，たとえ半透膜で仕切られていても上から下へ水が流れる。つまり，上にある0.8 Mの位置ポテンシャルの方が下にある0.8 Mの位置ポテンシャルより高いので，水は水ポテンシャルの高い方から低い方へ流れるのである。

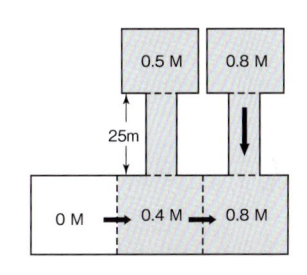

図17-7 水ポテンシャルの説明図。それぞれの容器には，0.0，0.4，0.5，0.8 Mの浸透圧を発生する溶液が含まれている。破線は半透膜を示す。黒い矢印は水の動きを示す。

参考文献

L. Pauling／小泉正夫訳：化学結合論入門，共立出版，1968.
中垣正幸編：水の構造と物性（化学の領域 増刊106号），南江堂，1974.
上平恒：水とはなにか（ブルーバックス B 335），講談社，1977.
上平恒，逢坂 昭：生体系の水，講談社サイエンティフィク，1989.
播磨裕，岡野正義編：水の総合科学，三共出版，2000.

18

光合成

- 光合成は，光エネルギーを使って，水を酸化し，二酸化炭素を還元する酸化還元反応である。ただし，光合成細菌は，水以外の電子供与体を利用するため，酸素を発生しない光合成を行う。
- 光合成は，光エネルギーによって，ATPとNADPHを生成する明反応と生成したATPとNADPHを利用して，二酸化炭素を炭水化物に変換する炭素固定反応（カルビン回路）の2段階からなる（図18-1）。
- 明反応では，光エネルギーを利用して水から電子を引き抜き，電子伝達反応によってNADP$^+$へ電子を移してNADPHを生成する。副産物として酸素が生じる。
- カルビン回路では，二酸化炭素がRuBPカルボキシラーゼ／オキゲナーゼ（RuBisCO）によって取り込まれ，3-ホスホグリセリン酸（C$_3$化合物）となり，明反応で生成したNADPHを使って，グリセルアルデヒド-3-リン酸に還元され，糖質を生成する。
- ある種の植物では，二酸化炭素は，カルビン回路の前に，PEP（ホスホエノールピルビン酸，C$_3$化合物）と結合して，C$_4$化合物となった後，再度，二酸化炭素として遊離し，カルビン回路に取り込まれる。

18-1 光エネルギーの捕捉

真核生物の光合成反応は葉緑体で行われる。植物の葉緑体は，真核生物の祖先型の細胞に，シアノバクテリア（ラン藻）と類縁の原核光合成生物が共生することにより生じたと考えられている。高等植物の葉緑体は，二重の膜によって，細胞質から区切られるとともに，内部にチラコイド膜とよばれる複雑な内膜系をもつ。光合成反応のうち光エネルギーを捕捉する明反応は，このチラコイド膜に埋め込まれたタンパク質群と電子伝達物質によって進行する。

最初に光を吸収するのは，アンテナ複合体（集光性クロロフィルタンパク質複合体ともよばれる）という光合成色素とタンパク質の複合体である。アンテナ複合体を構成する色素は植物や緑藻ではクロロフィルとカロテノイド，ラン藻や紅藻ではフィコビリンである（図18-2）。アンテナ複合体の色素分子が光エネルギーを吸収することによって（図18-3(1)），基底状態とよばれる最低エネルギー状態から，励起状態とよばれる高エネルギー状態に移行する。励起状態の色素分子は不安定であるため，その励起エネルギーを隣接する基底状態の色素分子に受け渡し，その分子を励起状態にするとともに，自らは基底状態に戻る。これを共鳴エネルギー移動とよぶ（図18-3(2)）。この共鳴エネルギー移動によって，光のエネルギーはアンテナ複合体上を伝達され，最終的に反応中心複合体へ受け渡される（図18-3(3)）。

反応中心複合体は，反応中心クロロフィルと電子移動を担うキノンなどの分子が埋め込まれたタンパク質からできている。アンテナ複合体からのエネルギーは反応中心クロロフィルを励起し，励起された不安定なクロロフィル分子は自身の電子を受容体へ転移する（図18-3(4)）。こうして生じた電子不足の空隙は，電子供与体から引き抜かれた電子によって補われる（図18-3(5)）。このようにして光エネルギーによって光合成の電子伝達が駆動され，この段階からエネルギー移動ではなく電子移動によって光合成の反応が進む。

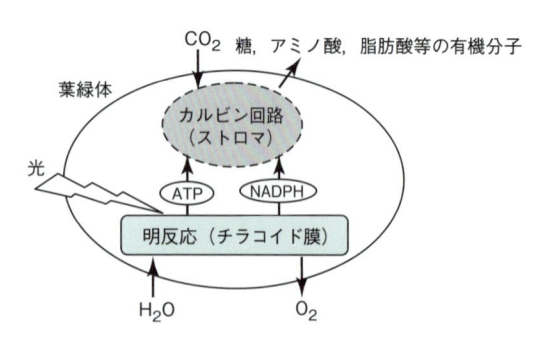

図18-1 光合成は二段階の反応からなる

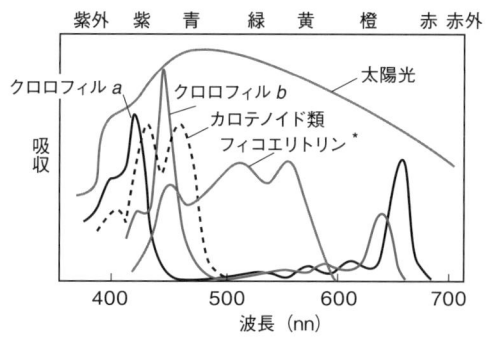

図18-2 光合成色素の吸収スペクトル
＊フィコエリトリンはフィコビリンの結合したフィコビリタンパク質

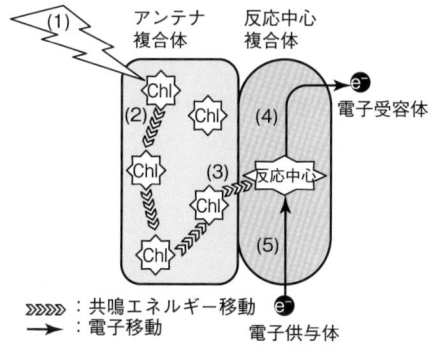

図18-3 光合成は光のエネルギーで駆動される

18-2 光合成の電子伝達系とプロトン輸送

　光エネルギーによって電子伝達が駆動される反応系は，非酸素発生型の光合成を行う光合成細菌には1系統しか存在しないが，酸素発生型光合成を行う植物や藻類のチラコイド膜には2系統存在する。それらは，光化学系ⅠおよびⅡとよばれ，複数の膜タンパク質の複合体として構成されている。最初にみつかった光化学系Ⅰは，プラストシアニン（PC）の酸化と補酵素$NADP^+$の還元に関わり，光化学系Ⅱは酸素発生を伴う水の酸化とプラストキノン（PQ）の還元に関わる。図18-4に示すように，2つの光化学系はそれぞれ固有のアンテナ複合体をもつ。反応中心複合体においては，光化学系ⅡにはP680（pigment 680の略で，680 nmに吸収極大をもつ色素という意味），光化学系ⅠにはP700（同様にpigment 700の略）という反応中心クロロフィルが存在する。

　光化学系Ⅱにおいて励起されたP680は，その電子を一次電子受容体であるフェオフィチン（クロロフィルから中心Mg原子がはずれた分子）に渡す（図18-4(1)）。電子を失った酸化型P680（$P680^+$）は，強力な酸化剤である。光化学系Ⅱに結合した酸素発生複合体は，この$P680^+$の強力な酸化力により，水を酸化して電子を引き抜き，酸素とプロトン（H^+）を生成する（図18-4(2)）。すなわち，光合成電子伝達系を流れる電子は水分子由来である。P680からの電子はフェオフィチンから，キノンの一種であるQ_A，Q_Bを経て，次の電子伝達体であるプラストキノン（PQ）へと伝達される（図18-4(3)）。電子を受け取って還元型となったPQは，ストロマ側から2つのプロトン（H^+）を取り込んで，プラストキノール（PQH_2）となる（図18-4(4)）。PQH_2はチラコイド膜内をシトクロムb_6f複合体へと移動する。シトクロムb_6f複合体は，電子伝達体を含む複数の膜タンパク質の複合体である。1分子のPQH_2はシトクロムb_6f複合体上の電子伝達体に2電子を渡し，

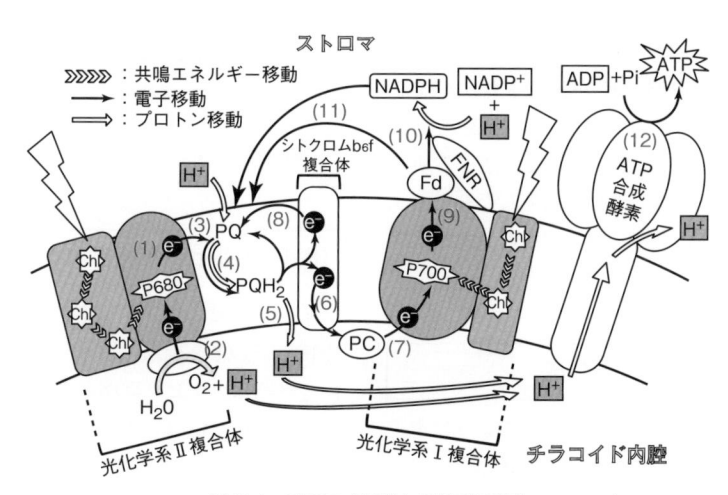

図18-4 チラコイド膜上の電子伝達系

2H$^+$をチラコイド内腔側へ放出する（図18-4(5)）。PQH$_2$は再び酸化型のPQとなり，光化学系Ⅱからの電子受容体として機能する。PQからシトクロムb$_6$f複合体に渡された2電子のうち，1電子は，シトクロムb$_6$f複合体に含まれるリスケ鉄-硫黄クラスターとよばれる電子伝達体から，シトクロムfを経由して，プラストシアニン（PC）に伝達される（図18-4(6)）。プラストシアニンは銅を含む水溶性タンパク質でシトクロムb$_6$f複合体から光化学系Ⅰへと電子を受け渡す（図18-4(7)）。残りの1電子は，シトクロムb$_6$を経由して，再びPQを還元する（図18-4(8)）。その際，ストロマ側のH$^+$を取り込んでPQH$_2$を再生する。この過程はQサイクルとよばれ，2電子の伝達に伴って，4H$^+$をストロマ側からチラコイド内腔へと運ぶ。

光化学系Ⅰにおいても，光化学系Ⅱと同様に，光エネルギーによって励起されたP700は自身の電子を光化学系Ⅰ複合体上に存在する電子伝達体に転移し，その電子は最後に鉄を含む水溶性タンパク質であるフェレドキシン（Fd）に渡される（図18-4(9)）。電子を受け取って還元型となったFdは，膜に結合したフェレドキシン-NADP$^+$酸化還元酵素（FNR）によって，その電子をNADP$^+$に渡し，NADPHを生成し，自身は酸化型Fdに戻る（図18-4(10)）。一方，電子を失った酸化型のP700（P700$^+$）はプラストシアニンからの電子を受け取って，再びもとのP700に戻る。ここまで述べてきた水から引き抜かれた電子が最終的にNADP$^+$を還元する電子の流れは，非循環的電子伝達とよばれるが，葉緑体はさらに光化学系Ⅰのみが関与する循環的電子伝達も行っている（図18-4(11)）。循環的電子伝達では，還元型FdやNADPHの電子の一部が，プラストキノンに渡されることでチラコイド内腔へH$^+$が輸送され，ATP生成に寄与すると考えられている。また，還元型FdはNADP$^+$を還元するだけでなく，後に述べる炭素固定反応に関与する酵素の活性を調節したり，窒素同化など光合成以外の反応においても還元力を供給する役割をもつ。

18-3 葉緑体におけるATP生成

前節において，光のエネルギーがどのように電子伝達系を駆動して，NADPHという還元力を生じるかを述べたが，光エネルギーは同時に，チラコイド膜においてATPという化学エネルギーを生成する。葉緑体におけるATP合成は，ミトコンドリアにおけるATP合成と同様に，膜を介したプロトン駆動力を利用してチラコイド膜に結合したATP合成酵素が行っている（図18-4(12)）。プロトン駆動力とは，膜をはさんだ水素イオン濃度の差（pH勾配：化学的な勾配）と膜をはさんだ電荷の差（電位差：電気的勾配）から形成される電気化学的プロトン勾配によって生じるエネルギーのことである。葉緑体においては，チラコイド内腔で水分子から電子が引き抜かれ酸素とH$^+$が遊離する。さらに，プラストキノンからシトクロムb$_6$f複合体へ電子が伝達される過程においてストロマ側からチラコイド内腔側へプロトンが輸送されることにより，チラコイド内腔にプロトンが蓄積し，ストロマとの濃度差は1000倍近くに達する。チラコイド膜に存在するATP合成酵素は，こうして生じたプロトンの濃度勾配によってATPを合成する。チラコイド内腔のプロトンがストロマ側に流れ出す力（プロトン駆動力）によって，ATP合成酵素が回転しながらADPをリン酸化してATPを合成する。ミトコンドリアにおいては，内膜をはさんだpH勾配は0.2-1と比較的小さく，プロトン駆動力の大半は電位差によって生じたものである（図18-5）。

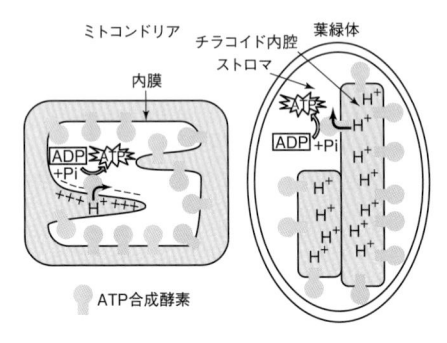

図18-5 ミトコンドリアと葉緑体におけるATP合成

18-4 カルビン回路による二酸化炭素固定

すべての植物は，明反応で生じたATPとNADPHを使ってCO$_2$を炭水化物として固定する。このCO$_2$固定経路はカルビン回路とよばれ，ストロマに存在する13種の酵素によって進行する複雑な反応である。その過程は3つの段階に分けられるが，多くの反応はリブロース-1,5-二リン酸（RuBP）の再生過

18-4 カルビン回路による二酸化炭素固定

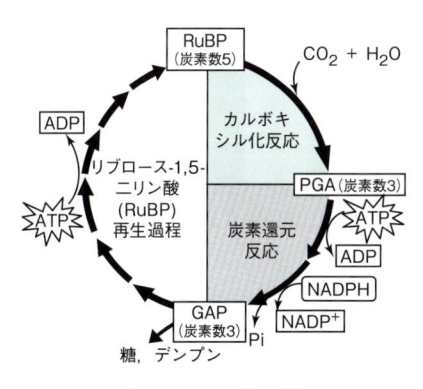

図18-6 カルビン回路

程に関わるものである（図18-6）。

18-4-1 カルボキシル化反応

カルボキシル化反応とは、ルビスコ（リブロース-1,5-二リン酸カルボキシラーゼ／オキシゲナーゼ（RuBisCO））という酵素のはたらきにより、CO_2が五炭糖であるリブロース-1,5-二リン酸（RuBP）と結合し、3個の炭素をもつ3-ホスホグリセリン酸（PGA）を2分子生じる1段階の反応である。この反応により、空気中から気孔を通って葉緑体内に入ってきたCO_2が有機物として固定されることになる。

18-4-2 炭素還元反応

炭素還元反応とは、18-4-1項の反応で生じた3-ホスホグリセリン酸（PGA）を明反応で生成されたATPでリン酸化し、さらに、明反応で生成されたNADPHにより還元して、グリセルアルデヒド-3-リン酸（GAP）を生じる2段階の反応である。カルボキシル化反応と炭素還元反応によって、3分子のRuBPとCO_2から6分子のGAPが生成する。光合成が定常状態に達しているとき、6分子のうち、5分子は次のリブロース-1,5-二リン酸（RuBP）再生過程に利用されるが、残り1分子は正味のCO_2固定産物として、葉緑体におけるデンプン合成または細胞質へ輸送されてショ糖合成に利用される。

18-4-3 リブロース-1,5-二リン酸（RuBP）再生過程

リブロース-1,5-二リン酸（RuBP）再生過程とは、カルビン回路をまわし続けるために、RuBisCOの基質であるリブロース-1,5-二リン酸（RuBP）を再生産する過程である。この過程では18-4-2項の反応で生じた3-ホスホグリセリン酸（PGA）から、一連の反応を経て、RuBPが再生産される。カルビン回路の13種の酵素のうち10種類がこの再生過程に関与している。

カルビン回路は暗反応とよばれることもあるが、光による制御を受けていることが知られている。カルビン回路のいくつかの酵素は、フェレドキシン-チオレドキシンシステムとよばれる機構を介して光によって活性化される（図18-7）。RuBisCO活性も光によって制御されている。RuBisCOの活性化には、酵素分子に基質とは異なるCO_2分子とMg^{2+}が結合することが必要である。光照射下ではストロマからチラコイド内腔へのプロトン流入に伴って、ストロマのpHが上昇するとともにMg^{2+}濃度が増加し、RuBisCOの活性化が促進される。

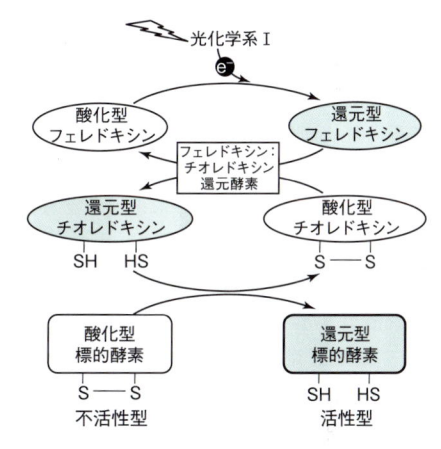

図18-7 フェレドキシン-チオレドキシンシステム

RuBisCOはカルビン回路においてカルボキシル化を行う唯一の酵素であるが、CO_2の代わりにO_2を基質とするオキシゲナーゼ活性ももっている。オキシゲナーゼ反応では、RuBPとO_2から3-ホスホグリセリン酸（PGA）と炭素原子を2個含む2-ホスホグリコール酸を生じる。生成した2-ホスホグリコール酸は葉緑体内でリン酸基が加水分解されてグリコール酸となり、グリコール酸回路とよばれる代謝系に入る。グリコール酸回路は、葉緑体、ペルオキシソーム、ミトコンドリアにわたる代謝系で、全体として、2分子のグリコール酸から、2分子のO_2を吸収し、1分子のCO_2を放出して、1分子のPGAを再生する。このRuBisCOのオキシゲナーゼ活性によって開始される一連の反応は光呼吸とよばれ、光合

成のCO_2固定効率を場合によっては半分以下に低下させているといわれる。光呼吸は，かつては光合成効率を下げるだけの「無駄な」代謝と考えられ，光呼吸を抑制することにより作物の収量を上げる試みがなされてきたが，光呼吸を欠損した変異株は通常の大気中で生育できないことから，必要な代謝であると考えられるようになってきた。その理由は，葉内部のCO_2濃度の低下によりカルビン回路でATPとNADPHが消費されなくなると，明反応が停止し，光エネルギーによる光合成色素の励起状態が過剰となり，毒性のある活性酸素が発生し，光合成装置の傷害が生じる。そこで，光呼吸によりRuBPを消費して，その再生のためにATPとNADPHを消費することによって明反応をすすめ，傷害を抑えているということが実験的に示されたからである。

18-5　C_4光合成

ある種の植物は，カルビン回路に加えて，これを補助する代謝系をもっている。トウモロコシやサトウキビでは，大気中のCO_2が固定されてできる最初の化合物は炭素原子を3個もつ3-ホスホグリセリン酸（PGA）ではなく，4個もつオキサロ酢酸である。これらの植物では細胞質に存在するホスホエノールピルビン酸カルボキシラーゼ（PEPC）によって，CO_2（正確には炭酸水素イオンHCO_3^-）を固定しており，最初の光合成産物が炭素原子数4のC_4化合物であることから，この経路による光合成をC_4光合成とよび，このような光合成を行う植物をC_4植物とよぶ。CO_2固定をカルビン回路のみで行う植物はC_3植物とよばれる。C_4植物はトウモロコシやサトウキビなど多くの熱帯性のイネ科植物をはじめとして双子葉植物にも存在する。C_4植物の葉は，C_3植物にはない特徴的な構造をもつ。図18-8に示すようにC_4植物の葉には，葉肉細胞に加えて維管束を取り囲む維管束鞘細胞という葉緑体を含む細胞が存在し，この独特な葉の構造はクランツ構造とよばれる。C_4植物においては，気孔から取り込まれたCO_2は葉肉細胞に入り，細胞質の水相環境でHCO_3^-となって，PEPCによってホスホエノールピルビン酸（PEP）をカルボキシル化して炭素数4個の酸（C_4酸）であるオキサロ酢酸となり，さらにリンゴ酸またはアスパラギン酸に変換された後，維管束鞘細胞に運ばれる。維管束鞘細胞の細胞質において脱カルボキシル化反応により，CO_2を放出し，そのCO_2は葉緑体に取り込まれて通常のカルビン回路によって再び固定される。脱カルボキシル化されて生じたC_3酸は，再び葉肉細胞に戻り，ピルビン酸となって，ピルビン酸-リン酸-ジキナーゼ（PPDK）のはたらきでPEPに再生される。この際，ATPを消費するため，C_4光合成はC_3光合成よりも，CO_2を炭水化物に固定するために，より多くのエネルギーが必要になる。しかしながらこの機構により，C_4植物は維管束鞘細胞内のCO_2濃度を高く保つことができ，RuBisCOのオキシゲナーゼ反応を制限して，光呼吸を抑制することができる。C_4植物の葉肉細胞は，葉緑体にRuBisCOもカルビン回路の酵素ももたず，維管束鞘細胞のためのCO_2濃縮装置と考えることができる。熱帯や亜熱帯の強い太陽光の下では，光合成によりCO_2が急速に葉に取り込まれ，葉の周辺のCO_2濃度が低下してしまう。真夏の太陽が降り注ぐ無風の農地ではCO_2濃度がゼロ近くまで低下することもある。C_4光合成の生理的な意義は，このような低CO_2濃度の下でも，PEPCにオキシゲナーゼ活性がないのでカルボキシル化がすすむことにある。

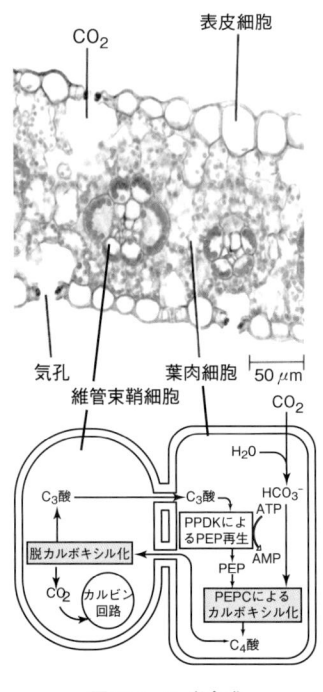

図18-8　C_4光合成

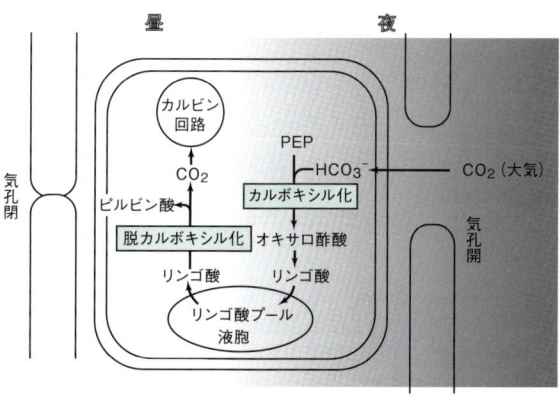

図18-9 CAM光合成

18-6 CAM光合成

　CAM光合成も，C_4光合成と同様にCO_2を濃縮してからRuBisCOによるCO_2固定を行う光合成であるが，C_4光合成とは次の点で違いがある。C_4光合成ではPEPCとRuBisCOによる2段階のCO_2固定を葉肉細胞と維管束鞘細胞とで空間的に分けて行っているのに対して，CAM光合成では，同一細胞内で時間的に分けて行っている（図18-9）。CAM光合成を行うベンケイソウ科やサボテン科の植物では，夜間に気孔からCO_2を取り込み，PEPCによって固定してC_4化合物であるリンゴ酸の形で液胞に貯蔵し，昼間に液胞からリンゴ酸を取り出し，脱カルボキシル化反応でCO_2を放出させて，RuBisCOによって再固定する。この代謝は，ベンケイソウ型代謝（Crassulacean Acid Metabolism, 略してCAM）とよばれ，多肉質の葉をもつベンケイソウ科やサボテン科の植物に多く見られる。この代謝の特徴は，気温が低く比較的湿度が高い，すなわち気孔を開いても蒸散を低く抑えることのできる夜間にCO_2を取り込んでリンゴ酸として貯蔵し，気温が高く乾燥した昼間は気孔を閉じて，貯えておいたリンゴ酸からCO_2を取り出してカルビン回路を回すことによって，水分の損失を抑えた光合成を行うことができることにある。CAM植物の多くは，乾燥地に生息しており，CAM光合成は乾燥への適応手段として発達したと考えられる。

参考文献

B. B. Buchananほか／杉山達夫監訳：植物の生化学・分子生物学，学会出版センター，2005.
B. Albertsほか／中村桂子・松原謙一監訳：細胞の分子生物学（第4版），ニュートンプレス，2004.
L. Taiz, E. Zeiger／西谷和彦・島崎研一郎監訳：テイツ・ザイガー植物生理学（第3版），培風館，2004.
東京大学光合成教育研究会編：光合成の科学，東京大学出版会，2007.

19 光形態形成

- 環境の光条件によって成長や分化が制御される現象を光形態形成とよぶ。
- 植物は光の強さ，光の色，照射方向および照射時間を情報として利用している。
- 光形態形成において有効な光は赤色光と青色光である。
- 光受容体はタンパク質に光を吸収する発色団が結合した形をしている。
- 赤色光はフィトクロムによって受容される。
- 青色光はクリプトクロムとフォトトロピンによって受容される。

　動物の形態は環境に関わらずほぼ一定であるが，植物の形態形成は柔軟であり環境要因によってその形態は著しく変化する。光は植物にとってもっとも重要な環境要因のひとつであり，植物はその情報によって分化や成長を調節している。その現象を光形態形成（photomorphogenesis）という。光による形態変化の中で誰もが知っており，もっとも劇的なものは，光がまったくない場所や弱い光の下で生育させた芽生えの茎が著しく徒長して，いわゆる「もやし」の形になることであろう。茎の長さだけでなく光の有無は葉の大きさや色にも影響を与える。さらに，種子の発芽が光によって制御されている植物もある。また，12章で述べたように，植物は光の情報を用いて光屈性や光傾性を誘導する。このような光環境の変化に対する適応は効率的に光合成（18章を参照）を行い，エネルギーを獲得するために非常に重要なことである。

19-1 光 情 報

　光は電磁波の一種で，狭義にはヒトの目が感知できる可視光，約400（紫色）-800 nm（遠赤色光）の波長の電磁波をさす（図19-1）。植物は光のどのような情報を利用しているのだろうか。図19-2はさまざまな強さの白色光の下で生育させたアズキ芽生えの写真である。光がまったくない環境で生育させると（左端），上胚軸（茎）は長く徒長する。また，その先端部分はかぎ状に曲がったいわゆるフックを形成しており，葉の展開は抑えられている。強い光の下で生育させた芽生えは（右端），上胚軸をあまり伸ばすことなく先端部を立ち上がらせて葉が開いている。また，弱い光の下で生育させた芽生えは（中央），葉の展開が始まっているが，胚軸は徒長している。さらに，暗所で生育させた葉の色は黄白色であるが，明所では光が強くなるにつれてクロロフィルが合成され葉の緑色が濃くなっている。これらは植物が光の強さを情報として用いていることを示している。光の強度だけでなく光の質（色）も形態形成，成長，発芽，色素合成などさまざまな現象に影響を与える。植物もヒトとほぼ同じ波長域の光を感じているが，光形態形成には一般に赤色光と青色光が有効であり（図19-1），赤色光はフィトクロム，青色光はクリプトクロムとフォトトロピンとよばれる色素タンパク質によって受容されている。また，植物茎は光の方向に屈曲する性質（光屈性，12章を参照）をもっている。この場合は，光の方向が情報として重要な意味をもっている。また，植物が光に曝されている時間や周期も重要な情報であり，植物は成長ばかりでなく花芽形成や生物時計の調節にも光を利用している（12章を参照）。

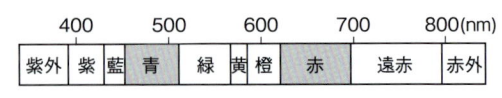

図19-1　光の波長と色

図19-2 アズキ芽生えの形態に対する光の影響

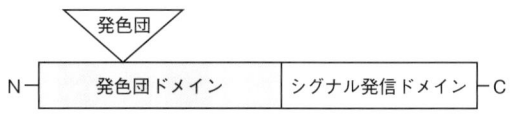

図19-3 光受容体の構造

19-2 フィトクロム

フィトクロム（phytochrome：phytoは「植物」，chromeは「色素」を意味する）は種子発芽の研究をきっかけとして1959年に発見された。水分や温度などに加えて，光がないと発芽しない，または発芽率の低い種子を光発芽種子という。ある種のレタスは光発芽種子であり，発芽促進には660 nmの赤色光がもっとも有効であり，抑制には730 nmの遠赤色光がもっとも有効であることが示されている。赤色光を1-5分の短時間照射すると，照射後に暗所においても発芽が促進される。ところが，赤色光照射後に遠赤色光を照射すると発芽が抑制される。その後，もう一度赤色光を照射すると発芽の促進作用が回復する。これらの結果は赤色光と遠赤色光を交互に何回か照射すると，最後に照射した光が赤色光であれば発芽が促進され，遠赤色光であると抑制されることを示している。この現象を赤・遠赤色光可逆反応といい，花芽形成などにおいても同様の現象が観察される。

フィトクロムのタンパク質部分（アポタンパク質）は約1100アミノ酸残基からなり，細胞内では2量体として存在している。光を吸収するためには色素（発色団）が必要であるため，フィトクロムなどの光受容体はアポタンパク質に低分子化合物である発色団が結合した形をしている（図19-3）。フィトクロムの発色団は開環テトラピロール構造をもつフィトクロモビリンで，フィトクロムアポタンパク質の発色団ドメインに1分子結合する。植物体内ではフィトクロムは赤色光吸収型（Pr型）として合成される。Pr型のフィトクロムは赤色光を吸収すると遠赤色光吸収型（Pfr型）に変化し，逆にPfr型は遠赤色光を吸収するとPr型に変化する。この反応は可逆的であり，生体内だけでなく試験管内でも起こる。自然環境下では植物に単色光が照射されることはまずない。太陽光には赤色光と遠赤色光が含まれており，赤色光と遠赤色光が同時に照射されていることになる。日中の地表では遠赤色光に比べ赤色光の強度が若干強いが，夕方になると赤色光の強度が遠赤色光に比べて減少する。また，他の植物の日陰では赤色光が葉緑体によって吸収されるため，赤色光が著しく少なくなっている。赤色光と遠赤色光を同時照射した場合は，その比を反映したPr型とPfr型の平衡状態（光平衡状態）が保たれることになる。植物は赤色光と遠赤色光の比（Pfr型とPr型の比）によって夕暮れであることや植物の陰になっていることを感じている。

暗所で生育させた黄化芽生えには多量のフィトクロムが含まれるが，明所で生育させた緑化芽生えには微量にしか存在しない。これは少なくとも2つの型のフィトクロムが存在することに起因している。すなわち，フィトクロムには暗所で生育させた植物に蓄積されるが光に対して不安定なI型と，量的にはI型の数十分の一以下であるが明暗に関係なく安定して存在するII型がある。暗所で生育させた芽生えの緑化（脱黄化）にはI型のフィトクロムが関与しており，明所で育った植物のフィトクロムの反応にはII型が重要な働きをしている。モデル植物として利用されているシロイヌナズナでは5種のフィトクロム（phyA-E）が存在するが，主要な分子種はphyA（I型）とphyB（II型）である（phyAを例にすると，ホロタンパク質（発色団が結合したタンパク質）をphyA，アポタンパク質をPHYAと表記する）。さて，フィトクロムで受容した光情報はどのようにして伝達されるのだろうか。フィトクロムは水溶性のタンパク質であり細胞質で働くと考えられていたが，緑色蛍光タンパク質であるGFPなどを用いた研究によりphyAはPfr型になると細胞質から核へ移動することが示されている。また，phyBもPfr型になると細胞質から核へ移動し，斑点状の局

在を示す．これらのことから，現在ではフィトクロムは細胞質と核内の両方で働くと考えられている．Pfr型のフィトクロムはある転写因子と結合する能力をもっており，遺伝子の発現を直接制御している可能性が示されている．このような機構に加えて，フィトクロムのシグナル発信ドメイン（図19-3）にキナーゼと相同性が高い領域が存在し，フィトクロムがキナーゼとして機能しシグナルを伝達する可能性も考えられている．

19-3 クリプトクロム

青色光が茎の伸長抑制や光屈性などを引き起こすことは知られていたが，長年これらの現象にどのような青色光受容体が関与しているかは謎であった．1980年に青色光下においても胚軸の伸長抑制がみられないシロイヌナズナの突然変異体 hy4（long hypocotyl 4）が単離された．1993年になって原因遺伝子がクローニングされ，そのタンパク質のN末端側が光回復酵素（紫外線によるDNA損傷を修復する酵素で青色光を吸収して働く）と相同性が高いことから青色光受容体と推定され，クリプトクロム1（cryptochrom 1：cryptoは「隠れた」，chromeは「色素」を意味する）と命名された．ちなみに，クリプトクロムは光回復酵素と高い相同性をもつが，DNA損傷を修復する能力は確認されていない．その後，CRY1 遺伝子を過剰発現させたシロイヌナズナ胚軸では，青色光による成長抑制効果が増すことから，cry1は青色光受容体であることが明確になった．現在までに，シロイヌナズナでは少なくとも3種のクリプトクロム（cry1-3）が確認されている．クリプトクロムのアポタンパク質は600-700アミノ酸残基からなり，プテリンの一種であるメテニルテトラヒドロ葉酸とフラビンアデニンジヌクレオチドが発色団として1分子ずつ非共有結合する．現在では，クリプトクロムは種子植物だけでなく緑藻やラン藻においてもみつかっている．また，ヒトなどの動物でも光回復酵素と相同性を示す受容体が発見さ れており，植物にならってクリプトクロムとよばれている．

シロイヌナズナのCRY1とCRY2遺伝子の発現量は光環境によって変化しない．ところが，cry2タンパク質は光によって分解されるため，明所でのcry2レベルは低くなる．突然変異体などを用いた解析により，cry1はアントシアニンの蓄積や概日リズムの光同調に関わっていることが明らかにされている（表19-1）．cry2もcry1と同様の現象に関わっていることが示されているが，cry2の関与は光強度が弱いときに限られている．cry2特異的な機能として，長日条件での花芽形成と子葉の展開などがある．cry1およびcry2突然変異体でも光屈性はみられることから，クリプトクロムは光屈性の誘導には関与していないと考えられている．cry1タンパク質は明所では細胞質に，暗所では核に局在する．cry2は暗所では核内に均一に分布しているが，青色光により核内で斑点状の集合体を形成する．この集合体の一部は赤色光により核に移動したphyBの集合体の近くに局在するので，cry2とphyBが相互作用している可能性が示されている．また，cry1とphyAが結合することも報告されている．さらに，cry1とcry2がphyAのもつキナーゼ活性によってリン酸化されるという報告もある．まだまだ詳細は不明であるが，クリプトクロムとフィトクロムが相互作用することによって光形態形成を誘導しているのではないかと考えられている．

19-4 フォトトロピン

上で述べたクリプトクロムは青色光による茎の伸長抑制に関与していたが，光屈性の誘導には関与していなかった．1995年に青色光による胚軸の伸長抑制は誘導されるが，光屈性を行わないシロイヌナズナの突然変異体 nph1（nonphototropic hypocotyl 1）が単離された．その後の解析から，NPH1タンパク質が光屈性の青色光受容体である証拠が多数得られ，1997年にNPH1は光屈性（phototropism）にち

表19-1 光受容体と制御される反応

光受容体	おもな反応
フィトクロム	発芽，葉の展開，茎の成長調節，花芽形成，概日リズムの同調，色素合成
クリプトクロム	葉の展開，茎の成長調節，花芽形成，概日リズムの同調，色素合成
フォトトロピン	光屈性，気孔の開孔，葉緑体の運動

19-4 フォトトロピン

なんでフォトトロピン1（phototropin 1）と命名された。現在までに，シロイヌナズナでは少なくとも2種のフォトトロピン（phot1, phot2）が確認されている。フォトトロピンのアポタンパク質は900-1000アミノ酸残基からなり，2分子のフラビンモノヌクレオチドが発色団として非共有結合する。シグナル発信ドメインにキナーゼ配列をもち，試験管内で光依存的な自己リン酸化を示すことから，フォトトロピンで受容した光シグナルの発信には，フォトトロピンの自己リン酸化やフォトトロピンによる他の分子のリン酸化が関与していると考えられている。また，細胞内ではフォトトロピンはなんらかの因子を介して細胞膜に軽く結合しているといわれている。

シロイヌナズナ胚軸の光屈性では，phot1とphot2が同時に働くことによりさまざまな光強度での光屈性を誘導している。表19-1に示すように，フォトトロピンが光屈性以外にも青色光が誘導するさまざまな反応に関わっていることが明らかになってきている。光合成を効率的に行うために植物は細胞内の葉緑体を適切な光量の場所に移動させる仕組みをもっている。すなわち，弱い光の環境では光を集めるために葉緑体は細胞内で光がよく当たる面に移動し（集合反応），逆に光が強すぎるとそこから逃げる（逃避反応）。このような運動を葉緑体光定位運動といい，主として青色光が関与していることが知られていた。突然変異体を用いた解析から，葉緑体の集合反応にはphot1とphot2が同時に働き，逃避反応ではphot2のみが青色光の受容体として働いていることが示されている。また，気孔の開閉は湿度や二酸化炭素濃度に加えて，光によっても制御されている（17章を参照）。フォトトロピンは青色光による気孔の開孔にも関わっていることが示されている。また，葉の形の制御にもフォトトロピンが関わっているという報告もある。

本章では，おもに植物の光受容体の構造や機能について述べた。赤色光の受容体であるフィトクロムが発見されたのは1959年であるが，青色光の受容体であるクリプトクロムおよびフォトトロピンが発見されたのは1990年代である。そのため，特に，クリプトクロムおよびフォトトロピンに関しては解明すべき課題が多く残されている。また，フィトクロムも青色光の受容体として働く可能性が示されており，実際には，フィトクロム，クリプトクロムおよびフォトトロピンの3種の光受容体によって得られた情報は相互作用しながら植物の光形態形成を制御していると考えられている。このため，植物の光形態形成の全貌を理解するためにはまだまだ時間が必要であろう。さらに，現在のところ正体は不明であるが，紫外光の受容体も想定されている。

参考文献

大森正之，渡辺雄一郎編著：新しい植物生命科学，講談社，2001.
和田正三ほか監修：植物細胞工学シリーズ16 植物の光センシング，秀潤社，2001.
増田芳雄：植物生理学講義，培風館，2002.
柴岡弘郎：植物は形を変える，共立出版，2003.
小柴共一ほか編：植物ホルモンの分子細胞生物学，講談社，2006.

20

栄養分と肥料

- 19世紀に無機栄養説が確立されるまでは，植物の栄養分は水と土壌中の有機物と考えられていた。
- 植物の無機栄養説は，水耕栽培法や必須元素の発見，肥料の工業生産をもたらした。
- 無機栄養説と同時に提唱された最少律と制限因子の概念は，施肥理論の基盤となった。
- 植物は多くの必須元素を土壌溶液中のイオンとして根から獲得する。
- イオンごとに土壌中の移動速度が異なり，それに応じた獲得戦略が植物には必要である。
- 植物の主要な窒素源はNO_3^-であるが，土壌中の硝化細菌の活性が低いところではNH_4^+が多くなる。
- 植物体内に取り込まれたNO_3^-はNH_4^+にまで還元された後，すみやかにアミノ酸に同化される。
- マメ科植物は根粒菌との共生によって，大気中のN_2をNH_4^+に還元して利用できる。
- リン酸イオンの獲得には，根毛や根に共生した菌根菌が重要な役割を果たしている。

　動物は自らの行動によって食べ物を探索してそれを口にし，腸内で消化して栄養分を吸収する。一方，移動の自由がない植物は，動物の行動の代わりに，土壌に根を伸長・分枝させながら栄養分の獲得範囲を開拓する。植物はCO_2以外の栄養分をおもに根を介して土壌から獲得している。いわば根は動物の消化器官に相当する役割を演じていることになる。動物の腸と植物の根では様相は大きく異なるが，栄養分の吸収器官として共通するところは意外に多い。たとえば，いずれも個体の大きさに比して長大な器官であり，その表面積は非常に大きい。栄養分を十分に摂取するには，それだけ広大な表面積で栄養分と接触する必要があるのだろう。また，微生物との共生関係が多い点でも共通している。多くの草食動物が植物から栄養分を摂取できるのも，消化器官に共生した微生物がセルロースなどを分解できるからであり，この事情は木材を食べるシロアリでも同様である。多くの植物種では菌根菌が根と共生して宿主のリン栄養を改善し，またマメ科植物などでは共生によって大気のN_2を直接栄養源にしている。さらには，植物の根も動物の消化器官と同じく，消化吸収を促すためにさまざまな物質を分泌している。

20-1　植物栄養分探求の歴史

　生物の特徴のひとつは，食べることにある。生物は食べた物質を自らの体をつくるのに利用したり，エネルギー源として消費したりしながら，かたちを変えて体外に排出する。この生物特有の現象を栄養（nutrition），そして生物がこのような代謝目的で外部から取り込む物質のことを栄養分（nutrient）とよぶ。植物の場合は養分や栄養塩類とよばれる場合も多い。今日の私たちは，動物とは違って植物が葉からCO_2と光エネルギーを取り込みながら，根から水や栄養塩類を吸収して種々の有機物を生産すること，そして植物が生産する有機物がすべての生物の生命を支えていることを知っている。

　しかし，このような認識に至るのに，人類はさまざまな紆余曲折を経験してきた。人類は歴史の早い段階から生物と無生物を識別していたし，動物が他の生物に由来する物質（有機物）を栄養分とすることについても認識していたであろう。同じく植物も，生物由来の有機物を栄養分としていると考えられていた。すでにギリシア時代には，腐植（土壌有機物）に富んでいる土壌で植物がよく成長するということは知られていたし，中世までの長期に渡って影響を及ぼしたアリストテレスも，農作物の生産性を高めるために有機物の効用を唱えていた。

　転機となったのは，17世紀にベルギーのヘルモント（J. B. van Helmont）が行った実験である。彼は，物質の燃焼時に発生する気体をガスと命名したことでも知られている。科学実験において物質の重さを正確に計量することを主張した人物でもあるヘ

ルモントは，乾燥させた土壌を天びんで正確に200ポンド（90.7 kg）量って木箱に入れ，そこに5ポンド（2.3 kg）のヤナギの枝を挿し木した。そして，ほこりや枯葉などが混入しないように注意しながら，5年もの間水だけを与え続けてヤナギを成長させた。最終的に，このヤナギは169ポンド（76.7 kg）の大きさにまで成長した。土壌を再び乾燥させてその重量を測定してみたところ，5年前と比べて2オンス（0.057 kg）しか減少していないことを彼はみいだした。ヤナギの成長量に比べてこの土壌の減少量は非常に小さかったため，ヘルモントがこれを誤差とみなしたのも無理はない。そして彼は，水だけでヤナギがこれほど大きく成長したと考えて，水が植物の栄養分であるとの結論に至ったのである。

同じころ，イギリスではウッドワード（J. Woodward, 1665-1728）がヘルモントの実験に触発されて，水が植物の栄養分であるかどうかを確かめようと次のような実験を行った。彼は水の消費量を記録しながら，スペアミントを一定期間成長させてその重量変化を測定してみた。その際に，与える水を雨水やテムズ川の水，あるいはハイドパークの地下水というように種類を変えて比較している。もし水だけが植物の栄養分であるならば，水の種類とは無関係に水消費量当たりのスペアミントの重量変化は等しくなるはずである。実験の結果は意外にも，雨水よりも濁ったテムズ川の水やハイドパークの地下水を与えた方がスペアミントの重量増加は大きくなった。そして，肥沃な土を少量加えて懸濁させた水を与えるとさらに重量増加が大きくなったことから，水ではなく土壌に由来するなんらかの物質が植物の栄養分ではないかと考えた。しかし彼は，必ずしも無機物質を想定していたわけではなかったようである。

19世紀に入ると，光合成を実験的に確認したスイスのソシュール（N. T. de Saussure）が植物の灰分を精密に分析していた。ソシュールは，水だけを与えて植物を種子から成長させた場合，成長した植物と種子中の灰分量が等しいことをみいだし，植物の成長に必要な灰分は土壌に由来するとした。これよりも以前に，植物を燃やした後に残る灰（アルカリとよばれていた）が肥料となることは認識されてはいたが，一般にはアリストテレス以来の有機栄養説がまだ根強く支持されていた。このような状況において，ドイツのリービッヒ（J. F. von Liebig）は1840年に「有機化学の農業および生理学への応用」を出版し，炭酸ガスと水および土壌に含まれる無機塩類が植物の栄養分であるとする無機栄養説を提唱した。同時期に，イギリスではローズ（J. B. Lawes, 1814-1900）が骨粉（後にリン鉱石に代わる）を硫酸で処理した新肥料「過リン酸石灰」を発明して特許を取得し，工場を設立して大々的に新肥料を製造しはじめた。従来，肥料は各農家で小規模に製造していたが，産業革命の影響もあってはじめて肥料が工業製品化されたのである。また，このローズがギルバートと共同で始めたローザムステッド農事試験場は，1843年以降現在まで継続している最古の農事試験場でもある。当時のベンチャー産業であった肥料製造業にとって，新肥料の効能を実証・宣伝する必要もあったのであろう。

20-2 植物の必須元素

リービッヒの植物無機栄養説が契機となり，1860年代にはザックス（J. von Sachs）やクノップ（W. Knop, 1817-1891）らによって，水に種々の無機塩を溶かしたものを培地とする水耕栽培法が確立された。この方法は，複雑な土壌から植物を切り離すことを可能にし，土耕では確認できなかった微量の必須元素の発見に大きく貢献した。アーノン（D. I. Arnon, 1910-1994）らによって定義された必須元素は次の3つの条件を満たすものである。(1) 必須性：その元素が欠如すると異常な成育となって一生を完結できない，(2) 非代替性：その元素の機能は他の元素で代替できない，(3) 直接性：その元素の効果は間接的なものでなく，植物体構成成分や代謝に直接関与する。この定義を満たした必須元素は，現在までに16（見解が定まっていないニッケルを含めると17）を数える（表20-1）。しかし，植物体に含まれる必須元素の濃度には大きな幅があり，その必要量が元素ごとに異なっていることに注意が必要である。通常は，硫黄までを多量必須元素と称し，塩素以下を微量必須元素としている。また，必須元素ではないがナトリウムやケイ素なども植物体に多く含まれる元素であり，C4光合成植物におけるナトリウムや，イネ科植物におけるケイ素などは，これら特定の植物種で重要な役割を果たしている。

表20-1 通常に成育した植物体中に含まれる必須元素の濃度と必須性が確認された年

元素名	元素記号	乾物当たりの含有率 $\mu mol\ g^{-1}$	$\mu g\ g^{-1}$	発見年
水素	H	60,000	60,000	1804
炭素	C	40,000	450,000	1804
酸素	O	30,000	450,000	1804
窒素	N	1,000	15,000	1804
カリウム	K	250	10,000	1860
カルシウム	Ca	125	5,000	1860
マグネシウム	Mg	80	2,000	1860
リン	P	60	2,000	1860
イオウ	S	30	1,000	1865
塩素	Cl	3	100	1954
鉄	Fe	2	100	1860
ホウ素	B	2	20	1923
マンガン	Mn	1	50	1922
亜鉛	Zn	0.3	20	1926
銅	Cu	0.1	6	1931
モリブデン	Mo	0.001	0.1	1939
ニッケル	Ni	0.001	0.05	1987

出典：森敏ら 2001, p.14 ; Epstain & Bloom 2005, p.50.

20-3 最少律と制限因子

無機栄養説と並んで，リービッヒが提唱した重要な概念が最少律（law of the minimum）である。すなわち，植物の成長量は獲得した栄養分の総量によって規定されるのではなく，もっとも不足している栄養分によってのみ律速（制限）されているという考え方である。この概念を直感的に示したのが，長短さまざまな側板で形成されたドベネックの要素樽である（図20-1）。植物の成長量を樽に貯まった水に見立てたものであるが，このとき樽に貯めることができる水の量はもっとも低い側板の高さで決まってしまう。このもっとも低い側板に相当するものを制限因子（limiting factor）とよぶ。

たとえば，与えるリン肥料を増やすにつれてトウモロコシのリン吸収量は増加し，それに応じて成長量（乾物重）が直線的に増加する。しかし，ある程度の量のリンを吸収すると，リン以外の別の必須元素が制限因子となるため応答が鈍くなる。植物の成長量を増加させるには，制限因子でない栄養分を供給してもあまり効果がなく，制限因子を特定しそれを直接改善することの重要性が理解される。なお，この概念は適用範囲がさらに拡張され，たとえば光合成の代謝反応や生態系における一次生産にも適用されるようになった。

樽の側板の高さは環境からの供給量に依存するであろうことは容易に想像されるが，表20-1でみたように植物が要求する濃度は元素ごとに大きく異な

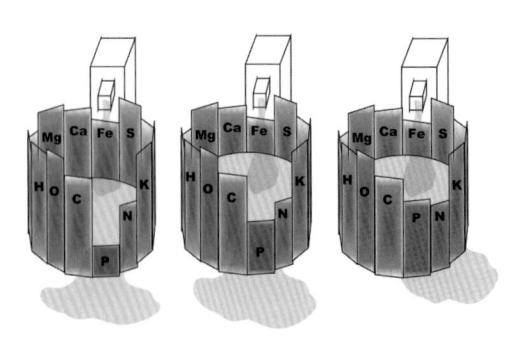

図20-1 最少律と制限因子の概念モデル（要素樽）。左端および中央の樽ではもっとも低いPの側板の高さ（リン吸収量）が増えるほど樽の中に貯まる水量も増える。しかし右端の樽のようにPの側板の高さがNを上回るとNの側板の高さ（窒素吸収量）が制限因子となって，Pの側板の高さを増やしても樽に貯まる水量は増加しない。

っている。多量に要求する元素であってもその需要を満たすだけの元素が環境から容易に供給されるならば制限因子とはならないし、逆に少量要求するだけの元素でも環境から十分に供給されなければ制限因子となる。すなわち、需要と供給のバランスが個々の元素の側板の高さを規定していると考えられる。そして、農作物に対する施肥の本質は、環境からの供給だけでは需要を満たせない栄養分を補給し、制限因子となっている側板の高さを上昇させることに他ならない。

窒素、リン、カリウムは肥料の3大要素として、肥料中に多く含まれる。ここで再び表20-1を参照すると、窒素とカリウムは要求量も多いことから多量に供給する必要性は理解しやすい。しかし、リンについてはそれほど多く要求されているわけではなく、カルシウムやマグネシウムの方が要求量そのものでは大きい。にもかかわらず、リンは窒素とともに農耕地を含め多くの生態系で植物の成長を律速する制限因子となっている。たとえば、湖沼などで問題となる赤潮は植物プランクトンが爆発的に増殖するために起きる現象であるが、その原因となるのは窒素やリンの流入である。すなわち、窒素やリンが植物プランクトンの成長速度を律速している制限因子であるからこそ、これらの栄養塩の流入によって植物プランクトンが増殖できるのであり、これら元素の環境からの供給速度が律速となっていることを意味している。

20-4 土壌中でのイオンの移動

植物はCO_2以外の栄養分をおもに根から獲得しているが、それらの栄養分は水に溶けたイオンが主要となる。窒素、リン、カリウムは土壌溶液中ではそれぞれ、NO_3^-またはNH_4^+、$H_2PO_4^-$またはHPO_4^{2-}、K^+のイオンで存在している。土壌中の粘土粒子の表面は負電荷を帯びており、NH_4^+、K^+、Ca^{2+}、Mg^{2+}などの陽イオンを吸着する能力がある。一方、NO_3^-、SO_4^{2-}などの陰イオンは吸着されにくいため、水とともに容易に移動できる。重要な例外はリン酸イオン（$H_2PO_4^-$またはHPO_4^{2-}）であり、土壌に多く含まれるAl^{3+}、Fe^{3+}、Ca^{2+}とすみやかに結合してほとんど水に溶けない難溶性となってしまう。土壌溶液中の濃度で比較すると、窒素（100-50,000 μM）やカリウム（100-4,000 μM）と比べてリンの濃度は1-50 μMと桁違いに低い（一般的な水耕液のホーグランド溶液のリンは2,000 μMと非常に高い）。土壌溶液中の元素濃度を1としたときの道管液中の元素濃度の比でみると、窒素で1.3、カリウムで1.8、カルシウムで1.1に対してリンでは400と著しく高く、土壌溶液中の希薄なリンを植物が相当濃縮していることが理解される。

どんなに密集した植物の根であっても、根の容積が土壌空間の5％を超えるのは非常にまれで、通常は1％以下の土壌空間を占めるにすぎない。このように統計的には無視できる小さな土壌空間だけでは、植物が必要とする必須元素を十分まかなうことができないので、ほとんどのイオンは大なり小なり土壌から根の表面までを移動しなければならない。土壌から根に至るイオンの移動には、蒸散を駆動力とする連続した水の流れで運搬されるマスフロー（mass flow）と、根の吸収によって生じた根近傍とその周辺土壌の濃度勾配に依存してイオンが移動する拡散（diffusion）の2つがある。これらのイオン移動に加えて、根が土壌中を伸長することで直接接触して取り込んだもの（根の容積分）を含めて、それぞれの元素ごとに貢献度を見積もったのが表20-2である。窒素（この場合はNO_3^-が主要）はマスフローの貢献が大きく、その駆動力となる蒸散量が増

表20-2 トウモロコシのイオン吸収における根の接触、マスフロー、拡散の貢献程度

元素	9500 kg ha^{-1}の穀物生産に要する元素量 (kg ha^{-1})	供給量 (kg ha^{-1})		
		根の接触	マスフロー	拡散
窒素	190	2	150	38
リン	40	1	2	37
カリウム	195	4	35	156
カルシウム	40	60	150	0
マグネシウム	45	15	100	0
イオウ	22	1	65	0

出典：Barber 1995, p.91.

えるにつれて窒素獲得量も増加する。一方，拡散による貢献が大きいK^+では，蒸散よりも根が細胞内にK^+を取り込む細胞膜の輸送能が重要となる。ただし，同様に拡散に支配されるリン酸イオンでは，あまりにもリン酸イオンと土壌との吸着が強いために膜輸送能を増加させるだけでは十分でなく，根と土壌との接触面積を積極的に増加させることが重要となる。

実際に，湿潤土壌での拡散速度はイオンによって大きく異なり，もっとも速度の大きいNO_3^-で3 mm/日，中程度のK^+で1 mm/日，もっとも小さいリン酸イオンでは0.03 mm/日程度にすぎない。この拡散速度に基づいて，1 cmの細根が10日間にこれらイオンを拡散で獲得できる土壌空間を計算すると，NO_3^-で約30 cm³，K^+は約3 cm³，リン酸イオンではわずか0.003 cm³程度となる。根長密度（土壌容積当たりの根の長さ）が1 cm/cm³という値はあまり発達した状態の根のものではないが，この程度の根長密度であってもNO_3^-やK^+の獲得には多すぎるが，逆にリン酸イオンの獲得には不十分ということになる。後で述べるように，植物が土壌からリンを獲得するのに根毛や菌根菌の菌糸が非常に重要となるのもこのためである。このように，植物の根が土壌からイオンをうまく獲得するには，移動速度に応じて異なる戦略が必要となる。

20-5 窒素の獲得

多くの植物にとって主要な窒素源はNH_4^+や，NH_4^+が酸化されて生成するNO_3^-である。NH_4^+は硝化細菌によってすみやかにNO_3^-まで酸化されるため，畑地などの好気的土壌ではNO_3^-が主要な窒素源となる。NH_4^+が多いのは水田などの嫌気的土壌，茶園のような強酸性土壌あるいは寒冷地などのように硝化細菌の活性が低いところである。植物はいずれのイオンも吸収するが，NH_4^+は毒性が強いので根の細胞内ですみやかにグルタミンに同化される。チャは過剰のNH_4^+を吸収すると二次代謝産物であるテアニンというアミノ酸を生成する。テアニンは茶の旨味成分であるので多量のNH_4^+態窒素が施肥されている。

一方，植物体内に取り込まれたNO_3^-は，土壌中での反応とは逆に硝酸還元酵素と亜硝酸還元酵素の働きによってNH_4^+に還元された後グルタミンに同化される。NO_3^-はそのままのかたちでは代謝されず，植物が実際に利用するにはNH_4^+に還元する必要があるが，この硝酸還元過程には相当のエネルギーを消費する。ただし，NO_3^-は毒性が弱いのでそのまま地上部に輸送されるものも多く，植物細胞は液胞にNO_3^-を貯蔵し，必要に応じて還元して利用している。このため，窒素を多量に施肥された野菜などでは，食用部分に高濃度のNO_3^-を含む場合があり，これを乳幼児が多量に摂取するとブルー・ベイビー症候群（赤血球のヘモグロビンと結びついたNO_3^-がO_2の運搬を阻害して起きる酸欠状態）に陥ることもある。

大気中の約80％はN_2であるが，窒素固定能をもたないほとんどの植物はこれを直接利用できない。マメ科植物のように窒素固定能を有する植物は，大気中のN_2を直接NH_4^+に還元して利用することができる。マメ科植物では体内窒素の50-80％は大気N_2に由来し，1年間で固定される窒素量は100-400 kg/haにも達する。このように，窒素固定能を有する植物は窒素の大気を経由した大循環にも大きく関与している。

マメ科植物の窒素固定は根粒（root nodule）という根組織で行われ，根粒内に共生した根粒細菌（rhizobium）のニトロゲナーゼ（nitrogenase）の働きでN_2をNH_4^+に還元している。この還元にはかなりのエネルギー（ATP）が必要で，根粒内では，そのエネルギーを生成するために宿主植物から供給される炭水化物を消費した呼吸が盛んである。この呼吸のためにO_2が必要となるのだが，ニトロゲナーゼはO_2に接するとすみやかに失活してしまう。このパラドックスを解消するために，宿主のマメ科植物はレグヘモグロビンとよばれるヘモグロビンと性質のよく似たタンパク質を根粒内に生産する。このレグヘモグロビンはO_2と結合し，根粒内でO_2が必要な部位とそうでない部位のO_2濃度を精密に制御する働きがある。マメ科植物以外にも窒素固定能をもつ植物があり，たとえばハンノキなどは放線菌と共生して根粒組織を形成し窒素を固定している。

土壌中の窒素の大部分を占めるのは動植物や微生物の遺体由来の有機態窒素で，多くの植物はこれを直接利用することはできない。有機物の分解によって少しずつ放出されるNH_4^+やそれがNO_3^-に硝化されることで利用可能となるが，これらの反応にも土壌微生物が深く関与している。微生物の分解速度は

温度などの環境条件に強く依存するが，有機物の炭素と窒素の濃度比（C/N比）にも左右される。有機物のC/N比が20-30程度以下ではNH$_4^+$が積極的に放出されて速効性があるが，C/N比が高くなるにつれてNH$_4^+$の放出速度が低下する。C/N比が50を超えるような有機物（わらやおがくずなど）を土壌に投入すると，窒素源が不足した微生物が土壌中のNH$_4^+$やNO$_3^-$を消費してしまい，そこに成育する植物が一時的な窒素飢餓状態に陥ることもある。したがって，有機質肥料を土壌に与える場合には，そのC/N比に注意する必要がある。

一方，化学肥料には速効性の無機態窒素が多く含まれているが，農作物が施肥窒素を利用できる割合は20-50％程度である。NO$_3^-$は水とともに移動しやすいため，降雨によって系外へ流出するなどで肥料利用効率を低下させ，また環境汚染の原因ともなる。それを防止するために，NH$_4^+$が硝化作用を受けないように硝化阻害剤を加えた肥料や，肥料成分を樹脂などでコーティングして徐々に土壌に溶出するよう設計された緩効性肥料も販売されている。窒素固定のみならず，有機物からのNH$_4^+$放出，さらにはNO$_3^-$への酸化というように，窒素循環には土壌微生物の果たす役割が非常に大きいことが特徴でもある。

20-6　リンの獲得

リンは窒素のように大気を経由した大循環がなく，もっぱら系内の循環に依存するか肥料のように系外からの投入に依存せざるを得ない。リン肥料の原料はほとんどが生物起源であり，この元素が生物によって濃縮されることを物語っている。現在ではリン鉱石がおもな原料となっているが，その埋蔵量から推測すると今世紀中にも枯渇する可能性が指摘されており，リン鉱石に代わる有望な資源もみつかっていない。日本はリン鉱石をほぼ100％輸入に頼っているが，1990年代まで最大の輸入先であったアメリカは現在ではその輸出を停止している。しかも，土壌に与えたリン肥料のうち，農作物に利用されるのはわずか10％程度であり，大部分は利用されることなく土壌に蓄積している。したがって，リン肥料の利用効率の向上と土壌に蓄積したリンの回収・利用が重要な課題となってきた。

先に述べたように，植物がリンを獲得できるのは根のごく近傍の土壌（根の表面から数mm以内）に限られている。そして，根の容積は通常1％以下の土壌空間を占めるにすぎないが，リン肥料は土壌全体に散布されている。この空間ギャップがリン肥料利用効率を大きく低下させる原因となっている。このギャップを埋めるように機能するのが根毛や菌根菌の菌糸である。根毛の長さや発生密度は種間差が大きく，たとえばタマネギやニンジンの根毛は0.04 mm程度と短いが，コムギやトマトでは0.3-0.4 mm程度で細根の太さ（約0.1 mm）の数倍にもなる。リン酸イオンの拡散速度（0.03 mm/日程度）を考慮すれば，0.3 mm程度の長さであっても根毛の役割はかなり重要となる。

この根毛と類似した役割を演じるのが根に共生する菌根菌（mycorrhizal fungi）である。菌根菌が共生した状態の根を菌根（mycorrhiza）とよぶ。菌根にはいくつかの種類があるが，起源が古いため多くの陸上植物にみいだされるのがVA菌根（アーバスキュラー菌根）である。この菌根菌が宿主植物の根に感染すると，樹枝状体（arbuscule）やのう状体（vesicle）を形成するとともに（一部の菌はのう状体を形成しない），根の外に菌糸を広げて種々のイオンを取り込む（図20-2）。土壌に広がる菌糸の長

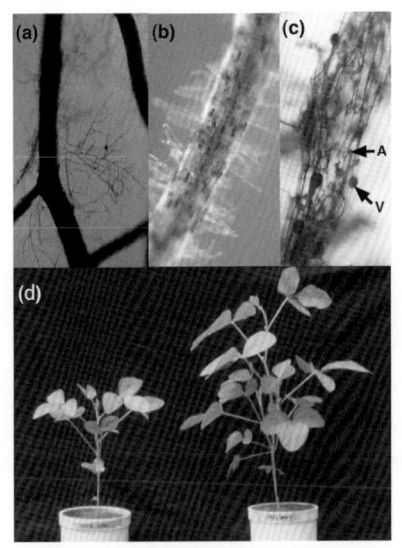

図20-2　(a) 宿主植物の根から根外へ発達した菌根菌の菌糸，(b) 根内に発育する菌根菌の菌糸，(c) 酵素によって宿主植物の細胞を分解し，根内に発育した菌糸を露出させた状態（Aは樹枝状体で，Vはのう状を示す），(d) リン欠乏土壌で菌根を形成しないダイズ（左）と形成したダイズ（右）の成長の違い。

さは，根毛をはるかに上回り数cmにも及ぶ。そして，宿主植物から光合成産物をもらいながら，土壌から吸収した無機イオンを宿主植物に提供する。この働きは，土壌中で移動速度が低いリン酸イオンにおいて特に重要で，リン欠乏土壌で菌根が形成されると宿主植物のリン栄養が著しく改善される。

　肥料として与えたリンの多くは，酸性土壌ではアルミニウムや鉄と，アルカリ性土壌ではカルシウムとすみやかに結合して水にほとんど溶けなくなってしまう。また，土壌中の全リンの20-80％は有機態として存在しており，その主要形態のフィチン（22章図22-10参照）を植物は直接利用するのが困難である。逆に言えば，これら植物が利用しにくいリンをうまく利用させることができれば，リンの施肥量を削減することも可能となる。近年，これらの難溶性リンを溶解してリン酸イオンを放出させる根の機能が着目されるようになった。

　ある種の植物は，アルミニウムや鉄あるいはカルシウムとキレート結合してリン酸イオンを遊離させる有機酸を根から分泌している。たとえば，シロバナルーピンはリン欠乏になるとプロテオイド根（あるいはクラスター根）とよばれる特異な形態の根を形成し，そこから多量のクエン酸を放出する。さらに，このプロテオイド根からは，有機態のリン酸を分解する酸性ホスファターゼの分泌も盛んである。現在では，クエン酸やホスファターゼを根から多量に分泌するように遺伝子改変した植物もいくつか作成されている。しかし，今のところ，これらの遺伝子改変植物は寒天培地などの無菌的な条件ではうまく機能しても，実際の土壌ではうまく機能しないようである。おそらく，土壌の複雑な物理化学的特性や土壌微生物が影響するためと思われ，その原因を解明して改善する研究が継続されている。

参考文献

高橋英一：肥料になった鉱物の物語，研成社，2004.
松中照夫：土壌学の基礎，農文協，2003.
森敏，前忠彦，米山忠克編：植物栄養学，文永堂，2001.
森田茂紀，田島亮介監訳：根の生態学，シュプリンガー・ジャパン，2008.
S. A. Barber, "Soil Nutrient Bioavailablity (2nd Ed.)", John Wiley & Sons, Inc., New York, 1995.
E. Epstein, and A. J. Bloom, "Mineral Nutrition of Plants (2nd Ed.)", Sinauer Associates, Inc., Massachusetts, 2005.
P. Gregory, "Plant Roots", Blackwell Publishing, 2006.

21 植物の病気と防御

- 植物の病気には，線虫，菌類，細菌，ウイルス，マイコプラズマなどの感染によって引き起こされるものがある。
- ウイルスの中で最初に結晶として単離されたものはタバコモザイクウイルスである。動物ウイルスの遺伝子が主としてDNAであるのに対して，植物のそれはRNAである。
- 細菌やウイルスはおもに植物体の気孔や傷口から侵入する。ウイルス感染では，昆虫がその媒体となる場合が約半数を占めている。一方，菌類は胞子で植物に接触し，発芽管を伸長させて細胞内に侵入する。
- 病原体の侵入を受けた植物は，防御活性を示すファイトアレキシンを生産する。ファイトアレキシン誘導の引き金として機能するエリシターは，おもに細胞壁多糖分子の断片である。
- 植物に含まれるアルカロイドの多くは毒性を有しており，植食性動物に対する摂食阻害や忌避に働いている。
- 植物は，昆虫などの食害に対して昆虫のタンパク質分解酵素を阻害するタンパク質を生産し，さらなる摂食による食害から身を守っている。
- 植物では，各種の物理・化学的機能障害，生理的障害によっても，病原体の感染による病気と同じような症状を示す。植物はこれらのストレスに対する耐性を獲得するために，種々の障害によって誘導される特異的なタンパク質を生合成する。

はじめに

　固着生活を営んでいる植物は，それを取り巻く生物的，非生物的環境要因の影響を受けている。これら環境要因のうち，植物にとって病原となるものも多い。病原によって植物細胞の正常な代謝が乱された結果，種々の生理機能の障害や形態異常が起こる。植物の病気には，病原体（病原微生物やウィルスなど）の感染や，昆虫や植食性動物の摂食行動による傷害などの他，さまざまな物理的，化学的，植物栄養学的な原因による生理的な機能障害がある。植物はこれら病原に応答し，防御する機構を備えている。

21-1　病原体

　植物に伝播性の病害をもたらす病原体に，線虫，細菌，ウイルス，菌類（カビ），マイコプラズマなどがある。植物に対し病原性を示す細菌は，*Rhizobium*属や*Agrobacterium*属など，進化の過程で寄生性を獲得したごく一部の細菌群である。一方，病原となる菌類は，糸状菌類（イネいもち病菌など），子嚢菌類（うどんこ病菌など），坦子菌類（さび病菌など），鞭毛菌類（べと病菌など），変形菌類（根こぶ病菌など）など多様である。クワの萎縮病やジャガイモの天狗巣病などはマイコプラズマによって引き起こされる。植物に感染するマイコプラズマを特にファイトプラズマ（phytoplasma）とよぶ。線虫は植物の根に侵入して細胞分裂を誘導して，こぶをつくる。また，植物ウイルスとして現在1000種類以上が知られている。

　ウイルスの発見は，イヴァノフスキィー（D. I. Ivanovski, 1892）やベイエリンク（M. Beijerinck, 1898）の研究に端を発する。彼らは，タバコやトマトの葉に濃淡緑色の斑点や奇形をもたらすタバコモザイク病の病原体が，細菌ではなく，細菌濾過器を通過する濾過性病原体であることを発見した。後に，スタンレー（W. M. Stanley）によって濾過性病原体としてはじめて結晶として単離されたものが，タバコモザイクウイルス（tobacco mosaic virus：TMV）である（1935年）。その後，TMVは純粋なタンパク質からできているのではなく5％程度の核酸（RNA）を含んでいることが明らかにされた。さらに，フランケル-コンラート（H. Fraenkel-Conrat）によるTMVウイルスの再構成実験によって，ウイルスのもつ感染性がそのウイルスの核酸に由来し，さらにウイルスのタンパク質はウイルスの核酸の遺伝情報に基づいて生合成されるという当時

画期的な成果が得られた。動物ウイルスや細菌ウイルス（バクテリオファージ）の核酸がデオキシリボ核酸（DNA）であるのに対し、植物のそれはリボ核酸（RNA）である。植物ウイルスはTMVに代表されるような桿状のもの、球状のもの、糸状のものとさまざまであり（表21-1）、その大きさも数十〜数千nmと変化に富む。TMVのタンパク質は分子量18,000の相同なサブユニット2,130個（各サブユニットは158個のアミノ酸からなるペプチド）でできている。このRNAは分子量2.4×10^6、6,500ヌクレオチドからなり、一定のらせんを形成しており、そのまわりにタンパク質のサブユニットが配列している（図21-1）。

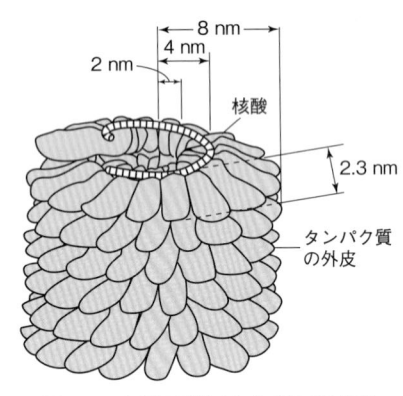

図21-1 タバコモザイクウイルスの構造

表21-1 植物ウイルスの形態

形態	ウイルス名
糸　状	ジャガイモXウイルス ジャガイモYウイルス カラシナモザイク病ウイルス
桿　状	タバコ巻葉病ウイルス タバコモザイク病ウイルス
球　状	カボチャモザイク病ウイルス

21-2　植物体の病徴

　病原体による、植物体の細胞、組織あるいは器官に現れる外部形態的変化を病徴という。ウイルスによる病徴のように、これが植物体全体に現れる場合を全身病徴といい、菌類による組織の一部変色のように、植物体の一部に現れる場合を局部病徴という。病徴としては、(1) 腐敗、(2) 細胞の死による変色（白化、斑点、モザイク斑）、(3) 萎凋、(4) 矮化、(5) 肥大、(6) 穿孔、(7) 壊死、(8) 器官脱離などがある。

　植物のがん化をもたらす細菌に、アグロバクテリウムがある。アグロバクテリウム（*Agrobacterium tumefaciens*）では、Tiプラスミドとよばれるプラスミド上に植物ホルモンであるオーキシンとサイトカイニンの合成遺伝子が存在し、感染によってこれらが発現し、宿主細胞で正常に保たれていたホルモンバランスが崩れ、感染局部細胞の異常増殖（組織の腫瘍化）が起こる。アグロバクテリウムの病原性の研究によってTiプラスミドが発見され、この発見が植物の形質転換用ベクターの開発、形質転換による育種への応用へと発展している（27章参照）。

21-3　病原体の感染

　病気は、病原体が植物体内に侵入するために起こる。植物の表面はワックス、クチクラ、そして細胞壁に覆われているため、細菌やウイルスは、植物体上の気孔などの自然開口部や傷口から侵入する場合が多い。これらの病原体は、能動的に宿主細胞へ侵入する能力をもち合わせていない。ウイルスの場合は、そのほとんどが傷口からの侵入で、その感染では昆虫が媒体となる場合が約半数を占める。アブラムシ、ウンカ、ヨコバイなどの昆虫が病気にかかった植物の汁液を吸う際に、ウイルスが昆虫の体内に入る。つづいてこの昆虫が健全植物の汁液を吸うときに、ウイルスが健全植物の体内に侵入して感染が広がる。ウイルスは最初に侵入した細胞で増殖し、その後、隣接細胞に移行、維管束組織を通って植物体全体に広がる。

　一方、菌類（糸状菌）では、病原体が植物に病気を起こさせるまでに複雑な過程をたどる。胞子がまず植物体上で発芽しなければならず、発芽に際して水分（水滴）を必要とする。胞子は発芽後、侵入器官（付着器）を形成して、植物病原菌自身がつくり出すペクチナーゼやセルラーゼによって宿主細胞の細胞壁を分解して植物細胞内に侵入する。ウリ類炭そ病菌やイネいもち病菌では、付着器基底部の貫穿孔を除いて付着器全体を覆うようにメラニン合成が起こる。その結果、付着器基底部からの菌糸の植物細胞への侵入が容易となる。（図21-2)

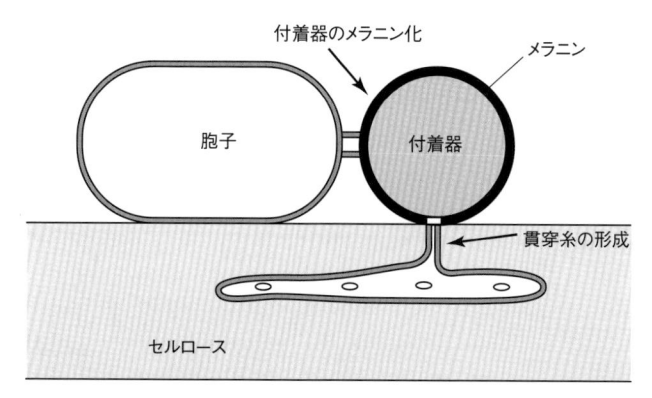

図21-2　ウリ炭そ病菌の付着器侵入（植物細胞工学2(6)679(1990)より改変）

21-4　病原菌・害虫などに対する植物の防御反応

病原菌の攻撃を受けた植物体は，その侵入を防ぐために，さまざまな抵抗反応を示す。このような反応を過敏性反応といい，感染した細胞，組織では一連の生理反応によって細胞死や褐変組織の形成が起こる。また，隣接する細胞では，ファイトアレキシンなどの抗菌性物質などの合成が起こる（図21-3）。

また，昆虫などの食害に対して，プロテアーゼインヒビターやアルカロイドなどの生産，さらには天敵の誘因など，さまざまな防衛機構がある。

21-4-1　ファイトアレキシンとファイトアンティシピン

健全な植物にはみられず病原菌の感染により新たに合成される抗菌性物質をファイトアレキシン（phyto：植物＋alexin：防御物質），それに対し，病原菌の攻撃を受ける前から存在する抗菌性物質をファイトアンティシピン（anticipin：予期物質）とよぶ。

植物は種によって独自のファイトアレキシンを生産する。ピサチン，ファセオリン，イポメアマロン，グリセオリンなど現在までに20科，100種類以上の植物から，200以上のファイトアレキシンが単離されている（図21-4）。これらは，一部の例外を除いて，ペントース‐リン酸回路を経由してシキミ酸から合成される（図21-3）。

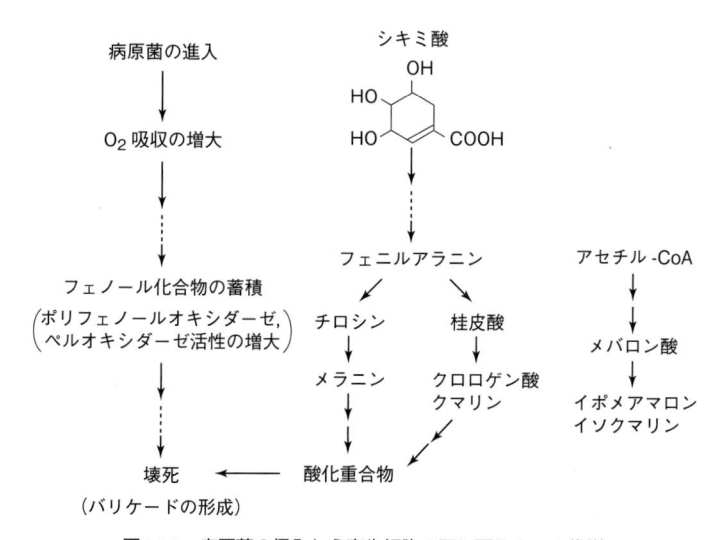

図21-3　病原菌の侵入から寄生細胞の死に至るまでの代謝

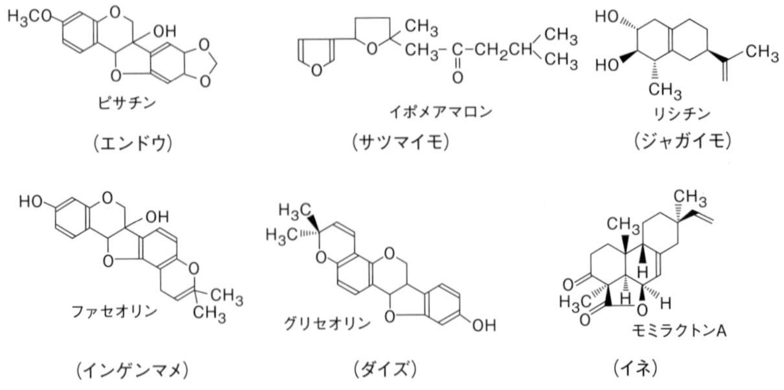

図21-4　代表的なファイトアレキシンとそれを産出する植物

ピサチン（エンドウ）　イポメアマロン（サツマイモ）　リシチン（ジャガイモ）
ファセオリン（インゲンマメ）　グリセオリン（ダイズ）　モミラクトンA（イネ）

　ファイトアレキシンなどの高等植物の細胞に生体防御反応を誘導する引き金となる物質を，エリシターとよぶ．エリシター活性を有するものは，おもに病原菌や植物由来の細胞壁多糖分子の断片や活性酸素である．病原菌由来のエリシター（外因性エリシター）には，β-グルカン，キチン（N-アセチルグルコサミンのポリマー）などがある．たとえばダイズに糸状菌を感染させると，糸状菌は菌糸を伸ばし植物細胞内に侵入する．すると植物細胞内のエンド型β-1,3グルカナーゼが菌糸表面の細胞壁に作用し，加水分解によってβ-グルカン断片を遊離させる．これが引き金となってグリセオリン（図21-4）の合成が起こる．また，菌類のほぼ半数はキチンを有しており，植物細胞のもつキチン分解酵素により菌の細胞壁からキチン断片が遊離する．すなわち植物細胞がβ-1,3グルカナーゼやキチナーゼを有していることが菌糸侵入の防御機構の必須の戦略となっている．一方，菌類が産出する細胞壁多糖分解酵素

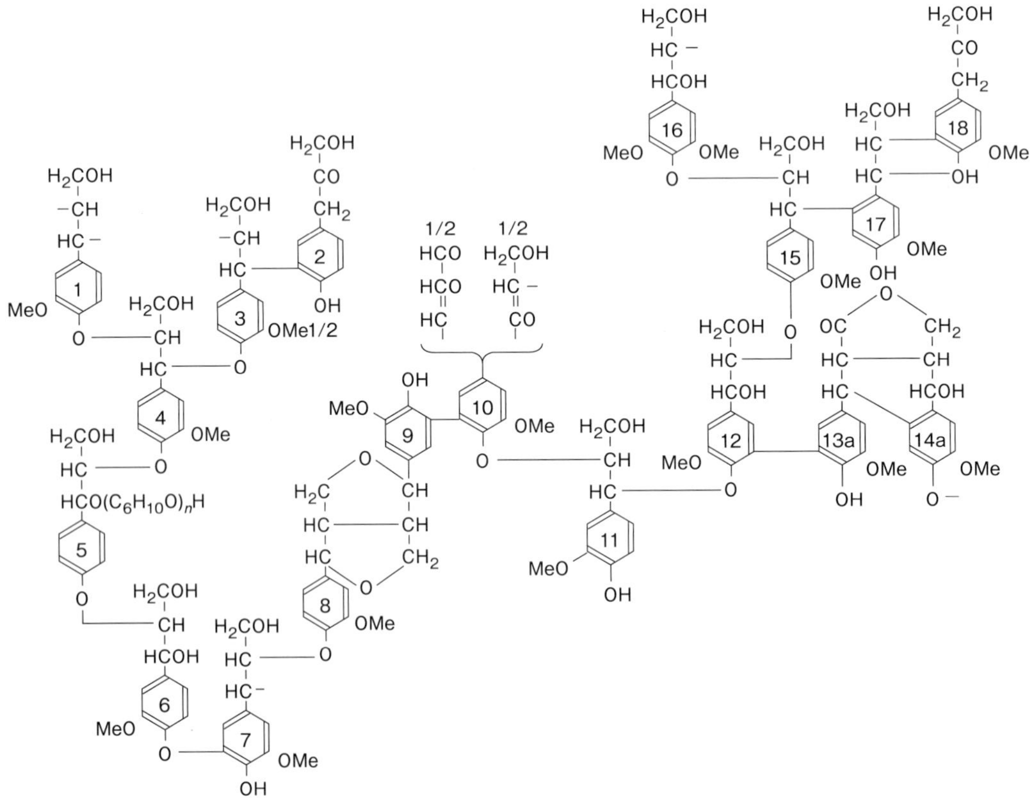

図21-5　ヨーロッパトウヒのリグニンの模式図（Freudenberg & Neish 1968より改変）

21-4 病原菌・害虫などに対する植物の防御反応

によって生じた植物細胞壁由来のオリゴ糖，たとえばポリガラクツロナーゼによって生じたオリゴガラクツロン酸が宿主植物細胞由来のエリシター（内因性エリシター）となる。このように植物は，植物と菌糸の細胞壁成分の違いや，もっとも外側の物理的障壁である植物細胞壁に起こる生化学的変化を巧みに感染のシグナルとして感受している（図21-6）。一方，植物に感染する病原菌は，菌糸からエリシターの働きを一時的に抑制する抑制物質を分泌し，ファイトアレキシンの合成を遅らせ，自身の繁殖を有利にする機構も有している。

植物ホルモン類の1つ，ジャスモン酸類（13章参照）は，ファイトアレキシンの生成を誘導することが知られている。この場合，傷害によって増加したジャスモン酸が近隣の細胞への警戒警報として伝達され，ファイトアレキシンの生成を誘導すると考えられている。

21-4-2 フェノール性化合物：酸化酵素活性の上昇とリグニン形成

病原菌の侵入と同時に，その組織においてフェノールオキシダーゼやペルオキシダーゼなどの酸化酵素の活性が上昇するとともに，フェノール化合物の生合成が認められる。これらの反応は，病原菌の侵入を受けた細胞を取り巻く周辺部の細胞でリグニン（図21-5）の合成を促進し，細胞壁を強固にして病原菌のそれ以上の侵攻を阻止するバリケードとしての役割を果たしている。リグニンは通常，二次細胞壁の構成要素として，セルロースとともに材の主要構成成分となる。リグニンはフェニルプロパンが高度に重合した3次元の網目構造を形成している。フェニルプロパンであるp-クマリルアルコール，コニフェリールアルコール，およびシナピルアルコールは，一度グルコシル化を受けて安定な配糖体を形成し，必要箇所に輸送された後，グルコシダーゼによって再びそれぞれのアルコールとなる。これらがペルオキシダーゼの作用でラジカル重合しリグニンが合成される。植物の種類によって構成単位のフェニルプロパンの種類は異なっており，たとえば針葉樹のリグニンは主としてコニフェリールアルコールを多く含み，イネ科植物のリグニンではp-クマリルアルコールの含有率が高い。

21-4-3 タンパク質性生体防御物質：プロテアーゼインヒビター

植物は，昆虫などの食害に対して，トリプシンなどのタンパク質分解酵素を阻害するタンパク質（プロテアーゼインヒビター）を生産して防衛する。プロテアーゼインヒビターは昆虫の消化酵素を阻害するため，昆虫は消化不良を起こす。昆虫はプロテアーゼインヒビターを含む葉を避けるようになり食害が軽減する。トマトやジャガイモの葉が昆虫による

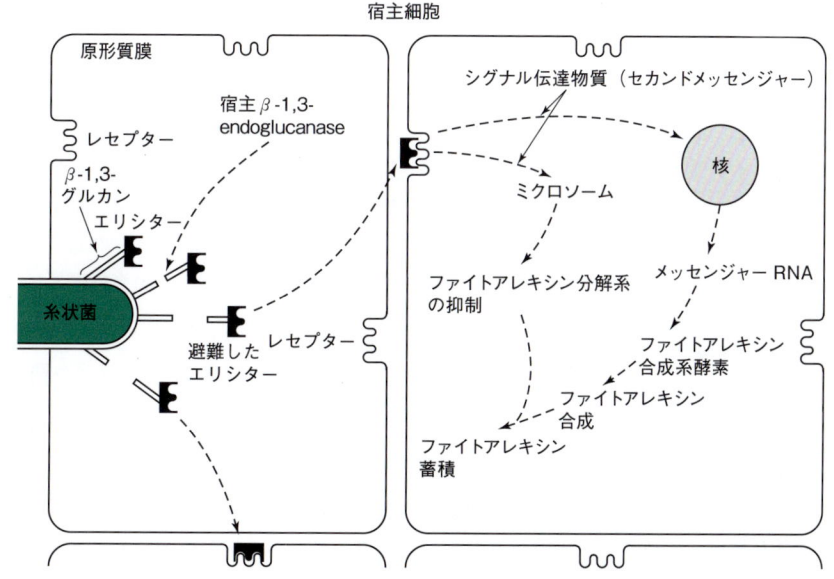

図21-6 病原菌に感染した植物におけるファイトアレキシン蓄積の生化学的過程の模式図（植物細胞工学2(6)679（1990）より改変）

摂食などで傷を受けると，その葉（局所的）ではもちろんのこと，健全葉（全身的に）でもプロテアーゼインヒビターが合成される。これは，食害を受けたという情報が，システミンとよばれるポリペプチドやジャスモン酸類を介して健全な組織，器官へと伝達され，全身的障害応答が起こることによる。このようにして獲得された抵抗性を全身獲得抵抗性とよぶ。

植物はプロテアーゼインヒビター以外にも，生体防御的役割を有する毒性タンパク質を生産する。コムギの胚乳にはチオニンとよばれる低分子の塩基性タンパク質があり，酵母の増殖阻害や，抗菌作用や抗カビ作用を示す。また，ヒマ種子に含まれるリシンは分子量約6万の糖タンパク質で，真核生物のリボソームの不活化をもたらし，毒性を発揮する（24章参照）。また，植物には，リシンのようにリボソームを不活性化するタンパク質（リボソーム不活性化タンパク質）が広く分布しており，ウイルスの感染に対して，宿主細胞内におけるリボソームを不活性化してタンパク質合成を阻害することにより，ウイルスの増殖を抑えている。

21-4-4　植物の毒素としてのアルカロイド

植物は，分子中に窒素を含み塩基性を示すことからアルカロイドと称される低分子化合物を含んでいる（24章参照）。アルカロイドは，植物の種によって偏って分布し，一般に双子葉植物に多く（双子葉植物でもアブラナ科やバラ科には存在しない），単子葉植物には少ない。アルカロイドには，トリカブトに含まれるアコニチンやマチン科植物から抽出されるストリキニーネなど毒性を示すものが多く，毒性を有するアルカロイドは，植食性動物に対する摂食阻害や忌避に働いていると考えられている。一方，キナ樹皮に含まれているキニーネ（マラリアの特効薬），コカの葉を原料としたコカイン，ケシの実に含まれるモルヒネ，セイヨウイチイに含まれるタキソール（抗がん剤）など，薬用となるものも多い。

21-4-5　天敵を誘因する揮発性物質（匂い物質）

化学物質を介した直接的防御の他に，植物が揮発性の高い匂い物質を放出して植食者の天敵を誘引するという防衛機構がある。この植食者誘導性揮発成分（herbivore-induced plant volatiles）は，ある植物がある特定の植食者に食害されたときに放出されるもので，植食者の唾液に含まれる成分がエリシターとして働く。機械的に傷をつけた場合には放出されない。たとえば，リママメ（インゲンマメの仲間）は，植食者であるナミハダニの食害を受けると，植食者誘導性揮発成分として数種類のテルペンとサリチル酸メチルを生産して放出する。するとチリカブリダニという捕食性のダニが集まってくる。このダニはナミハダニのように農作物を食害しないので，農薬の代わりに畑にまかれてハダニの駆除に利用されている（生物農薬：天敵農薬）。植物－鱗翅目幼虫－捕食寄生性昆虫の関係として，シロイチモジヨトウの幼虫に食害されたトウモロコシが揮発性成分を放出して幼虫の内部寄生蜂を誘引することが知られている。

21-5　植物の生理的機能障害

植物の障害は，病原体や害虫だけではなく，さまざまな物理的・化学的・植物栄養学的な原因によってももたらされる。これらをまとめて生理的機能障害とよぶ。物理的機能障害として，風害，雪害，ひょう害，霜害，凍害，雨害などがあり，いずれも植物に物理的な損傷を与える。また，水分や陽光，あるいは土壌中の通気の不足なども葉の黄化，褐変や根腐れをもたらし，結果として植物が病気にかかったときと同様な状態をもたらす。化学的機能障害として，海岸地帯で認められる塩害や，有害廃棄物やスモッグなどのいわゆる公害による植物の損傷があげられる。酸性雨は植物を枯死させる。病虫害防除のための薬剤散布による薬害も，植物に病原体が侵入したときと同様の外観をもたらす。また，植物の健全な成育には少なくとも44種類の元素が必要であり，土壌中におけるこれらの元素の不足も植物の機能障害の原因となる（20章参照）。

21-6　ストレス誘導性タンパク質

物理・化学的機能障害をもたらすストレスに耐えるために，植物は細胞内で遺伝子発現を介して特殊なストレス誘導性タンパク質を生成する。ストレス誘導性タンパク質の中で，もっともよく研究されているのが熱ショックタンパク質（heat-shock protein：HSP）である。HSPは，生物をその至適温度より高

温にさらしたときに誘導される一群のタンパク質で，細菌から高等植物まで広く存在するとともに，そのアミノ酸配列が高度に保存されている．細胞の高温耐性（あるいは適応）に関与しており，たとえば，ダイズの芽生えの致死温度は45℃であるが，28℃から40℃へ移し，40℃の高温に1時間程度さらすとHSPが生成し，45℃でも生存できるようになる．HSP群は，熱ストレスによって受けたタンパク質の解離や凝集，傷害を受けた細胞内タンパク質のフォールディング（ポリペプチド鎖が折りたたまれて高次構造をもつタンパク質を形成すること），会合，膜輸送，分解などの過程における分子シャペロン（生体分子と結合して安定化をもたらす分子）として働くとされている．

乾燥，塩，低温などのストレス応答では，植物ホルモンであるアブシジン酸濃度が上昇し，これによって，多くの乾燥抵抗性遺伝子あるいは塩ストレス誘導性遺伝子の発現が誘導される．乾燥あるいは塩ストレスに応答して発現する遺伝子の翻訳産物は，ストレス応答におけるシグナル伝達や転写にかかわる制御タンパク質と，耐性や適応に直接に関わる機能タンパク質に分けられる．前者には，細胞内のシグナル伝達に関与するプロテインキナーゼや機能タンパク質の転写因子などが，そして，後者には細胞の水輸送や液胞への塩類輸送に関わるイオンチャンネルやイオンポンプなどの膜タンパク質，シャペロン，そして適合溶質（乾燥や塩などによって起こる浸透ストレスに応答して細胞内に蓄積される低分子有機化合物，糖類のソルビトール，マニトール，トレハロース，アミノ酸のプロリン，第4級アンモニウム化合物のベタイン類など）の合成酵素などがある．浸透ストレスに応答する適合溶質は，植物の種類によって異なっている．一般に耐塩性の高い植物は適合溶質の合成能が高い．

コラム　屋久杉

ユネスコの世界自然遺産に指定されている屋久島は，九州最南端の佐多岬から南南西海上約60 kmに浮かぶ周囲約132 km，面積約500 km²，九州一の高峰，宮之浦岳（標高1936 m）をはじめとして多くの1000 m級の山を要する山岳島である．第三紀の末期に花崗岩の隆起によって現在の屋久島がつくられたとされる．この地理，地形がおりなす海岸部の亜熱帯から山頂部の亜寒帯までのさまざまな環境には，降水量（年間降水量は，平地で4000 mm，山地では約8000 mmにも達する）にも恵まれ約1500種にもおよぶ植物の自生が認められる．屋久島では，標高500 mを超えるあたりから照葉樹林の中に屋久杉とよばれるスギが点々と姿を現し，標高700 mを超えるあたりから山頂付近までがスギ林といえるほどの針葉樹林帯が続く．スギは，屋久島を南限，青森県の津軽半島を北限とし日本に広く分布している樹木で，一般にその寿命は長くても約500年といわれている．ところが，屋久島のスギの中には，縄文杉（樹高30 m，根回り43 m．縄文土器の火焔土器に形が似ていることから名づけられたといわれる）をはじめとする樹齢2000年を優に超える巨木が多く存在する（通称，樹齢1000年以上のものを屋久杉といい，1000年以下の小杉と区別される）．屋久島のスギが長寿であるのには，屋久島の特殊な自然環境とスギの特性が関係する．屋久島の土台をなす花崗岩には塩基性成分が少なくケイ酸分が多いため，風化しても植物にとっては貧栄養の土にしかならず，屋久島のスギの成長速度は他の地域のスギに比べてきわめて遅くなる．たとえば，日光の杉並木のスギが樹齢360年ほどで直径150 cmを超えているのに対して，屋久杉自然館に展示されている樹齢約1700年の屋久杉の樹齢500年のときの直径はわずか40 cmほどである．屋久杉の成長速度が遅い結果として，年輪の幅が緻密になって材は硬くなる．そのため樹脂道に普通のスギの約6倍もの樹脂がたまる．この樹脂にはテルペン類などが多く含まれており，防腐，抗菌，防虫効果をもたらす．このようにして屋久杉は長い年月ゆっくりと生き続けることで巨木となっていったといえる．しかし，実験的にこれを確かめるのは難しい．屋久杉を神木としてきた屋久島の神秘の力がそこに働いていると考える方がはるかにロマンティックな気がする．

参考文献

飯田格ほか：植物病理学，朝倉書店，1978．
山村庄亮，長谷川宏司編：天然物化学－植物編－，アイピーシー，2007．
H. Mohr, P. Schopfer／網野真一，駒嶺穆監訳：植物生理学，シュプリンガー・フェアラーク東京，1998．
甲斐昌一，森川弘道監修：プラントミメティクス－植物に学ぶ－，エヌ・ティー・エス，2006．
小柴共一，神谷勇治，勝見充行編：植物ホルモンの分子細胞生物学，講談社，2006．
桜井直樹，山本良一，加藤陽治：植物細胞壁と多糖類，培風館，1991．
久保康之：植物細胞工学 2，pp.679-687，秀潤社，1990．

22

主要植物成分の合成と分解

- デンプン，脂質，タンパク質が，発芽のために種子や塊茎などに蓄えられている。
- デンプンは分解されてグルコース（ブドウ糖）になり，エネルギー生産に使われる一方，スクロース（ショ糖）に変換されて，他の器官へ輸送される。
- 脂質は，分解されてエネルギー生産に使われる経路とグルコースに変換される経路がある。
- 脂質がグルコースになるには多量の酸素が必要である。
- タンパク質は分解され，アミノ酸の形で他の器官に輸送される。
- ATPや膜の合成に必要なリン酸は種子中ではフィチンという化合物として貯蔵されている。

22-1 貯蔵物質の種類と分解

　イネ，コムギ，トウモロコシ，ジャガイモ，ダイズなどは，人類を含めた動物の生存にとって不可欠である。人類は年間，穀類（イネ，コムギ，オオムギ，トウモロコシなど）を世界で22億トン（日本1,100万トン），ジャガイモ，サツマイモを4.4億トン（日本360万トン），マメ類を2.7億トン（日本25万トン）生産している。これらの種子や塊茎，塊根には貯蔵物質としてデンプン，脂質，タンパク質が蓄えられている（表22-1）。穀類の種子は，胚乳内に主としてデンプンを貯蔵している。

　貯蔵デンプンは水に不溶なデンプン粒として存在している。マメ類の種子ではデンプンや脂質が子葉に蓄えられている。ヒマワリやゴマではまったくデンプンが含まれておらず，貯蔵物質の大半が脂質である。このような種子を脂肪種子という。一般に，脂質を多く含む種子は，デンプンを多く含む種子（デンプン種子）に比べて小さく，大ききが平均して約半分である。このように脂質あるいはデンプンの割合が極端に少ない種子はあるが，タンパク質はどの種子にも含まれている。タンパク質を多く含む種子にダイズがある。種子や塊茎が発芽するとき，貯蔵物質は分解され，エネルギー生産や生体構成成分の合成に使われる。

　デンプンは酵素で分解され，グルコース（ブドウ糖）になる。デンプンの分解には酵素以外に水が必要である（加水分解という）。生じたグルコースは解糖系に入りエネルギー生産にまわされるか，フルクトース（グルコースからできる糖）と結合してスクロース（ショ糖）になり，他の器官に運ばれる。一方，脂質は複雑な過程を経て分解されエネルギー生産に使われる経路と，グルコースを経てスクロースになる経路がある。タンパク質は分解されてアミノ酸になり，他の器官に輸送される（図22-1）。

表22-1　種子中の貯蔵物質の割合（乾燥種子に対する%）

	デンプン	脂質	タンパク質
トウモロコシ	50-70	5	10
コムギ	60-75	2	13
オオムギ	76	3	12
イネ	78	2	9
エンドウ	30-40	2	20
ラッカセイ	8-21	40-50	20-30
ワタ	15	33	39
ヒマワリ	0	45-50	25
アブラナ	0	34	20
トウゴマ	0	64	18
ダイズ	6	18	40
ジャガイモ	78	1	9

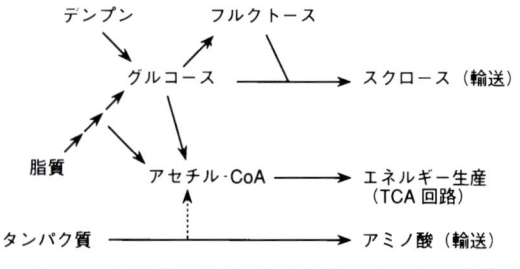

図22-1　貯蔵物質の分解とその行く先。デンプン，脂質が消費しつくされるとタンパク質が分解されて，エネルギー生産に回されることもある。

22-2 デンプン

22-2-1 構造

デンプンはグルコースが単位となってつながった高分子化合物である（図22-2）。直鎖部分のグルコースどうしの結合はα-1,4結合である。分岐点のグルコースの結合はα-1,6結合である。分岐していない直鎖状のデンプンをアミロース，分岐状のデンプンをアミロペクチンとよぶ。すべてのデンプンはこの2種類の高分子からなっている。通常，アミロペクチンの方が比率が高い。アミロペクチンは哺乳類では分解されにくいため，たとえばアミロースの含有率を80％にまで高めた家畜用トウモロコシ品種が開発されている。アミロペクチンの割合が多く，アミロースの割合が10％以下の穀類は「もち」とよばれ，独特の粘り気を与える。

図22-2 デンプンの構造

アミロースは，グルコースが1,000-3,000個つながった分子である。アミロースは直鎖状の分子であるが，水溶液中では，グルコース6分子で1回転するらせん構造をとる。純粋のアミロース水溶液にヨウ素分子を入れると，そのらせん構造の中に入りこみ，直線上に長く配列するため青色を呈する（ヨウ素-デンプン反応）。アミロースのらせん構造は水素結合で維持されているため，デンプン溶液を熱したりアルカリ性にしたりすると，らせん構造は壊れ，ヨウ素-デンプン反応も消える。

アミロペクチンはグルコースが6,000-60,000個つながった高分子であるが，多数の分岐点があるため，直鎖の部分はグルコースが20-30個つながっているにすぎない。したがって，らせん部分が短く，ヨウ素原子の配列も短く，アミロペクチン水溶液にヨウ素分子を入れると，青色ではなく赤色を呈する。両者の混合物であるデンプン溶液にヨウ素分子を入れると，赤と青が混ざり紫色に染まる。

デンプンは，60-70℃以上にすると糊状になる。これはアミロースやアミロペクチンが水和するからである（17章参照）。このようなデンプンを$α$-デンプンという（α-1,4結合やα-アミラーゼのαとは関係がない）。$α$-デンプンは弾力性があり，独特の舌触りを与える。$α$-デンプンを冷やすと$β$-デンプンになる。$β$-デンプン中ではアミロースやアミロペクチンの水和が減少し，結晶化が増加する。この過程を老化という。炊きたての御飯や焼きたてのパンの舌触りが，冷めたり，時間が経ったりすると変わるのはこの$β$-デンプンの生成による。$β$-デンプンができる温度はデンプンの質によって異なる。おにぎりにしてもおいしいお米は，$β$-デンプンのできる温度が低い。

22-2-2 分解

デンプンは，基本的に数種類の酵素でグルコースにまで分解される。1つは$α$-アミラーゼで，穀類種子の糊粉層（胚乳の外側を取り囲む層）などに含まれる。直鎖状のグルコース鎖を最終的にはグルコース2分子が結合したマルトース単位まで分解する。$α$-アミラーゼは直鎖状のグルコース鎖ならどこからでも切断できる（図22-3）。このような切断のしかたをする酵素をエンド型とよぶ（endoは，ギリシャ語で「内」を意味する）。

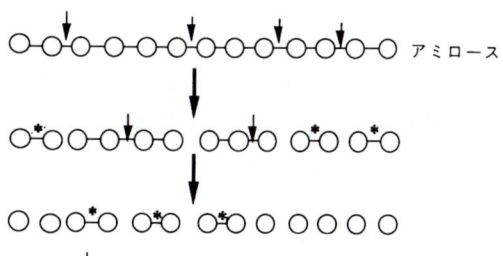

↓ ：$α$-アミラーゼの切断点
＊ ：$α$-グルコシダーゼの切断点
○○ ：マルトース

図22-3 $α$-アミラーゼと$α$-グルコシダーゼによるアミロースの分解

哺乳類には存在しないが，植物や微生物ではβ-アミラーゼという酵素がある。β-アミラーゼは直鎖状のグルコース鎖の端からマルトースを生じるという切断の仕方をする（図22-4）。このような切断の仕方をする酵素をエキソ型とよぶ（exoは，ギリシャ語で「外」という意味）。α-およびβ-アミラーゼで生じたマルトースはα-グルコシダーゼという酵素で2分子のグルコースに分解される（図22-4）。α-1,6結合を切る酵素（イソアミラーゼ）は微生物には存在するが，哺乳類や植物には存在しない。したがって，哺乳類も植物も自分の生産する酵素ではアミロペクチンを全部は消化できない（図22-5）ので，分解産物には多数のα-1,6結合が残っている。

唾液に分泌されるアミラーゼはα-アミラーゼである。御飯をよくかんで食べると甘味が感じられるのは，デンプンにα-アミラーゼが作用し，生じたマルトースによる。マルトースは砂糖（スクロース）と異なり，後に残らないさわやかな甘味を呈する。

昼間，葉で生産された光合成産物の一部はデンプンの形で葉緑体内に蓄積され，夜間に分解されて，葉以外の組織に師管を通して輸送分配される（転流）。葉緑体中のデンプンはデンプンホスホリラーゼという酵素でグルコースに分解される。生じたグルコースは細胞質に移動し，フルクトースと結合してスクロースになり，細胞外に輸送される。

↓：β-アミラーゼの切断点
＊：α-グルコシダーゼの切断点
○─○：マルトース

図22-4　β-アミラーゼとα-グルコシダーゼによるアミロースの分解

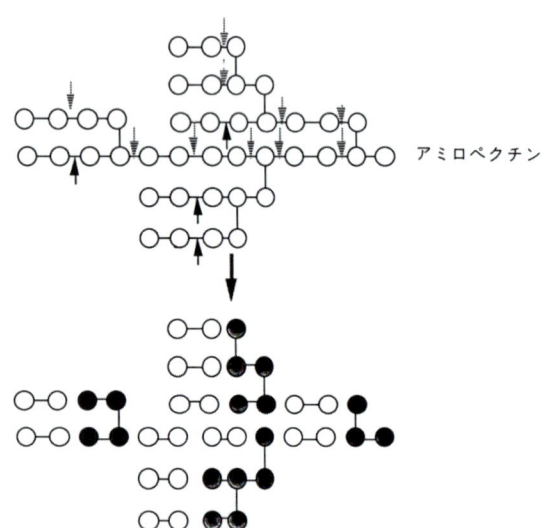

▼：α-アミラーゼの切断点
↑：β-アミラーゼの切断点
●：分解されない残余物

図22-5　α-アミラーゼとβ-アミラーゼによるアミロペクチンの分解

22-3 脂　質

22-3-1　貯蔵脂質の種類と構造

脂質はさまざまな化合物の総称で，主として炭素原子と水素原子からなり，糖に比べて酸素原子の割合が少ない。大部分の植物貯蔵脂質は，トリアシルグリセロールとよばれるグループである（図22-6）。ダイズ，ピーナッツ，ココナッツ，ヒマワリ，ヤシ，ナタネ，ワタ，オリーブから抽出される脂質は，マーガリン，調理油，サラダオイル，ペンキ，石けんなどの原料として毎年世界で3,000万トン使われている。トリアシルグリセロールは，3個のグリセロールの水酸基に脂肪酸が3個結合した構造をとる。結合する脂肪酸の種類は多数ある。脂肪酸は大きく分けて2種類に分類できる。ひとつは内部に二重結合をもたない飽和脂肪酸である。その一般構造は$CH_3(CH_2)_nCOOH$で，nは偶数である。もうひとつは二重結合をもつ脂肪酸で不飽和脂肪酸という。nの数や内部の二重結合の数で名前が変わる（表22-2）。

$$\begin{array}{c} CH_2OH \\ HOCH \\ CH_2OH \end{array} + 3 \times 脂肪酸 \Rightarrow \begin{array}{c} CH_2O\text{-}脂肪酸 \\ 脂肪酸\text{-}OCH \\ CH_2O\text{-}脂肪酸 \end{array}$$

グリセロール　　　　　　　　　トリアシルグリセロール

図22-6　トリアシルグリセロールの構造

表22-2 脂肪酸の種類

	二重結合の数	構造	炭素原子の数	植物
（飽和脂肪酸）				
ラウリン酸	0	$CH_3(CH_2)_{10}COOH$	12	ココナッツ
ミリスチン酸	0	$CH_3(CH_2)_{12}COOH$	14	アブラヤシ
パルミチン酸	0	$CH_3(CH_2)_{14}COOH$	16	アブラヤシ
ステアリン酸	0	$CH_3(CH_2)_{16}COOH$	18	カカオ
（不飽和脂肪酸）				
オレイン酸	1	$CH_3(CH_3)_7CH=CH(CH_2)_7COOH$	18	オリーブ，ワタ，アブラヤシ
リノール酸	2	$CH_3(CH_3)_4(CH=CHCH_2)_2(CH_2)_8COOH$	18	ダイズ，ラッカセイ，ヒマワリ
リノレン酸	3	$CH_3(CH_2)(CH=CHCH_2)_3(CH_2)_6COOH$	18	アマ
アラキドン酸	4	$CH_3(CH_2)_4(CH=CHCH_2)_2(CH_2)_2COOH$	20	コケ，シダ

脂質はグリセロールに結合している脂肪酸の種類によって，固形もしくは油滴として存在している。脂肪酸の炭素鎖が短く，また内部に二重結合をもつものは油滴として，また炭素鎖が長く，飽和しているものは固形として存在している。動物は，二重結合を2個もつリノール酸を合成できない。子宮収縮，血管拡張，血圧降下，気管支拡張，腸管収縮，胃酸分泌抑制など，多彩な生理機能をもつホルモンであるプロスタグランジンは，リノール酸からしか合成できない。したがって，リノール酸は動物の必須栄養素である。しかし，リノール酸の過剰摂取には健康への悪影響も指摘されており，注意が必要である。

植物種子に含まれる脂肪酸の組成を表22-3に示した。トウモロコシの脂肪酸は種子中の脂肪酸の量は少ないがリノール酸の含有率が高い。

グリセロールの1個の水酸基にリン酸が結合したものをリン脂質とよぶ。貯蔵組織に含まれるリン脂質は，スフェロソームという一重膜で囲まれた小器官に存在していて，後で述べる脂質分解酵素もこの中に含まれている。

22-3-2 分　解

子葉や胚乳中のトリアシルグリセロールは，リパーゼによってグリセロールと3分子の脂肪酸に分解される（図22-7）。生じたグリセロールはリン酸化されたあと解糖系に入り，エネルギー生産もしくはグルコースを経てスクロースが合成される。一方，脂肪酸はβ酸化とよばれる回路で炭素が2個ずつはずされ，アセチル-CoAとなる。脂質の多い種子では，発芽中にグリオキシソームというオルガネラで2分子のアセチル-CoAからコハク酸が合成される。コハク酸はミトコンドリアに輸送され，オキサロ酢酸に変換された後，直接エネルギー生産にまわされることもあるが，発芽中は細胞間に輸送され，グルコースを経てスクロースが合成される。脂肪酸からスクロースが合成されるときには，多量の酸素が必要となる。

表22-3 種子中の脂肪酸組成（％）

	パルミチン酸	ステアリン酸	オレイン酸	リノール酸	その他
トウモロコシ	12	2	28	57	1
イネ	23	1	34	38	3
ダイズ	8	4	11-60	25-63	
ラッカセイ	13	5	43	33	6
アブラナ	5	2	48	25	20
トウゴマ	1	0	3	5	91

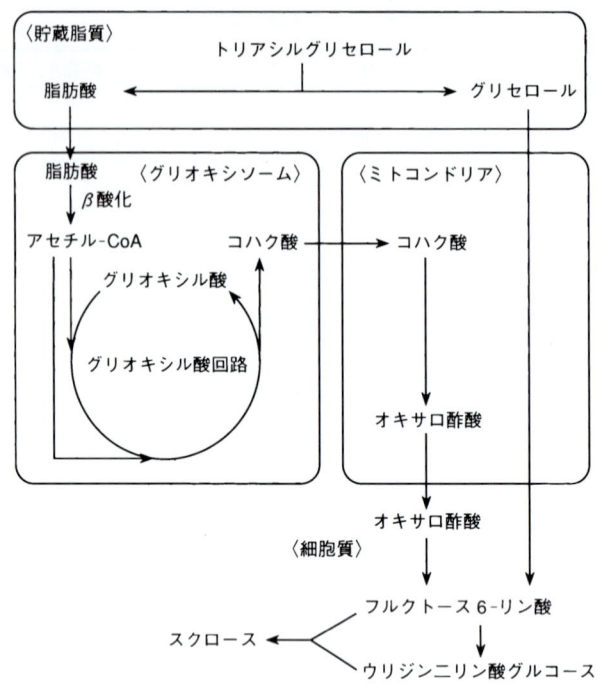

図22-7 脂質の分解経路

22-4 タンパク質

22-4-1 貯蔵タンパク質の種類と構造

種子中や塊茎に貯蔵物質として蓄積されているタンパク質は，他の細胞内にみられるタンパク質（酵素や細胞内骨格タンパク質など）とは，その存在場所とアミノ酸組成が異なっている。植物の貯蔵タンパク質の大部分は液胞内にある。植物の貯蔵タンパク質は水への溶けやすさ（17章参照）によって4種類に分けられる（表22-4）。水に溶けやすいアルブミンは，消化されやすいが，アルカリ溶液でしか抽出されないグルテリンは消化されにくい。この分類は抽出方法をもとにしているため，それぞれの名称は単一のタンパク質名ではなく，総称である。また，動物のアルブミンやグロブリンとも異なるものである。

さまざまな植物の貯蔵タンパク質に含まれる各タンパク質の比率をみると（表22-5），穀類ではプロラミンとグルテリンの比率が高く，特にイネでは難消化性のグルテリンの比率が高い。一方，カボチャ，ワタ，ダイズではグロブリンの比率が高い。貯

表22-4 貯蔵タンパク質の種類

タンパク質の種類	溶ける溶液
アルブミン	水
グロブリン	塩溶液
プロラミン	アルコール
グルテリン	アルカリ溶液

表22-5 貯蔵タンパク質に含まれるタンパク質の種類（%）

	アルブミン	グロブリン	プロラミン	グルテリン
コムギ	4	8	45	35
オオムギ	4	15	40	40
トウモロコシ	14	0	48	31
イネ	5	10	5	80
カボチャ	0	92	0	0
ワタ	0	90	0	10
ダイズ	0	65	0	0
エンドウマメ	40	60	0	0

蔵タンパク質には，塩基性アミノ酸（アルギニン，リシン）がふつうのタンパク質より多く含まれている。窒素は，タンパク質や核酸の合成に必須の元素である。根や茎ができて，独自に空気中や土壌の窒素が利用できるまで，種子，塊茎，塊根中の窒素に依存するため植物は種子中に高い比率で窒素元素を蓄えている。ヒトの必須アミノ酸（トレオニン，バリン，イソロイシン，ロイシン，チロシン，フェニルアラニン，リシン，メチオニン，トリプトファン）の大部分は貯蔵タンパク質に含まれているが，メチオニンとトリプトプトファン量は一般に低く，動物性タンパク質にたよらなければならない。

22-4-2 分　解

穀類の胚乳中の貯蔵タンパク質はデンプン分解時と同様，糊粉層に含まれるタンパク質分解酵素が胚乳中に分泌されて分解される。貯蔵タンパク質は3種類の分解酵素で分解される（表22-6）。アミノペプチダーゼとカルボキシペプチダーゼはエキソ型である（図22-8）。分解されたアミノ酸は貯蔵組織から胚に吸収され，胚の成長に必要な新しいアミノ酸や核酸の合成に使われる。発芽初期の核酸の窒素原子はすべて貯蔵タンパク質に由来する。分解されたアミノ酸のうち，アルギニンだけは特殊な働きをしている（図22-9）。アルギニンは1分子の中に窒素原子を4個もっている。他の中性アミノ酸（窒素原

表22-6　タンパク質分解酵素の種類

エンドペプチダーゼ	タンパク質分子の内部から切断する
アミノペプチダーゼ	タンパク質分子のアミノ基側から1個ずつ切断する
カルボキシペプチダーゼ	タンパク質分子のカルボキシル基側から1個ずつ切断する

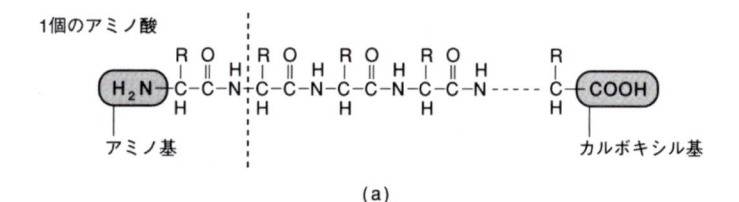

図22-8　(a) タンパク質の一般構造と (b) タンパク質分解酵素による分解

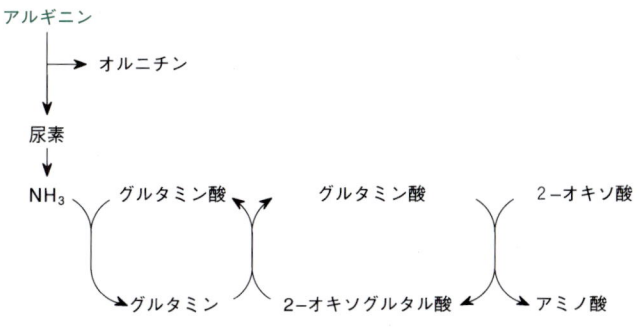

図22-9　種子に含まれるアルギニンの分解と新しいアミノ酸の合成

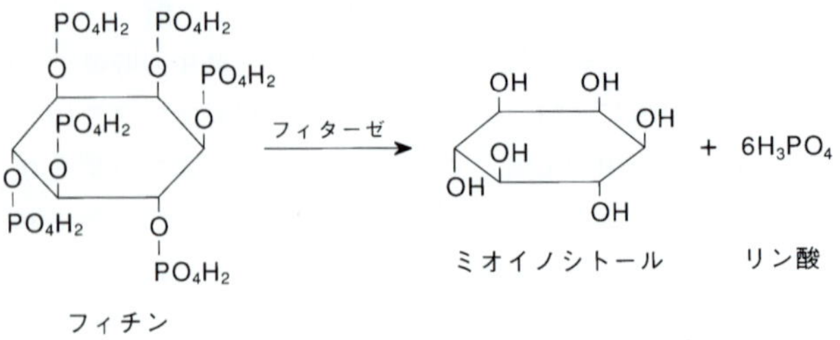

図22-10 フィチンの構造とフィターゼによる分解

子1個）に比べて，窒素含量が高い。アルギニンはアルギナーゼで分解され，オルニチンと尿素になる。尿素はウリカーゼで分解され，アンモニアを生じる。このアンモニアはグルダミン合成酵素の働きで，グルタミン酸からグルタミンを生じる。グルタミンに付加されたアミノ基はα-ケトグルタル酸（2-オキソグルタル酸）にわたされ，生じたグルタミン酸はそのアミノ基をα-ケト酸（2-オキソ酸）に移して新しいアミノ酸が合成される。このようにして，アルギニンが分解されるたびにその窒素原子がケト酸にわたされ，必要なアミノ酸が合成されていく。

22-5 貯蔵リン

核酸やATPやリン脂質の合成にはリンが必要である。発芽初期では土壌からリンを吸収する体制が整っていないので，発芽に必要なエネルギー生産や膜成分（リン脂質）を合成するために，種子中にリンを蓄えておかなければならない。リンを蓄えるための特別な化合物がフィチンである（図22-10）。レタスの種子では全リンの50％が，トウモロコシでは80％がフィチンに蓄えられている。穀類の種子では大部分のフィチンが糊粉層に貯蔵されている。フィチンはフィターゼという酵素で，リン酸とミオイノシトールに分解されるが，すべて分解されずに残るリンもある。リン資源の涸渇が問題となっているため，フィチンに貯えられたリンの利用効率を高める研究が行われている。

参考文献

FAO：FAO Production Yearbook，1986.
増田芳雄：植物生理学（改訂版），培風館，1988.
鈴木米三，増田芳雄：植物生化学，理工学社，1978.
E. E. Conn, P. K. Stumpf／田宮信雄，八木達彦訳：コーン・スタンプ生化学（第5版），東京化学同人，1988.
西沢一俊，吉村寿次：炭水化物，朝倉書店，1980.
浅岡久俊：糖質，丸善，1986.

23 植物性食品

- 食料源として現在利用されている大部分の植物は，先史時代にすでに栽培化されていた。おもな栽培植物の発祥地は，中央アメリカ高地，アンデス北部高地，エチオピア高地，地中海地方，西南アジア，東南アジアである。
- 植物の一次代謝に関与する炭水化物，脂質，タンパク質はおもに栄養食品として利用されている。二次代謝に関与する成分は，香料，香辛料，嗜好品として利用される。
- 植物性食品には，消化されないセルロース，マンナン，イヌリン，リグニンなど食物繊維となるものが含まれており，これらは消化器官などの生理機能の調節に役立っている。
- 植物色素（クロロフィル，カロテノイド，フラボノイドなど）は天然着色料として，植物精油成分（テルペノイド，フェノール誘導体など）は天然香料や香辛料として利用されている。またタンニンなどは嗜好品・加工品として利用されている。
- 飲料植物である茶，コーヒー，ココアに含まれるカフェインなどのアルカロイドは刺激（興奮）作用をもつ。また，茶に含まれるカテキンは抗酸化作用がある。

はじめに

　植物性食品は，人間が生命活動を持続するために必要な成分を含み，通常の利用では有害性を示すことのない天然物あるいはその加工品である。われわれが日常摂取している植物性食品は，穀類，イモ類，マメ類，野菜類，果実類，藻類，キノコ類に由来するものなど，きわめて多様である。高等植物の生産する炭水化物，脂肪酸，アミノ酸，核酸などの一次代謝産物や，テルペノイド，フェノール，アルカロイドなどの二次代謝産物が植物性食品として利用されている。

23-1　栽培植物の起源

　人類は食料に適した野生植物を選択し，それらを約1万年かけて栽培植物へと改良してきた。ほとんどの栽培植物は，近代科学が登場するよりはるか前の先史時代につくり出されており，18世紀に作物としてドイツに初めて登場したサトウダイコンですら，遺伝の法則が発見される以前に，品種改良によってそのスクロース（ショ糖）の含有率が2％から20％に増加した。
　栽培植物のルーツを調べる方法はいくつかある。1つは，古い遺跡の出土品に描かれた植物や，そこから出土した植物の遺体を調べる考古学的方法である。また，農業に関する習慣や農作物の呼び方の言語学的な比較による文化史的方法もある。しかし，より説得力のある方法は生物学的な方法である。これには，花粉分析法，放射性炭素分析法，遺伝学的方法などがある。花粉の微細構造は植物種によって異なっている。また，花粉の外側の膜に含まれている化学的にきわめて安定なスポロポレニンという物質のために，花粉は湖沼の底の土壌に数億年以上保存されうる。したがって，土壌中の花粉の分析により，その地方に昔どのような植物が繁殖していたかを知ることができる。また，大気中には宇宙線の作用で ^{14}C が絶えず一定の割合で存在している。植物によって同化された放射性を帯びた炭素の量は，植物が死んだ後は一定の速度で減少するので，発掘された植物遺体の炭素の放射性同位元素量を測定することにより，その植物が生きていた年代をかなり正確に推定できる。しかし，栽培植物のルーツ探しには遺伝学的な方法がより有効である。
　1883年，スイスの植物学者ド・カンドル（A. L. P. P. de Candolle）は「栽培植物の起源」という論文を発表し，栽培植物が生まれた地方はその野生近縁種がもっとも多数存在する場所であると主張した。その後20世紀になって，ヴァヴィロフ（N. I. Vavilov）は植物地理的微分法という方法を考案し，栽培植物のルーツ探しを行った。この方法は次のようなものである。最初に，ある植物種の地理的分布

を明らかにする。次にそれらの形態の差異や交雑の起こりやすさなどから、その種をさらに変種に分けて、それらの地理的分布を調べる。このようにして発見されたもっとも変種の数の多い地方が、栽培植物の発祥地である。このような植物地理的微分法は、中央アメリカ高地、アンデス北部高地、エチオピア高地、地中海地方、西南アジアおよび東南アジアが栽培植物の六大発祥地であることを突き止めた。

23-2　食品としての植物成分

　植物性食品に含まれる成分は、その機能から3つに大別される。第一は、栄養素（炭水化物、脂質、タンパク質、ビタミン、ミネラル）の供給にある。ヒトのエネルギーの栄養素別摂取構成は、炭水化物が約60％、脂質約25％、タンパク質約15％となっている。穀類やイモ類の成分上の特徴は、炭水化物、特にデンプンが多いことにある。穀類やイモ類のタンパク質含量は必ずしも多くはないが、摂取量が多いことからタンパク質供給源ともなっている。またマメ類には、ダイズやラッカセイのようにタンパク質や脂質含量が高いものが多く、これら成分の特徴を利用した加工品も数多い。第二は、色、香り、味、テクスチャー（食感）など嗜好性に関する機能で、天然色素、天然香料、甘味料、香辛料などとしての利用である。第三は、生体の生理機能の調節である。消化器官などの働きを向上させる食物繊維としての機能がその代表的なものである。

23-3　炭水化物

　貯蔵性高分子炭水化物のうち、消化可能なデンプンはエネルギー源として利用される。貯蔵性高分子炭水化物を多く含む植物性食品は穀類、イモ類である。穀類には、イネ、コムギ、オオムギ、アワ、キビ、ソバ、アマランサスなどがあるが、ソバがタデ科植物の種子、アマランサスがヒユ科植物の種子であることを除き、他はイネ科植物の種子である。また、高分子炭水化物の中には、ヒトの消化酵素で消化されない難消化性成分もあり、これらは食物繊維とよばれる。食物繊維は、非水溶性と水溶性のものに大別される。不溶性食物繊維には、高等植物の細胞壁を構成するセルロースやマトリックス多糖類

（ペクチン、ヘミセルロース）、キノコの細胞壁に含まれるキチン（甲殻類の殻の主成分でもある）、あるいはリグニンなどがある。水溶性食物繊維には、マンナン、イヌリン、寒天（agar）などがある。リグニン以外は、炭水化物である。食物繊維は消化吸収されないことが基本的特徴であるが、加えて、摂取すると便の量が増加し消化管の通過時間を短縮する、腸内細菌叢を改善して便秘やがんの予防に役立つ、糖質などの食品成分の吸収を抑える、胃液や唾液の分泌を促進する、満腹感をもたらすなどさまざまな効果をもたらす。また、キノコのβ1,3-グルカンのように免疫増強機能を有し、がんの予防に期待されているものもある。また、ショ糖（スクロース）やオリゴ糖などの比較的低分子の炭水化物には、甘味や保水性などの機能がある。

23-3-1　高分子炭水化物
（1）デンプン

　昼間、光合成によって葉でつくられたデンプン粒はグルコースに分解され、夜間にはスクロースとなり、種子、塊茎、根などの器官に転流し、アミロプラスト中に再びデンプン粒として貯蔵される（22章参照）。デンプンは、グルコースがα-(1→4)結合でつながった鎖状で、ところどころにα-(1→6)結合による枝分れがある。枝分れの仕方でアミロースとアミロペクチンに区分される。アミロースがほとんど分岐をもたない直鎖構造をとるのに対し、アミロペクチンは平均してグルコース残基約25個に1個の割合でα-(1→6)結合による分岐をもつ（図23-1）。イネのうるち（粳）米のデンプンは、アミロースを15-30％、アミロペクチンを70-85％の割合で含んでいるが、もち（糯）米のように遺伝的にアミロースを合成できず、ほぼ100％アミロペクチンからなるデンプンをもつものもある。食品中の生のデンプンでは、アミロペクチンとアミロースの2つの成分が密に結合しており、水に溶けにくく消化酵素（アミラーゼなどの加水分解酵素）による分解を受けにくい。この状態のデンプンを生デンプン（またはβ-デンプン）という。これを多量の水と一緒に加熱すると結晶性構造部分にも水が入り水和し、膨張して糊状となる（糊化デンプンまたはα-デンプン）。糊化したデンプンを放置しておくと、デンプン分子が再び結晶状となりデンプンが堅くなる（デンプンの老化）。老化は、0-3℃、水分含量

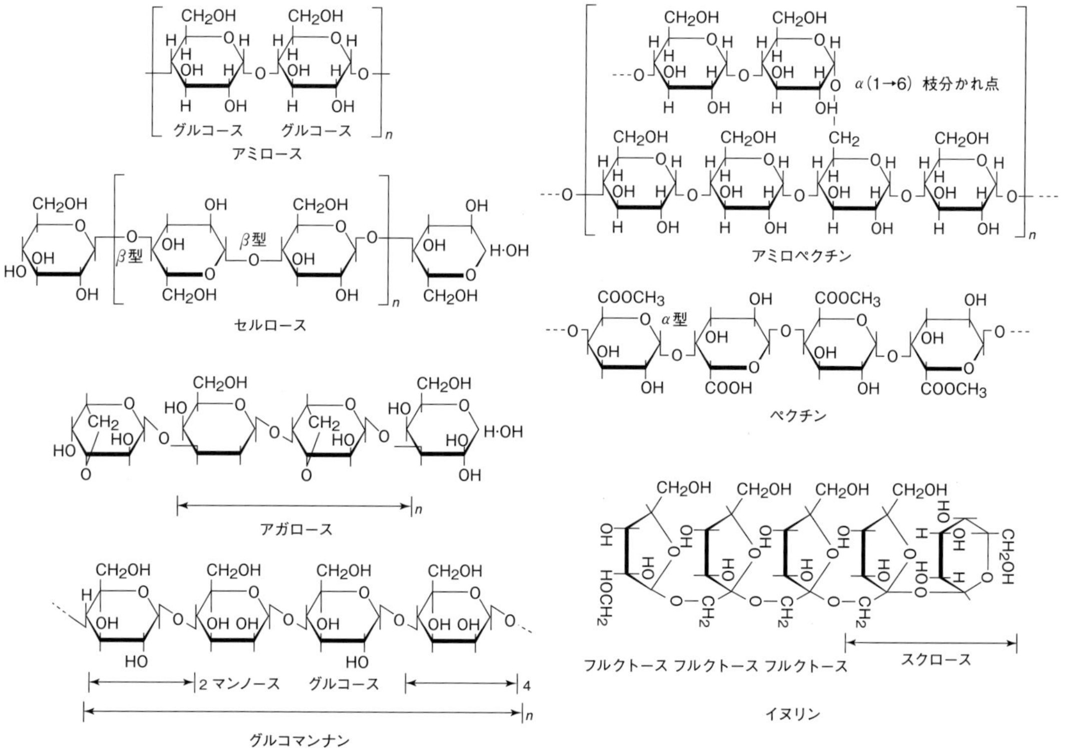

図23-1 高分子炭水化物。デンプン（アミロースとアミロペクチン），グルコマンナン，イヌリン，アガロース，セルロース，ペクチンの構造。

30-60％で顕著に進行する。パンや米飯を冷蔵庫に入れておくとパサパサになるのはこのためである。糊化したデンプンにショ糖を加えておくと老化を妨ぐことができる。大福もち，求肥（ぎゅうひ）などがこの例である。

デンプンを多量に含む代表的な栽培植物について以下に述べる。

イネ（*Oryza sativa*）は東南アジアの高温多湿地域が発祥の地で，その中の中国雲南省とインドアッサム地方が現在普及している品種のルーツとされる。わが国では，紀元前3世紀ごろ，九州の筑紫平野で栽培されはじめた。その後，イネの栽培は東に広まり，平安時代には奥羽地方で，鎌倉時代には津軽地方で，そして江戸時代末期には北海道でも行われるようになった。このように栽培地の拡大の理由として，イネの品種改良と栽培技術の進歩があげられる。多くの品種のイネが世界中で栽培されているが，これらのイネは長粒型のインディカ米と短粒型のジャポニカ米に大別することができる。

トウモロコシ（*Zea mays*）は中央アメリカ高地が発祥の地で，南アメリカでは今から5000年以上前から作物として栽培されていた。遺跡から発見されるトウモロコシの穂が歴史が新しくなるにしたがって大きくなることから，品種改良が行われていたことがわかる。トウモロコシは，コロンブスの命でキューバを探検したスペイン人によって1492年に発見され，ヨーロッパにもたらされた。わが国には，1579年（天正7）にポルトガル人によってもたらされたが，その栽培が本格化したのは明治になって北海道が開拓されてからである。

コムギ（*Triticum aestivum*）とオオムギ（*Hordeum vulgare*）は近東を原産地とし，有史以前に栽培化された。たとえば，コムギの種子が紀元前7000年ごろのイランの村の遺跡から発見されている。わが国でも5世紀のはじめのころ，コムギとオオムギの栽培が始まった。

ジャガイモ（*Solanum tuberosum*）はナス科植物で，アンデス高地を発祥の地とする。1568年に南アメリカからヨーロッパに伝えられ，その30年後の1598年（慶長3），オランダ船によってジャカルタから長崎にもたらされた。ジャガイモは当時は「じゃがたらいも」とよばれ，観賞植物であったが，1670年ごろから東北，北海道で栽培されるようになった。ジャガイモの食用となる部分は，肥大成長

した塊茎である。

　サツマイモ（Ipomea batatus）は，ヒルガオ科の植物で，中米と南米低地が発祥の地である。15世紀の末，根菜であるサツマイモはコロンブスが発見した南アメリカからヨーロッパに持ち帰られた。1584年，サツマイモは当時スペインが進出していたフィリピンのルソンから中国の福建に伝来し，そこから1605年に琉球に伝わった。サツマイモは，17世紀末の元禄時代には西日本で広く栽培されるようになった。

　サトイモ（Colocasia esculenta）は，サトイモ科に属する多年草で，茎の基部が肥大し親イモとなり，その周囲に多くの子イモ，さらには孫イモができる。サトイモの原産地は，スリランカからマレー半島一帯の東南アジアである。アジア，ヨーロッパ，オセアニア各地に広まったが，現在ヨーロッパではほとんど利用されていない。主成分はデンプンであるが，ガラクタンを少量含んでおり，これがタンパク質と結合して特有の粘質を生じさせている。

　ヤマノイモはヤマノイモ科に属する多年生のつる植物である。日本自生の自然薯や中国原産のナガイモ，ツクネイモ，イチョウイモなどがある。わが国で多く利用されているものは，栽培種のナガイモ（Dioscorea opposita）で，野生に自生している自然薯（Dioscorea japonica）とは別種である。イモは地下茎の肥大したもの（塊茎）である。ヤマノイモ類の粘質物は，タンパク質にマンナンが弱く結合したものである。また，ポリフェノールオキシダーゼ活性が高く，ヤマノイモをすりおろすと短時間でイモ中のポリフェノールが酸化されて，うす褐色に変色する。

　キャッサバは，トウダイグサ科の多年生植物で原産地は不明であるが，コロンブスが西インド諸島で発見した。南米や東南アジアがおもな産地で，東南アジアでは，タピオカ，イモノキなどの別名がある。主に熱帯地方で栽培されている。イモは茎の基部から出た不定根が肥大したものである。甘味種（Manihot dulcis）と苦味種（M. esculenta）があり，ともにイモの皮の部分に青酸配糖体を含むので，外皮を剥いて食用とする。

（2）マンナン

　コンニャクイモ（Amorphophallus konjac）はサトイモ科に属する多年草で発祥地は東南アジアである。日本ではおもに東北南部，北関東の山間地域で栽培されている。コンニャクイモのイモは地下茎の肥大（球茎）したもので，貯蔵多糖として8-13％程度のマンナンが存在する。コンニャクマンナン（グルコマンナン）は2分子のマンノースと1分子のグルコースがβ-1,4グリコシド結合した主鎖にβ-1,3結合，またはβ-1,6結合の分枝をもった構造をとっている。グルコマンナンは吸水すると著しく膨潤し，粘着性に富むコロイド状になる。これに凝固剤の水酸化カルシウムを加え，加熱してゲル化させたものがコンニャクである。ヒトはグルコマンナンを消化する酵素を持っていないため（腸内細菌の働きにより部分的に腸内で分解吸収される），マンナンはほとんど消化されず，食品として植物繊維としての機能をもつ。

（3）イヌリン

　イヌリンはデンプンと同様に貯蔵多糖であるが，その存在はキク科およびキキョウ科などの植物に限られている。北アメリカ原産のキクイモ（Helianthus tuberosus）の塊茎に含まれるイヌリンは有名であるが，食用の点からは，北ヨーロッパあるいはシベリアを原産地とするゴボウの根をあげるべきであろう。ゴボウはわが国特有の根菜で，平安時代から主要な野菜となった。イヌリンはD-フルクトフラノースがβ-1,2結合で重合した直鎖状の分子で，その末端の1つにグルコースが結合している。イヌリンはイヌラーゼという酵素によって加水分解されて，フルクトースを生じる。カビやイヌリンを含む植物にはイヌラーゼが存在するが，ヒトには存在しない。したがって，イヌリンの食品としての機能は植物繊維としてのそれである。

（4）寒天（アガロース，アガロペクチン）

　寒天は，テングサ，オゴノリなどの紅藻類から熱水抽出して得た液を凍結乾燥させたものである。β-D-ガラクトースと3,6-アンヒドロ-α-D-ガラクトースを主とするアガロースと，アガロースに硫酸，ピルビン酸が少量結合したアガロペクチンを主成分とする多糖類である。アガロースやアガロペクチンは水溶性食物繊維として機能する。アガロースは熱水に溶かした後，冷却することによって，大きな網目構造をもつゲルが構成される。この性質を利用したアガロースゲル電気泳動法は，核酸の断片の分離によく用いられている。

（5）細胞壁構成多糖類

　細胞壁を構成する多糖類は植物性食品の主成分の

23-3 炭水化物

ひとつである。細胞壁はキシロース，グルコース，アラビノース，ガラクトースなどの中性糖からなるヘミセルロース性多糖，グルコースの重合体であるセルロース性多糖，およびガラクツロン酸を主成分とするペクチン性多糖から構成されている。いずれもほとんど消化されず，不溶性植物繊維としての役割を果たしている。

23-3-2 低分子糖質

果実に含まれるスクロースあるいはマルトースなどの低分子糖質は甘味成分である。これらの甘味をもつ糖分子はエネルギー源ともなる。また，トレハロースのように甘味に加え，高い保湿性などの複合的効果をもつものもある。

(1) スクロース

1分子のグルコースと1分子のフルクトースからなるスクロースは，最大の甘味性糖資源である。スクロース生産量の2/3はサトウキビから，1/3はサトウダイコン（テンサイ）からによる。サトウキビは東南アジアで栽培化された。ローマ時代の人びとは，スクロースがタケに似た草からしぼり取られることを知っていたが，サトウキビは，乾燥した地中海地方で栽培することができなかった。したがって，サトウダイコンが栽培植物として18世紀のヨーロッパに登場するまでは，ヨーロッパの庶民にとって甘味料として使用できたのは，先史時代から利用されていた蜂蜜に含まれるスクロースであった。

(2) マルトース，セロビオース

マルトースはグルコース2分子がα-1,4結合した二糖であり，甘味料として用いられている。マルトースはデンプンをジアスターゼで加水分解することによって生産される。マルトースは麦芽など発芽種子などの植物体にも存在するが，その量はわずかである。マルトースの甘味度はスクロースの1/3程度である。また，マルトースは糖尿病や手術後の患者に静脈注射用補糖液として利用される。その理由は，注射してもスクロースに比べると同化されやすく，かつ多量に与えても尿中に排泄されず，腸管も刺激しないからである。グルコース2分子がβ-1,4結合した二糖をセロビオースとよぶ。これはセルロースの分解によって生じる。

(3) トレハロース

トレハロースは，2分子のグルコースがα-1,1-グリコシド結合をした二糖である。1832年にライ麦から発見された。植物ではヒマワリ種子，イワヒバ，海藻に多く含まれる。またシイタケ，シメジ，

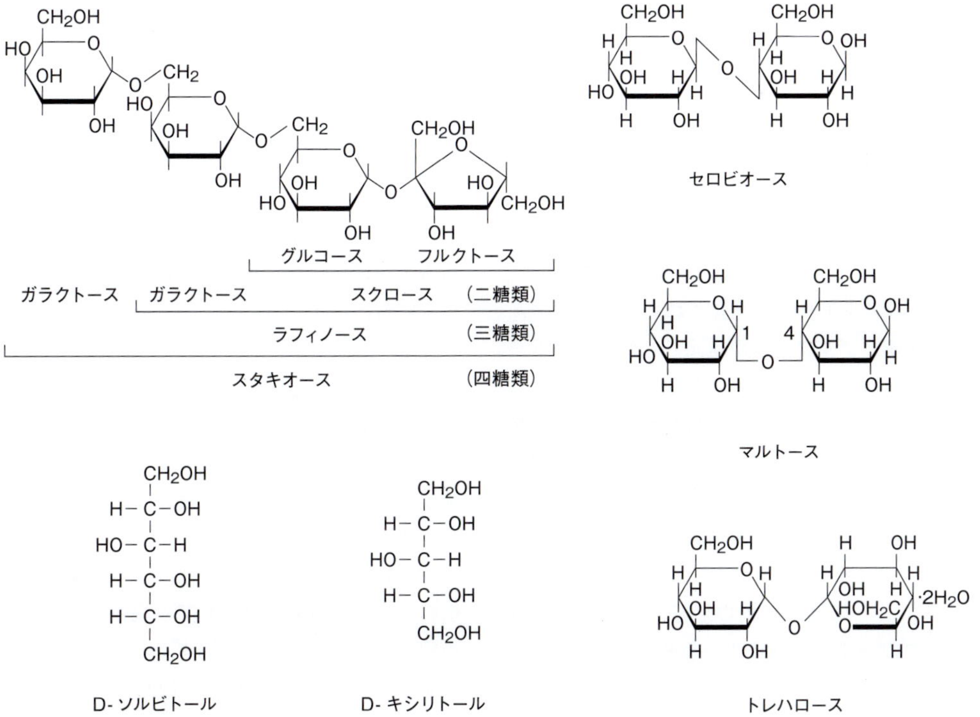

図23-2 低分子炭水化物。二糖およびオリゴ糖の構造（スクロース，ラフィノース，スタキオース，マルトース，トレハロース，ソルビトール，キシリトール）。

マイタケなどのキノコ中に乾燥重量当たり1-17％も含まれていることから，別名マッシュルーム糖ともいわれる。トレハロースは，強力な水和力により乾燥や凍結を防ぐ効果があり，砂漠や山岳地帯に生息するイワヒバは，トレハロースを有していることで乾燥しても雨が降ると青々と復活するため復活草ともよばれている。動物でもクマムシは乾燥状態になると体内のグルコースをトレハロースに変えて乾眠する。トレハロースは，最近では，デンプンの還元末端をトレハロース構造に変換するグリコシルトレハロース生成酵素とトレハロース構造部分を切り離すトレハロース遊離酵素とを作用させることで，デンプンから高率的かつ高純度で得る技術が確立されている。トレハロースは，スクロースの約半分の甘味をもつとともに，炭水化物・タンパク質・脂質に対する品質保持効果，強力な水和力により食品を乾燥や凍結から防ぐ効果など，複合的効果をもった植物性食品としてさまざまな食品に利用されている。また，保湿成分として化粧品の分野で，また，組織や臓器の保護作用をいかして臓器保護液など医療分野でも利用されている。

(4) ラフィノース，スタキオース

ラフィノースは，大豆，甜菜など広く植物に分布している，D-ガラクトース，D-グルコース，D-フルクトースから構成される三糖である。スタキオースは，D-ガラクトース2分子，D-グルコース，D-フルクトースからなる四糖である。ヒトはこれらのオリゴ糖を消化吸収できないが，腸内のビフィズス菌の増殖を促進し，整腸作用があり，生活習慣病の予防効果が期待されている。

(5) 誘導糖質としての糖アルコール

糖の1位のアルデヒドが還元されたものを糖アルコールとよぶ。グルコースが還元されたソルビトールは最初，ナナカマドの赤い果実からみいだされた。ソルビトールはリンゴやナシなどのバラ科の果実に多く含まれている。バラ科植物では，葉において光合成産物のデンプンが加水分解されて生じたグルコースがソルビトールに変換され，それが師管を通じて果実に転流され，そこで，グルコースやフルクトース，さらにはショ糖の形に変換，蓄積される。リンゴの一部の品種では，果実内に転流してきたソルビトールをグルコースやフルクトースに変換する糖代謝系が果実の成熟に伴って停止しても果実へのソルビトールの転流が継続するため，果実の維管束周辺にソルビトールが蓄積し，「蜜」とよばれる半透明の部分を形成する。

五炭糖のキシロースが還元されたキシリトールは，最初，カバノキからみいだされた。ショ糖と同程度の甘味をもち，カロリーが4割程度低い。キシリトールは口腔内の細菌による酸の生産がほとんどないことから，虫歯を誘発しない甘味料として利用されている。

一般に，ソルビトールやキシロースをはじめとする糖アルコールは，溶解による吸収熱が大きく，口に入れると清涼感が得られること，そして一般に消化吸収や代謝がされにくいことから，低カロリー甘味料として利用されているものが多い。

23-4 脂　　質

脂質は膜などの生体構成成分であると同時に，炭水化物，タンパク質とともに重要な栄養素である（22章参照）。脂質をとる植物としては，ダイズが中国，ヒマワリが北米，ゴマがインドとエジプト，オリーブが地中海地方，ナタネが北ヨーロッパあるいはシベリア，ココヤシが東南アジア，アブラヤシがアフリカでそれぞれ栽培化された。これらの植物の種子は脂質を多量に含む。これらの植物のうち，わが国で栽培されているのはゴマ，ナタネ，オリーブである。ゴマが日本に伝来したのは縄文期とされ，奈良時代にはすでに灯用，食用の貴重な作物とされた。ナタネがわが国で栽培されはじめたのは17世紀の慶長のころである。また，オリーブは江戸時代末期に横須賀に伝来し，瀬戸内地方で栽培されるようになった。オリーブは果肉と種子に油を含んでいる。

23-5 タンパク質

トウモロコシ，コムギ，イネなどのイネ科植物の種子に比べると，マメ科植物のダイズやラッカセイなどの種子には多量のタンパク質が含まれている（表23-1）。その理由の1つは，マメ科植物が，その根に共生する根粒バクテリア（根粒菌）の働きで空中窒素固定を行い，多量のタンパク質を合成する能力をもっているからである（20章参照）。タンパク質源となるマメ科植物のうち，ダイズは中国，ラッカセイは南米高地，エンドウは近東，インゲンは中

表23-1　植物種子中のアミノ酸含量（mgアミノ酸／gタンパク質）

アミノ酸	ダイズ	ラッカセイ	イネ	コムギ	トウモロコシ
イソロイシン	49.7	38.6	4.5	4.2	3.8
ロイシン	85.1	73.3	8.3	7.0	12.5
リシン	69.9	40.5	3.4	2.4	2.7
メチオニン	13.8	13.2	2.2	1.6	1.8
シスチン	14.5	14.3	2.8	1.8	2.4
フェニルアラニン	54.1	57.0	4.6	4.5	5.0
チロシン	34.3	44.7	6.1	3.0	2.2
トレオニン	42.2	29.9	3.5	2.7	3.8
トリプトファン	14.0	11.9	1.3	1.1	0.7
バリン	52.5	47.8	5.9	4.3	5.4
アルギニン	59.2	127.7	5.8	4.2	3.5
ヒスチジン	27.7	27.1	2.2	1.9	2.4
アラニン	46.6	44.5	5.9	2.2	7.8
アスパラギン酸	128.0	130.4	10.7	4.6	8.2
グルタミン酸	204.7	209.0	17.6	32.0	19.2
グリシン	45.7	63.9	4.3	3.8	4.0
プロリン	60.1	49.8	5.1	11.8	9.9
セリン	56.0	54.8	3.7	4.6	5.0

米を原産地とする。植物タンパク質の特徴として，グルタミン酸含量の多いことがあげられる。また，どの種子タンパク質にもフェニルアラニン，リシン，バリン，トレオニン，チロシン，トリプトファン，ロイシンといったすべての必須アミノ酸が含まれている。

23-6　天然色素・天然香料・天然甘味料・香辛料

食品の色と香りと味は，ヒトの嗜好を満足させる上で大きな役割をもっている。食品の栄養機能を一次機能というのに対して，これらのもつ嗜好機能を食品の二次機能という。

23-6-1　天然色素

植物の天然色素のおもなものはポルフィン色素，カロテノイド色素，フラボノイド系色素，アントシアン系色素，カテキン類などである。食品の着色料として用いられる。

ポルフィン色素の代表的なものは，光合成色素であるクロロフィルa，クロロフィルbであり，それぞれ緑青色と緑色を呈する。カロテノイド色素は黄色－黄橙色－赤色の脂溶性色素である。カロテノイドは，葉緑体のチラコイド膜の不可欠な構成要素のひとつ（アンテナタンパク質や反応中心色素タンパク質に結合）でもあり光合成の補助色素としての機能をもつ。また，カロテノイドの一種，カロティン（天然にはα，β，γの3つの異性体が存在）やクリプトキサンチンは体内でレチノール（ビタミンA）を生成するので（24章参照），プロビタミンAともよばれる（図23-3）。トマトやスイカの赤色色素もカロテノイドの一種，リコピンであるが，これにはプロビタミンAの働きはない。フラボノイド関連色素は，黄色のフラボノイド系色素と赤色のアントシアン系色素に大別される（図23-4）。フラボノイドの多くが配糖体の形をとっている。アントシアンは，ヒドロキシ基を複数もつポリフェノールである。酸性条件下では紅色，アルカリ性溶液では青色から緑色である。アントシアンの配糖体をアントシアニンとよび，そのアグリコン部分をアントシアニジンとよぶ。ザクロのペラルゴニン，シソのシソニン，ナスのナスニンなどがこれに属する。

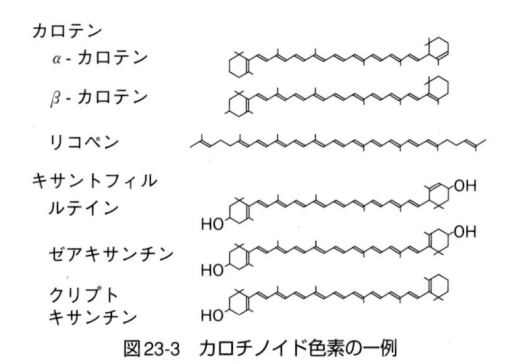

図23-3　カロチノイド色素の一例

	アグリコン	配糖体	構成糖	分布
フラボノイド				
フラボン	アピゲニン	アピイン	グルコースとアピオース	パセリ、セロリ、コウリャン
フラバノン	ナリンゲニン	ナリンギン	ネオヘスペリドース	柑橘類
	ヘスペレチン	ヘスペリジン	ルチノース	柑橘類
フラボノーン	クエルセチン	ルチン	ルチノース	ソバ、トマト、タマネギの皮
アントシアン	ペラルゴニジン	ペラルゴニン	グルコース	ザクロ
	シアニジン	シアニン	グルコース	赤キャベツ
		シソニン	グルコース	シソ
		クリサンテミン	グルコース	クロマメ
	デルフィニジン	ナスニン	グルコース	ナス
			(p-クマル酸)	

フラボン　　　　フラバノン　　　　フラボノール　　　　アントシアニジン

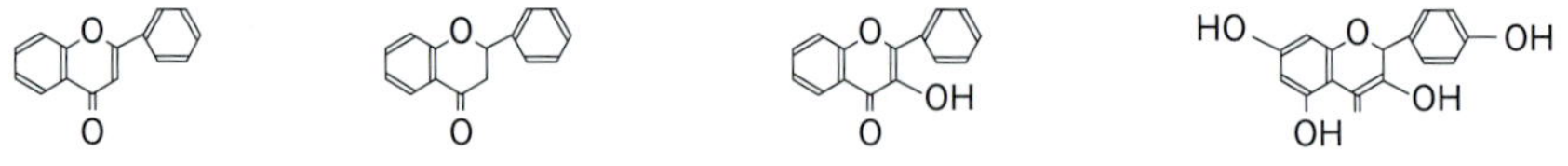

図23-4　フラボノイド、アントシアン系色素の一例

23-6-2　天然香料

植物の精油のあるものは高度の揮発性と芳香性を有しており、香料として利用されている。精油の構成成分は主としてテルペノイド、特にモノテルペン、セスキテルペン、あるいはフェノール誘導体である。精油は分泌組織や精油細胞で合成、蓄積されることが多い。代表的な植物精油に含まれているジャスミン油やスペアミント油などの香気成分とその用途を表23-2に示す。

23-6-3　香辛料

われわれの食生活に古くから利用されている香辛料もまた、芳香と刺激的な味覚を有する植物成分から構成されている。香辛料は単調な食物の味を引き締め、あまり新鮮でない肉のいやなにおいを消し、発汗を促すことによって体温を下げる。また、殺菌性をもつワサビなどは食品の防腐剤として働く。

アブラナ科のワサビ（*Wasabia japonica*）は日本原産で、古くは奈良時代に出された「賦役令」（718年）の中にも「山葵（わさび）」の名前がみられ、土地の名産品として納付され、薬用として使用されていた。ニッケイ（シナモン）はギリシャ・ローマ時代の古代でも重要な香辛料であり、当時はセイロン（現スリランカ）からアラビア商人によって地中海地方にもたらされた。ニッケイを最初に発見したヨーロッパ人は、18世紀末にポルトガルを出帆し、

表23-2　植物精油（天然香料）

精油名、植物名（科名）	香気成分（含有率）	おもな用途
ジャスミン油 （jasmin oil） *Jasminium officinale* （モクセイ科）	ベンジルアセテート（65％）、リナロール（15％）、ベンジルアルコール、ゲラニオール（10％）、*cis*-ジャスモン（3％）	ジャスミン茶
スペアミント油 （speamint oil） *Mentha spicata* （シソ科）	*l*-カルボン（60〜65％）、リモネン、フェランドレン、ジヒドロクミニルアセテート、リナロール、カルベオール	チューインガム、歯磨用香料
はっか油 （Japanese mint oil） *Mentha arvensis* （シソ科）	*l*-メントール（65〜85％）、酢酸メンチル（3〜6％）、メントン（6〜15％）	*l*-メントールの給源、医薬用、歯磨、菓子（チューインガム）、タバコ用香料

出典：藤巻ほか1980, 香料の事典

表23-3 香辛料

香辛料名，植物名（科名）	香味成分	香辛料以外の用途
カプシカム（トウガラシ） [capsicum (red pepper)] *Capsicum annum* *C. frutescens*（ナス科）	カプサイシン（辛味成分）	医薬用，調味料，同じ栽培変種としてチリペッパー，パプリカ，ベルペッパーなどが知られている
ガーリック（ニンニク） (garlic) *Allium sativum* （ユリ科）	アミノ酸の一種アリインの酵素分解で生成したアリシンおよびそれらの分解した含硫化合物が香気の本体である	医薬用（健胃剤，殺菌剤，強壮剤）
ジンジャー（ショウガ） (ginger) *Zingiber officinale* （ショウガ科）	ジンゲロン，ショーガオール	調味料，菓子用香料
ペッパー（黒および白コショウ） (pepper) *Piper nigrum* （コショウ科）	辛味成分はピペリンとシャビシン，オレオレジン中4〜11％含む	精油はリキュール，缶詰類に添加される
マスタード（和および洋ガラシ） (mustard) *Brassica juncea, B. nigra, B. hirta*（アブラナ科）	和ガラシはアリールイソチオシアネート，洋種はパラヒドロキシベンジルイソチオシアネートが辛味成分	練りガラシ，マヨネーズ，漬物，粉ワサビの副原料に用いられる
ワサビ (*Wasabia japonica*) （アブラナ科）	辛味成分はアリルイソチアネート。細胞内にあるシニグリンがすりおろす過程で，酵素反応して生成される。	抗菌，消臭，鮮度保持剤（エチレン発生阻害）

出典は表23-2と同じ；一部改変

喜望峰をまわってインドに達したバスコ・ダ・ガマであった。東インドを原産地とするコショウも重要な香辛料で，中世のイギリスではコショウの実でしばしば税金を納めた。15〜16世紀のマゼラン，コロンブス，バスコ・ダ・ガマによる世界探検の目的の1つは，コショウなどの香辛料を東南アジアに求めることであった。トウガラシは南米原産の香辛料で，15世紀ごろ，コロンブスによって南米で発見されてヨーロッパにもたらされ，わが国には16世紀に渡来した。表23-3に代表的な香辛料とその成分を示す。

23-6-4 非糖質性の甘味物質

甘味料の代表はショ糖であるが，最近ではエネルギー源になりにくく，しかもスクロースより甘味が強い非糖質性の甘味料も多く用いられている。その代表的なものに，南アメリカ原産のキク科の多年生植物，ステビア（*Stevia rebandiata*）から得られるステビオサイド（図23-5），マメ科植物の甘草（*Glycyrrhiza glabra*）の根から得られるグリチルリチン，甘茶（*Hydrangea macrophylla*）の発酵した葉から得られるフィロズルシンなどがある。また，クズウコン科植物の*Thaumatococcus daniellii*の果実や西アフリカ原産のヤマノイモ科のつる性植物の*Dioscoreophyllum cumminsii*の果実からは，それぞれ，ソーマチンとモネリンとよばれる，甘さがショ糖の1000倍以上もあるタンパク質甘味料が得られる。

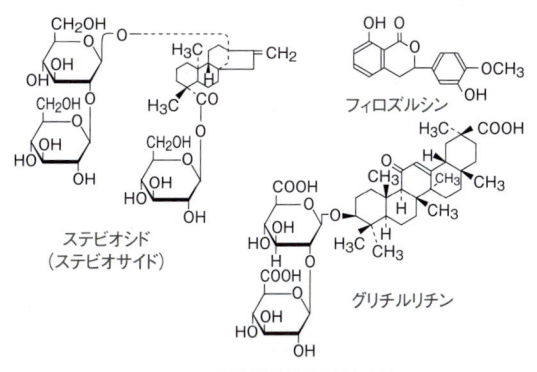

図23-5 非糖質性植物性甘味料

23-7 飲料植物

われわれの日常生活において茶，コーヒー，ココ

ア（チョコレート），ビールなどの嗜好品は欠くことのできないものになっている。食品中の苦味は一般には好まれない味であるが，これら嗜好品にとって味覚的特徴として不可欠である。また，アルコール性飲料には鎮静作用があるが，これらの飲料植物にはカフェインなどのアルカロイドが含まれ，刺激（興奮）作用がある。

23-7-1 茶

ツバキ科のチャ（*Thea sinensis*）の原産地は中国である。茶はチャの若芽を原料として製造される。茶は古代中国ではじめ薬用として飲まれていたが，5世紀に喫茶が一般に広まった。ヨーロッパに茶がもたらされたのは17世紀のはじめごろで，ヨーロッパでコーヒーを飲むことが広まったころである。わが国へは，茶は遣唐使などの留学僧によって7世紀のころにもたらされた。わが国でもはじめは薬用であったが，12世紀の鎌倉時代に喫茶の風潮が広まった。さらに18世紀の江戸時代中期に煎茶が広められて，茶を飲むことが大衆化した。代表的な茶の化学成分は表23-4に示すとおりで，タンニン（図23-6）が主成分である。タンニンはカテキン類とその没食子酸エステルの混合物である。お茶が健康に良いという伝承の根拠のひとつには，主成分カ

表23-4 茶およびコーヒーの主要化学成分の平均含量

種　類	水分(%)	タンニン(%)	カフェイン(%)	粗タンパク質（%）（　）内は遊離アミノ酸	脂質(%)	灰分(%)	還元型アスコルビン酸(mg%)
玉露	3.1	10.0	3.5	29.1(3.7)	4.1	6.4	110
煎茶	4.9	13.0	2.3	24.0(1.4)	4.6	5.4	250
ウーロン茶	5.4	12.5	2.4	19.4	2.8	5.3	8
紅茶	6.0	20.0	2.7	20.6	2.5	5.2	0
コーヒー	—	3.5[1]	1.3	3.1	11.9	—	—

1) クロロゲン酸およびその同族体。［加藤博通ほか：新農産物利用学，朝倉書店，1987．より一部改変］

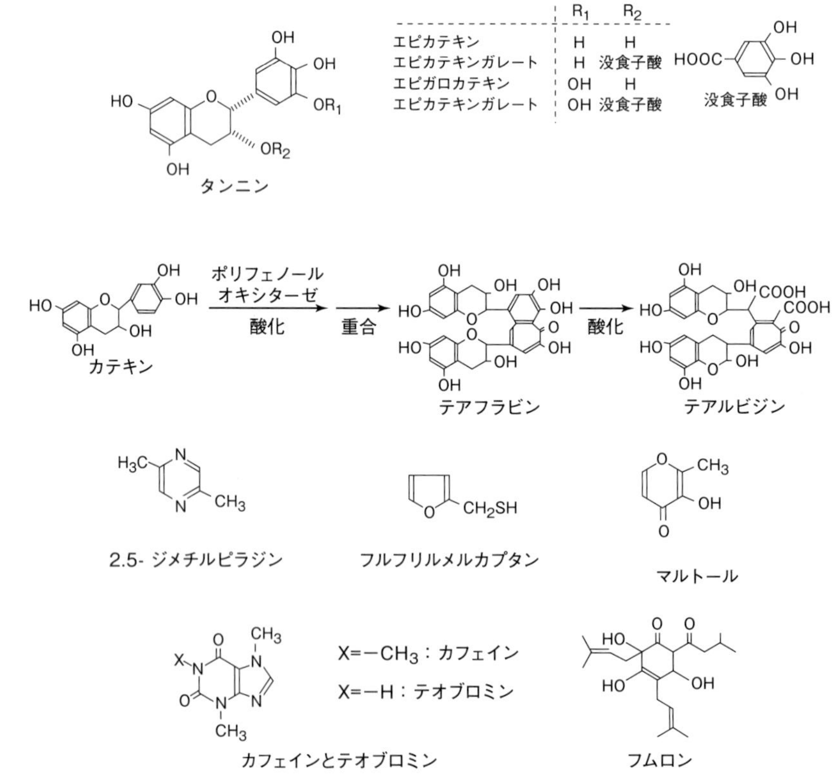

図23-6 飲用植物に含まれる化学成分

表23-5 コーヒーの品種

品　種	学　名	原産地	主要銘柄，産地	生産量
アラビカ種	*Coffea arabica*	エチオピア	ブルーマウンテン，キリマンジャロ，モカ，ブラジル，コロンビア，ハワイコナなど	大部分
ロブスタ種	*C. robusta*	コンゴ地域	ジャワ，トリニダードドバゴ，マダガスカル	約20%
リベリカ種	*C. liberica*	アンゴラ	ギアナ，スリナムなど	少量

出典は表23-4と同じ；一部改変

テキン類の抗酸化作用の効能が指摘されている（24章参照）。紅茶は，発酵中にポリフェノールオキシダーゼの作用でカテキンが酸化・重合されて，橙赤色あるいは赤色のテアフラビン（図23-6）や褐色のテアルビジン（図23-6）が生じるので赤褐色に着色する。

23-7-2 コーヒー

茶と並ぶ主要な嗜好飲料であるコーヒーは，アカネ科に属する常緑樹で，その種子を焙煎してつくられる。6世紀ごろ，エチオピア高地のコーヒーがアラビアにもたらされて，栽培化された。コーヒーの原種は表23-5にあげるように3種ある。はじめ，アラビア人はコーヒーの種子を粉末にし，バターで固めて食用とした。現在のようにコーヒーを飲料に用いることは，15世紀になってアラビアではじまった。アラビアからヨーロッパにコーヒーが伝えられたのは17世紀のことである。18世紀になると，ヨーロッパでコーヒーの消費が増加したために，コーヒーの栽培地はアラビアから東南アジア，南米へと広がっていった。わが国には18世紀に渡来し，明治になってからそれが大衆化した。コーヒーのタンニン成分はクロロゲン酸を主とする多数の同族体の混合物である。香気成分としては528種が知られているが，特徴的なものとしてはマルトール（甘い香り），フルフリルメルカプタン（コーヒーの香り），2,5-ジメチルピラジン（焦臭）である（図23-6）。

23-7-3 ココア

ココアは，アオギリ科のカカオの種子から生産される。カカオは南米の森林に自生する植物で，古代のマヤ族とアズティク族はカカオの種子をトウモロコシの種子と一緒にすりつぶして，トウガラシを加えてチョコレートをつくっていた。ココアは，スペインのコルテスが1519年にメキシコに侵入したときに発見した植物で，はじめカカオ豆は新大陸からスペインにだけ輸出され，飲料チョコレートとして用いられていた。カカオの生産は南米からアフリカに伝えられ，現在では西アフリカが生産の中心地になっている。ココアにはテオブロミン（図23-6）というアルカロイドが含まれているが，それはカフェイン（図23-6）より刺激作用が弱い。ココアやチョコレートがわが国に広まったのは明治以降のことである。

23-7-4 ビールの苦味成分としてのホップ

ビールの苦味は，醸造時につかわれるクワ科植物のホップの雌花に含まれる苦味成分に由来する。ホップは，雌雄異株のつる性植物で，冷涼な気候を好むことから，ドイツ，チェコ，イギリス，アメリカ，オーストラリアなどで，また，わが国では大手ビール会社の管理下のもと長野県や東北地方で栽培されている。ビールがつくられたのは紀元前3000年とも4000年ともいう。メソポタミア文化の産物であるとされているが，ビールにホップが加えられるようになったのは，紀元前1000年ごろコーカサス地方で添加物として用いられたのがはじめらしい。8世紀ごろから広まり，15世紀にはビールの添加物はホップに限られるようになっていた。ビールの苦味成分は，フムロン（図23-6）が加熱によって変化したイソフムロンによる。苦味のほか，泡立ち，タンパク質の沈殿や雑菌を防ぐのに役立っている。

参考文献

藤巻正生ほか編：香料の事典，朝倉書店，1980.
髙田英夫：食品，創元社，1990.
菅原龍幸，國崎直道編：食品学Ⅰ・Ⅱ，建帛社，2003.
山西貞：お茶の科学，裳華房，1992.

24 植物の薬用成分

- 植物は，人の病気やけがの治療に有効な医薬品を生産する。
- 植物が合成するビタミンは，それを合成できない動物にとっては不可欠な微量栄養成分である。
- 植物は，ビタミンを簡単な化合物から合成できるので，ビタミン欠乏症はない。
- ビタミンには水溶性のものと脂溶性のものがあり，水溶性ビタミンの多くは酵素反応の補助因子，すなわち補酵素として働く。
- 脂溶性のビタミンには補酵素として働くものはなく，視覚の光感受分子として働くビタミンAやカルシウム代謝に関与するビタミンDなどがある。
- 医薬品ではないが茶などに含まれるポリフェノール類（カテキンなど）は抗酸化作用・発がん予防効果などがあり飲用食品中の有効成分として注目されている。
- 植物の二次代謝産物であるアルカロイド，サポニン，フラボノイドなどは医薬品として利用されている。

今から3,600年前，エジプト人は薬用植物とその利用法をパピルスに書き残している（4章参照）。このことから，人類は昔から植物を病気やけがの治療に用いてきたことがわかる。人類の薬用植物に関する知識は，紀元前3世紀ごろのギリシャの植物学者テオフラストス（Theophrastos），紀元前1世紀ごろの小アジアの医師クラテウアス（Krateuas），紀元1世紀ごろのローマの医師デイオスコリデス（P. Dioscorides）らによってまとめられた。これらの古代の知識は，16世紀のヨーロッパであいついで出版された本草書の基礎となった。しかし，当時の本草書には多くの神話が含まれており，薬草学としてはまだ未完成であった。たとえば，1561年にドイツのコルドゥス（V. Cordus）によって書かれた「植物の歴史」という本草書には，マンドレイクという植物に関する神話が述べられている。それはナス科の植物で，太い根は枝分かれしており，人の胴と下半身のような形をしている（図24-1）。この植物の根には催眠と麻酔効果があることが知られており，十字架にかけられたキリストにも与えられたという。マンドレイクは人間の形をしているために，それを引き抜くときに断末魔の悲鳴をあげ，それを聞いた人は死ぬと信じられていたため，犬に引き抜かせたという。その有効成分が化学的に解明されたのは1889年のことで，鎮痛剤としての効果をもつアルカロイド（ヒヨスシアミン，スコポラミン）で

あることがわかった。このように，植物は昔から薬用として利用されてきたが，その有効成分であるアルカロイドやビタミンの化学的な本体が解明されたのは，19世紀以後のことである。植物に含まれる化学成分のうち特に二次代謝産物とよばれるもののなかには，アルカロイドのように動物に対して特殊な生理作用を示すものがある。薬として有効な成分を含んでいる植物を薬用植物といい，逆に有害な成分を含んでいる植物を毒性植物として区別している。このような薬用あるいは毒性成分の生理・生態

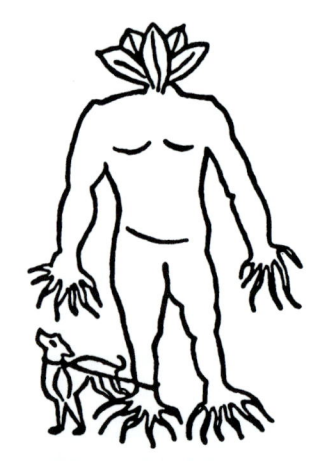

図24-1 神話に出てくる薬用植物マンドレイク。マンドレイク Mandragora officinarum を犬が地下から引き抜いている。この植物を人間が引き抜くとたたりがあると信じられていたからである（Herbarium Apuleii Plationici 1481 より）。

学的意義としては、それらがしばしば他の植物の成長を抑制したり、動物による摂食を阻害したりすることから、近隣の植物との相互作用、あるいは自分自身の成長の制御、さらには微生物の侵入、害虫や動物による食害に対する防御などの役割を果たしていると考えられている。

24-1 ビタミン

24-1-1 ビタミンの発見

ビタミン（vitamin）は1912年、ポーランドのフンク（C. Funk）が脚気に有効な成分（ビタミンB）に対してはじめて使った言葉で、生命vitalとアミンamineの合成語である。ビタミンという言葉は栄養上の概念で、「糖質、脂質、タンパク質およびアミノ酸以外の有機化合物」で、「ヒトを含む動物の食べ物として不可欠の微量成分」に対してつけられたものである。一般に、独立栄養性の植物と多くの野生型の微生物（細菌と菌類）は、これらの微量栄養素の合成系をもっているので、ビタミン欠乏症状を呈することはない。動物性食品（肉やレバー）に含まれるビタミンの多くは、もとは植物と微生物が合成したもので、その動物が植物や微生物を食べるか、または消化器官内の微生物が合成したものが吸収、蓄積されたものである。微生物には多くの変異菌があり、増殖のためにビタミンを要求するものがある。これを用いて、そのビタミンの定量が行われ、また、遺伝子の働きやビタミン合成系の研究が行われた。

フンクの研究の1年前、わが国の鈴木梅太郎は、白米偏食によるハトやネズミの発育不良（白米病）に有効な成分（ビタミンB$_1$）が米糠中に存在することをみつけ、これを精製してアベリ酸として発表した。そして1912年、この成分をイネの学名 *Oryza sativa* にちなんでオリザニン（oryzanin）と名づけた。その後、壊血病の治癒に有効なビタミンCをはじめ種々のビタミンが発見された。ビタミンB群、ビタミンC、葉酸などは水溶性で、多くは補酵素の構成成分である。

24-1-2 補酵素

補酵素は酵素反応の補助因子で、酵素のタンパク質部分と可逆的に弱く結合して酵素反応を進行させる化合物である。熱に比較的安定で、ビオチンのように酵素タンパク質と共有結合しているものもある。

補酵素の名杯は、オイラー（H. von Euler）が発酵反応を起こす酵母菌の酵素抽出物（チマーゼ）が透析によって反応を起こさなくなり、透析内液に外液を加えることによって酵素反応が回復することを発見し、この外液中の有効成分をコ・チマーゼとよんだことに由来する。1924年、オイラーとミルバック（K. Myrback）により単離精製されたこのコ・チマーゼは、ニコチン酸アミドを含むヌクレオチド化合物であることがわかり、補酵素Iとよばれたが、現在はNAD（ニコチンアミドアデニンジヌクレオチド、nicotinamide adenine dinucleotide）とよばれている（図24-6）。さらに、1931年にはワールブルグ（O. Warburg）とクリスチャン（C. Christian）によって、補酵素IIがウマの血球から単離精製された。これは、NADにリン酸がついたNADP（ニコチンアミドアデニンジヌクレオチドリン酸、nicotinamide adenine dinucleotide phosphate）であった（図24-6）。両者は、解糖系・TCA回路・カルビン回路などにおける、多くの酸化還元反応に関与する補酵素である。

24-1-3 水溶性ビタミン

（1）ビタミンB$_1$

チアミンともいう（図24-2）。おもに2-オキソ酸の酸化、ピルビン酸の脱炭酸、トランスケトラーゼ反応、ホスホケトラーゼ反応の補酵素として働く。植物においても、根では不足するため、古くから根の成長因子として知られ、根の器官培養に用いられる。穀類の皮にたくさん含まれている。豊富な食品は胚芽、ピーナッツ、豚肉などである。反すう動物では、胃の中の細菌がつくるので必要としないが、そのほかの動物には必須である。

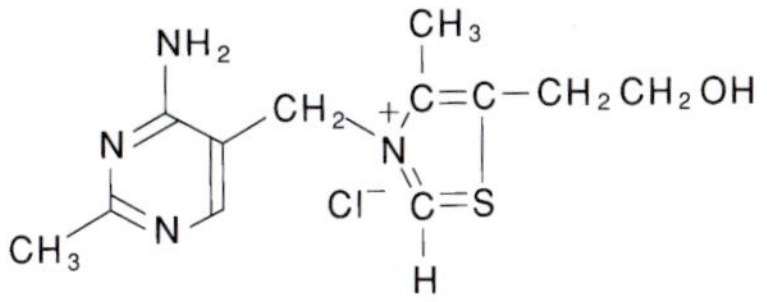

図24-2 ビタミンB$_1$（チアミン）の構造

（2）ビタミンB$_2$

リボフラビンともいう（図24-3）。ビタミンB$_2$はフラビン補酵素FMN（flavin mononucleotide）とFAD（flavinadenindinucleotide）の構成成分である。

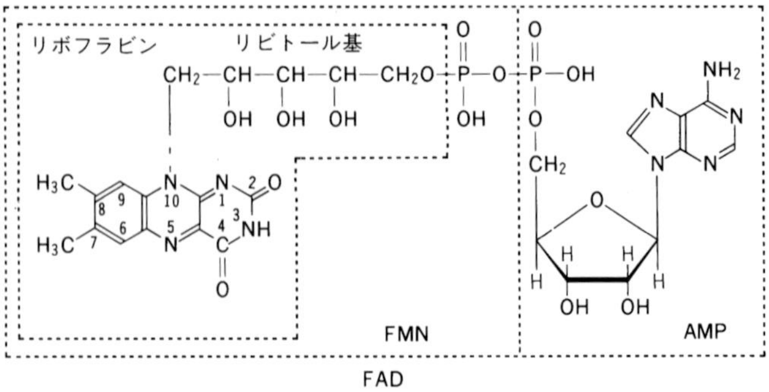

図24-3 ビタミンB_2（リボフラビン）と補酵素FMNおよびFADの構造。

フラビン補酵素はフラボタンパク質とよばれる酵素群の補欠分子族で，種々のアミノ酸や乳酸，コハク酸など多くの物質の酸化還元反応に関与する。ヒトの欠乏症は明確ではないが皮膚炎や口角炎を起こす。豊富な食品はアスパラガス，セロリ，緑黄色野菜，レバー（肝臓）などである。

(3) ビタミンB_6（ピリドキシン，ピリドキサル，ピリドキサミン）

ビタミンB_6は，ピリドキサルリン酸またはピリドキサミンリン酸として種々の酵素反応に関与する（図24-4）。特にアミノ酸代謝において，アミノ基の転移，脱炭酸，ラセミ化など約60種もの重要な反応に関与する。動物でこの欠乏がひどくなると中枢神経障害が起こり，けいれんなどを引き起こす。豊富な食品は米糠，大豆，酵母などである。

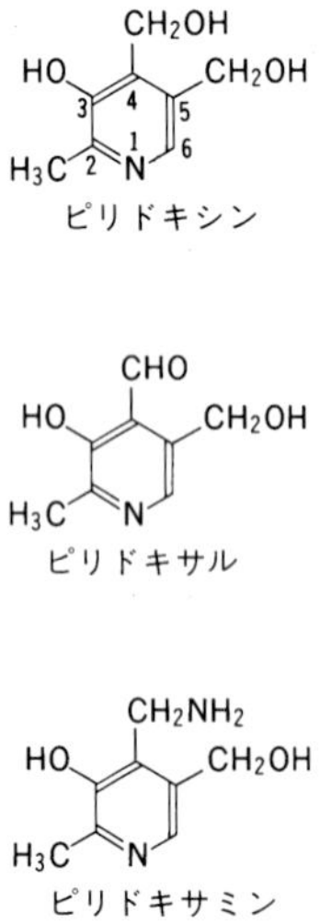

図24-4 ビタミンB_6（ピリドキシン，ピリドキサル，ピリドキサミン）の構造。

(4) ビタミンB_{12}

シアノコバラミンともいう（図24-5）。ビタミンB_{12}は動物と細菌，および菌類に存在するが，植物には存在しない。ビタミンB_{12}は補酵素B_{12}となって，10種以上の酵素反応に関与することが知られている。ビタミンB_{12}はヒトの悪性貧血の予防と治療に有効な因子として発見された。このビタミンは腸粘膜のムコ多糖との複合体となって吸収される。豊富な食品はレバー，肉類，卵，貝類などである。

(5) ニコチン酸，ニコチンアミド

ニコチンアミドは，補酵素NADとNADPの構成成分である（図24-6）。NADおよびNADPは酸化還元反応を触媒するデヒドロゲナーゼの補酵素で，エタノール，アセトアルデヒド，イソクエン酸，グルタミン酸などの脱水素反応に関与する。ヒトの欠乏症としては，ペラグラとよばれる症状を呈する。露出している皮膚に炎症を起こし，舌が黒くなり，腸内出血を起こす。消化吸収障害も伴う。豊富な食品としてはレバー，肉類，卵，豆類，魚などがある。

(6) ビオチン

ビタミンB_7またはHともいう（図24-7）。ビオチンはふつう，タンパク質のリシン残基のε-Nとペプチド結合で結合していて（ビオシチン），種々のカルボキシル化反応に関与する。ビオチンは自然界に広く分布し，特に酵母菌や肝臓に多く含まれる。細菌などいくつかの微生物の増殖因子として発見された。腸内細菌が合成するため，動物ではふつう摂取する必要はない。しかし，卵白中にあるアビジンという塩基性タンパク質がビオチンやビオチンの誘導体と強く結合するため，卵白を大量にとると卵白障害という栄養障害が起こる。

(7) パントテン酸

補酵素A（CoA）の成分である（図24-8）。補酵

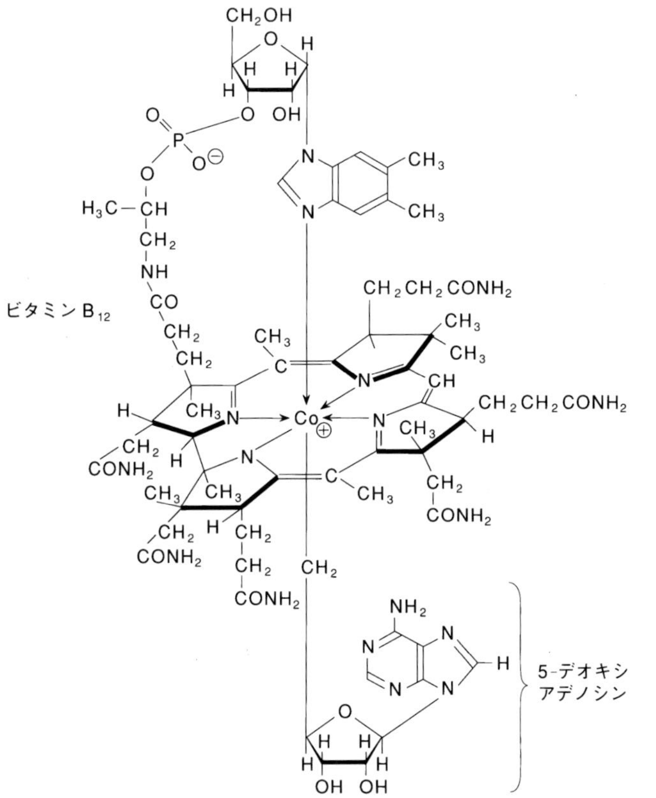

補酵素 B12

図24-5　ビタミンB12と補酵素B12の構造

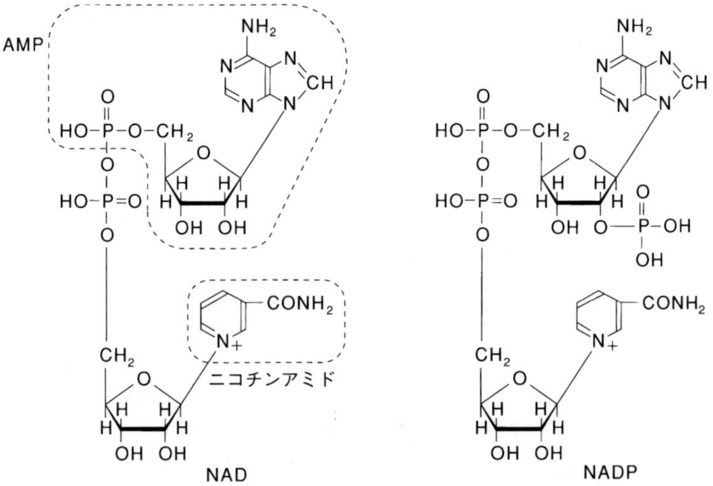

図24-6　ニコチンアミドとNADおよびNADPの構造

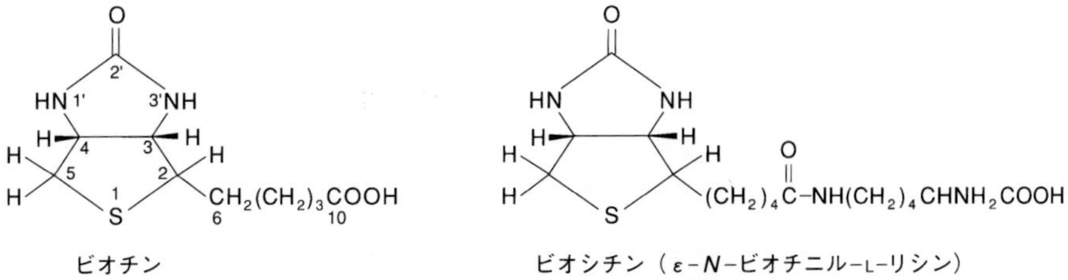

ビオチン　　ビオシチン（ε-*N*-ビオチニル-L-リシン）

図24-7　ビオチンとビオシチンの構造

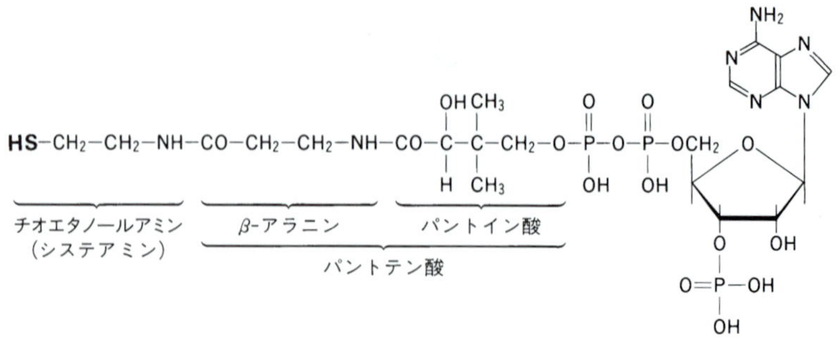

図24-8 補酵素A（CoA-SH）の構造

素Aはアセチル化反応に関与する。パントテン酸はまた、アシルキャリアータンパク質とよばれる低分子のタンパク質の成分でもある。このタンパク質のセリン残基に結合したホスホパンテティンのSHがアシル残基とチオエステルを形成し、アシル基を転移する。この反応は脂肪酸の合成に働く。酵母菌の成長因子として発見されたものであるが、動物では腸内細菌がこれを合成するので欠乏症はない。

豊富な食品としては穀類、レバー、豆類など多種類ある。

(8) 葉　酸

葉酸（図24-9）はホルミル基など炭素1つ（C_1）の転移反応に関与し、ピリミジンやプリンのヌクレオチド合成、セリンやグリシンの生合成に使われるなど、その生化学的な働きは重要である。葉酸は葉酸還元酵素とNADPHによって還元され、テトラヒドロ葉酸となってC_1転移に働く。C_1の転移は多くの代謝系で起こる。たとえば、原核細胞のタンパク質合成系の開始反応に使われるN-ホルミルメチオニルtRNAは、メチオニルtRNAに^{10}N-ホルミルテトラヒドロ葉酸からホルミル基が転移してできあがる（16章参照）。葉酸はヒヨコの栄養障害による貧血に、あるいは微生物の成長因子として効果があることが知られている。動物の必要量はごく少量なので、腸内細菌によって充足される。したがって、顕著な欠乏症はない。豊富な食品としては緑葉野菜、穀類、豆類、レバーなどがある。

(9) ビタミンC

アスコルビン酸ともいう。アスコルビン酸は強い還元剤で、自らはデヒドロアスコルビン酸に酸化される。デヒドロアスコルビン酸はグルタチオンなどの還元物質によってアスコルビン酸にもどる（図24-10）。肝臓で、フェニルアラニンとチロシンの代謝過程で生じる p-ヒドロキシフェニルピルビン酸がホモゲンチジン酸にヒドロキシル化されるときや、副腎でドーパミンがノルアドレナリンになるときにもアスコルビン酸が酸化される。デヒドロアスコルビン酸はキシロース、キシルロースを経てペントースリン酸経路へと代謝される。アスコルビン酸はグルクロン酸を材料として、グロン酸を経てつくられる。グルクロン酸はグルコースからつくられ、多くの動物はグルクロン酸からアスコルビン酸を合成するが、霊長類では、L-グロノラクトンを3-ケトグロノラクトンに変える酵素（L-グロノラクトンオキ

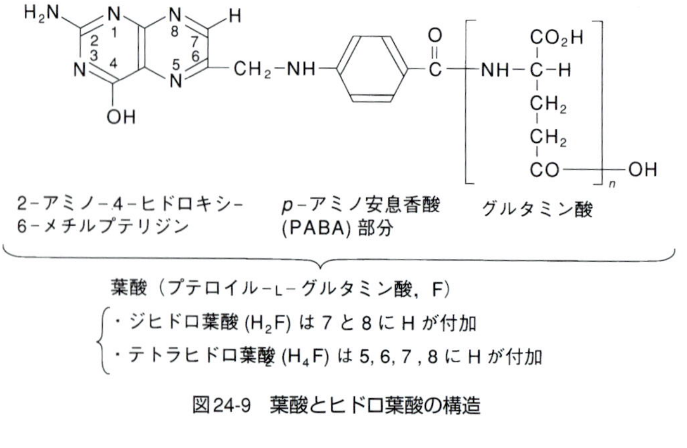

図24-9 葉酸とヒドロ葉酸の構造

・ジヒドロ葉酸(H_2F)は7と8にHが付加
・テトラヒドロ葉酸(H_4F)は5,6,7,8にHが付加

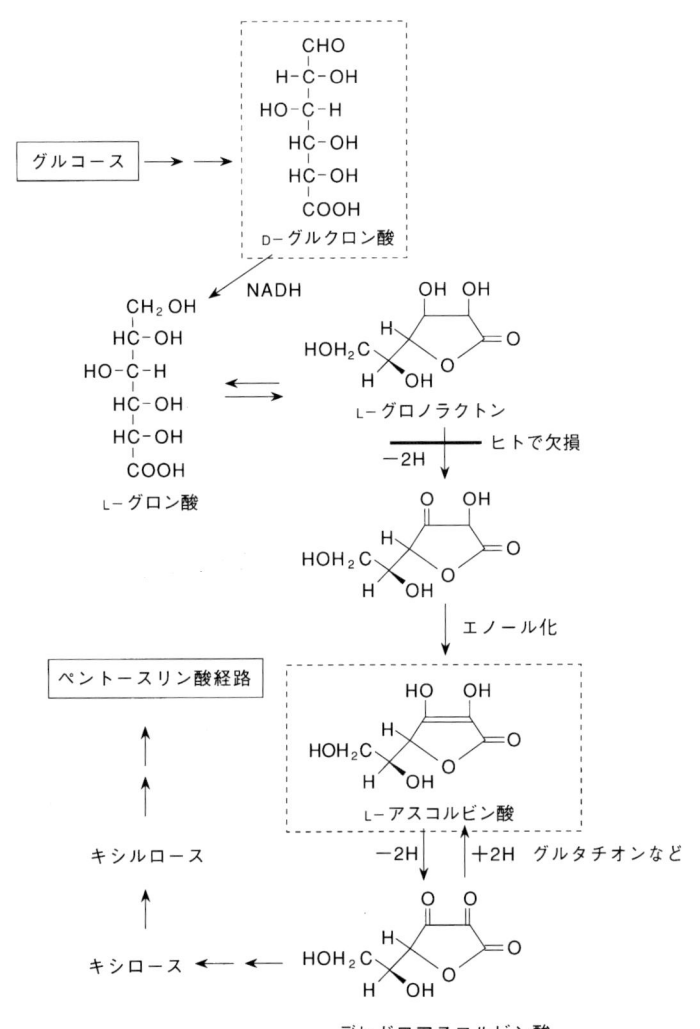

図24-10 ビタミンC（アスコルビン酸）の合成と代謝

シダーゼ）がないため，アスコルビン酸を合成できない。欠乏症は，浮腫，皮下出血，貧血などを起こす壊血病である。アスコルビン酸が不足すると，結合組織の細胞間物質中のムコ多糖の性質が劣化し，コラーゲン繊維の性質が変わる。動物実験ではコラーゲンタンパク質中のプロリン残基がヒドロキシル化されるときに，アスコルビン酸が必要であることが知られている。ヒドロキシプロリンはコラーゲンなど構造タンパク質の性質決定に重要な役割をしているので，プロリンのヒドロキシル化が阻害されると，前述のような種々の障害が起こるものと考えられる。豊富な食品は柑橘類，イチゴ，緑葉野菜，ジャガイモ，緑茶などである。

24-1-4 脂溶性ビタミン

(1) ビタミンA（レチノール）

植物のつくる β-カロチンが腸粘膜のオキシゲナーゼで分解されると，2分子のレチナール（ビタミンA_1アルデヒド）ができる（図24-11）。レチナールがアルコールデヒドロゲナーゼで還元され，レチノールができる。レチノールのアルデヒド型であるレチナールは視覚の感受過程で化学変化し，視神経の興奮を引き起こす（図24-12）。ヒトの網膜には桿細胞と円錐細胞があり，桿細胞は光の弱いところでの視力を支え，円錐細胞は色の認識に関与する。レチナールは桿細胞で光反応に関与する。まず，レチノールは特異的なレチノールデヒドロゲナーゼによって全トランス型レチナールになり，これがレチナールイソメラーゼによって11-シス型レチナールに

図24-11 植物由来のプロビタミンA（β-カロチン）からビタミンAへの構造変化

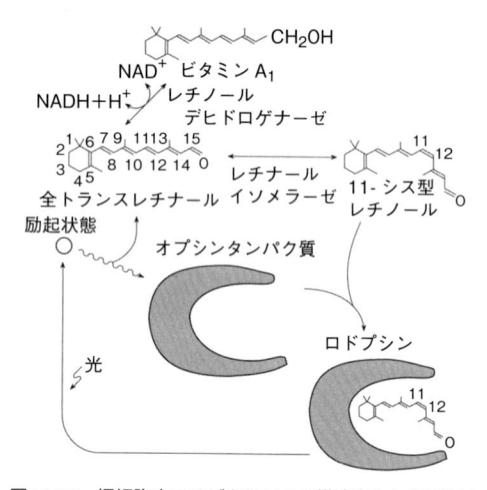

図24-12 桿細胞内でのビタミンAの構造変化と光感受タンパク質（ロドプシン）の変化

図24-13 ビタミンD₃（コレカルシフェロール）の化学構造

なる。11-シス型レチナールがオプシンタンパク質と結合すると，光感受性のロドプシンとなる。ロドプシンに光があたると，11-シス型レチナールは全トランスレチナールにもどり，オプシンから離れる。レチノールが欠乏すると上皮組織がケラチン化する。これが眼に生じると，眼球乾燥症になる。ヒトおよび実験動物では夜盲症が起こり，幼弱動物では成長が阻害され，骨に異常が起こる。動物はレチノールを排泄できないので，余分のレチノールは脂肪組織に蓄積する。このため，とりすぎると骨がもろくなったり，皮膚炎，嘔吐などの障害が起こる。豊富な食品はレバー，卵黄，バターなどである。β-カロチンはニンジン，ホウレンソウなどの緑黄色野菜に多く含まれる。

(2) ビタミンD

　植物に含まれるエルゴステロールは，紫外線によってビタミンD₂（カルシフエロール）に変化する。動物の皮膚では7-デヒドロコレステロールが紫外線によってビタミンD₃（コレカルシフエロール，図24-13）に変化する。ビタミンD₃は小腸の粘膜において，カルシウムと結合するタンパク質を合成させる。これによって小腸でのカルシウムの吸収が促進される。また，骨へのカルシウムの吸収をも増進する。したがって，ビタミンDには補酵素のような働きはなく，むしろホルモンのような作用をもっている。ビタミンD₃はそのままでは活性はなく，いったん血液中に入った後，肝臓や小腸粘膜，腎臓のミクロソームで水酸化され，さらに腎臓のミトコンドリアで水酸化されてから作用する。くる病がビタミンDの欠乏症であることはよく知られている。くる病の予防に有効な成分はいくつか存在する。これらはプロビタミンDとよばれ，紫外線の照射を受けてビタミンDに変化する。豊富な食品はレバー，バター，卵黄，イワシ，カツオ，サバ，サケなどの魚で

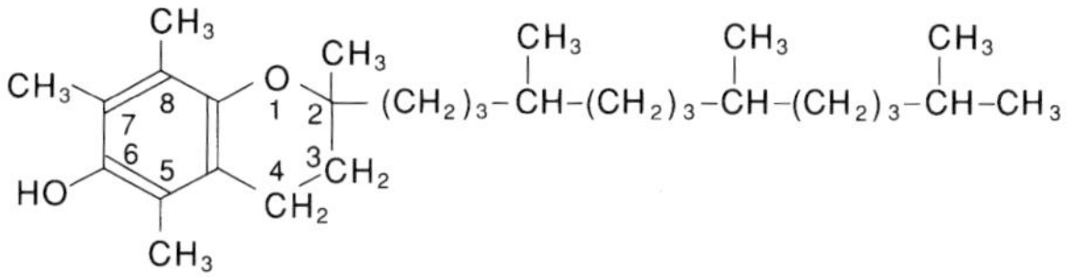

図24-14 ビタミンE（α-トコフェロール）の化学構造

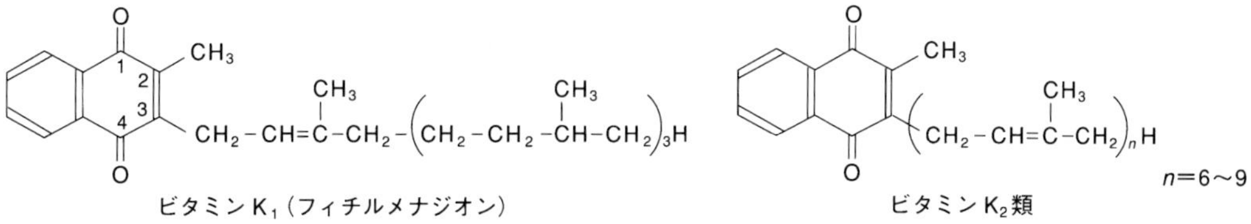
ビタミンK₁（フィチルメナジオン）
ビタミンK₂類
n=6〜9

図24-15 ビタミンK₁（フィチルメナジオン）とビタミンK₂類

ある。プロビタミンはキノコ，酵母に含まれる。

(3) ビタミンE（トコフエロール）

トコフエロール類は植物の油に含まれている。α-トコフエロール（図24-14）はもっとも広く分布し活性も高い。α-トコフエロールの生化学的作用は酸化を止めることである。膜の脂質に含まれている不飽和脂肪酸の過酸化連鎖反応を止める。自らはα-トコフエロールキノンになることによって，不飽和脂肪酸の酸化を防ぐ。欠乏症は動物によって異なる。ネズミでは不妊症，ウサギやモルモットでは急性の筋無力症，ニワトリでは血管の異常が起こる。ヒトでは欠乏症ははっきりしないが，抗酸化作用など，いくつかの健康増進作用がとり上げられている。豊富な食品は胚芽油，ピーナッツ，エンドウ，ニン

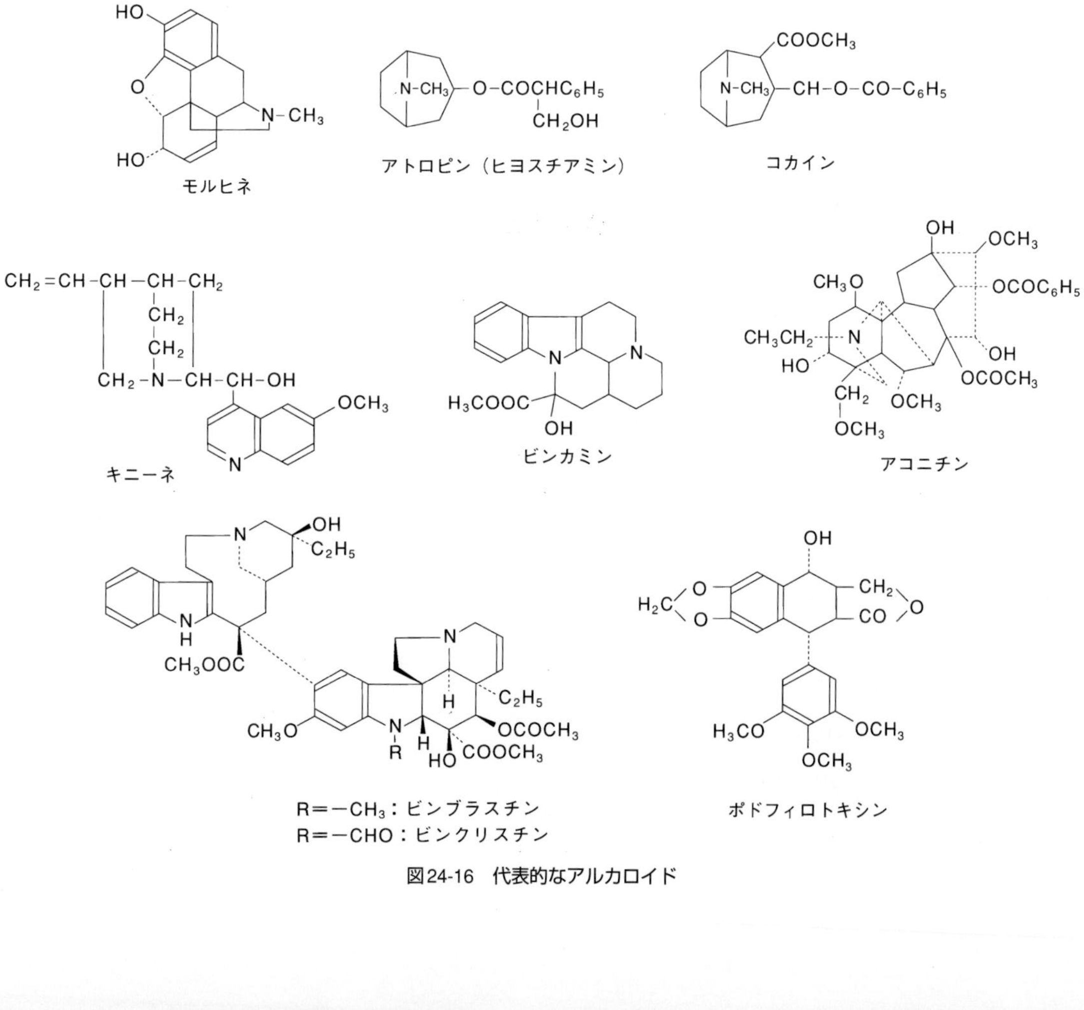
モルヒネ
アトロピン（ヒヨスチアミン）
コカイン
キニーネ
ビンカミン
アコニチン
R=−CH₃：ビンブラスチン
R=−CHO：ビンクリスチン
ポドフィロトキシン

図24-16 代表的なアルカロイド

ジンなどである。

(4) ビタミンK

植物からはビタミンK_1，細菌や魚からはK_2が得られる（図24-15）。K_2は腸内細菌がつくり出すので欠乏症は認めにくい。長期の抗生物質の服用によって腸内細菌を殺してしまうと，ビタミンK不足になり血液の凝固に支障が起こる。胆汁の分泌異常などで脂質の吸収が妨げられても，ビタミンK不足になる。ビタミンKは血液の凝固に関与する。緑黄色野菜や納豆に多く含まれる。

24-2 アルカロイド

現在使用されている医薬品の多くはアルカロイドとよばれる一群の化合物で，モルヒネ，アトロピン，コカイン，ストリキニーネ，キニーネなどがこれにあたる（図24-16）。アルカロイドはアルカリ様物質という意味で，塩基性の二次代謝成分であり，そのほとんどがアミノ酸のオルニチン，リジン，フェニルアラニン，チロシン，トリプトファンから生合成される。これらのアルカロイドのうち，特にインドールを母核とするインドールアルカロイドが有名である。たとえば，キョウチクトウ科植物には血圧降下作用を示すビンカミンが含まれている。アカネ科キナノキに含まれるキニーネは抗マラリア薬，解熱薬として使用される。古くから狩猟の毒矢にはトリカブトのエキスが使われていた。トリカブトには猛毒のアルカロイドであるアコニチンが含まれている。その他，制ガン剤として用いられるものもある。キョウチクトウ科のツルニチニチソウに含まれるインドールアルカロイド・ビンブラスチンやビンクリスチンは，悪性リンパ腫に特に効果的である。ヒマラヤおよび北米原産のメギ科植物である*Podophyllum emodi*にはポドフィロトキシン類が含まれ，これらは乳ガン，子宮ガンに対して効果を示す。このように，アルカロイドはヒトを含む動物の生理活性に対してさまざまな影響を及ぼすが，それらを生産する植物自身に対する生理的意義についてはほとんどわかっていない。

24-3 サポニン

サポニンとは，多環式化合物をそのアグリコン（これをサポゲニンという）とする配糖体の総称で

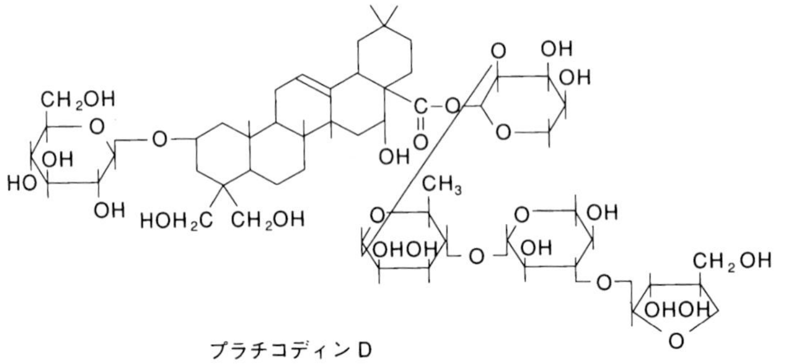

プラチコディンD

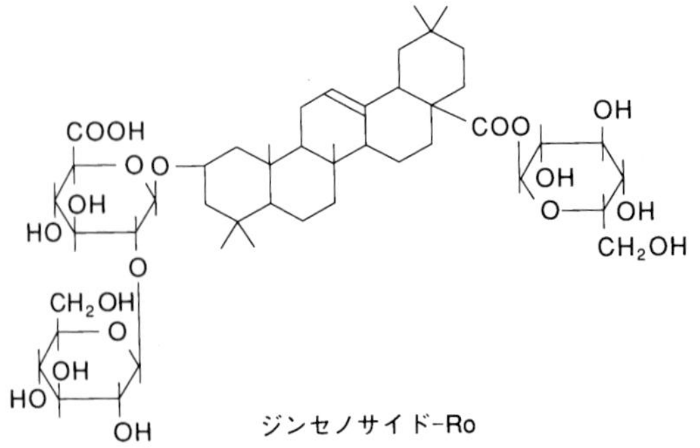

ジンセノサイド-Ro

図24-17　代表的なサポニン

ある（図24-17）。古くから生薬として用いられているニンジン（薬用ニンジン），キキョウなどにはサポニン含量が高い。これらの植物から，ジンセノサイド類，プラチコデイン類がみいだされている。各サポニンに共通した性質は粘膜刺激作用で，抗炎症剤として利用されている。

24-4　フラボノイド

フラボノイドは，基本的には2個の芳香環が3個の炭素で結合されている構造を有し，植物成分のなかでもっともその分布が広い。フラボノイドの薬理作用として一般に知られているものは毛細血管抵抗性で，壊血病に対してビタミンCとの併用が効果的である。そのほか，ルチン，ケルセチンなどは心収縮を増大させ，心拍数を減少させる。

24-5　その他の薬用成分

植物は他の生物にとって有毒なものも有益なものもつくる。トウゴマ（ヒマ）の種子には非常に毒性の高いリシンというタンパク質が含まれている。S-S結合でつながったA，Bの2つのサブユニットで構成され，Bサブユニットがヒト細胞表面のリセプターに結合し，Aサブユニットを細胞内に送り込む。Aサブユニットには，リボソームRNAの機能部分を切断する酵素活性があり，リボソームの機能停止→タンパク質合成停止を引き起こす。ヒトの致死量は体重1 kg当たり0.03 mgである。

そのほか，有益な成分としては，茶葉には大量のポリフェノール・カテキンが含まれ，それらの抗酸化作用が近年注目されている。エピガロカテキンガレートが主成分で活性酸素消去機能が強く，日常茶飯事としての茶の効用が推奨されている。(23章参照)

以上のように，アルカロイドなどの薬用成分は植物の防御物質と考えられるが，単なる末端代謝産物（排泄物）とする見方もある。しかし，トウガラシの辛み成分カプサイシンは，その種子を運んでくれる鳥には感受性がないことや，コショウの辛み成分（ピペリン）などは抗菌活性を示すことなどをみると，これらの二次代謝物の生産は動物や微生物に対する植物の対応・進化の結果であると考えられる。

参 考 文 献

E. E. Conn, P. K. Stumpf／田宮信雄，八木達彦訳：コーン・スタンプ生化学，東京化学同人，1988.

D. E. Metzler／今堀和友ほか訳：メッラー生化学（上）・（下），東京化学同人，1979.

柴田承二ほか編：生物活性天然物質，医歯薬出版，1978.

山崎幹夫ほか：天然の毒，講談社サイエンティフィク，1985.

山崎幹夫：毒の話（中公新書781），中央公論社，1985.

吉田精一，南川隆雄：高等植物の二次代謝（UPバイオロジー28），東京大学出版会，1978.

H. G. Baker／阪本寧男，福田一郎訳：植物と文明（UP選書142），東京大学出版会，1975.

木村孟淳編：薬学生のための天然物化学，南江堂，2005.

25

細胞培養技術

- 植物細胞培養は，植物個体から取り出した組織片や細胞群を適当な条件下で成長させる技術である．
- 植物組織を傷つけると，その刺激で無定形の細胞の塊（カルス）ができる（脱分化）．
- カルスは，適当な培養条件で成長・分裂をつづけることができる（無限成長）．
- カルスから，高オーキシン，低サイトカイニン濃度処理で根が，低オーキシン，高サイトカイニン濃度処理で茎，葉が再生する（再分化）．
- カルスの増殖を高めるために，液体中で細胞を培養することができる（懸濁培養）．
- 植物細胞を細胞壁消化酵素で処理すると，細胞壁のないプロトプラストができる．
- 葯（花粉をつくる器官）を培養し分化させると，同じ染色体の組をもつ植物体（ホモ接合体）ができる．
- 成長の遅い，あるいは種子では増えない植物でも，その成長点を培養することで人工的に繁殖を早めることができる．

植物の組織や細胞を人工的に培養する技術は，1930年代から研究されており，その歴史は古い．組織や細胞を培養する利点は，純粋な生物学的知見（分化，成長など）を与えるだけでなく，近年では応用的側面が重視され，農業，工業の方面に利用されるようになった．古くは微生物の培養法が酢，酒，しょうゆの生産に利用され，またペニシリンやストレプトマイシンのような抗生物質の生産に重要な役割を果たしてきた．微生物培養で培われた膨大な技術の集積が，植物細胞にも応用されている．植物の組織や細胞の培養技術を用いて有用物質が生産されている．また，種子では増えない植物や成長の遅い植物の増殖を細胞培養技術で補うことも実用化されている．さらに近年では，植物に遺伝子を導入し，新しい植物をつくる試みがなされている（26章参照）．

植物を個体ではなく，細胞レベルで扱えると非常に有利な点がある．たとえば，耐寒性の植物をつくりたいとき，何万個体もの植物を栽培し，低温にさらし，生き残るものを選び出さなければならない．寒帯地方であればこのような大規模実験もできるが，温帯地方では経済的にむずかしい．しかし植物細胞の培養技術を使えば小さな細胞集団を多数扱えるので，フラスコを冷蔵庫に入れ，耐寒性を示す細胞だけを選別し，その細胞から植物個体を再生することができる．本章では，植物組織・細胞の培養技術の概略と，その応用面について述べる．

25-1 カルス

植物組織を傷つけると，傷を受けた組織の近くの細胞が分裂して，白い無定形の組織（癒傷組織）ができる．これをカルスという（図25-1）．もともと分化していた細胞が，傷という外的刺激で，形態的特徴のない細胞を再生産したと考えられる．これを脱分化という．カルスは傷をつけられた器官の種類に関係なく，同じものができる．カルスを植物体から切り離し，適当な栄養分とホルモンを含んだ寒天培地の上にのせると，さらに細胞分裂を行い増殖する．寒天培地中の養分やホルモンがなくなると増殖は止まる．新しい培地に移し換えると，また増殖を始める．こうしてほぼ半永久的にカルスを増殖させることができる．これを無限成長という．

寒天培地には豊富な養分が含まれているので，カビや細菌が培地中に入りこむと繁殖してしまい，カルスの増殖を妨げる．そこで，使用する器具（ガラス器具，ピンセット，メスなど）や培地を高温で滅菌し，カルスの移植などの操作は細かいフィルターを何層も通した清浄な空気中で無菌的に行わなければならない（図25-2）．

無定形のカルスの増殖に必要なホルモンはオーキシンとサイトカイニンである．オーキシンもサイトカイニンも濃度が濃すぎるとカルスの成長が阻害される．カルスの培養は時には数十日の長期間にわたるため，天然に存在するオーキシン（インドール酢

25-1 カルス

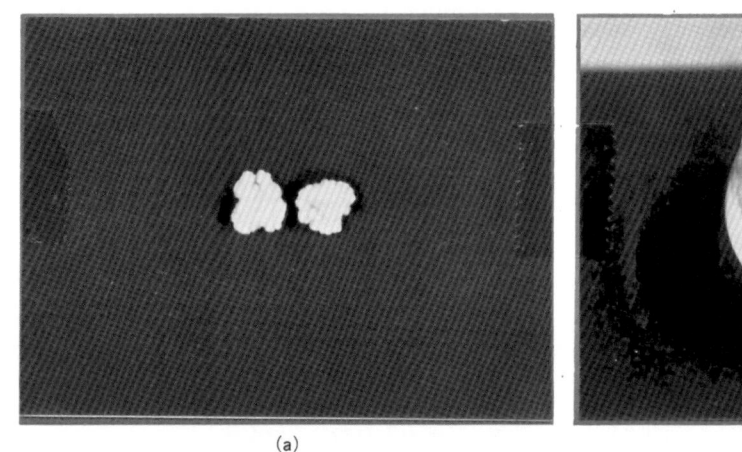

図25-1 **ダイズ種子から発生したカルス。**（a）小さく切った種子のまわりから，白い無定形の細胞の塊が生じてくる。（b）培養は滅菌したフラスコの中で行う。

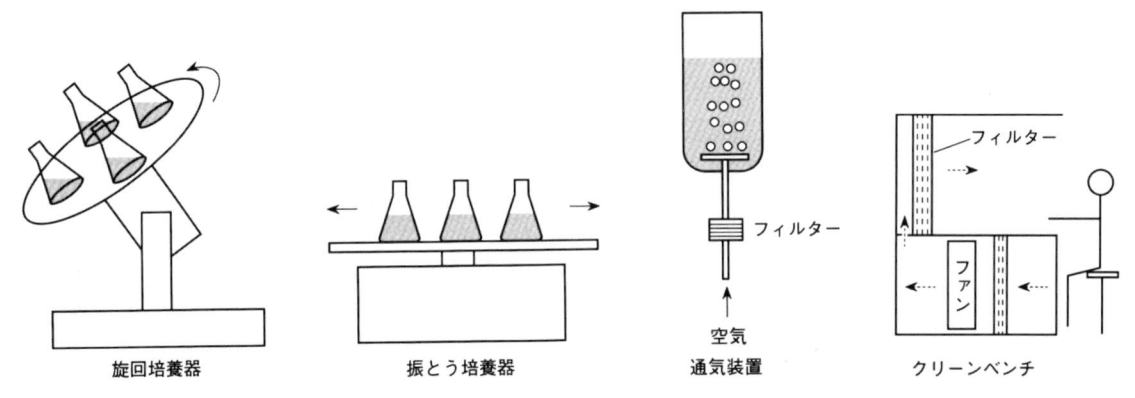

図25-2 **細胞培養で使う各種装置。**懸濁培養では細胞が液体の底に沈むと酸素不足になるので，旋回，振とう，通気などの処理をしながら培養する。クリーンベンチは清浄な空気を常に供給し，無菌操作を行うボックスである。

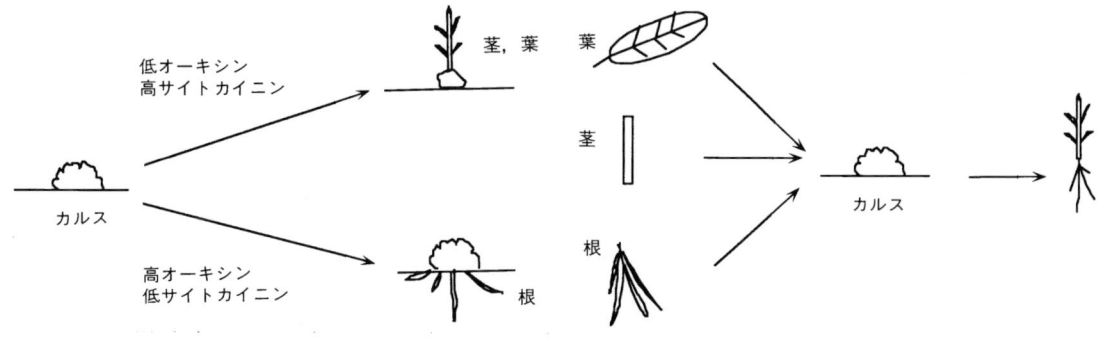

図25-3 **カルスからの再分化。**オーキシンとサイトカイニン比率を変えると茎や葉が再分化したり，根が再分化してくる。

図25-4 **植物細胞の全能性。**カルスはどの器官から生じたかによらず，完全な植物体にまで再生することができる。植物細胞の分化が固定されたものではなく，可逆的であることを意味する。

酸）やサイトカイニン（ゼアチン）を加えると，植物に代謝されて不活性な物質に変わってしまう。そこで，培養にはホルモン活性をもつ代謝されにくい人工的に合成したホルモンを使う。オーキシンやサイトカイニンの濃度を変えると，カルスから根が出たり，茎ができたりする。一般に，低いサイトカイニン，高いオーキシン濃度で根が形成され，逆に高いサイトカイニン，低いオーキシン濃度で芽が形成され茎，葉ができる。これを再分化という（図25-3）。カルスはどの器官から生じたかによらず，ホルモン量の調節で一個体の植物体にまで再生することができる。このような植物細胞の再生能力を全能性という（図25-4）。

25-2 懸濁培養

植物体の傷口から生じたカルスを寒天培地上で増殖させると，1週間でその重量は約2倍になる。これは微生物に比べると著しく遅い。ちなみに，大腸菌は約30分で細胞数が2倍になる。カルスの低い増殖率を上げるために考案されたのが懸濁培養である。増殖中のカルスを寒天培地と同様の組成の液体培地に移すと，増殖率が高まる。寒天の上では，寒天に接した細胞は直接養分を吸収できるが，その上の細胞は下の細胞を通してしか養分を吸収できない。細胞を液体培地に入れると，小さな細胞の塊や単細胞に分かれ，どの細胞も表面から均等に養分を吸収することができる。1-2日程度で2倍に増殖する。懸濁培養の場合，液体に細胞を沈めたままにしておくと細胞のまわりの酸素が消費され，酸素不足にみまわれ，増殖が止まってしまう。培養器を撹拌したり，下から清浄な空気を通気してやる必要がある（図25-2）。

懸濁培養すると，細胞の合成した物質が培養液中に出てくることがある。この中に有用物質があれば培養液を取り出し，その中から目的物質を回収することができる。人工的に合成することが困難で費用のかかる物質を，培養細胞に生産させようとする試みが行われている。また，安価な物質を培養細胞に加え，培養細胞の代謝経路を使って価値のある物質に変換する試みも行われている。

培養細胞のなかには，分裂をくり返してハート型や魚雷型の細胞集団を形成するものがある（図25-5）。受精卵が分裂してできた細胞の塊を胚というが，培養細胞でできたハート型の細胞集団は受精過程を通っていないので，不定胚という。この不定胚は条件によっては受精卵が分裂してできる種子中の胚と同様に成長し，完全な植物体にまで再生する（図8-14）。培養細胞の起源がどの器官であろうと，その細胞を完全な植物体にまで再生させることができる。一般に，培養液中のオーキシンの濃度を下げ，サイトカイニンの濃度を上げると不定胚の形成が進む。

25-3 プロトプラスト

プロトプラストは，細胞壁を取り除いた原形質膜に包まれた細胞のことをさす。プロトプラストをつくり，その性質を調べると，細胞壁の働きを間接的に知ることができる。たとえば，プロトプラストにした細胞を培養しても，細胞壁が再生されない限り，分裂が始まらない。このことから，細胞壁が細胞分裂の開始になんらかの役割を果たしていることがわかる。プロトプラストの利用法はほかにもある。細胞融合による雑種形成である。細胞壁で囲まれた細胞どうしは融合できないが，プロトプラストどうしはある条件で膜の融合が起こり，細胞の中身が混じり合い雑種細胞ができる。

プロトプラストは細胞壁を除いてつくる。細胞壁は多糖類でできているので，多糖類を分解する酵素で細胞を処理する。しかし，細胞壁をいきなり消化してしまうと，プロトプラストができる前に，細胞は内部の高い浸透圧のために破裂してしまう。そこ

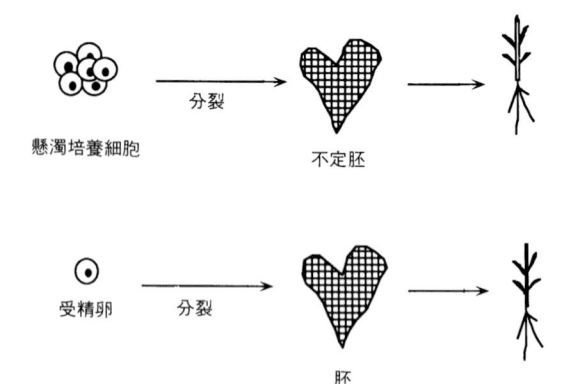

図25-5 培養細胞から得られる不定胚。 培養細胞は条件によっては受精卵から胚発生して植物体ができる際にみられるハート型の細胞の塊を生じることがある。これを不定胚とよんでいる。不定胚は植物体にまで成長する。

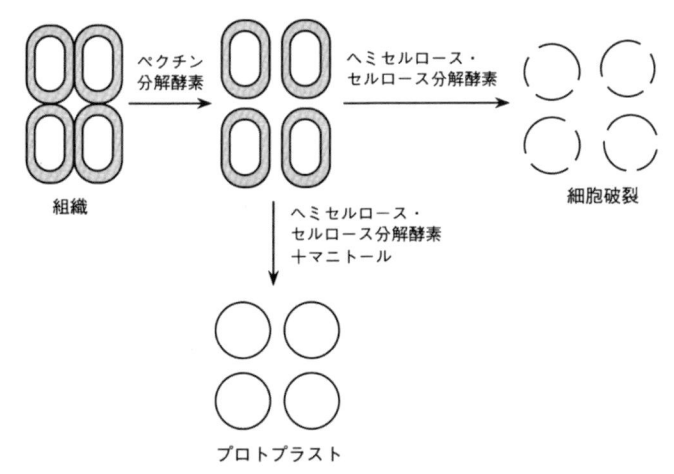

図25-6 **プロトプラスト作製の原理**。組織内の細胞は，細胞壁どうしで接着されている。細胞壁成分を分解酵素で消化するが，このとき細胞外溶液である酵素液の浸透圧をマニトールなどで上げておかなければ，生成したプロトプラストは破裂してしまう。プロトプラストはマニトール溶液中で安定な球形をとる。

で，原形質膜を通過しない溶質（マンニトール，ソルビトール）を，高濃度で溶かした溶液の中で酵素処理を行う。細胞のまわりの溶液濃度が高ければ，細胞はそこから水を吸うことができないので，破裂することはない（図25-6）。

プロトプラストは，植物体からでも培養細胞（カルス，懸濁細胞）からでもできる。プロトプラストは数日後には細胞壁を再生し，分裂を始める。分裂した細胞は最初互いに離れることなく，1つの細胞の塊として存在している。その細胞の塊に含まれる細胞は，最初はすべて1つのプロトプラストに由来しているので，その性質は同じであるとみなせる。これは，薬剤や病原菌に耐性の細胞をみつける際に非常に有利である。分裂を始めたプロトプラスト培養液に薬剤や病原菌を入れ，生き残った細胞の塊を選別し，前に述べた再生法を用いて植物体を得ることができる。何万個体もの植物個体を使って同様の選別を行うには，膨大な労働力と栽培面積が必要である。プロトプラストを使えば，何万個もの細胞の中から耐性をもつ細胞をみつけることがフラスコ1本の中でできる。

また，プロトプラストには細胞壁がないため，遺伝子導入がしやすい（26章参照）。

25-4 葯培養

葯とは，雄ずいの先にある花粉をつくる器官である。葯を無菌的に培養すると，植物体にまで成長することがある。細胞が分裂しているときに，ある薬品（コルヒチン[1]）で処理すると染色体が倍加する。

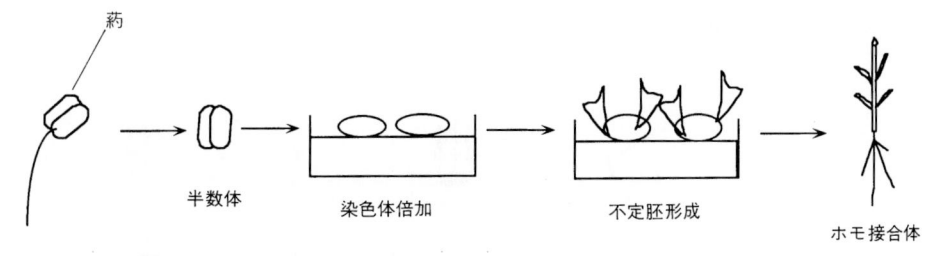

図25-7 **葯培養とホモ接合体の作製**。葯を薬品処理して培養すると同じ染色体をもつ細胞ができる。この細胞から不定胚が再生した植物体は同じ染色体のセットを2組もっている。この個体を自家受粉させて得られる種子をまくと，親と同じ個体が発生する。

---

1) イヌサフランの種子，鱗茎から抽出されるアルカノイド。アルカノイドとは，窒素原子を含み，アルカリ性を示す植物体に含まれる有機物質の総称（24章参照）。コルヒチンは，細胞分裂の際，染色体を引っ張る紡錘糸の運動，機能を阻害するため，正常な細胞分裂を妨げる。紡錘糸は微小管からできており，微小管はチューブリンとよばれるタンパク質から構成されている。コルヒチンはチューブリンと結合して微小管の形成を妨げる（9章参照）。

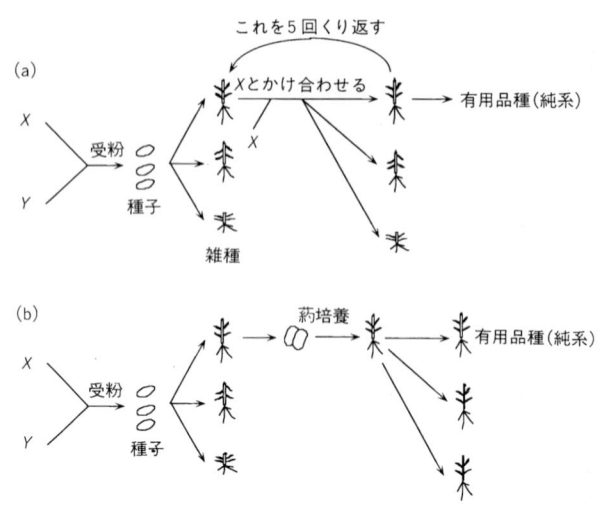

図25-8 品種改良での葯培養の利点。(a)では，伝統的な品種改良の手法を示した。雑種で得られた個体のなかで優良な性質を示すものを選抜し，この雑種をもとの親の片方と何度も交配し，得られた種子から常に同じ個体が出てくるまでこの交配を最低5回くり返す。一年生植物の場合，有用品種の純系が得られるまでに5年かかる。それに比べ，葯培養を利用すると（b），雑種から純系が得られるまでの期間が大幅に短縮できる。

この薬品は染色体の倍加は抑えないが，細胞分裂を抑える。花粉や花粉母細胞をこの薬品で処理すると同じ染色体が倍加した細胞（ホモ接合体）ができる（図25-7）。これは植物育種上，非常に有利な手段である。

いま，品種改良しようとして，XとYという品種をかけ合わせたとする。できた種子を収穫し，次に畑にまき，育てる。そのなかから，親よりもすぐれた性質をもつ個体を選別するが，それらはいわゆる雑種である。その雑種からとれる種子をまけば，いつもその性質が現れるわけではない。すなわち，同じ個体からとれた種子から，異なった性質を示す個体が生じる。畑にまいたとき，品質の悪い作物が何分の一か混ざっていたら，品質のよいものだけを選別して収穫することは不可能に近い。そこで通常は，農業的に利用できる均質な種子がとれるまで，このような栽培を何代にもわたってつづけ，目的とする性質がいつも現れる種子（純系）をつくらなければならない（14章参照）。

一方，すぐれた性質をもつ雑種が得られたときの葯を培養し，染色体を倍加し，植物を育成すると，その細胞には最初から完全に同じ染色体が2セット含まれる（純系）。この植物を育て自家受粉させ種子をつくると，その種子から育つ植物はすべて同じ性質を示す。そこで，このなかから目的にかなった植物体を選んでその種子をまくと，今度はすべて同

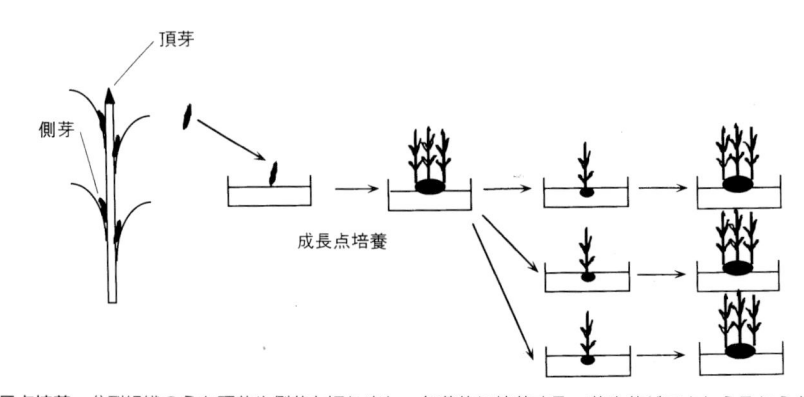

図25-9 成長点培養。分裂組織のうち頂芽や側芽を切り出し，無菌的に培養する。茎や葉ができたらそれらを切り出し，小分けにしてさらに培養する。最終的には根を再分化させる培地で培養して野外で栽培する。種子を経ずに，1個体の植物体から何万本もの植物の苗ができる。

じ性質を示す。葯培養技術によって，農業的に利用価値のある種子の作製にかかる時間を大幅に短縮できるようになった（図25-8）。タバコ，イネ，コムギでこの方法が成功し，有用な品種が多数作製されている。

25-5 成長点培養

成長点培養とは，茎頂や側芽から分裂組織を切り出し，無菌的に培養する方法である（図25-9）。利用方法は2つある。1つは，種子では個体を増やせない植物の大量増殖に使われる。ある種のランは種子では増えず，株分けで個体を増やしていた。ランの成長点（分裂組織）を切り出し，無菌的に培養すると，正常な植物体にまで成育する多数の細胞が得られる。すなわち，1個体のランから多数のランがつくり出せる道が開けた。また，成長点培養技術を用いたガーベラの栽培は，それまで株分けで増やしていた100倍の大量増殖を実現できた。

2つめはウイルス無感染植物体の作製である。トマト，ジャガイモ，イチゴ，カーネーション，キクなどはウイルスに感染しやすく，病徴が出たり，収量が落ちたりする。植物体内に侵入したウイルスは全身に広がる。ところが，成長点のような分裂組織には侵入しない。ウイルスに感染した植物体でも，その成長点を切り出し，無菌的に培養すれば，ウイルス無感染の植物体が得られる。ジャガイモでは，この処理によって収穫が50％増加した。ウイルスを防除する有効な手段がない場合は，成長点培養がウイルスから植物を守る唯一の方法である。

参考文献

竹内正幸：植物の組織培養，裳華房，1987.
R. A. Dixon／遠山益，久世洋子共訳：植物細胞・組織培養の実際，丸善，1989.
篠原昭ほか：バイオテクノロジー入門，培風館，1986.

26 遺伝子工学

- 遺伝子工学とは，目的の遺伝子を取り出し，これを別の細胞に導入することによって，その細胞に新しい機能をもたせる技術である。
- 同じ遺伝子を大量に増殖させることを遺伝子のクローニングという。
- クローニングには，クローニングベクターとよばれるプラスミドやウイルスのDNAが用いられる。このベクター（運び屋）に目的のDNAをつないで菌体内に戻し，増殖させる。
- クローニングした目的の遺伝子を別の細胞に運びこむベクターは遺伝子導入用ベクターとよばれる。これにクローニングされたDNAを組み込んだ後，目的の細胞に導入して発現させる。
- 植物への遺伝子導入には，Tiプラスミド由来の遺伝子導入用ベクターとアグロバクテリウムを利用する方法や，クローニングした遺伝子を直接植物細胞に導入する方法が用いられる。
- 現在，遺伝子工学の技術を用いて作成された，除草剤耐性遺伝子や害虫抵抗性遺伝子が組み込まれた遺伝子組換え作物が多くの国で栽培されている。

26-1 遺伝子工学とは

　遺伝子工学とは，目的の遺伝子を取り出し，別の細胞に導入することにより，目的の遺伝子を大量に増殖させたり，導入細胞に新しい機能をもたせる技術である。遺伝子工学は，今日の生物学研究において欠くことのできない有用な手法であり，この技術を用いることにより，遺伝子の構造や機能解析が大きく進展した。また，生物を用いた有用物質の生産や，生物の品種改良などの産業的な応用も進んでいる。本章では，植物を中心とした遺伝子工学について述べる。

26-2 遺伝子の組換え技術

　DNA分子同士を試験管内（*in vitro*）で結合して得られた雑種分子を組換えDNA分子という。組換えDNA分子を細胞に導入する実験を組換えDNA実験という。一般に，組換えDNA実験は次のような手順で行われる。
①目的のDNA断片（遺伝子）のクローニング：目的のDNA断片（遺伝子）を取り出し，そのDNA断片をクローニングベクターに組み込み，純化および大量増殖させる。
②得られた多量の目的遺伝子を直接目的の細胞に導入するか，もしくは目的の生物に適した遺伝子導入用ベクターに移し替え，その後，目的の生物に遺伝子導入を行う。

26-2-1 クローニング

　特定のDNA断片を宿主細胞内で大量に増殖させることをクローニング（もしくはクローン化）とよぶ。クローニングの流れを図26-1に示す。目的のDNA断片をクローニングベクターに挿入し，宿主

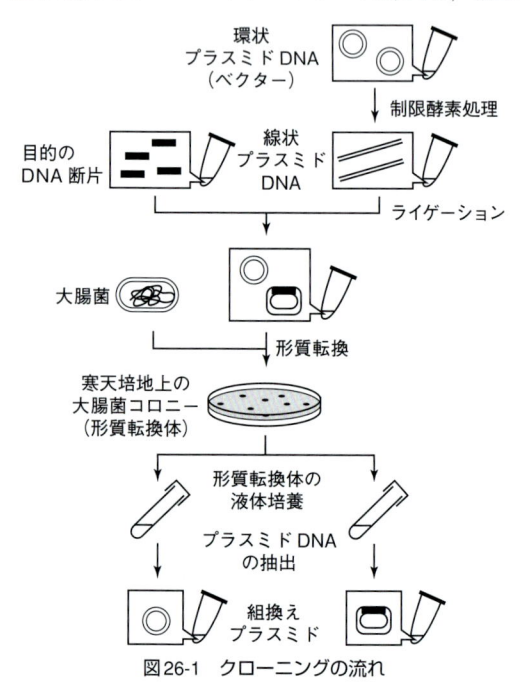

図26-1　クローニングの流れ

細胞に導入する。その後，目的のDNA断片を含む宿主細胞を大量増殖させ，宿主細胞から目的のDNAを取り出す。

26-2-2 ベクター

目的のDNA断片を宿主に運び込むDNAをベクターという。ベクターには細菌のプラスミドやバクテリオファージのDNAがよく用いられる。これらのDNAは短く，遺伝子数も少ないが自己複製に必要な遺伝子はもっている。そのため，これらのDNAに目的のDNA断片を挿入して，適切な宿主細胞に導入（形質転換）すると，プラスミドやファージの増殖に伴って挿入したDNAも同時に複製される。ベクターには用途，宿主などが異なるさまざまな種類がある（表26-1）。目的のDNA断片を宿主細胞に運び込み，細胞内で増殖させるために使われるベクターをクローニングベクターといい，大腸菌のプラスミドがよく用いられる。クローニングベクターの例として，大腸菌のプラスミド，pUC19の構造を図26-2に示す。多くのベクターにはクローニングやその後の解析が容易となるように細工がなされている。たとえばクローニングベクターとして用いられるプラスミドのほとんどは，マルチクローニングサイトとよばれる種々の制限酵素切断部位をもち，さまざまな制限酵素切断末端をもつ外来DNAを組み込むことができるようになっている。また，ベクターの多くはアンピシリンなどの抗生物質に対する耐性遺伝子が組み込まれており，抗生物質の含まれ

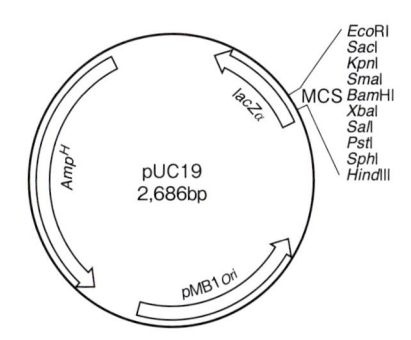

図26-2 大腸菌プラスミドpUC19の構造。MCS，マルチクローニングサイト：Amp，アンピシリン耐性遺伝子：Ori，複製開始点。

る培地で生育させることにより，ベクターの導入された大腸菌を効率的に選抜できる。

26-2-3 制限酵素（制限エンドヌクレアーゼ）

DNA上の特定の配列を認識して特定の箇所を切断する酵素を制限酵素とよぶ。この酵素の発見によって，試験管内でのDNAの組換えが可能となった。制限酵素は，多くの細菌がもつ酵素で，ファージやウイルスなどの外来のDNAを識別して選択的に分解することにより，細菌の自己防衛の役割を担っていると考えられている。遺伝子工学に利用される制限酵素はさまざまな細菌に由来しており，多くは二本鎖DNA上の回文配列（4-8bp）を認識して切断する。いくつかの市販されている制限酵素の認識配列と切断末端を図26-3に示す。制限酵素には二本鎖DNAの各々を異なる位置で切断するものと，同じ

表26-1 ベクターの種類

分類法	ベクター	特徴
挿入できる外来DNAの長さによる分類	プラスミド	12kbpまで挿入可能
	λファージ	22kbpまで挿入可能
	コスミド	47kbpまで挿入可能
	YAC	1,000kbpまで挿入可能
	BAC	300kbpまで挿入可能
	PAC	300kbpまで挿入可能
宿主による分類	大腸菌用ベクター	もっとも簡便で広く使われる系
	酵母用ベクター	酵母の解析に使用
	その他の宿主用ベクター	ウイルスベクターが多い
	シャトルベクター	2種類以上の生物を宿主とする
用途による分類	クローニングベクター	外来DNAのクローニングに特化
	ライブラリーベクター	ライブラリーの構築に適する
	発現ベクター	外来遺伝子の発現を目的とする
	遺伝子導入用ベクター	遺伝子の導入を目的とする

```
            認識配列           切断末端（粘着末端）
EcoR I[Bacherichia coli(大腸菌)]
   ---GAATTC---       ---G      AATTC---
   ---CTTAAG---       ---CTTAA      G---
BamH I[Bacillus amyloliquefacicns(バラシス・アミロリクアファシェンス菌)]
   ---GGATCC---       ---G      GATCC---
   ---CCTAGG---       ---CCTAG      G---
Hind III[Hemophilus influenzae(インフルエンザ菌)]
   ---AAGCTT---       ---A      AGCTT---
   ---TTCGAA---       ---TTCGA      A---
Sai I[Streptomyces albus(ストレプトマイセス．アルブス菌)]
   ---GTCGAC---       ---G      TCGAC---
   ---CAGCTG---       ---CAGCT      G---
Pst I[Providencia stuartii(プロビデンシア・スチュアルティイ菌)]
   ---CTGCAG---       ---CTGCA      G---
   ---GACGTC---       ---G      ACGTC---
Sma I[Serratia marcescens(霊菌)]   平端末滑
   ---CCCGGG---       ---CCC      GGG---
   ---GGGCCC---       ---GGG      CCC---
```

図26-3 種々の制限酵素の認識配列と切断末端

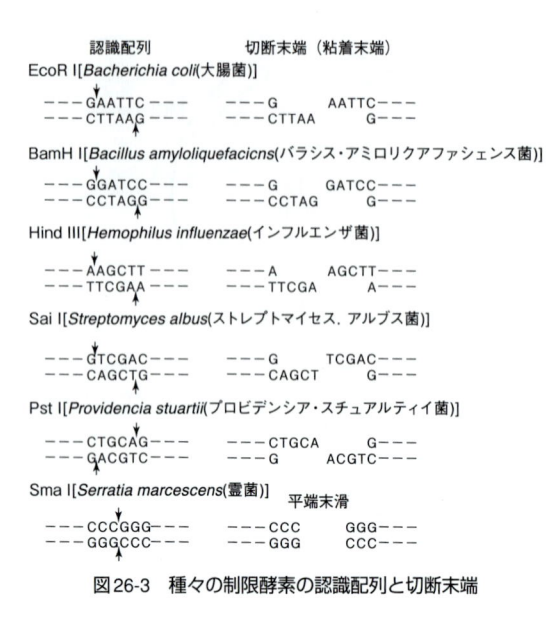

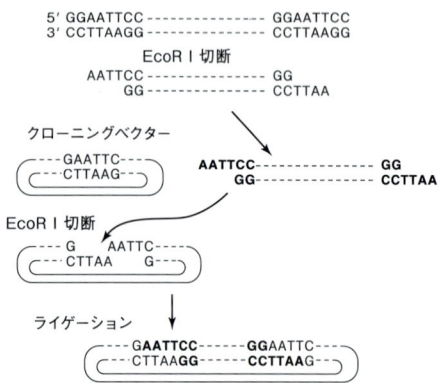

図26-4 制限酵素によるDNAの切断とプラスミドへの組込み

位置で切断するものがある。前者の酵素で切断された二本鎖DNAは，粘着末端とよばれる一本鎖部分を生じ，後者で切断された二本鎖DNA末端は平滑末端とよぶ。異種のDNAでも切り口が同じ構造（平滑末端同士や，一本鎖部分の塩基配列が同一の粘着末端同士）であれば，DNA連結酵素（リガーゼ）によりDNA分子間を共有結合させ（ライゲーションとよぶ），連続したDNA分子とすることができる（図26-4）。

26-2-4　目的のDNA分子の取り出し

特定のDNA断片をクローニングするためには，まず必要なDNA断片を取り出さなければならない。特定のDNA断片を取り出すには以下のような方法がある。

(1) DNAライブラリーからのスクリーニング（選別）

細胞から調製したDNAを無作為にベクターにつなぎ，異なるDNA断片を一種ずつもつクローンの集団を作成する。このようなクローンの集団をDNAライブラリーとよぶ。

調製したゲノムDNAを制限酵素や超音波などによって，比較的短いDNA断片に分断し，得られたDNA断片を用いて作成したDNAライブラリーをゲノミックライブラリーとよぶ。ライブラリーベクターには，一般にプラスミドやλファージが用いられるが，ゲノムプロジェクトなどには，巨大なDNA断片を挿入できるYAC（酵母人工染色体）やBAC（細菌人工染色体）が利用されている。

真核生物のmRNAは，ほとんどの場合スプライシング（16章参照）を受けている。mRNAをコピーしたDNAを実験に用いたい場合は，cDNAライブラリーよりスクリーニングを行う。目的の遺伝子が発現している細胞からmRNAを抽出し，逆転写酵素により相補的DNA（cDNA, complementary DNA）を合成する。このcDNAから二本鎖cDNAを合成し（図26-5），ベクターにつないでDNAライブラリーとしたものをcDNAライブラリーという。

DNAライブラリーを宿主に導入し，多数のクローンの中から目的のDNA断片を含むクローンをスクリーニング（選別）する。スクリーニングはハイブリダイゼーション法（下記コラム参照）などにより行う。

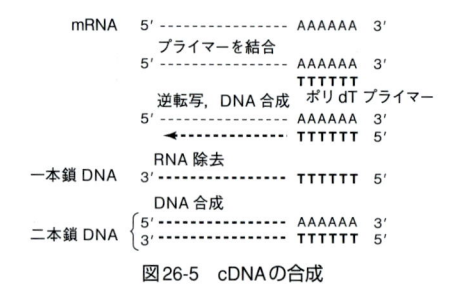

図26-5　cDNAの合成

(2) PCR（ポリメラーゼ連鎖反応）法

必要なDNA断片の塩基配列がわかっている場合は，PCR法により簡便に目的のDNAを得ることができる。PCR法とは，耐熱性のDNAポリメラーゼを利用して，微量のDNA試料から，特定のDNA断片を増やす技術である。PCR法の原理を図26-6に示す。

図26-6 PCR法の原理

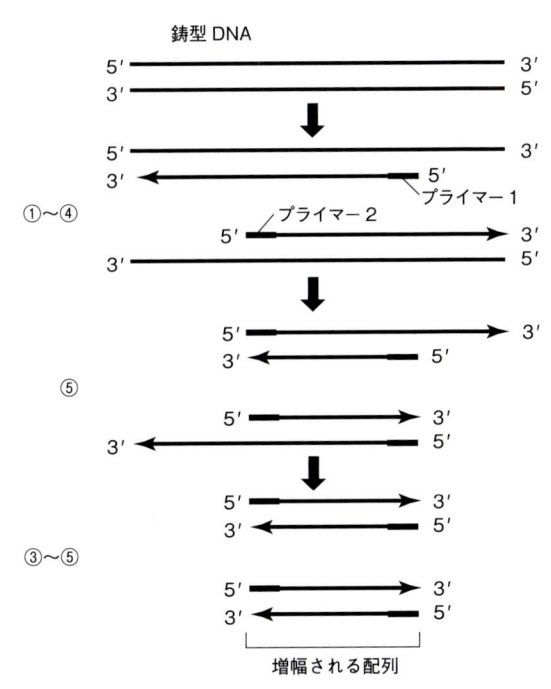

① 得ようとするDNA配列の5'末端と3'末端に，互いに逆向きのプライマーを合成する。
② 鋳型DNAにプライマーを加えたうえで，熱変性により二本鎖DNAを一本鎖に解離する。
③ 反応液の温度を下げると（たとえば55℃）プライマーが鋳型DNAの相補配列に結合し，Taqポリメラーゼ（耐熱性DNAポリメラーゼ）がDNA複製を開始する。
④ TaqポリメラーゼによるDNA複製をさらに進行させる。
⑤ 1回のDNA複製反応が完了したら，再び熱変性により二本鎖DNAを一本鎖に解離する。以降，③〜⑤を繰り返す。

　PCR法は，耐熱性DNAポリメラーゼ，鋳型DNA，4種類のデオキシリボヌクレオシド三リン酸（dATP, dGTP, dCTP, dTTP, 4種類をまとめてdNTPと略す），プライマー対（増幅させるDNA断片の両末端のそれぞれに相補的な合成DNA）を混ぜ，①二本鎖DNAの一本鎖変性，②プライマーの結合，③耐熱性ポリメラーゼによるDNAの複製，の反応を繰り返すことで，目的のDNA分子を迅速かつ大量に増幅させる。

　cDNAをクローニングしたい場合には，鋳型DNAとしてcDNAを用いてPCR（逆転写PCR, RT-PCR）を行うことで，目的のcDNAを直接増幅することができる。

　PCR法によって得られたDNA断片をベクターに組み込み，クローニングする。

　(1), (2)の方法で取り出しクローニングしたDNAは，塩基配列を決定し，目的のDNA断片がクローニングされているかを確認する必要がある。

コラム　ハイブリダイゼーション法と免疫抗体法

　DNAやRNAは，その塩基配列が相補的であれば，2つの分子間でお互いの塩基間の水素結合によってゆるく結合する。この反応をハイブリダイゼーション（雑種形成）という。雑多なDNAやRNA分子のなかから特定の塩基配列をもつものだけを拾い上げるために，まず，その塩基配列と相補的な塩基配列のDNAまたはRNA分子を準備する。この分子は拾い出したい分子のほんの一部の配列と相補的であればよい。この分子のことをプローブとよぶ。プローブを雑多な核酸分子と接触させると，相補的な塩基配列をもった分子に結合する。あらかじめプローブを放射性同位元素や，発色，発光を触媒する酵素で標識しておけば，プローブと結合した分子を特定することができる。ハイブリダイゼーション法を用いて，目的のクローンをDNAライブラリーの中からスクリーニングすることができる。たとえば，大腸菌用ベクターを用いて作成されたDNAライブラリーの場合，DNAライブラリーを大腸菌に導入し，得られた多数のコロニー（クローン）の中から，プローブとハイブリダイゼーションする特定のコロニーのみを，スクリーニングする。

　特定の遺伝子産物（通常はタンパク質）が精製されていて，その分子に対する抗体が作成できる場合は免疫抗体法が用いられる。目的の遺伝子を含むと予想されるcDNAライブラリーを，大腸菌などの宿主内でタンパク質を発現させることのできるベクター（発現ベクター）を用いて作成する。このようなcDNAライブラリーを特に発現ライブラリーとよぶ。発現ライブラリーを宿主に導入した後に，抗体が結合するタンパク質を発現している宿主細胞をスクリーニングする。

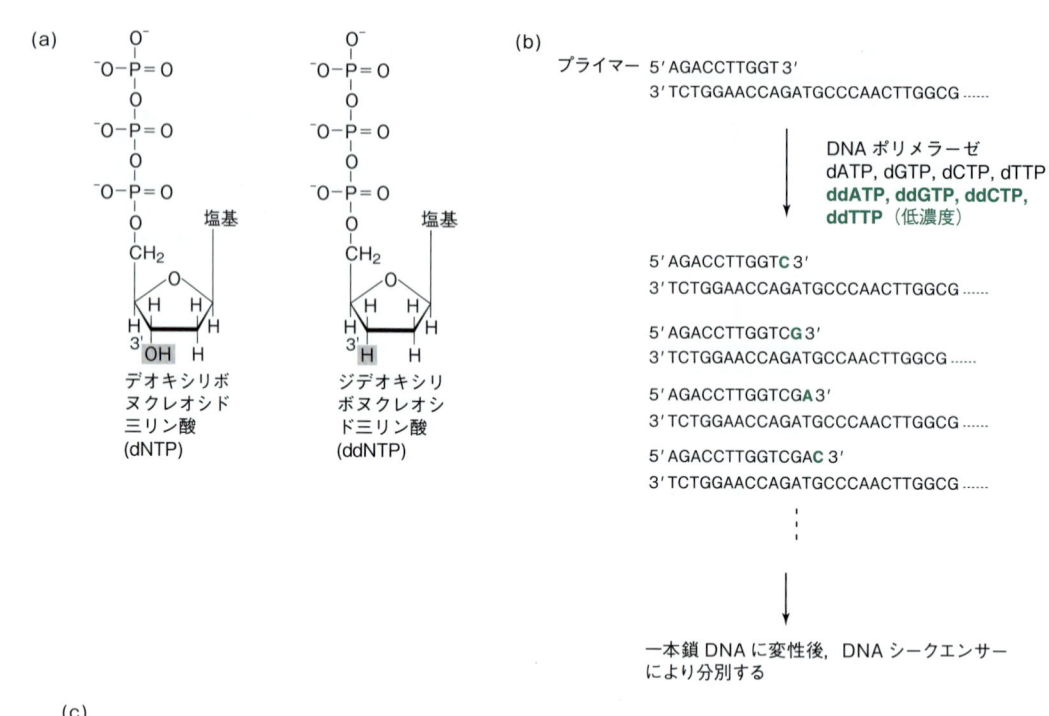

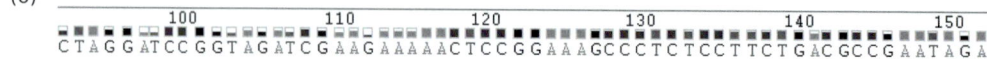

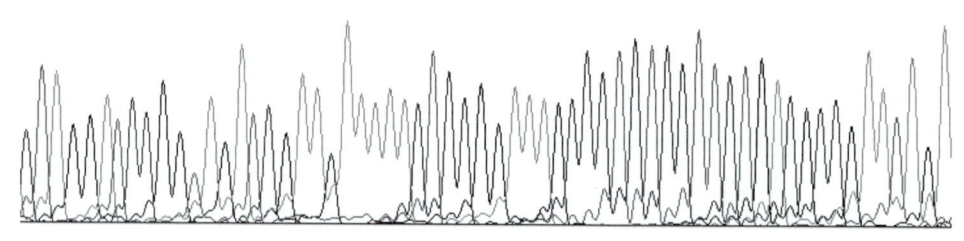

図26-7 ジデオキシ（サンガー）法による塩基配列の決定。(a) デオキシリボヌクレオチド三リン酸（dNTP）とジデオキシリボ三リン酸（ddNTP）の構造，(b) ジデオキシ（サンガー法）の原理ddNTPを太字で示す，(c) DNAシークエンサーにより解析したデータの例。

26-2-4 塩基配列の決定

現時点で，塩基配列の決定にもっとも多く利用されている方法は，ジデオキシ法（サンガー法）である。その原理を図26-7に示す。ジデオキシ法では通常のDNAポリメラーゼによるDNAの合成反応液中（DNAポリメラーゼ，塩基配列を決定したいDNA，プライマー，4種類のdNTP）に少量のジデオキシヌクレオシド三リン酸（ddATP, ddGTP, ddCTP, ddTTPの4種類，まとめてddNTPと略す）を加えてDNA合成を行う。ddNTPは次のヌクレオチドとの結合に必要な3′-OH基が欠質しているため，合成反応にdNTPが用いられるとDNA鎖の伸長は進むが，ddNTPが取り込まれるとDNA鎖の伸長は停止する。ddNTPの取り込みはランダムに起こるので，最終的な反応産物には1ヌクレオチド単位で大きさの異なるさまざまなDNA断片が含まれる。反応が終わったDNA断片をゲルもしくはキャピラリー電気泳動により分画し，DNAの大きさの順に取り込まれたddNTPの種類を決定すれば，目的のDNAの塩基配列を決定することができる。現在では，異なる蛍光物質で標識したddNTPを用いてDNA合成反応を行い，反応産物をDNAシークエンサーにより分別し，取り込まれたddNTPの種類と順番を決定する方法が一般的である。

26-3 植物への遺伝子導入

植物細胞に遺伝子を導入する方法として、アグロバクテリウム法と直接導入法が用いられている。

26-3-1 アグロバクテリウム法

アグロバクテリウム法はアグロバクテリウム（*Agrobacteium tumefaciens*）とTi（tumor inducing）プラスミドを利用する方法である。

アグロバクテリウムは植物の傷に感染し、クラウンゴール（根頭がん腫）とよばれる腫瘍を形成させる土壌細菌である。腫瘍ができるのはアグロバクテリウムに含まれるTiプラスミドの働きによる。アグロバクテリウムが植物に感染すると、Tiプラスミド中のT-DNA（transfer DNA）とよばれる領域が、植物の核DNAに組み込まれ、この領域に含まれる植物細胞の増殖を促す植物ホルモン（オーキシンとサイトカイニン）の合成遺伝子が植物細胞で発現する（図26-8）。その結果、合成されたオーキシンやサイトカイニンの働きにより、T-DNAが組み込まれた細胞は増殖し腫瘍化する。また、T-DNAにはアグロバクテリウムのみが利用可能な特殊なアミノ酸（オパインと総称される）の合成遺伝子も含まれているため、形成された腫瘍はオパインを合成し、これを利用してアグロバクテリウムは増殖する。

植物の核DNAに組み込まれたT-DNAは植物細胞の遺伝子の一部となって伝達されるので、T-DNAに目的遺伝子を組み込んでおけば、外来遺伝子を植物体に組み込むことができる。T-DNAの植物核DNAへの組み込みに必要な遺伝子は、TiプラスミドのVir領域に存在しており、T-DNA上の植物ホルモン合成遺伝子やオパイン合成遺伝子は組み込み自体には必要ではない。T-DNA上の配列で必要なのはT-DNAの両端に位置する25 bpの反復配列（LBおよびRB）のみであるため、これら反復配列で挟まれた領域を、植物に導入したい遺伝子と置き換えたTiプラスミドを用いれば、目的の遺伝子を植物に導入することができる。

Tiプラスミドは長さが約200 kbpと巨大なため、目的の遺伝子を導入するための遺伝子操作が困難である。T-DNAの植物核DNAへの導入には、T-DNA領域とVir領域が不可欠であるが、これらの領域は必ずしも1つのプラスミド上に存在する必要はない。そこで、T-DNA領域を含み、大腸菌内とアグロバクテリウム内の両方で増殖可能な遺伝子組換え用プラスミド（T-DNAバイナリーベクター）と、Vir領域をもつプラスミド（Virヘルパープラスミド）の2種を用いるバイナリーベクターシステムが好んで用いられている（図26-9）。これらのプラスミドを導入したアグロバクテリウムを植物細胞（組織片やカルスなど）に感染させ、その後、T-DNAが組み込まれた細胞を植物体へと再生させることにより、形質転換植物（トランスジェニック植物）を得ることができる。またシロイヌナズナでは、花芽にアグロバクテリウムを感染させるフローラル・ディップ法が開発されている。この方法では植物体を再生する手間をかけずに、簡便に形質転換種子を得ることができる。

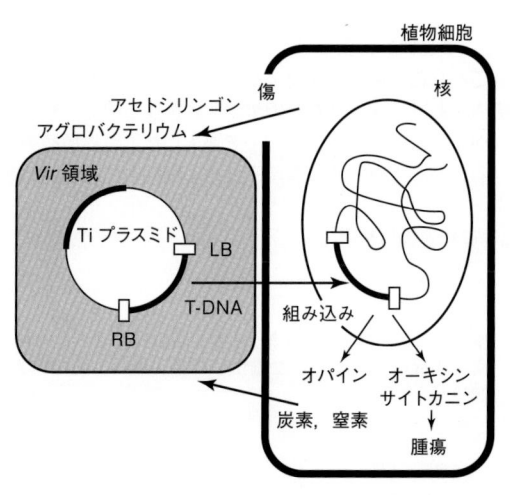

図26-8 アグロバクテリウムを介した遺伝子導入

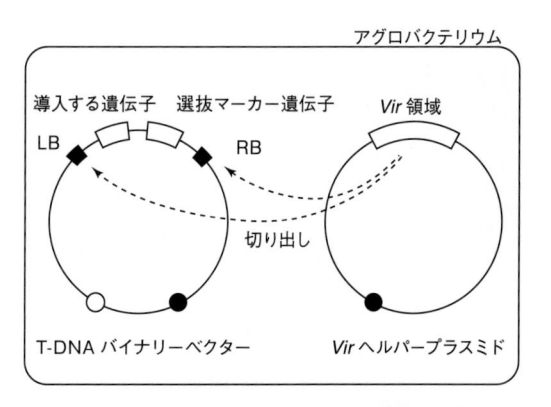

図26-9 バイナリーベクターシステム。選抜マーカー遺伝子：形質転換された植物（植物細胞）の選抜を行うため、抗生物質に対する耐性遺伝子などが組み込まれている。

26-3-2 直接導入法

アグロバクテリウム法は効率のよい方法であるが，すべての植物でアグロバクテリウム法による遺伝子導入系が確立されているわけではない。目的遺伝子を植物DNAに組み込む方法としては，クローニングしたDNA分子を直接細胞に注入する方法も用いられる。直接導入法には，植物細胞の細胞壁を酵素処理により取り除いてプロトプラストをつくり，細胞膜に小孔をつくってそこからDNAを取り込ませる方法（エレクトロポレーション法，ポリエチレングリコール法）と，細胞壁を貫通してDNAを導入する方法（パーティクルガン法）がある。これらの方法は植物体の再分化が可能な種すべてに適用できる。また核以外の細胞内小器官のDNA（葉緑体DNAやミトコンドリアDNA）の遺伝子導入にも用いることができるという利点がある。一方で，アグロバクテリウム法と比べて，遺伝子が複数導入されやすいなどの問題点も存在する。

26-4 遺伝子組換え作物

作物の品種改良は主として交雑育種，つまり異なる形質（遺伝子）をもつ品種をかけあわせて，その子孫から有用な形質をもつ個体を選抜することにより行われている。交雑育種は現在も品種改良の主要な方法であるが，交雑可能な種が限定されるため，導入できる形質にも限界がある。望ましい形質を与える遺伝子が同定されれば，遺伝子工学の手法を用いて，種を越えてその形質を導入した作物をつくることができる。

現在，除草剤抵抗性（除草剤に非感受性の形質もしくは除草剤を無毒化する形質を導入したもの）や害虫抵抗性（殺虫性タンパク質を導入したもの）などの農業生産上有用な形質を導入した遺伝子組換え作物が開発，実用化されている。世界における遺伝子組換え作物の栽培面積は年々拡大しており，2007年には23か国，1億1430万haの農地で商業栽培されている。また，農業生産上有用な形質を付与したものだけではなく，発展途上国のビタミンA欠乏症を防ぐ目的で開発されたゴールデンライス（βカロテンを含むコメ）や，日本人の国民病ともよばれるスギ花粉症を緩和するコメなどに代表される，健康機能性成分や医薬成分を含む作物や工業原料となる遺伝子組換え作物の研究と開発が進められている。

コラム　GFP（緑色蛍光タンパク質）

ある遺伝子の機能を解析する際に，その遺伝子の発現部位や翻訳産物の細胞内での局在性を調査することがある。このような解析は，ハイブリダイゼーション法や免疫抗体法などを用いて，その遺伝子の産物を直接検出することにより行うことも多いが，発色や発光を触媒する酵素の遺伝子や蛍光を発するタンパク質の遺伝子との融合遺伝子を植物細胞内で発現させ，発色，発光，蛍光をたよりに発現や局在する部位を明らかにすることもできる。このような実験に用いられる遺伝子はレポーター遺伝子とよばれ，植物ではβ-グルクロニダーゼ（GUS）遺伝子，ルシフェラーゼ遺伝子，緑色蛍光タンパク質（GFP）遺伝子などが用いられる。

GFPはオワンクラゲがもつ緑色の自家蛍光を発する約27kDaのタンパク質であり，励起光を当てると緑色の蛍光を発する。GUSやルシフェラーゼによる発光や発色には基質を必要とするのに対し，GFPの蛍光検出には基質を必要としないことや，生細胞での観察が可能なこと（この点はルシフェラーゼも同様）などから，レポーター遺伝子として幅広く用いられており，特に細胞内におけるタンパク質の挙動を観察する際の，有力な道具として用いられている。たとえば，ある遺伝子のcDNAとGFPとの融合遺伝子を導入した形質転換植物を作出したり，融合遺伝子を植物細胞で一過的に発現させることにより，その遺伝子産物が細胞内のどこに局在しているのかを調べることができる。

GFPの発見により下村脩博士は2008年にノーベル化学賞を受賞した。

参考文献

N. A. Campbell, J. B. Reece／小林興ほか訳：キャンベル生物学，丸善，2007.

半田弘編著：新しい遺伝子工学，昭晃堂，2006.

日本学術振興・植物バイオ第160委員会監修：救え！世界の食糧危機－ここまできた遺伝子組換え植物，化学同人，2009.

27 農　薬

- 農薬は農作物を他の生物の被害から守るために使われる。
- 農薬には殺虫剤，殺ダニ剤，殺菌剤，除草剤，植物成長調節剤がある。
- 除草剤が雑草を枯らすのは，光合成，アミノ酸合成や細胞分裂などを阻害するからである。
- 天然あるいは合成の植物ホルモンを使って，果実を大きくしたり，ブドウを種無しにしたり，バナナを熟させたり，作物を小さくしたり，おいしいモヤシをつくったりすることができる。
- バイオテクノロジーによって除草剤によって枯れないダイズをつくったり，イネをいもち病にかからなくすることができる。

農薬は農作物（樹木を含む）の生育を阻害する昆虫，ダニ，病原菌，雑草などの生物を防除することによって，農作物を保護する薬剤である。農薬の主要なものは殺虫剤，殺ダニ剤，殺菌剤，除草剤などに分類される。その他に農作物自身の成長を促進したり抑制したりする植物成長調節物質も農薬に含まれる。さらに，近年，バイオテクノロジーを利用する農薬も広く利用されるようになった。本章では植物の成長に直接関係する除草剤，植物成長調節剤，バイオテクノロジーを利用する農薬についてふれる。

27-1　除草剤

除草剤の開発と導入によって農業生産量は飛躍的に増加した。雑草は作物に必要な栄養や光などを奪ったり，病害虫の発生を助長することによって，作物の生産を減少させる。したがって除草剤が農業生産に果たす役割はきわめて大きい。除草剤は雑草の生理機能を阻害する物質であり，その作用機構によって光合成阻害型，光合成色素合成阻害型，栄養成分合成阻害型，植物ホルモン作用撹乱型などに分類される（図27-1）。すべての植物を枯死させる除草剤を非選択性除草剤という。また特定の植物を枯死させる除草剤を選択性除草剤という。

27-1-1　光合成阻害型除草剤

光のエネルギーは，チラコイド膜上の電子伝達系の光化学系Ⅱ（P_{680}）と光化学系Ⅰ（P_{700}）に吸収され，さまざまな反応を経由して，ATPとNADPHの合成に使われる。ATPとNADPHはカルビン–ベンソン回路によるCO_2の固定に用いられる。光合成阻害型除草剤はすべて電子伝達系を阻害する。

光化学系Ⅱに関係する除草剤として，トリアジン系のアトラジンやシマジン，ウラシル系のブロマシルやレナシル，尿素系のベンタゾンやジウロン（DCMU）など多様な化合物が知られている。これら化合物は光化学系Ⅱの活性中心を構成するD1タンパク質に結合して正常な電子の流れを妨げる。この系統の除草剤は古くから大量に使用されたため，D1タンパク質のアミノ酸変異により除草剤結合性がなくなって耐性を獲得した植物が多く出現している。また，ニトリル系のアイオキシニルなどは光化学系Ⅱの電子伝達を担うプラストキノンと競合する除草剤である。かつて，これら除草剤の殺草の原因はその光合成阻害作用による糖の欠乏とされていたが，現在では，電子伝達系が止まるため活性酸素の一重項酸素 $\mathrm{\ddot{O}\!::\!\ddot{O}}$ が発生して膜構造を破壊して植物を枯死させるとされる。

光化学系Ⅰに関係する除草剤としてジピリジル系化合物が知られている。この除草剤は光化学系から出てくる電子を奪って自身がラジカルになる。たとえば，パラコートはパラコートラジカルになり，これが活性酸素のスーパーオキシドアニオンラジカル $\cdot\mathrm{\ddot{O}\!::\!\ddot{O}}^-$，ついで過酸化水素 $\mathrm{H\!:\!\ddot{O}\!:\!\ddot{O}\!:\!H}$，ヒドロキシラジカル $\mathrm{H\!:\!\ddot{O}\cdot}$ を発生させ膜構造を破壊する。

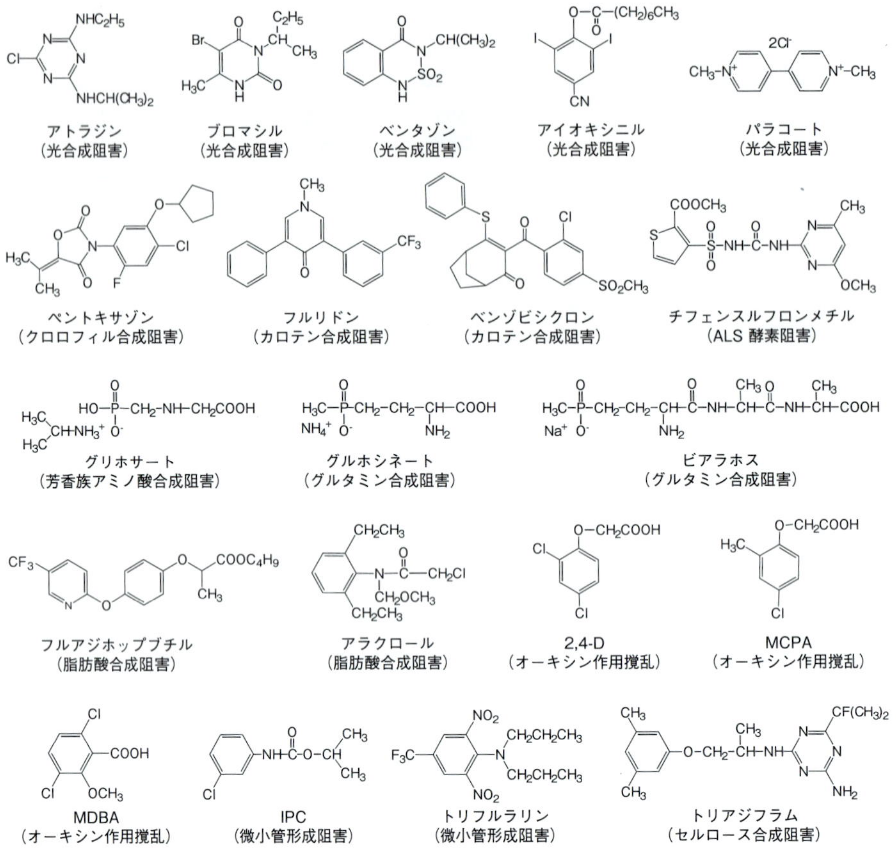

図27-1 除草剤の構造。括弧内に除草作用の原因となる阻害反応を示す。

27-1-2 光合成色素合成阻害剤

　光合成色素にはクロロフィルとカロテノイドがある。クロロフィルは光化学系ⅠおよびⅡにおいて光捕集を行い，カロテノイドはチラコイド膜に多く含まれクロロフィルを酸化から守る。クロロフィルの生合成が阻害されると，プロトポルフィリンIXが蓄積する。プロトポルフィリンIXは光増感剤として働き，活性酸素を発生させ膜構造を破壊する。このような作用を示す除草剤として環状イミド系のペントキサゾンなどが使われている。一方，カロテノイドの合成が阻害されると，カロテノイドのクロロフィル保護作用が欠失して，クロロフィルが活性酸素などによって分解されるので，植物は白化し枯死する。このような働きをする除草剤としてカロテノイドの合成を直接阻害するフルリドン，間接的に阻害するビシクロオクタン系のベンゾビシクロンなどが知られている。

27-1-3 栄養成分合成阻害型除草剤

　分枝アミノ酸，芳香族アミノ酸，グルタミンおよび脂肪酸の合成を阻害する除草剤がある。

　分枝アミノ酸のバリン，ロイシン，イソロイシンが合成されるときにはアセト乳酸合成酵素（ALS）が鍵酵素として働く。チフェンスルフロンメチルなどのさまざまなスルホニル尿素系化合物はきわめて低濃度でALSと結合して，酵素作用を阻害する。その結果タンパク質の合成が停止するために植物が枯死する。動物には分枝アミノ酸の合成経路がないので，この型の除草剤の動物に対する毒性はきわめて低い。さまざまな作物に適応した選択的な薬剤が開発されている。

　芳香族アミノ酸のチロシン，フェニルアラニン，

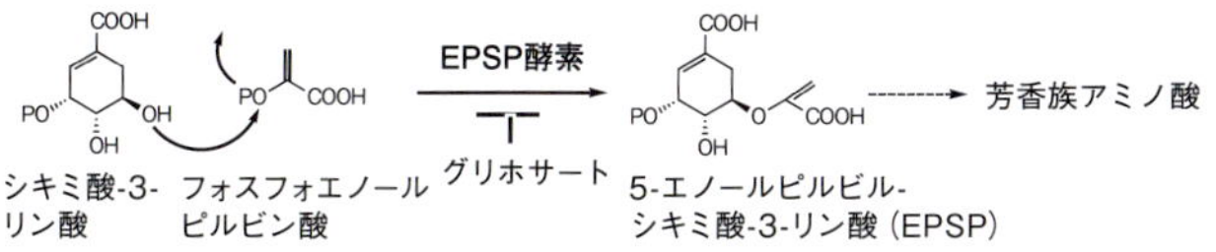

図27-2 除草剤グリホサートの作用部位。 グリホサートはEPSP酵素阻害によってEPSPの供給を停止させるため、芳香族アミノ酸の合成が阻害される。

トリプトファンは植物特有のシキミ酸経路を経由して合成される。グリホサート（商品名ラウンドアップ）はシキミ酸-3-リン酸とホスホエノールピルビン酸を結合させて5-エノールピルビルシキミ酸-3-リン酸（EPSP）をつくるEPSP酵素に強力に結合して、芳香族アミノ酸の合成を阻害する（図27-2）。したがって、芳香族アミノ酸を含むタンパク質やインドール酢酸の減少をもたらすので植物が枯死する。グリホサートは非選択的除草剤である。

グルタミン合成酵素はグルタミン酸とアンモニアからグルタミンを合成するアンモニア同化酵素である。グルホシネートは構造がグルタミン酸と似ているためにグルタミン合成酵素を阻害する。その結果毒性の高いアンモニアが蓄積することや、グルタミンおよびグルタミン酸の欠乏により光呼吸などの代謝経路が阻害されることにより、植物が枯死する。グルホシネートは放線菌のつくる除草剤ビアラホスの活性本体であるが、化学合成により製造されている。これらは非選択性の茎葉処理剤である。

脂肪酸は脂質としてだけでなく、ジャスモン酸（植物ホルモン）の前駆体になるなど重要な生理機能をもっているので、脂肪酸合成阻害剤は除草剤として働く。脂肪酸の合成においては、最初にアセチル-CoAに二酸化炭素が取り込まれてマロニル-CoAが合成される。この反応を触媒するアセチル-CoAカルボキシラーゼはフルアジホップブチルなどのアリールオキシプロピオン酸系化合物によって阻害される。脂肪酸合成において炭素鎖が伸長するときは、まずアセチル-CoAとマロニル-CoAが結合してから脱炭酸によってC_4中間体ができ、この中間体がつぎつぎとマロニル-CoAと反応して2個ずつ炭素数が増えてゆく。この反応は脂肪酸合成酵素により触媒される。これとは異なる炭素鎖延長酵素が特に炭素数20以上の脂肪酸の合成に関わっている。クロロアセトアミド系のアラクロールなどは脂肪酸の炭素伸長を抑制するが、特に炭素数20以上の生成を抑制する。一方、脂肪酸の不飽和化を阻害する除草剤もある。

27-1-4 植物ホルモン作用撹乱型除草剤

フェノキシ酢酸系の2,4-DやMCPA、芳香族カルボン酸系のMDBAなどはオーキシン活性を示す除草剤であり、水田または芝生の広葉雑草の駆除に使われる。これらは内生オーキシンであるインドール酢酸によって保たれている植物の正常なホルモンバランスを崩すことによって植物を枯死させる。

27-1-5 その他の除草剤

細胞分裂は微小管から形成されている紡錘体によって誘導される。カーバメイト系のIPCやジニトロアニリン系のトリフルラリンなどの除草剤は微小管の形成を阻害することにより細胞分裂を阻害する。また、トリアジン系のトリアジフラムはセルロースの合成を阻害すると考えられている除草剤である。

27-2 植物成長調節剤

植物成長調節剤は作物の収穫を増やしたり、品質を向上させるなどさまざまな場面で使われる。植物成長調節剤として中心的なものは、植物ホルモン自身および植物ホルモンと同じような生理作用をもつ合成化合物であり、図27-3に示すような化合物がよく使われている。

27-2-1 オーキシンに関連する植物成長調節剤

天然オーキシンであるインドール-3-酢酸は分解しやすくまた容易に代謝されるために植物成長調節剤としては使われない。もっぱら使われるのは合成オーキシンであり、多用の生理作用を示す。主要なものは1-2個の塩素原子を含むフェノキシ系化合物であり、これらにはトマトやナスなどの着果促進や果実肥大に使われるクロキシホナックや4-CPA（商

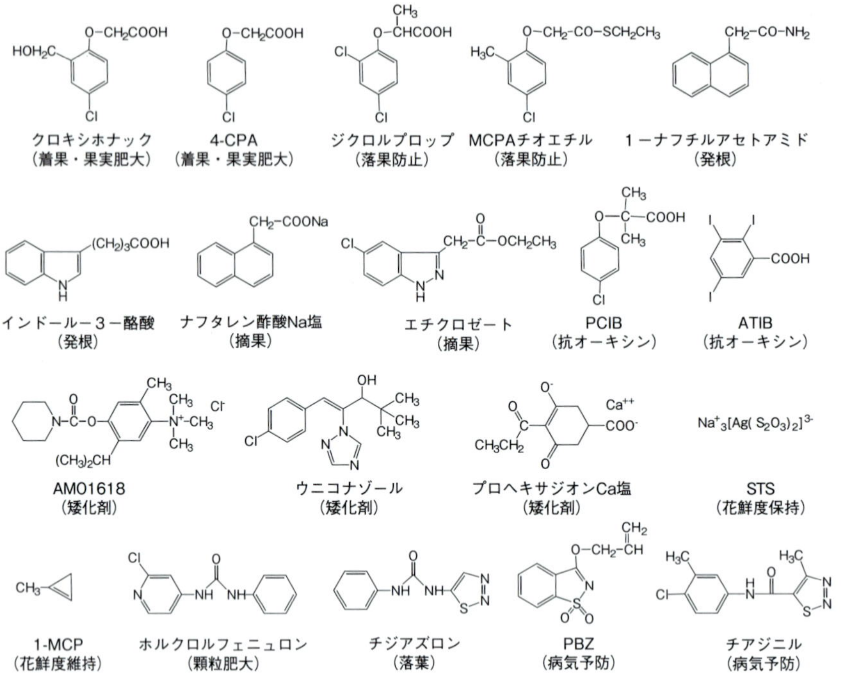

図27-3 植物成長調節剤と病害抵抗性誘導剤の構造。括弧内にその生理作用を示す。

品名：トマトトーン），落果防止などに使われるジクロルプロップやMCPAチオエチルがある。一般に未受精果は落果してしまうが，4-CPAなどには未受精でも果実肥大を引き起こす働きがある。

　ナフタレン系合成オーキシンの1-ナフチルアセトアミドならびにインドール-3-酪酸は挿し木の発根促進剤として使われる。また，1-ナフタレン酢酸ナトリウム塩ならびにインドール環の2位が窒素に置換したエチクロゼートはミカンの摘果剤として使われるが，果実の品質を向上させるためにも利用される。また，植物生理研究用には4-クロロフェノキシイソ酪酸（PCIB）が抗オーキシンとして，2,3,5-トリヨード安息香酸（TIBA）がオーキシンの移動阻害剤として利用される。

27-2-2　ジベレリンに関連する植物成長調節剤

　種無しブドウは食べやすいということで人気がある。ジベレリンA₃を主成分とした製剤がブドウの無核化（種無し）に用いられるが，このジベレリンA₃はイネ馬鹿苗病の病原菌 Gibberella fujikuroi の培養によって大量につくることができる（13章参照）。ブドウの開花前8-14日目にブドウの花房をジベレリンで処理をすると受精不能となって種子ができなくなる。このままでは果実の肥大が阻害されるので，さらに開花後10日目に2回目のジベレリン処理をすると果実の肥大が起こり正常な果実が発達する。最初はデラウエア種に使われたが，現在では粒の大きい巨峰やピオーネなどにも使われている。

　ジベレリンはイチゴの着果数増加や熟期促進など多様な作物の成長調節にも使われる。また，シクラメンやキクなどの花卉園芸作物に対しても成長促進や開花促進に使われる。

　植物の背丈を抑制することは，農業上有利なことが多い。たとえば，イネやコムギが矮化して倒伏しにくくなったり，キクやハイビスカスが小型化して鑑賞価値が向上したり，芝などの伸び過ぎが抑えられて芝刈りの回数が少なくてすむようになる。この目的のためにジベレリンの生合成阻害剤が利用されている。これらには，前駆体のカウレンの合成を阻害するオニウム型のAMO1618，カウレンの酸化を行うシトクロムP450酵素を阻害する含窒素複素環化合物のウニコナゾールやパクロブトラゾール，ジベレリンの生合成に必要な2-オキソグルタル酸依存の酸素添加酵素を阻害するシクロヘキサントリオン

型化合物のプロヘキサジオンカルシウム塩などがある。また，上記矮化剤の中には開花促進，着蕾数増加にも用いられるものがある。

27-2-3　エチレンに関連する植物成長調節剤

エチレンそのものが使われる場合もあるが，エチレン発生剤のエテホンが多用されている。エテホンはpH4より高くなると分解するので，その製剤液はpH1以下に調節されている。エテホンが植物に吸収されると，細胞内のpHは4より高いので容易に分解してエチレンが発生する（図27-4）。

エチレンはバナナ，レモン，ミカンなどを黄色く熟させるのに使われる。バナナは輸送による痛みをさけるために，緑色の状態で輸入し，必要に応じてエチレン処理されてから出荷される。また，エチレン処理により歯ごたえのよい太くて短いモヤシを生産することができる。

外国では，エテホンは大規模農業における農作業の省力化などのために多用されている。パイナップルをエテホンで処理すると花成が誘導され，その結果果実の成熟時期がそろうので，果実の一斉収穫が可能になる。トマトの場合は，エテホン処理すると一斉に成熟するので，機械収穫が可能になる。ワタの場合は，エテホン処理により裂果および落葉が誘導されるので，ワタの機械収穫が効率化する。一方，エテホンはコムギやオオムギの成長抑制を起こすため，倒伏防止に使われる。さらに，エテホンには天然ゴムの分泌促進作用があるので，ゴムの増産にも利用される。

エチレンは花を萎らせたり，落花，落葉，上偏成長を起こしたりして，切花，鉢植えの花や苗，観葉植物などを劣化させる。銀イオンはエチレン受容体に結合するので，チオ硫酸銀（STS）が特に切り花の鮮度保持に用いられる。一方，1-メチルシクロプロペン（1-MCP：商品名EthylBloc）はエチレン受容体に不可逆的に結合するので，STSほど効果が長持ちしないが，さまざまな観賞用の植物の鮮度保持に使われる。1-MCPは気体であるため，植物処理用の密封容器が必要である。

27-2-4　サイトカイニンに関連する植物成長調節剤

合成サイトカイニンのベンジルアデニン（構造は13章の図13-4参照）はリンゴ側芽の増加，ミカンの着果促進，イネ苗の老化抑制などに使われる。尿素型の合成サイトカイニンのホルクロルフェニュロンはブドウの顆粒肥大などのために使われる。チジアズロンも尿素型の合成サイトカイニンであるが，ワタに処理するとエチレンが発生して落葉を誘導するので，エテホンとともに機械収穫を容易にするために使われる。

27-3　バイオテクノロジーを利用する農薬

27-3-1　遺伝子農薬

有用な遺伝子も，人にとって好都合な作物をつくるのに利用できるので，一種の農薬と考えることができる。最初の例は，1994年に開発された日持ちのよいトマトである。このトマトは，細胞壁ペクチン（ポリガラクツロン酸）の加水分解酵素であるポリガラクツロナーゼの生成を抑えるために，ポリガラクツロナーゼ遺伝子のアンチセンスcDNAを導入した組換え植物である。エチレン合成遺伝子に対するアンチセンス遺伝子を導入しても同じようなトマトが得られる。

27-1-3項に述べたように除草剤グリホサートの標的酵素はEPSP酵素であるが，*Agrobacterium*由来のグリホサート耐性のEPSP酵素を組み込むことにより，ダイズ，トウモロコシ，ナタネ，ワタなどのグリホサート耐性植物がつくられた。一方，除草剤グルホシネートのリン酸部分をアセチル化する酵素の遺伝子を導入してグルホシネートを不活性化するようにした植物は，テンサイ，トウモロコシ，ナタネなどについてつくられている。このような耐性植物を栽培すれば，1種類の非選択性除草剤によって，

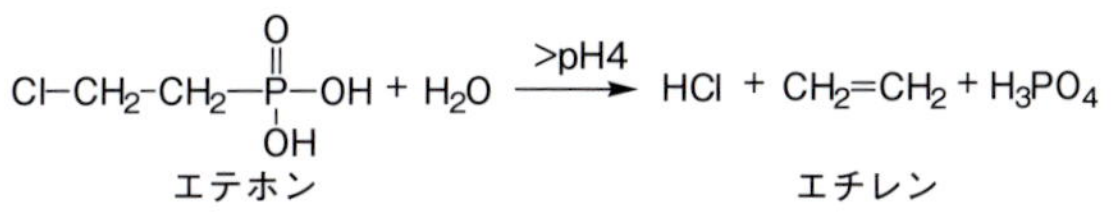

$$Cl\text{-}CH_2\text{-}CH_2\text{-}\underset{\underset{OH}{|}}{\overset{\overset{O}{\|}}{P}}\text{-}OH + H_2O \xrightarrow{>pH4} HCl + CH_2=CH_2 + H_3PO_4$$

エテホン　　　　　　　　　　　　　　エチレン

図27-4　エテホンからのエチレンの生成。この反応はpHが4より高い植物細胞内で起こる。

作物を雑草から効率的に守ることができる。

　Bacillus thuringiensis（BT菌）がつくるBTタンパク質は昆虫には毒だが，人には無毒である。その毒素遺伝子を導入したジャガイモ，トウモロコシ，ワタなどの作物は害虫抵抗性になり，そのために害虫の被害を受けないので，栽培が容易になる。

　以上述べた遺伝子組換え植物はわが国において食料として安全であり，環境に対しても安全であることが確認されているが，社会的にはその栽培が承認されていない。しかし，これら組換え植物は米国をはじめとして多くの国で栽培され，たとえば2003年時点で世界のダイズの全作付け面積の半分以上を占めている。

27-3-2　病害抵抗性誘導剤

　病原菌が植物の一部を攻撃すると，発病抑制効果が植物体全体に現れることを全身獲得抵抗性という（13-8節参照）。プロベナゾール（PBZ）は殺菌性はないがサリチル酸合成を促進することにより全身獲得抵抗性を誘導するので，いもち病をはじめとしてさまざまな農作物の病害に対してすぐれた防除効果を発揮する（図27-3）。ベンゾチアジアゾール誘導体のBTHはサリチル酸の合成を伴わずに全身獲得抵抗性を誘導する薬剤として開発されたが，薬害のため現在は使用されていない。最近，全身獲得抵抗性を誘導する新しい薬剤としてチアジニルが開発・利用されている（図27-3）。

参 考 文 献

佐藤仁彦，宮本徹：農薬学，朝倉書店，2003.
桑野栄一，首藤義博，田村廣人：農薬の科学，朝倉書店，2004.

付録：生命科学の歴史

	世界史，生命科学史上の出来事		植物科学上の出来事
〈B.C.〉			
9世紀ごろ	ギリシャの都市国家成立	1600ごろ	エジプト　エドウィン=スミス　パピルス『外科書』
6世紀ごろ	仏教の成立		（パピルスに記された薬用植物のリスト）
509	ローマ　共和制となる		
335	ギリシャ　アリストテレス　アテネに学校「リュケイオン」設立	280ごろ	ギリシャ　テオフラストス　植物の有性生殖を発見　『植物誌』，『植物原因論』を著す
334	アレクサンドロスの東方遠征（ヘレニズム文明の波及）		
3世紀ごろ	エジプト　プトレマイオス2世　アレクサンドリアに学校「ムセイオン」設立		
3世紀ごろ	アレクサンドリア　ヘロフィロス　精神活動の場が脳であることを発見		
3世紀ごろ	アレクサンドリア　エラシストラトス　神経と脳の連絡を発見		
150ごろ	ギリシャ　アンドロニコス　アリストテレスの動物学の講義を編纂し，『動物誌』，『動物の部分』，『動物の発生』を著す	1世紀ごろ	小アジア（ポントス）　クラテウアス　薬用植物を図解する
		77ごろ	ローマ　ディオスコリデス　『薬草学』
27	ローマ　帝政となる		
〈A.D.〉			
1世紀ごろ	キリスト教成立		
50	ローマ　プリニウス　『博物誌』		
57	日本　後漢に使者を送る		
2世紀ごろ	ローマ　ガレノス　人体の解剖と各器官の生理学的機能に関する知識の集大成		
105ごろ	漢　蔡倫　製紙法の発明		
395	ローマ帝国　東西に分離		
7世紀ごろ	イスラム教の成立		
610	日本　高麗を経て製紙法伝来		
630	日本　遣唐使派遣始まる		
710	平城京遷都（奈良時代）		
720	『日本書紀』		
756	スペイン　コルドバに後ウマイア朝成立（～1031）		
794	日本　平安京遷都（平安時代）		
8世紀ごろ	バグダット　サマルカンド戦の唐の捕虜が製紙法を伝える		
8世紀ごろ	バグダット　マンカ　インドの天文学と医学書をアラビア語に翻訳		
9世紀ごろ	エジプト　製紙法伝わる	9世紀ごろ	バグダット　フバイシュ　ディオスコリデスの『薬草学』をアラビア語に翻訳
9世紀ごろ	バグダット　フナイン-イスハク　ガレノスの医学書をアラビア語に翻訳		
10世紀ごろ	バグダット　アル-ラジ　ギリシャ，インド，中東の医学知識を『関連の書』にまとめる		
10世紀ごろ	カイロ　ファテマ王朝　「科学の家」設立		
11世紀ごろ	スペインの回教圏に製紙法伝わる		
11世紀ごろ	十字軍がスペイン・トレド占領　ギリシャの科学書のアラビア語版のラテン語への翻訳始まる		
12世紀ごろ	フランス　製紙法伝わる		
1113ごろ	イタリア　ボローニャに最初の大学創立		
1181ごろ	フランス　モンペリエに大学創立		
1192	日本　源頼朝　征夷大将軍（鎌倉幕府の成立）		
1222ごろ	イタリア　パドバに大学創立		
1248ごろ	ドイツ　フリードリッヒ2世　『鳥を用いる狩猟術』	1250ごろ	アルベルト=マグヌス　『野菜と植物一般について』
13世紀ごろ	シチリア　マイケル=スコット　アリストテレスの生物学書をラテン語に翻訳	1306ごろ	ピエトロ=ダハノ　アルベルト=マグヌスの植物に関する知識を『地方の利便書』にまとめる
1338	日本　室町幕府成立		

付録：生命科学の歴史

年代	事項	年代	事項
1347ごろ	ヨーロッパ 黒死病流行		
15世紀ごろ	アラビア語版プリニウス『博物誌』のラテン語への翻訳	15世紀ごろ	テオフラストスのアラビア語版『植物誌』，ディオスコリデスの『薬草学』のラテン語への翻訳
1453	東ローマ帝国滅亡		
1492	スペイン グラナダ占領，コロンブス アメリカ発見		
1590	オランダ ヤンセン父子 顕微鏡発明	16世紀	中国 李時珍 『本草綱目』
1600	イギリス 東インド会社設立	1545	イタリアのパドバ 最初の大学附属植物園創立
1603	日本 江戸幕府成立		
1603〜1630	イタリア ローマ 山猫クラブ活動	1561	ドイツ コルドゥス 花を基準に植物を分類
1627	イギリス ベーコン 『新アトランチス』	1623	スイス ボアン 二名法による植物分類
1628	イギリス ハーヴィ 『心臓と血液の運動』	1648	ベルギー ヘルモント 植物栄養の研究
1639	日本 鎖国開始（〜1854）		
1651〜1667	イタリア フィレンツェ 実験アカデミー活動	1665	イギリス フック 顕微鏡でコルク細胞発見
1662	ロンドン 王立協会設立		
1666	フランス パリ科学アカデミー設立	1694	ドイツ カメラリウス 植物の有性生殖再発見
1713	日本 寺島良安 『和漢三才図絵』	18世紀はじめ	日本 貝原益軒 『大和草本』
		1713	日本 寺島良安 日本最初の百科辞典『和漢三才図絵』
1725	フランス レオミュール 胃による肉の消化を発見	1727	イギリス ヘールズ 『植物静力学』
1735	スウェーデン リンネ 2界説（動物界・植物界）	1753	スウェーデン リンネ 『植物の種』（二名法の完成）
18世紀後半	イギリス 産業革命開始		
1776	アメリカ 独立宣言	1772	イギリス プリーストリ 植物による酸素放出を示唆
1780	イタリア スパランツァーニ カエルの受精の研究	1779	オランダ インヘンホウス 植物の酸素放出に光が必要なことを発見
1780	フランス ラヴォアジエ 呼吸と燃焼が同じであることを証明		
1789	フランス革命		
1790	スイス ギルタナー 酸素による静脈血の動脈血への変化発見	1796	スイス スヌビエ 植物による二酸化炭素吸収と酸素発生を発見
1791	イタリア ガルヴァーニ 電気刺激による筋肉のけいれん発見		
1809	フランス ラマルク 『動物の哲学』	1804	スイス ソシュール 『植物の化学的諸研究』，植物栄養の研究
1810	ドイツ ベルリン大学創立	1805	ドイツ フンボルト 相観の概念に基づく『植物地理学』
1812	ナポレオン ロシア侵入	1811〜1816	ロシア キルホフ オオムギでデンプンを分解する物質発見
		1820ごろ	イギリス ナイト エンドウ子葉の色の優性と分離の現象発見
1832	スイス フォル 動物の受精過程を解明	1830	イタリア アミチ 植物の受精の研究，子房内の花粉管の伸長を観察
		1833	フランス ペアソン，スイス ペルソー オオムギジアスターゼ発見
		1833	イギリス ブラウン 植物細胞の核発見
		1835	ドイツ モール 植物細胞の核分裂発見
1836	ドイツ シュヴァン 胃のペプシン発見	1837	スウェーデン ベルツェリウス ジアスターゼは触媒であることを示唆（酵素の概念の確立）
		1838	ドイツ マイエン 葉緑体発見
1839	イギリス ファラディー 電気ウナギの発電機構の研究	1838	ドイツ シュライデン 植物の細胞説
1839	ドイツ シュワン 動物で細胞説	1840	ドイツ リービッヒ 無機栄養説を提唱
		1843	イギリス ギルバートとローズ 無機肥料・過リン酸石灰の工業生産
1846	ドイツ ツァイス 光学顕微鏡の工業的生産開始	1845	ドイツ マイヤー 光合成による光エネルギーの化学エネルギーへの変換を証明
1849	ドイツ ベルトルト 精巣の二次性徴支配を発見	1851	ドイツ モール，フランス ガロー 植物の呼吸と動物のそれが同じであることを証明
1853	日本 ペリーが浦賀に来航		
1858	ドイツ フィルヒョー 細胞は必ず細胞から生じると主張	1857	フランス パスツール 酵母によるアルコール発酵を発見
		1859	イギリス ダーウィン 『種の起源』
		1862	ドイツ ザックス 光合成の場が葉緑体であることを証明

付録：生命科学の歴史

1863	フランス　ノーダン　優性と分離の法則の示唆
1864	ドイツ　ザックス　光合成の産物がデンプンであることを発見
1865	オーストリア　メンデル　遺伝法則の発見
1867	日本　大政奉還
1867	イギリス　リスター　フェノールによる傷口の消毒法を開発
1868	日本　明治維新
1869	スエズ運河開通
1870	ドイツ　フリッチとヒッチヒ　大脳組織切除による筋肉運動の研究
1870	スイス　ヒス　ミクロトーム発明
1871	スイス　ミーシャー　白血球核からDNAを発見
1876	ドイツ　キューネ　生体の作る触媒に酵素という名称を与える
1877	日本　東京帝国大学創立
1877	ドイツ　ムンク　視覚中枢発見
1877	ドイツ　シュトラスブルガー　植物の受精過程を解明
1877	ドイツ　ペファー　植物細胞の浸透圧の研究
1879	ドイツ　アッベ　油浸レンズ法開発
1880	イギリス　ダーウィン　『植物の運動力』
1883	スイス　ド・カンドル　『栽培植物の起源』
1884	デンマーク　ヴァルミン　生態地理学の体系化
1887	フランス　バルビアニ　染色体発見
1888	フランス　パスツール研究所設立
1887～1890ごろ	植物細胞の減数分裂発見
1890	ドイツ　フレミング　染色体分裂発見。ド・フリースなどが遺伝子が染色体上にあると主張
1896	ドイツ　ブフナー　無細胞系でのアルコール発酵の発見
1896	日本　平瀬作五郎　イチョウの精子を発見
1894	ドイツ　ヘッケル　三界説（植物界・動物界・原生生物界）
1898	ドイツ　フィッシャー　酵素の基質特異性の発見
1900	オランダ　ド・フリース，ドイツ　コレンス，オーストリア　チェルマク　メンデルの法則の再発見
1901	日本　高峰譲吉　アドレナリンの構造決定
1905	イギリス　ブラックマン　光合成の明反応と暗反応の発見
1901	アメリカ　ロックフェラー研究所設立
1905	イギリス　ベーツソンとパネット　スイートピーで交差（組み換え）を発見
1902	アメリカ　カーネギー研究所設立
1902	イギリス　スターリングとベーリス　セクレチン発見（ホルモンの概念確立）
1906	ドイツ　ヴィルシュテッター　クロロフィルの構造決定
1906	ロシア　ツヴェット　クロマトグラフィーの発見
1907	デンマーク　ラウンケル　休眠芽の位置による植物の生活形分類
1910	日本　鈴木梅太郎　抗脚気因子　オリザニン（ビタミンB1）発見
1909	ドイツ　コレンス　オシロイバナで細胞質遺伝を発見
1911	ドイツ　カイザー＝ヴィルヘルム（マックス＝プランク）研究所設立
1916	アメリカ　クレメンツ　植物群落の遷移・極相の概念提唱
1912	ポーランド　フンク　抗脚気因子をビタミンと命名
1920	アメリカ　ガーナー　光周性の発見
1913	ドイツ　ボッシュ　空気中の窒素からアンモニアを化学合成（ハーバー法）
1924	ドイツ　エングラー　進化と系統に基づく植物分類法を確立
1914	第一次世界大戦（～1918）
1917	日本　理化学研究所設立
1926	アメリカ　サムナー　ナタマメのウレアーゼ結晶化（酵素がタンパク質であることを証明）
1920ごろ	質量分析法の開発
1923	高速遠心分離機の開発
1924	ロシア　オパーリン　生命は原始地球で化学進化の結果誕生したと考えた
1930ごろ	アメリカ　ヴァンニール　細菌の光合成研究・光合成の一般式提唱
1929	世界大恐慌
1929	ドイツ　ローマン　ATP発見
1931	チェコスロバキア　パシャー　鞭毛，同化色素などによる藻類の分類法確立
1930	ロシア　トーキン　生理作用のある植物の揮発成分をフィトンチッドと呼ぶ
1932	電子顕微鏡の開発
1933	ドイツ　マイヤーホフら　解糖経路の解明
1933	オランダ　ケーグルら　オーキシンの構造決定
1935	アメリカ　ビードル，フランス　エフルシー　ショウジョウバエの眼原基移植実験
1937	ドイツ　クレブス　TCA回路発見
1939	第二次世界大戦（～1945）
1940ごろ	赤外線吸収スペクトル分析法の開発
1934	イギリス　ゲイン　植物によるエチレン合成を確認
1941	分配クロマトグラフィーの開発
1935	アメリカ　スタンレー　タバコモザイクウイルスの結晶化
1944	ろ紙クロマトグラフィーの開発
1944	アメリカ　エイブリー　遺伝子の本体がDNAであることを証明
1938	日本　藪田貞治郎と住木諭介　ジベレリンの単離
1945	アメリカ　ビードル　一遺伝子一酵素説の確立
1938	イギリス　ヒル　ヒル反応の発見

1946	コンピュータの開発
1950ごろ	イオン交換クロマトグラフィーの開発
1950ごろ	電気泳動法の開発
1953	位相差顕微鏡の開発
1953	アメリカ ユーリーとミラー 原始大気気体に火花放電をあてると，アミノ酸と有機酸が生じることを発見
1953	アメリカ ワトソン，イギリス クリック DNAの構造決定
1953	共焦点顕微鏡の開発
1955ごろ	ガスクロマトグラフィーの開発
1958	メセルソンとスタール N15を用いてDNAの半保存複製を証明
1960ごろ	分子ふるいクロマトグラフィーの開発
1961	フランス ジャコブとモノー 遺伝情報発現機構の分子モデル，mRNA概念の提出
1963	フランス ジャコブとモノー アロステリック効果の発見
1968	日本 木村資生 分子レベルの進化で中立説を発表
1969	アポロ宇宙船で人類月面着陸
1969	アメリカ ホイタッカー 5界説（植物界・菌界・動物界・原生生物界・モネラ界）
1977	アメリカ ウーズ 6界説（モネラ界を真正細菌界と古細菌界に分類）
1982	スペースシャトル運用飛行開始
1983	スイス ゲーリングら ホメオティック遺伝子の発見
1985	アメリカ マリス ポリメラーゼ連鎖反応（PCR）の開発
1987	日本 利根川進 多様な抗体産生原理の解明でノーベル賞
1990	アメリカ ウーズ 3ドメイン説（ドメイン真正細菌・ドメイン古細菌・ドメイン真核生物）
1990	アメリカ ヒトゲノム計画始まる
1990	ハッブル宇宙望遠鏡 スペースシャトルで打ち上げ
1995	インフルエンザ菌のゲノム解読
1996	スーパーカミオカンデ運用開始
1996	出芽酵母のゲノム解読
1997	枯草菌ゲノムの解読
1997	大型放射光施設 SPring-8運用開始
1998	アメリカ ファイアー RNA干渉の発見
1998	国際宇宙ステーションの軌道上での建設開始
1998	線虫ゲノムの解読
1999	すばる望遠鏡運用開始
2003	ヒトゲノム解読
2008	大型ハドロン衝突型加速器運用開始
2009	国際宇宙ステーション完成

1941	アメリカ ルーベン 光合成で酸素は水に由来することを同位体O18の実験で発見
1949	イギリス マザー 量的形質の決定に関与する個々の遺伝子はメンデルの法則に従って遺伝することを証明
1951	アメリカ マクリントック トウモロコシでトランスポゾン発見
1957	アメリカ カルビン 二酸化炭素固定回路の解明
1958	アメリカ スチュアート ニンジンのカルスから植物体を再生
1959	アメリカ ヘンドリックス フィトクロムの発見
1963〜1965	アメリカ アディコットら アブシジン酸の構造決定
1964	ニュージーランド レサムら サイトカイニンの構造決定
1967	アメリカ マーギュリス 葉緑体の細胞内共生説を提唱
1970	アメリカ ミッチェル 植物ホルモン・ブラシノライドの単離
1991	アメリカ コーエンとマイエロビッツ 花器官形成のABCモデル
1993	アメリカ キャッシュモアら 青色光受容体・クリプトクローム発見
1997	アメリカ ブリッグスら 青色光受容体フォトトロピン発見
2000	シロイヌナズナのゲノム解読
2004	イネゲノムの解読
2007	コケ植物ヒメツリガネゴケのゲノム解読
2008	マメ科植物ミヤコグサのゲノム解読
2009	トウモロコシゲノムの解読

索 引

人 名

アッペ(Abbe, K.) 27
アディコット(Addicott, F. T.) 107
アーノン(Arnon, D. I.) 157
アミチ(Amici, G. B.) 26
アリストテレス(Aristotle) 21, 156
イヴァノフスキィー(Ivanovski, D. I.) 163
インヘンフース(Ingenhousz, J.) 28
ヴァヴィロフ(Vavilov, N. I.) 177
ヴァンステベニック(van Steveninck, R. F. M.) 107
上田純一 109
ウエアリング(Wareing, P. F) 107
ウエント(Went, F. W.) 100
ウッドワード(Woodward, J.) 157
エングラー(Engler, H. G. A.) 29
オイラー(von Euler, H.) 189
大熊和彦 107
オパーリン(Oparin, A. I.) 1
カメラリウス(Camerarius, J.) 25
カルヴィン(Calvin, M.) 30
カール・ツァイス(Zeiss, C.) 68
ガレノス(Galenus) 22
ガロー(Garreau, L.) 28
川口信一 30
カーンズ(Carns, H. R.) 107
キルヒホフ(Kirchhof, G. S. C.) 28
クノップ(Knop, W.) 157
クラテウアス(Krateuas) 188
クリスチャン(Christian, C.) 189
クレブス(Krebs, H. A.) 30
黒沢栄一 103
クロス(Cross, B. E.) 103
ゲイン(Gain, R.) 106
ケーグル(Kögl, F.) 30, 100
コルドゥス(Cordus, V.) 188
コレンス(Correns, C. E.) 116
坂神洋次 111

ザックス(Sachs, J.) 27, 28, 157
サットン(Sutton, W. S.) 27, 114
下村脩 210
ジャコブ(Jacob, F.) 29
シュヴァン(Schwann, T.) 28, 68
シュトラスブルガー(Strasburger, E.) 26
シュライデン(Schleiden, M. J.) 68
シュワン(Schwann, T.) 68
ジョンソン(Johnson, W. A.) 30
スクーグ(Skoog, F.) 104
鈴木梅太郎 189
スヌビエ(Senebier, J.) 28
住木諭介 103
ソシュール(Saussure, N. T.) 27, 157
ダーウィン(Darwin, C.) 26, 27, 28, 96, 100
高橋信孝 103
高峰譲吉 27
チーマン(Thimann, K. V.) 100, 106
デイオスコリデス(Dioscorides, P.) 188
テオフラストス(Theophrastus) 21, 188
ド・フリース(de Vries, H.) 117
ド・カンドル(de Candolle, P. P.) 177
ナイト(Knight, T. A.) 26
バーグ(Burg, S. P.) 106
ハーゲンスミット(Haagen-Smit, A. J.) 100
パシャー(Pascher, A.) 29
パスツール(Pasteru, L.) 29
パネット(Punnett, R. C.) 115
バルビアニ(Balbiani, E. G.) 27
ビュンニング(Bünning, E.) 98
ヒル(Hill, R.) 30
フィルヒョー(Virchow, R.) 68
フック(Hooke, R.) 68
ブラウン(Brown, R.) 27, 68
ブラックマン(Blackman, F. F.) 30
フランケル‐コンラート(Frankel-Conrat, H.) 163
プリーストリ(Priestley, J.) 28

フレミング(Flemming, W.) 27
フンク(Funk, C.) 189
ペイアン(Payan, A.) 28
ベイエリンク(Beijierinck, M.) 163
ベーツソン(Bateson, W.) 115
ペファー(Pfeffer, W.) 27
ペルソー(Persoz, J. F.) 28
ヘルモント(Helmont, J. B.) 25
ボイセンイェンセン(Boysen-Jensen, P) 100
堀正太郎 103
マイエロビッツ(Meyerowitz, E. M.) 59
マイエン(Meyen, F. J. F.) 28
マイヤー(Mayer, J. R.) 28
マクミラン(MacMillan, J.) 103
マクリントック(McClintock, B.) 119
マザー(Mather, K.) 118
松林嘉克 111
丸茂晋吾 108
マンカ(Manka) 23
ミッチェル(Mitchell, J. W.) 108
ミラー(Miller, C. O.) 104
ミラー(Miller, S. L.) 1
ミルバック(Myrback, K.) 189
メンデル(Mendel, G. J.) 26, 112
モノー(Monod, J. L.) 29
モール(Mohl, H) 28
モルガン(Morgan, T. H.) 114
藪田貞治郎 103
山根久和 109
ユーリー(Urey, H. C.) 1
横田孝雄 108
ライアン(Ryan, C. A.) 111
ラスキン(Raskin, I.) 110
リーサム(Letham, D. S.) 104
リービヒ(von Liebig, J. F.) 26, 157
リンネ(Linné, C.) 26, 29
レーヴェンフック(Leeuwenhoek, A.) 68
ローズ(Lawes, J. B.) 157
ワールブルグ(Warburg, O.) 189

欧 文

ABA 143
ABC 説 59
active transport 80
adventitious root 35
Agrobacterium 属 163
Agrobacterium tumefaciens 164

α-ピネン 14
α-アミラーゼ 171, 172
α-グルコシダーゼ 171
ATP 駆動ポンプ 82
ATP 合成 148
AUX1 95
Aux/IAA タンパク質 101

β-アミラーゼ 172
β-カロチン 194
β 酸化 173
β-ピネン 14
BT 211
BT タンパク質 215

C_4 光合成 150

C₄植物　150
CAM 光合成　150
Casparian strip　34
cDNA　206
cDNA ライブラリー　206
circumnutation　95
C/N 比　160
CoA-SH　192
cyclin dependent kinase　126
cytoplasmic streaming　98

desmotubule　85
DNA　120
DNA 合成期（S）　124
DNA 合成後期（G₂）　125
DNA 合成前期（G₁）　124
DNA の複製　121
DNA メチル化　120
DNA ライブラリー　206
DNA 連結酵素　206
DR5　94

endocytosis　85

FAD　190
fravin mononucleotide　190
fravinadenindinucleotide　190

GFP　210

gravitropism　94
guttation　37

heat-shock protein　168
HSP　168

lateral root　35
law of minimum　158
limiting factor　158

MADS ボックス　59
main root　35
mass flow　159
mycorrhiza　37
mycorrhizal fungi　161

NAD　189, 191
NADP　191
nasty　96
nicotinamide adenine dinucleotide　189
nitrogenase　160
nutrient　156
nutrition　156
nyctinasty　96

oryzanin　189

passive transport　80
PCR　31, 206

PCR 法の原理　207
PEPC　150
permanent wilting point　36
phototoropin　1, 155
phototropism　92, 155
phyA（I 型）　153
phyB（II 型）　153
phytochrome　153
PIN　95
Plasmodesma　85
protoplasmic streaming　98

QTL　118

rhizobium　160, 163
RNA 型トランスポゾン　119
RNA ワールド　2
root apex　33
root cap　33
root nodule　160
RuBisCO　149

taxis　98
TIBA　48
Ti プラスミド　164
tobacco mosaic virus　163
tropism　92

VA 菌根　161

あ　行

アガロース　179, 180
アガロペクチン　180
アクチン　99
　　──繊維　75
　　──フィラメント　76
アグロバクテリウム法　209
アスコルビン酸　193
アセチル-CoA　173
圧ポテンシャル　36
アーバスキュラー菌根　161
アブシジン酸　39, 107, 143, 169
アポタンパク質　153
アポプラスト　37
　　──経路　37
アミノペプチダーゼ　175
アミロース　171, 179
アミロプラスト　94
アミロペクチン　171, 179
アルカロイド　168. 196
アルギニン　175
アルブミン　174
アンテナ複合体　146

イオンの移動　159
イオンの水和　141
維管束　43
　　──系　42
　　──細胞　48

イソペンテニルアデニン　105
一次成長　38
一次壁　72, 90
位置ポテンシャル　144, 145
遺伝　26
遺伝子工学　204
遺伝子農薬　215
遺伝子の組換え技術　204
遺伝的刷り込み　120
遺伝的変異　116
イヌリン　179, 180
イネいもち病菌　163
飲料植物　185

ウイルス無感染植物体　203
動く遺伝子　119
渦鞭毛植物門　17
うどんこ病菌　163

永久しおれ点　36
栄養　156
　　──成長　86
　　──成分合成阻害型除草剤　212
　　──分　156
腋芽　47
エキソサイトーシス　84
液胞　78
エチレン　106, 215
　　──の受容体　106
エテホン　215

エピガロカテキンガレート　197
エピジェネティック　120
エリシター　166
エレクトロポレーション法　210
塩基配列の決定　208
遠赤色光　153
エンドサイトーシス　85
エンドデュプリケーション　126
エンドペプチダーゼ　175

黄色植物門　16
岡崎フラグメント　123
オーキシン　100, 199, 213
　　──応答性シス配列　94
　　──の極性輸送　95
　　──の受容体　101
オリザニン　189
オルドビス紀　4
オレイン酸　173

か　行

開花運動　96
回旋転頭運動　95
害虫抵抗性　210
概日時計　97
概日リズム　97
カイネチン　104
海綿状柔組織　53
海面水位　7

索　引

カウレン　214
架橋性多糖　71
拡大成長　87
がく片　55
果実　62
　　——の種類　62
花序　57
カスタステロン　108
カスパリー線　34, 37
花托　55
カテキン　197
　　——類の抗酸化作用　186
カプサイシン　197
花弁　55
花葉　52
過リン酸石灰　157
カルス　198
カルビン回路　148
カルボキシペプチターゼ　175
間期　123
乾燥ストレス　39
甘味物質　185

気孔　155
気孔開閉　142
キチン　166
キナーゼ　154
キャリアー　80
吸水　144
共焦点顕微鏡　31
共鳴エネルギー移動　146
菌根　37
菌根菌　161

茎　40
　　——の発生　45
屈性　92
組換え　115
　　——率　116
グリオキシソーム　173
グリセロール　172
グリパニア　3
クリプトクロム　154
クリプト植物門　16
グリホサート　213
クリマクテリック　63
グルカン　71
グルコマンナン　179
グルタミン　160
グルテリン　174
クローニング　204
　　——ベクター　205
グロブリン　174
クロララクニオン植物門　17

形質転換植物　209
傾性　96
形成層　43
ケイ素　157
茎頂分裂組織　47, 87
ゲノムインプリンティング　120
原核緑色植物門　15

原形質膜　27, 89
原形質流動　98
原形質連絡　85
減数分裂　115, 124, 125
原生代　3
顕生代　3
懸濁培養　200

抗オーキシン　214
光化学系I　147
光化学系II　147
光合成　28, 30
　　——色素合成阻害剤　212
　　——阻害型除草剤　211
交差　115
後熟　63
紅色植物門　16
香辛料　184
酵素　28
高分子炭水化物　178
厚壁組織　54
孔辺細胞　142
広葉　53
呼吸　27
コケ植物門　17
ココア　187
古細菌　2
コショウ　197
古生代　4
コーヒー　187
湖粉層　66
コムギ　179
ゴルジ体　79
コルヒチン　201
コルメラ細胞　78, 94
コロドニー・ウェント説　94
根圧　37, 143
根冠　33
根菜　38
根端　33
根の外部形態　32
根の内部構造　33
根毛　161
根粒　160
　　——細菌　160

さ　行

サイクリン　126
最小律　158
サイトカイニン　199, 215
　　——の受容体　105
栽培植物　177
再分化　199
細胞学　26
細胞質遺伝　116
細胞質流動　98
細胞周期　123
細胞の培養技術　198
細胞分画法　69
細胞分裂　123
細胞分裂周期　123

細胞壁　89, 166, 200
細胞融合　200
柵状柔組織　53
雑種強勢　118
雑種形成　207
さび病菌　163
サポニン　196
サリチル酸　110
サンガー法　208

シアノバクテリア　2
自家不和合性　60, 61
色素体　78
シグナル認識タンパク質　83
シグナル配列　83
脂質　170, 172, 182
　　——の分解経路　173
脂質二重層　73, 74
雌蕊　55
システミン　111, 168
始生代　2
シダ植物　18
ジデオキシ法　208
師部　42, 43
ジベレリン　214
　　——の受容体　103
ジャスモン酸　109, 167, 168
シュウ酸カルシウム　54
収縮膨潤運動　142
就眠運動　96, 97
重力屈性　94
重力受容細胞　94
主根　35
種子　65
樹脂　169
種子植物門　19
種子胚発生　65
受動輸送　80
受粉　60
子葉　51
硝化作用　11, 14
蒸散　9, 142
　　——と気温　10
小胞体　78
小胞輸送　82, 84
植食者誘導性揮発成分　168
食虫植物　98
植物細胞　70
植物成長調節剤　213
植物生理学　27
植物の現存量と生産量　12
植物の防御反応　165
植物ウイルス　164
植物性食品　177
植物ホルモン作用攪乱型除草剤　213
食料生産　12
除草剤　211
　　——抵抗性　210
シルル紀　4
進化論　26
針形葉　53
真正細菌　2

新生代　5
心臓型胚　34
伸長成長　87
浸透圧　88, 89
浸透ポテンシャル　145
シンプラスト　37
　──経路　37

髄　43
水中葉　52
水溶性ビタミン　189
スクロース　181
スタキオース　182
ステアリン酸　173
ストレス誘導性タンパク質　168
ストロマ　148
スプリットテスト　45

ゼアチン　104, 105
制限因子　158
制限エンドヌクレアーゼ　205
制限酵素　205
生殖　26
青色光受容体　92, 154
生殖成長　86
性染色体　17
生体膜　80
成長点　87
成長点培養　203
生物時計　97, 98
生物農薬　168
生理的機能障害　168
赤・遠赤色光可逆反応　153
赤色光　153
生体膜　73
セルロース　179
セルロース微繊維　71
セロビオース　181
先カンブリア代　1
染色体　114
染色体地図　116
センチモルガン（cM）　116
先導鎖　123
全能性　199

走査型電子顕微鏡　69
双子葉植物　5
相補的DNA　206
側芽　47
側根　35

た　行
第1減数分裂　125
体細胞分裂　124
体細胞変異　117
体細胞有糸分裂　123
大腸菌プラスミドpUC19　205
第2減数分裂　125
托葉　49
タバコモザイクウイルス　163
多量養分　36

炭酸カルシウム　54
単子葉植物　5
弾性体　90
炭素還元反応　149
炭素・酸素・水素の循環　13
タンパク質　170, 182
　──の選別　82
単葉　50

遅延鎖　123
地下茎　41
地球環境　6
地上茎　41
窒素源　160
窒素の循環　13
中心柱　44
中生代　5
虫媒花　5
チューブリン　75
頂芽　47
超界　30
重複受精　19
貯蔵茎　41
貯蔵脂質　172
貯蔵タンパク質　174
貯蔵物質　170
貯蔵リン　176
チラコイド内腔　148

通導組織　53

低分子糖質　181
適合溶質　169
デスモチューブル　85
摘果剤　214
デボン紀　4
テルペン類　169
電子線トモグラフィー　69
電子伝達系　147
天敵農薬　168
天敵誘因揮発性物質　168
天然香料　184
天然色素　183
デンプン　38, 170, 171, 178

糖アルコール　182
透過型電子顕微鏡　69
独立の法則　113
トコフェロール　194
土壌流出　10
トノプラスト　78
ドメイン　30
トランスジェニック植物　209
トランスポゾン　119
トランスポーター　80
トリアシルグリセロール　172
トレハロース　181

な　行
内皮細胞　94

匂い物質　168
ニコチンアミド　190, 191
　──アデニンジヌクレオチド　189
ニコチン酸　190
二酸化炭素　6
　──固定　148
　──濃度　7
二次成長　38
二次壁　73, 90
ニトロゲナーゼ　160
認識配列　205

ヌクレオソーム　120

熱ショックタンパク質　168
粘性体　90
粘着末端　206

能動輸送　80, 81
ノンマクローナル変異　117

は　行
胚　65
灰色植物門　16
胚軸　46
排水　37
胚乳　65
胚嚢細胞　19
胚発生　34, 64
ハイブリダイゼーション　207
馬鹿苗病　103
発現ライブラリー　207
発酵　29
発色団　153
パーティクルガン法　210
花　55
　──の性　60
葉の長さと幅　51
ハプト植物門　17
パラコート　211
パルチミン酸　173
半透膜　144
パントテン酸　190
反応中心複合体　146

ビオシチン　191
ビオチン　190, 191
ヒカゲノカズラ　35
光屈性　92, 155
光形態形成　152
光受容体　153
被子植物亜門　19
微小管　75
ヒストン　120
皮層　42
肥大成長　87
ビタミンA　194
ビタミンB_1　189
ビタミンB_{12}　190, 191
ビタミンB_2　190
ビタミンB_6　190

索　引

ビタミンC　192, 193
ビタミンD　194
ビタミンD₃　194
ビタミンE　195
ビタミンK　196
ビタミンK₁　196
ビタミンの発見　189
必須元素　157
病害抵抗性誘導剤　214, 216
病原体　163
病徴　164
表皮　47
　　——系　42
　　——組織　53
微量養分　36

ファイトアレキシン　165, 166
　　——蓄積　167
ファイトアンティシピン　165
ファイトプラズマ　163
フィターゼ　176
フィチルメナジオン　195
フィチン　176
フィトクロム　67, 153
フィトンチッド　14
フェノール性化合物　167
フォトトロピン　92, 154
フォトトロピン1　155
複葉　50
腐植土　11
不定根　35
不定胚　200
　　——形成　65
ブラシノライド　108
フラビン補酵素FMN　190
フラボノイド　197
プロテアーゼインヒビター　167
プロトプラスト　200
　　——作製　201
プロトン輸送　147
プロビタミンA　194
プロラミン　174
フローラル・ディップ法　209
分子系統学　29
分子シャペロン　169
分離の法則　113
分裂期（M）　125

平滑末端　206
平均気温　7
平衡細胞　94
壁圧　89
ベクター　205
ペクチン　179
　　——性多糖　71
　　——分解酵素　201
ヘテロシス　118
べと病菌　163
ペプチドホルモン　111

ヘミセルロース・セルロース分解酵素
　　201
ペルオキシソーム　78
ペルム紀　5
ベンケイソウ　151
偏差成長　92, 96

補酵素　189
補酵素Ⅰ　189
補酵素Ⅱ　189
補酵素A　192
ホスホエノールピルビン酸カルボキシラーゼ　150
捕虫葉　51, 98
ホモ接合体　201
ポリエチレングリコール法　210
ポリジーン　118
ポリフェノール　197
ポリメラーゼ連鎖反応　31, 206

ま　行

マイコプラズマ　163
巻きひげ　51
膜構造　76
膜脂質　73
膜輸送　74, 80
マスフロー　159
末端複合体　72
マトリックス多糖　71
マトリック・ポテンシャル　36
マルトース　181
マンドレイク　188
マンナン　180

ミオイノシトール　176
ミオシン　99
水ストレス　107
水の性質　141
水の生命活動　141
水分子の構造　141
水ポテンシャル　144
水を吸う力　89
ミトコンドリア　77

無限成長　198

冥王代　1
免疫抗体法　207

毛細管現象　143
木部　42, 43
モータータンパク質　75, 99
もどし交雑法　119
モルヒネ　195, 196

や・ゆ・よ

屋久杉　169

葯培養　201
薬用植物　21

雄蕊　55
有性生殖　22
優劣の法則　112
有腕柵状組織　54
ユーグレナ植物門　17
輸送体　80

葉酸　192
溶質　144
　　——ポテンシャル　36
葉身　49
葉針　52
葉枕　97
葉肉組織　53
葉柄　49
葉脈　53
葉面積指数　9
葉緑体　77
葉緑体光定位運動　155

ら　行

ライゲーション　206
ラギング鎖　123
裸子植物亜門　19
ラテライト土壌　11
ラフィノース　182

藍色植物門　15
リガーゼ　206
陸上植物　17

リグニン　166
リシン　197
リーディング鎖　123
リノール酸　173
リブロース-1,5-二リン酸　149
リボフラビン　190
流動モザイクモデル　74
量的遺伝　118
量的形質遺伝子座　118
緑色蛍光タンパク質　210
緑色植物門　16
リン酸　176
リン脂質　73
リン肥料　160

ルビスコ　149

レグヘモグロビン　160
レトロトランスポゾン　119
レプリカ法　69

ロドプシン　194

編者略歴

神阪盛一郎
（かみさか せいいちろう）

1964年	大阪市立大学卒業
1968年	大阪市立大学大学院理学研究科博士課程中退
1991年	大阪市立大学理学部教授
2000年	大阪市立大学名誉教授，富山大学理学部教授
2006年	富山大学客員教授

谷本英一
（たにもと えいいち）

1966年	大阪市立大学卒業
1971年	大阪市立大学大学院理学研究科博士課程単位取得退学
1971年	名古屋市立大学教養部助手
1989年	名古屋市立大学教養部教授
2000年	名古屋市立大学大学院システム自然科学研究科教授
2009年	名古屋市立大学名誉教授

Ⓒ 神阪盛一郎・谷本英一 2010

2010年7月30日　初版発行
2023年3月20日　初版第6刷発行

新しい植物科学
環境と食と農業の基礎

編　者　神阪盛一郎
　　　　谷本英一
発行者　山本　格

発行所　株式会社　培風館
東京都千代田区九段南4-3-12・郵便番号102-8260
電話(03)3262-5256(代表)・振替00140-7-44725

前田印刷・牧 製本

PRINTED IN JAPAN

ISBN978-4-563-07808-9 C3045